中国科学院中国孢子植物志编辑委员会　编辑

中　国　真　菌　志

第六十三卷

牛肝菌科（III）

杨祝良　主编

中国科学院知识创新工程重大项目
国家自然科学基金重大项目
（国家自然科学基金委员会　中国科学院　科技部　资助）

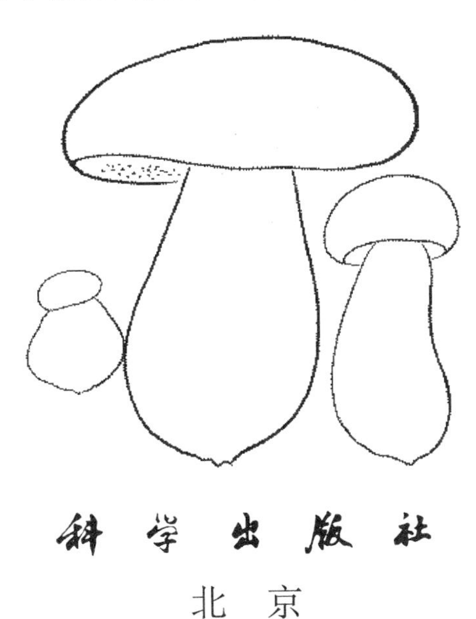

科　学　出　版　社
北　京

内 容 简 介

牛肝菌科真菌具有重要的生态价值和经济价值，其中绝大多数物种与树木形成菌根共生关系，对树木正常生长发育具有重要作用，有些种是有名的食用菌，部分种还有药用价值，而另外一些种则是有毒菌，误食此类毒菌常引起中毒甚至死亡。本书介绍了该科真菌的生态价值和经济价值，阐述了其基本形态特征和系统分类研究历史，记载了我国牛肝菌科 23 属 127 种，每种有野外彩色照片、形态描述、特征插图、生境、分布和必要的讨论，并注明了其可食性或毒性。书中提供了我国该类真菌的分属检索表及各属的分种检索表。书末附有参考文献、汉名和学名索引。本卷是《中国真菌志　第二十二卷 牛肝菌科（Ⅰ）》和《中国真菌志　第四十四卷 牛肝菌科（Ⅱ）》的续编，在本卷中牛肝菌属是狭义的概念。

本书可供真菌学、食用菌、医药、卫生防疫、植物生态、林业以及真菌资源开发与保护等方面的研究工作者和大专院校有关专业师生参考。

图书在版编目(CIP)数据

中国真菌志. 第六十三卷，牛肝菌科. III / 杨祝良主编. —北京：科学出版社，2023. 3

(中国孢子植物志)

ISBN 978-7-03-075172-0

Ⅰ. ①中…　Ⅱ. ① 杨…　Ⅲ. ①真菌志-中国 ②牛肝菌科-真菌志-中国　Ⅳ. ①Q949.32 ②Q949.329

中国国家版本馆 CIP 数据核字（2023）第 042334 号

责任编辑：韩学哲　孙　青/责任校对：周思梦

责任印制：吴兆东/封面设计：刘新新

科学出版社 出版

北京东黄城根北街 16 号

邮政编码：100717

http://www.sciencep.com

北京虎彩文化传播有限公司 印刷

科学出版社发行　各地新华书店经销

*

2023 年 3 月第　一　版　开本：787×1092　1/16

2023 年 3 月第一次印刷　印张：16 3/4　插页：6

字数：415 000

定价：280.00 元

(如有印装质量问题，我社负责调换)

CONSILIO FLORARUM CRYPTOGAMARUM SINICARUM
ACADEMIAE SINICAE EDITA

FLORA FUNGORUM SINICORUM

VOL. 63

BOLETACEAE (Ⅲ)

REDACTOR PRINCIPALIS

Yang Zhu-Liang

A Major Project of the Knowledge Innovation Program of the Chinese Academy of Sciences
A Major Project of the National Natural Science Foundation of China
(Supported by the National Natural Science Foundation of China,
the Chinese Academy of Sciences, and the Ministry of Science and Technology of China)

Science Press
Beijing

牛 肝 菌 科 (Ⅲ)

本 卷 著 者

杨祝良　李艳春　吴　刚　曾念开　朱学泰　赵　宽　冯　邦

（中国科学院昆明植物研究所）

BOLETACEAE (Ⅲ)

AUCTORES

Yang Zhu-Liang　Li Yan-Chun　Wu Gang
Zeng Nian-Kai　Zhu Xue-Tai　Zhao Kuan　Feng Bang

(*Institutum Botanicum Kunmingense Academiae Sinicae*)

中国孢子植物志第五届编委名单

（2007年5月）（2017年5月调整）

序

中国孢子植物志是非维管束孢子植物志，分《中国海藻志》、《中国淡水藻志》、《中国真菌志》、《中国地衣志》及《中国苔藓志》五部分。中国孢子植物志是在系统生物学原理与方法的指导下对中国孢子植物进行考察、收集和分类的研究成果；是生物物种多样性研究的主要内容；是物种保护的重要依据，与人类活动和环境甚至全球变化都有不可分割的联系。

中国孢子植物志是我国孢子植物物种数量、形态特征、生理生化性状、地理分布及其与人类关系等方面的综合信息库；是我国生物资源开发利用、科学研究与教学的重要参考文献。

我国气候条件复杂，山河纵横，湖泊星布，海域辽阔，陆生和水生孢子植物资源极其丰富。中国孢子植物分类工作的发展和中国孢子植物志的陆续出版，必将为我国开发利用孢子植物资源和促进学科发展发挥积极作用。

随着科学技术的进步，我国孢子植物分类工作在广度和深度方面将有更大的发展，对于这部著作也将不断补充、修订和提高。

中国科学院中国孢子植物志编辑委员会

1984年10月 • 北京

中国孢子植物志总序

中国孢子植物志是由《中国海藻志》、《中国淡水藻志》、《中国真菌志》、《中国地衣志》及《中国苔藓志》所组成。至于维管束孢子植物蕨类未被包括在中国孢子植物志之内，是因为它早先已被纳入《中国植物志》计划之内。为了将上述未被纳入《中国植物志》计划之内的藻类、真菌、地衣及苔藓植物纳入中国生物志计划之内，出席 1972 年中国科学院计划工作会议的孢子植物学工作者提出筹建“中国孢子植物志编辑委员会”的倡议。该倡议经中国科学院领导批准后，“中国孢子植物志编辑委员会”的筹建工作随之启动，并于 1973 年在广州召开的《中国植物志》、《中国动物志》和中国孢子植物志工作会议上正式成立。自那时起，中国孢子植物志一直在“中国孢子植物志编辑委员会”统一主持下编辑出版。

孢子植物在系统演化上虽然并非单一的自然类群，但是，这并不妨碍在全国统一组织和协调下进行孢子植物志的编写和出版。

随着科学技术的飞速发展，人们关于真菌的知识日益深入的今天，黏菌与卵菌已被从真菌界中分出，分别归隶于原生动物界和管毛生物界。但是，长期以来，由于它们一直被当作真菌由国内外真菌学家进行研究；而且，在“中国孢子植物志编辑委员会”成立时已将黏菌与卵菌纳入中国孢子植物志之一的《中国真菌志》计划之内并陆续出版，因此，沿用包括黏菌与卵菌在内的《中国真菌志》广义名称是必要的。

自“中国孢子植物志编辑委员会”于 1973 年成立以后，作为“三志”的组成部分，中国孢子植物志的编研工作由中国科学院资助；自 1982 年起，国家自然科学基金委员会参与部分资助；自 1993 年以来，作为国家自然科学基金委员会重大项目，在国家基金委资助下，中国科学院及科技部参与部分资助，中国孢子植物志的编辑出版工作不断取得重要进展。

中国孢子植物志是记述我国孢子植物物种的形态、解剖、生态、地理分布及其与人类关系等方面的大型系列著作，是我国孢子植物物种多样性的重要研究成果，是我国孢子植物资源的综合信息库，是我国生物资源开发利用、科学研究与教学的重要参考文献。

我国气候条件复杂，山河纵横，湖泊星布，海域辽阔，陆生与水生孢子植物物种多样性极其丰富。中国孢子植物志的陆续出版，必将为我国孢子植物资源的开发利用，为我国孢子植物科学的发展发挥积极作用。

中国科学院中国孢子植物志编辑委员会

主编　曾呈奎

2000 年 3 月　北京

Foreword of the Cryptogamic Flora of China

Cryptogamic Flora of China is composed of *Flora Algarum Marinarum Sinicarum*, *Flora Algarum Sinicarum Aquae Dulcis*, *Flora Fungorum Sinicorum*, *Flora Lichenum Sinicorum*, and *Flora Bryophytorum Sinicorum*, edited and published under the direction of the Editorial Committee of the Cryptogamic Flora of China, Chinese Academy of Sciences (CAS). It also serves as a comprehensive information bank of Chinese cryptogamic resources.

Cryptogams are not a single natural group from a phylogenetic point of view which, however, does not present an obstacle to the editing and publication of the Cryptogamic Flora of China by a coordinated, nationwide organization. The Cryptogamic Flora of China is restricted to non-vascular cryptogams including the bryophytes, algae, fungi, and lichens. The ferns, a group of vascular cryptogams, were earlier included in the plan of *Flora of China*, and are not taken into consideration here. In order to bring the above groups into the plan of Fauna and Flora of China, some leading scientists on cryptogams, who were attending a working meeting of CAS in Beijing in July 1972, proposed to establish the Editorial Committee of the Cryptogamic Flora of China. The proposal was approved later by the CAS. The committee was formally established in the working conference of Fauna and Flora of China, including cryptogams, held by CAS in Guangzhou in March 1973.

Although myxomycetes and oomycetes do not belong to the Kingdom of Fungi in modern treatments, they have long been studied by mycologists. *Flora Fungorum Sinicorum* volumes including myxomycetes and oomycetes have been published, retaining for *Flora Fungorum Sinicorum* the traditional meaning of the term fungi.

Since the establishment of the editorial committee in 1973, compilation of Cryptogamic Flora of China and related studies have been supported financially by the CAS. The National Natural Science Foundation of China has taken an important part of the financial support since 1982. Under the direction of the committee, progress has been made in compilation and study of Cryptogamic Flora of China by organizing and coordinating the main research institutions and universities all over the country. Since 1993, study and compilation of the Chinese fauna, flora, and cryptogamic flora have become one of the key state projects of the National Natural Science Foundation with the combined support of the CAS and the National Science and Technology Ministry.

Cryptogamic Flora of China derives its results from the investigations, collections, and classification of Chinese cryptogams by using theories and methods of systematic and evolutionary biology as its guide. It is the summary of study on species diversity of cryptogams and provides important data for species protection. It is closely connected with human activities, environmental changes and even global changes. Cryptogamic Flora of

China is a comprehensive information bank concerning morphology, anatomy, physiology, biochemistry, ecology, and phytogeographical distribution. It includes a series of special monographs for using the biological resources in China, for scientific research, and for teaching.

China has complicated weather conditions, with a crisscross network of mountains and rivers, lakes of all sizes, and an extensive sea area. China is rich in terrestrial and aquatic cryptogamic resources. The development of taxonomic studies of cryptogams and the publication of Cryptogamic Flora of China in concert will play an active role in exploration and utilization of the cryptogamic resources of China and in promoting the development of cryptogamic studies in China.

C.K. Tseng
Editor-in-Chief
The Editorial Committee of the Cryptogamic Flora of China
Chinese Academy of Sciences
March, 2000 in Beijing

《中国真菌志》序

《中国真菌志》是在系统生物学原理和方法指导下，对中国真菌，即真菌界的子囊菌、担子菌、壶菌及接合菌四个门以及不属于真菌界的卵菌等三个门和黏菌及其类似的菌类生物进行搜集、考察和研究的成果。本志所谓“真菌”系广义概念，涵盖上述三大菌类生物(地衣型真菌除外)，即当今所称“菌物”。

中国先民认识并利用真菌作为生活、生产资料，历史悠久，经验丰富，诸如酒、醋、酱、红曲、豆豉、豆腐乳、豆瓣酱等的酿制，蘑菇、木耳、茭白作食用，茯苓、虫草、灵芝等作药用，在制革、纺织、造纸工业中应用真菌进行发酵，以及利用具有抗癌作用和促进碳素循环的真菌，充分显示其经济价值和生态效益。此外，真菌又是多种植物和人畜病害的病原菌，危害甚大。因此，对真菌物种的形态特征、多样性、生理生化、亲缘关系、区系组成、地理分布、生态环境以及经济价值等进行研究和描述，非常必要。这是一项重要的基础科学研究，也是利用益菌、控制害菌、化害为利、变废为宝的应用科学的源泉和先导。

中国是具有悠久历史的文明古国，古代科学技术一直处于世界前沿，真菌学也不例外。酒是真菌的代谢产物，中国酒文化博大精深、源远流长，有几千年历史。约在公元300年的晋代，江统在其《酒诰》诗中说：“酒之所兴，肇自上皇。或云仪狄，一曰杜康。有饭不尽，委余空桑。郁积成味，久蓄气芳。本出于此，不由奇方。”作者精辟地总结了我国酿酒历史和自然发酵方法，比意大利学者雷蒂(Radi，1860)提出微生物自然发酵法的学说约早1500年。在仰韶文化时期(5000～3000 B. C.)，我国先民已懂得采食蘑菇。中国历代古籍中均有食用菇蕈的记载，如宋代陈仁玉在其《菌谱》(1245)中记述浙江台州产鹅膏菌、松蕈等11种，并对其形态、生态、品级和食用方法等作了论述和分类，是中国第一部地方性食用蕈菌志。先民用真菌作药材也是一大创造，中国最早的药典《神农本草经》(成书于102～200 A. D.)所载365种药物中，有茯苓、雷丸、桑耳等10余种药用真菌的形态、色泽、性味和疗效的叙述。明代李时珍在《本草纲目》(1578)中，记载“三菌”、“五蕈”、“六芝”、“七耳”以及羊肚菜、桑黄、鸡纵、雪蚕等30 多种药用真菌。李时珍将菌、蕈、芝、耳集为一类论述，在当时尚无显微镜帮助的情况下，其认识颇为精深。该籍的真菌学知识，足可代表中国古代真菌学水平，堪与同时代欧洲人(如C. Clusius，1529～1609)的水平比拟而无逊色。

15世纪以后，居世界领先地位的中国科学技术逐渐落后。从18世纪中叶到20世纪40年代，外国传教士、旅行家、科学工作者、外交官、军官、教师以及负有特殊任务者，纷纷来华考察，搜集资料，采集标本，研究鉴定，发表论文或专辑。如法国传教士西博特(P.M. Cibot)1759年首先来到中国，一住就是25年，写过不少关于中国植物(含真菌)的文章，1775年他发表的五棱散尾菌(*Lysurus mokusin*)，是用现代科学方法研究发表的第一个中国真菌。继而，俄国的波塔宁(G.N. Potanin，1876)、意大利的吉拉迪(P. Giraldii，1890)、奥地利的汉德尔-马泽蒂(H. Handel-Mazzetti，1913)、美国的梅里尔(E.D. Merrill，1916)、瑞典的史密斯(H. Smith，1921)等共27人次来我国采集标本。研究发表中国真菌论著114篇册，作者多达60余人次，报道中国真菌2040种，其中含

10 新属、361 新种。东邻日本自 1894 年以来，特别是 1937 年以后，大批人员涌到中国，调查真菌资源及植物病害，采集标本，鉴定发表。据初步统计，发表论著 172 篇册，作者 67 人次以上，共报道中国真菌约 6000 种(有重复)，其中含 17 新属、1130 新种。其代表人物在华北有三宅市郎(1908)，东北有三浦道哉(1918)，台湾有泽田兼吉(1912)；此外，还有斋藤贤道、伊藤诚哉、平冢直秀、山本和太郎、逸见武雄等数十人。

国人用现代科学方法研究中国真菌始于 20 世纪初，最初工作多侧重于植物病害和工业发酵，纯真菌学研究较少。在一二十年代便有不少研究报告和学术论文发表在中外各种刊物上，如胡先骕 1915 年的“菌类鉴别法”，章祖纯 1916 年的“北京附近发生最盛之植物病害调查表”以及钱穟孙(1918)、邹钟琳(1919)、戴芳澜(1920)、李寅恭(1921)、朱凤美(1924)、孙豫寿(1925)、俞大绂(1926)、魏喦寿(1928)等的论文。三四十年代有陈鸿康、邓叔群、魏景超、凌立、周宗璜、欧世璜、方心芳、王云章、裘维蕃等发表的论文，为数甚多。他们中有的人终生或大半生都从事中国真菌学的科教工作，如戴芳澜(1893～1973)著“江苏真菌名录”(1927)、“中国真菌杂录”(1932～1939)、《中国已知真菌名录》(1936，1937)、《中国真菌总汇》(1979)和《真菌的形态和分类》(1987)等，他发表的“三角枫上白粉病菌之一新种”(1930)，是国人用现代科学方法研究、发表的第一个中国真菌新种。邓叔群(1902～1970)著“南京真菌之记载”(1932～1933)、“中国真菌续志”(1936～1938)、《中国高等真菌》(1939)和《中国的真菌》(1963)等，堪称《中国真菌志》的先导。上述学者以及其他许多真菌学工作者，为《中国真菌志》研编的起步奠定了基础。

在 20 世纪后半叶，特别是改革开放以来的 20 多年，中国真菌学有了迅猛的发展，如各类真菌学课程的开设，各级学位研究生的招收和培养，专业机构和学会的建立，专业刊物的创办和出版，地区真菌志的问世等，使真菌学人才辈出，为《中国真菌志》的研编输送了新鲜血液。1973 年中国科学院广州“三志”会议决定，《中国真菌志》的研编正式启动，1987 年由郑儒永、余永年等编辑出版了《中国真菌志》第 1 卷《白粉菌目》，至 2000 年已出版 14 卷。自第 2 卷开始实行主编负责制，2.《银耳目和花耳目》(刘波，1992)；3.《多孔菌科》(赵继鼎，1998)；4.《小煤炱目 Ⅰ》(胡炎兴，1996)；5.《曲霉属及其相关有性型》(齐祖同，1997)；6.《霜霉目》(余永年，1998)；7.《层腹菌目 黑腹菌目 高腹菌目》(刘波，1998)；8.《核盘菌科 地舌菌科》(庄文颖，1998)；9.《假尾孢属》(刘锡琎、郭英兰，1998)；10.《锈菌目(一)》(王云章、庄剑云，1998)；11.《小煤炱目 II》(胡炎兴，1999)；12.《黑粉菌科》(郭林，2000)；13.《虫霉目》(李增智，2000)；14.《灵芝科》(赵继鼎、张小青，2000)。盛世出巨著，在国家“科教兴国”英明政策的指引下，《中国真菌志》的研编和出版，定将为中华灿烂文化做出新贡献。

余永年
庄文颖 谨识

中国科学院微生物研究所

中国·北京·中关村

公元 2002 年 09 月 15 日

Foreword of Flora Fungorum Sinicorum

Flora Fungorum Sinicorum summarizes the achievements of Chinese mycologists based on principles and methods of systematic biology in intensive studies on the organisms studied by mycologists, which include non-lichenized fungi of the Kingdom Fungi, some organisms of the Chromista, such as oomycetes etc., and some of the Protozoa, such as slime molds. In this series of volumes, results from extensive collections, field investigations, and taxonomic treatments reveal the fungal diversity of China.

Our Chinese ancestors were very experienced in the application of fungi in their daily life and production. Fungi have long been used in China as food, such as edible mushrooms, including jelly fungi, and the hypertrophic stems of water bamboo infected with *Ustilago esculenta*; as medicines, like *Cordyceps sinensis* (caterpillar fungus), *Poria cocos* (China root), and *Ganoderma* spp. (lingzhi); and in the fermentation industry, for example, manufacturing liquors, vinegar, soy-sauce, *Monascus*, fermented soya beans, fermented bean curd, and thick broad-bean sauce. Fungal fermentation is also applied in the tannery, paperma-king, and textile industries. The anti-cancer compounds produced by fungi and functions of saprophytic fungi in accelerating the carbon-cycle in nature are of economic value and ecological benefits to human beings. On the other hand, fungal pathogens of plants, animals and human cause a huge amount of damage each year. In order to utilize the beneficial fungi and to control the harmful ones, to turn the harmfulness into advantage, and to convert wastes into valuables, it is necessary to understand the morphology, diversity, physiology, biochemistry, relationship, geographical distribution, ecological environment, and economic value of different groups of fungi.

China is a country with an ancient civilization of long standing. In ancient ancient times, her science and technology as well as knowledge of fungi stood in the leading position of the world. Wine is a metabolite of fungi. The Wine Culture history in China goes back to thousands of years ago, which has a distant source and a long stream of extensive knowledge and profound scholarship. In the Jin Dynasty (*ca.* 300 A.D.), JIANG Tong, the famous writer, gave a vivid account of the Chinese fermentation history and methods of wine processing in one of his poems entitled *Drinking Games* (Jiu Gao), 1500 years earlier than the theory of microbial fermentation in natural conditions raised by the Italian scholar, Radi (1860). During the period of the Yangshao Culture (5000—3000 B.C.), our Chinese ancestors knew how to eat mushrooms. There were a great number of records of edible mushrooms in Chinese ancient books. For example, back to the Song Dynasty, CHEN Ren-Yu (1245) published the *Mushroom Menu* (Jun Pu) in which he listed 11 species of edible fungi including *Amanita* sp. and *Tricholoma matsutake* from Taizhou, Zhejiang Province, and described in detail their morphology, habitats, taxonomy, taste, and way of cooking. This was the first local flora of the Chinese edible mushrooms. Fungi used as medicines originated in ancient China. The earliest Chinese pharmacopocia, *Shen-Nong Materia Medica* (Shen Nong Ben Cao Jing), was published in 102—200 A.D. Among the 365 medicines recorded, more than 10 fungi, such as *Poria cocos* and *Polyporus mylittae*, were included. Their fruitbody shape, color, taste, and medical functions were provided. The great pharmacist of Ming Dynasty, LI Shi-Zhen published his eminent work *Compendium Materia Medica* (Ben Cao Gang Mu) (1578) in which more than thirty fungal species were accepted as medicines, including *Aecidium mori*, *Cordyceps sinensis*, *Morchella* spp., *Termitomyces* sp., etc. Before the invention of microscope, he managed to bring fungi of different classes together, which demonstrated his intelligence and profound knowledge of biology.

After the 15th century, development of science and technology in China slowed down. From middle of the 18th century to the 1940's, foreign missionaries, tourists, scientists, diplomats, officers, and other professional workers visited China. They collected specimens of plants and fungi, carried out taxonomic studies, and published papers, exsi ccatae, and monographs based on Chinese materials. The French missionary, P.M. Cibot, came to China in 1759 and stayed for 25 years to investigate plants including fungi in different regions of China. Many papers were written by him. *Lysurus mokusin*, identified with modern techniques and published in 1775, was probably the first Chinese fungal record by these visitors. Subsequently, around 27 man-times of foreigners attended field excursions in China, such as G.N. Potanin from Russia in 1876, P. Giraldii from Italy in 1890, H. Handel-Mazzetti from Austria in 1913, E.D. Merrill from the United States in 1916, and H. Smith from Sweden in 1921. Based on examinations of the Chinese collections obtained, 2040 species including 10 new genera and 361 new species were reported or described in 114 papers and books. Since 1894, especially after 1937, many Japanese entered China. They investigated the fungal resources and plant diseases, collected specimens, and published their identification results. According to incomplete information, some 6000 fungal names (with synonyms) including 17 new genera and 1130 new species appeared in 172 publications. The main workers were I. Miyake (1908) in the Northern China, M. Miura (1918) in the Northeast, K. Sawada (1912) in Taiwan, as well as K. Saito, S. Ito, N. Hiratsuka, W. Yamamoto, T. Hemmi, etc.

Research by Chinese mycologists started at the turn of the 20th century when plant diseases and fungal fermentation were emphasized with very little systematic work. Scientific papers or experimental reports were published in domestic and international journals during the 1910's to 1920's. The best-known are "Identification of the fungi" by H.H. Hu in 1915, "Plant disease report from Peking and the adjacent regions" by C.S. Chang in 1916, and papers by S.S. Chian (1918), C.L. Chou (1919), F.L. Tai (1920), Y.G. Li (1921), V.M. Chu (1924), Y.S. Sun (1925), T.F. Yu (1926), and N.S. Wei (1928). Mycologists who were active at the 1930's to 1940's are H.K. Chen, S.C. Teng, C.T. Wei, L. Ling, C.H. Chow, S.H. Ou, S.F. Fang, Y.C. Wang, W.F. Chiu, and others. Some of them dedicated their lifetime to research and teaching in mycology. Prof. F.L. Tai (1893—1973) is one of them, whose representative works were "List of fungi from Jiangsu"(1927), "Notes on Chinese fungi"(1932—1939), *A List of Fungi Hitherto Known from China* (1936, 1937), *Sylloge Fungorum Sinicorum* (1979), *Morphology and Taxonomy of the Fungi* (1987), etc. His paper entitled "A new species of *Uncinula* on *Acer trifidum* Hook. & Arn." (1930) was the first new species described by a Chinese mycologist. Prof. S.C. Teng (1902—1970) is also an eminent teacher. He published "Notes on fungi from Nanking" in 1932—1933, "Notes on Chinese fungi" in 1936—1938, *A Contribution to Our Knowledge of the Higher Fungi of China* in 1939, and *Fungi of China* in 1963. Work done by the above-mentioned scholars lays a foundation for our current project on *Flora Fungorum Sinicorum*.

Significant progress has been made in development of Chinese mycology since 1978. Many mycological institutions were founded in different areas of the country. The Mycological Society of China was established, the journals *Acta Mycological Sinica* and *Mycosystema* were published as well as local floras of the economically important fungi. A young generation in field of mycology grew up through postgraduate training programs in the graduate schools. In 1973, an important meeting organized by the Chinese Academy of Sciences was held in Guangzhou (Canton) and a decision was made, uniting the related scientists from all over China to initiate the long term project "Fauna, Flora, and Cryptogamic Flora of China". Work on *Flora Fungorum Sinicorum* thus started. The first volume of Chinese Mycoflora on the Erysiphales (edited by R.Y. Zheng & Y.N. Yu, 1987) appeared. Up to now, 14 volumes have been published: Tremellales and Dacrymycetales edited by B. Liu (1992), Polyporaceae by J.D. Zhao (1998), Meliolales Part I (Y.X. Hu, 1996), *Aspergillus* and its related teleomorphs (Z.T. Qi, 1997), Peronosporales (Y.N. Yu, 1998), Hymenogastrales, Melanogastrales and Gautieriales (B. Liu, 1998), Sclerotiniaceae and Geoglossaceae (W.Y. Zhuang, 1998), *Pseudocercospora* (X.J. Liu & Y.L. Guo, 1998), Uredinales Part I (Y.C. Wang & J.Y. Zhuang, 1998), Meliolales Part II (Y.X. Hu, 1999), Ustilaginaceae (L. Guo, 2000), Entomophthorales (Z.Z. Li, 2000), and Ganodermataceae (J.D. Zhao & X.Q. Zhang, 2000). We eagerly await the coming volumes and expect the completion of Flora *Fungorum Sinicorum* which will reflect the flourishing of Chinese culture.

Y.N. Yu and W.Y. Zhuang
Institute of Microbiology, CAS, Beijing
September 15, 2002

致 谢

在本卷中，作者引用了采自我国各地、现存于国内外有关标本馆（室）的牛肝菌类标本，其中部分是由我国几代真菌学家在长期的野外考察中积累的，没有他们的多年积累，难以全面完成本卷的编研工作。

在编研中，作者得到了国内外许多专家、同行的大力支持。中国科学院微生物研究所郭林、吕红梅、卯晓岚、孙述霄、王新存、魏江春、魏铁铮、文华安、姚一建、朱向菲及庄文颖等，对本项工作给予了多方面的大力支持。广东省科学院微生物研究所邓旺秋、李泰辉、张明等，为作者研究其单位标本馆收藏的标本提供了许多便利，特别是张明还为本卷提供了几个物种的彩色照片。吉林农业大学李玉和图力古尔为作者借阅其单位标本馆标本给予了鼎力支持。中山大学李方为本项编研工作提供了很多有价值的标本和照片。湖南师范大学陈作红和张平、首都师范大学侯成林及西南科技大学贺新生曾将其采集的牛肝菌类标本赠予我们研究。我国台湾自然科学博物馆吴声华为作者研究其单位馆藏标本提供了各种方便；南台科技大学的陈启桢为作者在台湾采集真菌标本作了精心安排；台湾省特有生物研究保育中心陈建名帮助采集了台湾的部分牛肝菌类标本。中国科学院昆明植物研究所臧穆生前对本项目给予了殷切期望和反复激励，黎兴江、刘培贵、王立松、王向华等提供了各种支持，蔡箐、崔杨洋、葛再伟、郝艳佳、刘晓斌、秦姣、时晓菲、唐丽萍、于富强、赵琪等为本研究采集了部分标本。加拿大的徐建平 (J. Xu)，德国的 G.W. Kost、F. Oberwinkler 和 K.-H. Rexer，美国的 R.E. Halling、D.E. Boufford 和 D.H. Pfister，日本的土居祥兑 (Y. Doi)、保坂健太郎 (K. Hosaka)、细矢刚 (T. Hosoya)、前川二太郎 (N. Maekawa)、长沢栄史 (E. Nagasawa) 和奥地利的 E. Horak 给予了许多帮助。

国内外有关标本馆为作者借用、赠送或交换了不少重要标本，使作者对国外部分物种有了较为深入的认识。它们是：中国科学院昆明植物研究所隐花植物标本馆 (HKAS)、中国科学院微生物研究所菌物标本馆 (HMAS)、中国广东省科学院微生物研究所真菌标本馆 (GDGM)、中国吉林农业大学菌物标本馆 (HMJAU)、中国海南医学院真菌标本馆 (FHMU)、中国台湾自然科学博物馆标本馆 (TNM)，美国哈佛大学隐花植物 Farlow 标本馆 (FH)、纽约植物园标本馆 (NY)、英国皇家植物园邱园标本馆 (K)、日本国立自然与科学博物馆植物研究部标本馆 (TNS) 和奥地利维也纳大学植物研究所标本馆 (WU)。

李泰辉和图力古尔对本卷稿件作了审稿，并提出了宝贵的修改建议。在终审时，稿件又经庄文颖仔细审阅并提出了有价值的完善意见。在编写和校稿过程中，王新存和郑焕娣给予了诸多帮助。国家自然科学基金委员会、科技部、中国科学院、中国科学院中国孢子植物志编辑委员会、中国科学院昆明植物研究所东亚植物多样性与生物地理学重点实验室、云南省真菌多样性与绿色发展重点实验室和云南省总工会劳模创新工作室为本研究提供了必要的经费或工作条件。本卷部分研究工作得到了中国科学院国际合作局对外合作重点项目（No. 151853KYSB20170026）和云南省“万人计划”云岭学者项目的资助。

由于业务水平和时间所限，在本卷中一定存在缺点和遗漏，敬请读者提出宝贵意见，以便再版时修订和完善。

本卷编研分工

通论	杨祝良
薄瓤牛肝菌属 *Baorangia*	吴刚
牛肝菌属 *Boletus*	冯邦和杨祝良
黄肉牛肝菌属 *Butyriboletus*	赵宽、曾念开和杨祝良
美柄牛肝菌属 *Caloboletus*	赵宽、曾念开和杨祝良
橙牛肝菌属 *Crocinoboletus*	曾念开和杨祝良
厚瓤牛肝菌属 *Hourangia*	朱学泰和杨祝良
褐牛肝菌属 *Imleria*	朱学泰和杨祝良
兰茂牛肝菌属 *Lanmaoa*	吴刚、曾念开和杨祝良
黏盖牛肝菌属 *Mucilopilus*	李艳春
新牛肝菌属 *Neoboletus*	曾念开和吴刚
小绒盖牛肝菌属 *Parvixerocomus*	吴刚和杨祝良
褶孔牛肝菌属 *Phylloporus*	曾念开和杨祝良
红孢牛肝菌属 *Porphyrellus*	李艳春和杨祝良
拟南方牛肝菌属 *Pseudoaustroboletus*	李艳春
网柄牛肝菌属 *Retiboletus*	李艳春、曾念开和杨祝良
红孔牛肝菌属 *Rubroboletus*	赵宽和杨祝良
皱盖牛肝菌属 *Rugiboletus*	吴刚
异色牛肝菌属 *Sutorius*	李艳春和曾念开
粉孢牛肝菌属 *Tylopilus*	李艳春、曾念开和杨祝良
垂边红孢牛肝菌属 *Veloporphyrellus*	李艳春和杨祝良
红绒盖牛肝菌属 *Xerocomellus*	朱学泰和杨祝良
绒盖牛肝菌属 *Xerocomus*	朱学泰和杨祝良
臧氏牛肝菌属 *Zangia*	李艳春和杨祝良
统稿	杨祝良

Auctores

Introductio	Yang Zhu-Liang
Baorangia	Wu Gang
Boletus	Feng Bang & Yang Zhu-Liang
Butyriboletus	Zhao Kuan, Zeng Nian-Kai & Yang Zhu-Liang
Caloboletus	Zhao Kuan, Zeng Nian-Kai & Yang Zhu-Liang
Crocinoboletus	Zeng Nian-Kai & Yang Zhu-Liang
Hourangia	Zhu Xue-Tai & Yang Zhu-Liang
Imleria	Zhu Xue-Tai & Yang Zhu-Liang
Lanmaoa	Wu Gang, Zeng Nian-Kai & Yang Zhu-Liang
Mucilopilus	Li Yan-Chun
Neoboletus	Zeng Nian-Kai & Wu Gang
Parvixerocomus	Wu Gang & Yang Zhu-Liang
Phylloporus	Zeng Nian-Kai & Yang Zhu-Liang
Porphyrellus	Li Yan-Chun & Yang Zhu-Liang
Pseudoaustroboletus	Li Yan-Chun
Retiboletus	Li Yan-Chun, Zeng Nian-Kai & Yang Zhu-Liang
Rubroboletus	Zhao Kuan & Yang Zhu-Liang
Rugiboletus	Wu Gang
Sutorius	Li Yan-Chun & Zeng Nian-Kai
Tylopilus	Li Yan-Chun, Zeng Nian-Kai & Yang Zhu-Liang
Veloporphyrellus	Li Yan-Chun & Yang Zhu-Liang
Xerocomellus	Zhu Xue-Tai & Yang Zhu-Liang
Xerocomus	Zhu Xue-Tai & Yang Zhu-Liang
Zangia	Li Yan-Chun & Yang Zhu-Liang
Editio	Yang Zhu-Liang

目　录

序
中国孢子植物志总序
《中国真菌志》序
致谢
本卷编研分工
通论 …… 1
　一、生态价值和经济价值 …… 1
　二、材料与方法 …… 2
　三、形态与结构 …… 4
　四、生态与分布 …… 9
　五、系统分类研究进展 …… 10
　六、我国牛肝菌科分类研究简史 …… 11
专论 …… 13
　牛肝菌科 BOLETACEAE Chevall. …… 13
　　薄瓤牛肝菌属 *Baorangia* G. Wu & Zhu L. Yang …… 15
　　　大果薄瓤牛肝菌 *Baorangia major* Raspé & Vadthanarat …… 16
　　　薄瓤牛肝菌 *Baorangia pseudocalopus* (Hongo) G. Wu & Zhu L. Yang …… 17
　　牛肝菌属 *Boletus* L. …… 18
　　　白牛肝菌 *Boletus bainiugan* Dentinger …… 20
　　　葡萄牛肝菌 *Boletus botryoides* B. Feng, Yang Y. Cui, J.P. Xu & Zhu L. Yang …… 21
　　　美味牛肝菌 *Boletus edulis* Bull. …… 23
　　　栎生牛肝菌 *Boletus fagacicola* B. Feng, Yang Y. Cui, J.P. Xu & Zhu L. Yang …… 24
　　　灰盖牛肝菌 *Boletus griseiceps* B. Feng, Yang Y. Cui, J.P. Xu & Zhu L. Yang …… 25
　　　栗褐牛肝菌 *Boletus monilifer* B. Feng, Yang Y. Cui, J.P. Xu & Zhu L. Yang …… 26
　　　东方白牛肝菌 *Boletus orientialbus* N.K. Zeng & Zhu L. Yang …… 28
　　　网盖牛肝菌 *Boletus reticuloceps* (M. Zang, M.S. Yuan & M.Q. Gong) Q.B. Wang & Y.J. Yao …… 29
　　　食用牛肝菌 *Boletus shiyong* Dentinger …… 30
　　　中华美味牛肝菌 *Boletus sinoedulis* B. Feng, Yang Y. Cui, J.P. Xu & Zhu L. Yang …… 32
　　　拟紫牛肝菌 *Boletus subviolaceofuscus* B. Feng, Yang Y. Cui, J.P. Xu & Zhu L. Yang …… 33
　　　类粉孢牛肝菌 *Boletus tylopilopsis* B. Feng, Yang Y. Cui, J.P. Xu & Zhu L. Yang …… 34
　　　褐盖牛肝菌 *Boletus umbrinipileus* B. Feng, Yang Y. Cui, J.P. Xu & Zhu L. Yang …… 35
　　　紫牛肝菌 *Boletus violaceofuscus* W.F. Chiu …… 36

黏盖牛肝菌 *Boletus viscidiceps* B. Feng, Yang Y. Cui, J.P. Xu & Zhu L. Yang ······ 38
黄肉牛肝菌属 *Butyriboletus* D. Arora & J.L. Frank ······ 39
海南黄肉牛肝菌 *Butyriboletus hainanensis* N.K. Zeng, Zhi Q. Liang & S. Jiang ······ 40
年来黄肉牛肝菌 *Butyriboletus huangnianlaii* N.K. Zeng, H. Chai & Zhi Q. Liang ······ 41
黄柄黄肉牛肝菌 *Butyriboletus pseudospeciosus* Kuan Zhao & Zhu L. Yang ······ 42
玫黄黄肉牛肝菌 *Butyriboletus roseoflavus* (Hai B. Li & Hai L. Wei) D. Arora & J.L. Frank ······ 44
血红黄肉牛肝菌 *Butyriboletus ruber* (M. Zang) K. Wu, G. Wu & Zhu L. Yang ······ 45
撒尼黄肉牛肝菌 *Butyriboletus sanicibus* D. Arora & J.L. Frank ······ 47
黄褐黄肉牛肝菌 *Butyriboletus subsplendidus* (W.F. Chiu) Kuan Zhao, G. Wu & Zhu L. Yang ······ 48
彝食黄肉牛肝菌 *Butyriboletus yicibus* D. Arora & J.L. Frank ······ 49
美柄牛肝菌属 *Caloboletus* Vizzini ······ 51
关羽美柄牛肝菌 *Caloboletus guanyui* N.K. Zeng, H. Chai & S. Jiang ······ 51
毡盖美柄牛肝菌 *Caloboletus panniformis* (Taneyama & Har. Takah.) Vizzini ······ 53
戴氏美柄牛肝菌 *Caloboletus taienus* (W.F. Chiu) Ming Zhang & T.H. Li ······ 54
象头山美柄牛肝菌 *Caloboletus xiangtoushanensis* Ming Zhang, T.H. Li & X.J. Zhong ······ 56
云南美柄牛肝菌 *Caloboletus yunnanensis* Kuan Zhao & Zhu L. Yang ······ 57
橙牛肝菌属 *Crocinoboletus* N.K. Zeng, Zhu L. Yang & G. Wu ······ 58
艳丽橙牛肝菌 *Crocinoboletus laetissimus* (Hongo) N.K. Zeng, Zhu L. Yang & G. Wu ······ 59
橙牛肝菌 *Crocinoboletus rufoaureus* (Massee) N.K. Zeng, Zhu L. Yang & G. Wu ······ 60
厚瓤牛肝菌属 *Hourangia* Xue T. Zhu & Zhu L. Yang ······ 61
厚瓤牛肝菌 *Hourangia cheoi* (W.F. Chiu) Xue T. Zhu & Zhu L. Yang ······ 62
小果厚瓤牛肝菌 *Hourangia microcarpa* (Corner) G. Wu, Xue T. Zhu & Zhu L. Yang ······ 64
芝麻厚瓤牛肝菌 *Hourangia nigropunctata* (W.F. Chiu) Xue T. Zhu & Zhu L. Yang ······ 65
褐牛肝菌属 *Imleria* Vizzini ······ 67
暗褐牛肝菌 *Imleria obscurebrunnea* (Hongo) Xue T. Zhu & Zhu L. Yang ······ 68
小褐牛肝菌 *Imleria parva* Xue T. Zhu & Zhu L. Yang ······ 69
亚高山褐牛肝菌 *Imleria subalpina* Xue T. Zhu & Zhu L. Yang ······ 70
兰茂牛肝菌属 *Lanmaoa* G. Wu & Zhu L. Yang ······ 71
窄孢兰茂牛肝菌 *Lanmaoa angustispora* G. Wu & Zhu L. Yang ······ 72
兰茂牛肝菌 *Lanmaoa asiatica* G. Wu & Zhu L. Yang ······ 73
大盖兰茂牛肝菌 *Lanmaoa macrocarpa* N.K. Zeng, H. Chai & S. Jiang ······ 75
红盖兰茂牛肝菌 *Lanmaoa rubriceps* N.K. Zeng & H. Chai ······ 76
黏盖牛肝菌属 *Mucilopilus* Wolfe ······ 78
假栗色黏盖牛肝菌 *Mucilopilus paracastaneiceps* Yan C. Li & Zhu L. Yang ······ 78
新牛肝菌属 *Neoboletus* Gelardi, Simonini & Vizzini ······ 79
茶褐新牛肝菌 *Neoboletus brunneissimus* (W.F. Chiu) Gelardi, Simonini & Vizzini ······ 81
锈柄新牛肝菌 *Neoboletus ferrugineus* (G. Wu, Fang Li & Zhu L. Yang) N.K. Zeng, H. Chai & Zhi Q. Liang ······ 82
黄孔新牛肝菌 *Neoboletus flavidus* (G. Wu & Zhu L. Yang) N.K. Zeng, H. Chai & Zhi Q. Liang

······ 84
海南新牛肝菌 *Neoboletus hainanensis* (T.H. Li & M. Zang) N.K. Zeng, H. Chai & Zhi Q. Liang ······ 85
华丽新牛肝菌 *Neoboletus magnificus* (W.F. Chiu) Gelardi, Simonini & Vizzini ······ 87
密鳞新牛肝菌 *Neoboletus multipunctatus* N.K. Zeng, H. Chai & S. Jiang ······ 89
暗褐新牛肝菌 *Neoboletus obscureumbrinus* (Hongo) N.K. Zeng, H. Chai & Zhi Q. Liang ······ 90
红孔新牛肝菌 *Neoboletus rubriporus* (G. Wu & Zhu L. Yang) N.K. Zeng, H. Chai & Zhi Q. Liang ······ 92
拟血红新牛肝菌 *Neoboletus sanguineoides* (G. Wu & Zhu L. Yang) N.K. Zeng, H. Chai & Zhi Q. Liang ······ 93
血红新牛肝菌 *Neoboletus sanguineus* (G. Wu & Zhu L. Yang) N.K. Zeng, H. Chai & Zhi Q. Liang ······ 95
西藏新牛肝菌 *Neoboletus thibetanus* (Shu R. Wang & Yu Li) Zhu L. Yang, B. Feng & G. Wu ······ 96
绒柄新牛肝菌 *Neoboletus tomentulosus* (M. Zang, W.P. Liu & M.R. Hu) N.K. Zeng, H. Chai & Zhi Q. Liang ······ 98
有毒新牛肝菌 *Neoboletus venenatus* (Nagas.) G. Wu & Zhu L. Yang ······ 100
新牛肝菌属附录 ······ 101
中华新牛肝菌 *Neoboletus sinensis* (T.H. Li & M. Zang) Gelardi, Simonini & Vizzini ······ 101
小绒盖牛肝菌属 *Parvixerocomus* G. Wu & Zhu L. Yang ······ 101
青木氏小绒盖牛肝菌 *Parvixerocomus aokii* (Hongo) G. Wu, N.K. Zeng & Zhu L. Yang ······ 102
小绒盖牛肝菌 *Parvixerocomus pseudoaokii* G. Wu, Kuan Zhao & Zhu L. Yang ······ 103
褶孔牛肝菌属 *Phylloporus* Quél. ······ 104
美丽褶孔牛肝菌 *Phylloporus bellus* (Massee) Corner ······ 106
褐盖褶孔牛肝菌 *Phylloporus brunneiceps* N.K. Zeng, Zhu L. Yang & L.P. Tang ······ 107
鳞盖褶孔牛肝菌 *Phylloporus imbricatus* N.K. Zeng, Zhu L. Yang & L.P. Tang ······ 109
潞西褶孔牛肝菌 *Phylloporus luxiensis* M. Zang ······ 111
斑盖褶孔牛肝菌 *Phylloporus maculatus* N.K. Zeng, Zhu L. Yang & L.P. Tang ······ 113
厚囊褶孔牛肝菌 *Phylloporus pachycystidiatus* N.K. Zeng, Zhu L. Yang & L.P. Tang ······ 114
小孢褶孔牛肝菌 *Phylloporus parvisporus* Corner ······ 116
粉被褶孔牛肝菌 *Phylloporus pruinatus* Kuan Zhao & N.K. Zeng ······ 118
淡红褶孔牛肝菌 *Phylloporus rubeolus* N.K. Zeng, Zhu L. Yang & L.P. Tang ······ 119
红果褶孔牛肝菌 *Phylloporus rubiginosus* M.A. Neves & Halling ······ 121
红鳞褶孔牛肝菌 *Phylloporus rubrosquamosus* N.K. Zeng, Zhu L. Yang & L.P. Tang ······ 122
变红褶孔牛肝菌 *Phylloporus rufescens* Corner ······ 124
云南褶孔牛肝菌 *Phylloporus yunnanensis* N.K. Zeng, Zhu L. Yang & L.P. Tang ······ 126
红孢牛肝菌属 *Porphyrellus* E.-J. Gilbert ······ 128
栗色红孢牛肝菌 *Porphyrellus castaneus* Yan C. Li & Zhu L. Yang ······ 128
蓝绿红孢牛肝菌 *Porphyrellus cyaneotinctus* (A.H. Sm. & Thiers) Singer ······ 130
东方烟色红孢牛肝菌 *Porphyrellus orientifumosipes* Yan C. Li & Zhu L. Yang ······ 131

红孢牛肝菌 *Porphyrellus porphyrosporus* (Fr. & Hök) E.-J. Gilbert ······ 133
拟南方牛肝菌属 *Pseudoaustroboletus* Yan C. Li & Zhu L. Yang ······ 134
拟南方牛肝菌 *Pseudoaustroboletus valens* (Corner) Yan C. Li & Zhu L. Yang ······ 135
网柄牛肝菌属 *Retiboletus* Manfr. Binder & Bresinsky ······ 136
黑网柄牛肝菌 *Retiboletus ater* Yan C. Li & T. Bau ······ 137
褐网柄牛肝菌 *Retiboletus brunneolus* Yan C. Li & Zhu L. Yang ······ 139
暗褐网柄牛肝菌 *Retiboletus fuscus* (Hongo) N.K. Zeng & Zhu L. Yang ······ 140
考夫曼网柄牛肝菌 *Retiboletus kauffmanii* (Lohwag) N.K. Zeng & Zhu L. Yang ······ 141
黑灰网柄牛肝菌 *Retiboletus nigrogriseus* N.K. Zeng, S. Jiang & Zhi Q. Liang ······ 143
厚皮网柄牛肝菌 *Retiboletus pseudogriseus* N.K. Zeng & Zhu L. Yang ······ 145
中华网柄牛肝菌 *Retiboletus sinensis* N.K. Zeng & Zhu L. Yang ······ 146
中华灰网柄牛肝菌 *Retiboletus sinogriseus* Yan C. Li & T. Bau ······ 147
张飞网柄牛肝菌 *Retiboletus zhangfeii* N.K. Zeng & Zhu L. Yang ······ 149
红孔牛肝菌属 *Rubroboletus* Kuan Zhao & Zhu L. Yang ······ 150
可食红孔牛肝菌 *Rubroboletus esculentus* Kuan Zhao, Hui M. Shao & Zhu L. Yang ······ 151
宽孢红孔牛肝菌 *Rubroboletus latisporus* Kuan Zhao & Zhu L. Yang ······ 153
红孔牛肝菌 *Rubroboletus sinicus* (W.F. Chiu) Kuan Zhao & Zhu L. Yang ······ 154
皱盖牛肝菌属 *Rugiboletus* G. Wu & Zhu L. Yang ······ 155
褐孔皱盖牛肝菌 *Rugiboletus brunneiporus* G. Wu & Zhu L. Yang ······ 156
皱盖牛肝菌 *Rugiboletus extremiorientalis* (Lj. N. Vassiljeva) G. Wu & Zhu L. Yang ······ 157
异色牛肝菌属 *Sutorius* Halling, Nuhn & N.A. Fechner ······ 159
高山异色牛肝菌 *Sutorius alpinus* Yan C. Li & Zhu L. Yang ······ 159
淡红异色牛肝菌 *Sutorius subrufus* N.K. Zeng, H. Chai & S. Jiang ······ 161
粉孢牛肝菌属 *Tylopilus* P. Karst. ······ 162
高山粉孢牛肝菌 *Tylopilus alpinus* Yan C. Li & Zhu L. Yang ······ 163
肉色粉孢牛肝菌 *Tylopilus argillaceus* Hongo ······ 165
黑紫粉孢牛肝菌 *Tylopilus atripurpureus* (Corner) E. Horak ······ 166
黑栗褐粉孢牛肝菌 *Tylopilus atroviolaceobrunneus* Yan C. Li & Zhu L. Yang ······ 168
褐红粉孢牛肝菌 *Tylopilus brunneirubens* (Corner) Watling & E. Turnbull ······ 169
粉孢牛肝菌 *Tylopilus felleus* (Bull.) P. Karst. ······ 171
灰紫粉孢牛肝菌 *Tylopilus griseipurpureus* (Corner) E. Horak ······ 172
新苦粉孢牛肝菌 *Tylopilus neofelleus* Hongo ······ 174
大津粉孢牛肝菌 *Tylopilus otsuensis* Hongo ······ 175
类铅紫粉孢牛肝菌 *Tylopilus plumbeoviolaceoides* T.H. Li, B. Song & Y.H. Shen ······ 177
黄盖粉孢牛肝菌 *Tylopilus pseudoballoui* D. Chakr., K. Das & Vizzini ······ 178
浅红粉孢牛肝菌 *Tylopilus vinaceipallidus* (Corner) T.W. Henkel ······ 179
紫褐粉孢牛肝菌 *Tylopilus violaceobrunneus* Yan C. Li & Zhu L. Yang ······ 180
蓝绿粉孢牛肝菌 *Tylopilus virescens* (Har. Takah. & Taneyama) N.K. Zeng, H. Chai & Zhi Q. Liang ······ 182

垂边红孢牛肝菌属 *Veloporphyrellus* L.D. Gómez & Singer …… 183
高山垂边红孢牛肝菌 *Veloporphyrellus alpinus* Yan C. Li & Zhu L. Yang …… 184
纤细垂边红孢牛肝菌 *Veloporphyrellus gracilioides* Yan C. Li & Zhu L. Yang …… 186
拟热带垂边红孢牛肝菌 *Veloporphyrellus pseudovelatus* Yan C. Li & Zhu L. Yang …… 187
热带垂边红孢牛肝菌 *Veloporphyrellus velatus* (Rostr.) Yan C. Li & Zhu L. Yang …… 189
红绒盖牛肝菌属 *Xerocomellus* Šutara …… 190
泛生红绒盖牛肝菌 *Xerocomellus communis* Xue T. Zhu & Zhu L. Yang …… 191
柯氏红绒盖牛肝菌 *Xerocomellus corneri* Xue T. Zhu & Zhu L. Yang …… 192
臧氏牛肝菌属 *Zangia* Yan C. Li & Zhu L. Yang …… 194
黄褐臧氏牛肝菌 *Zangia chlorinosma* (Wolfe & Bougher) Yan C. Li & Zhu L. Yang …… 195
橙黄臧氏牛肝菌 *Zangia citrina* Yan C. Li & Zhu L. Yang …… 196
红盖臧氏牛肝菌 *Zangia erythrocephala* Yan C. Li & Zhu L. Yang …… 198
橄榄色臧氏牛肝菌 *Zangia olivacea* Yan C. Li & Zhu L. Yang …… 200
橄榄褐臧氏牛肝菌 *Zangia olivaceobrunnea* Yan C. Li & Zhu L. Yang …… 202
臧氏牛肝菌 *Zangia roseola* (W.F. Chiu) Yan C. Li & Zhu L. Yang …… 203
补遗 …… 206
绒盖牛肝菌属 *Xerocomus* Quél. …… 206
兄弟绒盖牛肝菌 *Xerocomus fraternus* Xue T. Zhu & Zhu L. Yang …… 207
褐脚绒盖牛肝菌 *Xerocomus fulvipes* Xue T. Zhu & Zhu L. Yang …… 208
小盖绒盖牛肝菌 *Xerocomus microcarpoides* (Corner) E. Horak …… 209
喜杉绒盖牛肝菌 *Xerocomus piceicola* M. Zang & M.S. Yuan …… 211
紫孔绒盖牛肝菌 *Xerocomus puniceiporus* T.H. Li, Ming Zhang & T. Bau …… 212
小粗头绒盖牛肝菌 *Xerocomus rugosellus* (W.F. Chiu) F.L. Tai …… 213
亚小绒盖牛肝菌 *Xerocomus subparvus* Xue T. Zhu & Zhu L. Yang …… 215
细绒盖牛肝菌 *Xerocomus velutinus* Xue T. Zhu & Zhu L. Yang …… 216
云南绒盖牛肝菌 *Xerocomus yunnanensis* (W.F. Chiu) F.L. Tai …… 218
参考文献 …… 220
索引 …… 231
真菌汉名索引 …… 231
真菌学名索引 …… 235
图版

通 论

牛肝菌科 (Boletaceae) 隶属于真菌界担子菌门 (Basidiomycota) 蘑菇纲 (Agaricomycetes) 牛肝菌目 (Boletales)。本卷采用的“牛肝菌科”的概念是 Binder 和 Hibbett (2007) 界定的范畴。该科真菌的个体 (担子果) 因颜色和质地常类似于牛的肝脏，故而得其中文名“牛肝菌”(兰茂, 1436)。牛肝菌担子果 (basidiome) 肉质，子实层体管口状 (稀褶状或迷路状)，菌管菌髓常胶质化，担孢子印多为橄榄色至红褐色。据作者统计，该科全球已知 80 余属 800 余种，具有重要的生态价值和经济价值。

一、生态价值和经济价值

牛肝菌科真菌几乎全部为树木的外生菌根真菌，在世界各地与壳斗科 (Fagaceae)、松科 (Pinaceae) 等十余科植物根系形成互惠互利的菌根共生关系 (Rinaldi *et al.*, 2008；Eastwood *et al.*, 2011；Gao *et al.*, 2015；Han *et al.*, 2018)。甚至在我国西南的高山草甸上，在嵩草属 (*Kobresia*) 植物的根上，都有牛肝菌与之形成外生菌根关系 (Gao and Yang, 2010)。共生关系可提高植物的成活率及抗逆性，在森林生态系统和草甸生态系统安全、植被修复及水土保持中具有不可替代的重要生态价值 (van der Heijden, 1998；梁宇等, 2002；Kernaghan, 2005；Tedersoo *et al.*, 2010；徐丽娟等, 2012)。因此，牛肝菌在生态系统中的作用不言而喻。

在牛肝菌科中，有大量经济真菌，多数种的担子果可食用，有的可药用 (裘维蕃, 1957；应建浙等, 1982；臧穆, 2006, 2013；Noordeloos *et al.*, 2018)。许多物种因风味独特而成为世界各地的重要野生食用菌，如美味牛肝菌 (*Boletus edulis* Bull.) 及其近缘种就是欧美许多国家十分重要的食用菌资源 (应建浙等, 1982；李泰辉和宋斌, 2002a；Dentinger *et al.*, 2010；Noordeloos *et al.*, 2018)。在我国，除了美味牛肝菌及其近缘种外，还有其他一些重要物种，是市场上最为常见的野生食用菌。例如，在滇中高原，“红葱”(兰茂牛肝菌 *Lanmaoa asiatica* G. Wu & Zhu L. Yang)、“白葱” [玫黄黄肉牛肝菌 *Butyriboletus roseoflavus* (Hai B. Li & Hai L. Wei) D. Arora & J.L. Frank]、“见手青” [华丽新牛肝菌 *Neoboletus magnificus* (W.F. Chiu) Gelardi *et al.*、黄孔新牛肝菌 *N. flavidus* (G. Wu & Zhu L. Yang) N.K. Zeng *et al.* 等]、“黄癞头” [皱盖牛肝菌 *Rugiboletus extremiorientalis* (Lj. N. Vassiljeva) G. Wu & Zhu L. Yang]、“黑 (褐) 牛肝” [茶褐新牛肝菌 *Neoboletus brunneissimus* (W.F. Chiu) Gelardi *et al.*、暗褐新牛肝菌 *N. obscureumbrinus* (Hongo) N.K. Zeng *et al.*、暗褐网柄牛肝菌 *Retiboletus fuscus* (Hongo) N.K. Zeng & Zhu L. Yang 等] 等就是家喻户晓的食用牛肝菌。在国内外很多自由市场上牛肝菌鲜品美不胜收，在超市里牛肝菌干品琳琅满目，这充分显示出牛肝菌重要的经济价值。

在牛肝菌科中，有些物种是有毒的。例如，东亚分布的有毒新牛肝菌 [*Neoboletus*

venenatus (Nagas.) G. Wu & Zhu L. Yang] 和欧洲常见的撒旦红孔牛肝菌 [*Rubroboletus satanas* (Lenz) Kuan Zhao & Zhu L. Yang] 就是著名的毒菌，误食常会引起中毒甚至死亡 (Benjamin, 1995；李泰辉和宋斌, 2002b；Matsuura *et al.*, 2007；李海蛟等，2022)。另外，云南人俗称的“红葱”、“白葱”和“见手青”常因为烹调加工不透或生食，引起致幻性中毒。而毡盖美柄牛肝菌[*Caloboletus panniformis* (Taneyama & Har. Takah.) Vizzini]、戴氏美柄牛肝菌[*C. taienus* (W.F. Chiu) Ming Zhang & T.H. Li]、象头山美柄牛肝菌 (*C. xiangtoushanensis* Ming Zhang *et al.*)、云南美柄牛肝菌 (*C. yunnanensis* Kuan Zhao & Zhu L. Yang)、粉孢牛肝菌 [*Tylopilus felleus* (Bull.) P. Karst.] 及新苦粉孢牛肝菌 (*T. neofelleus* Hongo) 等常导致肠胃炎型中毒 (陈作红等, 2016；李海蛟等，2022)。

总之，研究牛肝菌科真菌，对该科资源的利用及预防毒菌中毒都具有重要的现实意义。

二、材料与方法

依据真菌系统学和分类学的原理，野外考察和室内研究相结合，对我国牛肝菌科真菌标本外部性状 (如担子果的大小、颜色、气味、受伤后是否变色等) 和内部特征 (如菌盖表皮、囊状体及担孢子的形状大小、担孢子光滑与否等) 进行仔细研究，准确描述和绘制各种的重要显微结构。对那些与欧洲、北美洲的某些物种相似的种，除与文献记载的特征相比较外，还需研究欧美的有关标本，找出异同点。对形态特征容易混淆的种类或分类困难的类群，有必要作分子系统发育研究，切实认识此类真菌的物种多样性和亲缘关系，以澄清我国此类真菌的分类混乱。

(一) 野外考察与标本采集

在野外考察中，要关注牛肝菌周围的树种，判断与牛肝菌可能形成共生关系的树种是哪些，这种“菌-树”组合的生态信息对于日后的物种鉴定具有重要参考价值。在标本处理前，对标本开展实地拍照，并详细记录标本的大小、颜色、气味和受伤后的变色情况。形态特征记录完成之后，将标本置于 40～50℃的干燥器中干燥。标本彻底干燥后，应及时装入塑料自封袋中妥善保存。

(二) 室内标本研究

在室内研究中，一般使用干标本，但也适当研究部分新鲜标本，研究新鲜标本对于正确理解牛肝菌的形态解剖特征具有重要意义。在本卷中，除非有特别说明，描述和图示的各种显微结构，如孢子、担子、囊状体等都是基于发育成熟的标本。研究标本馆的干标本时，首先，在解剖镜下用锋利的刀片将标本块切成厚 20～50 μm 的薄片，将薄片置于 5% KOH 溶液 (载浮剂) 中复水。若研究新鲜标本，切片一般置于蒸馏水载浮剂中直接观察。在显微镜明视野下，观察记录在 KOH 溶液或蒸馏水载浮剂中研究对象的颜色、菌丝和膨大细胞的走向。之后，用镊子圆钝的后端轻轻敲击盖玻片，使菌丝和膨大细胞适度分散，以便进一步观察。最后，用 1%的刚果红 (Congo red) 试剂染色，在明视野或相差显微镜下观察、记录和绘图。在梅氏试剂或 KOH 溶液中，测量担孢子的大小，只量其侧面观的长度和宽度，担孢子的小尖 (apiculus) 不记入长度内。为保证测量的数据具有统计学意义，从引证的各号标本的每个成熟担子果上，随机测量至少 20 个成熟担孢子。担孢子的长或宽以 (a) b～c (d) 表示，90% 的测量数值落在 b～c，a、d 分别为测量数据中的最小值和最大值；担孢子的长宽比用 Q 表示，而 **Q** (黑体) 为担孢子长宽比的样本算术平均数与标准差。

除个别示意图外，本卷中的全部插图都是作者依据实物标本所绘。除特别注明者外，都是基于国产成熟标本绘制的。在显微插图中，菌丝表面的色素用不规则的小点代表。各种牛肝菌的外形和色泽各异，在本卷末尾每种都配有彩色照片，供读者参考。

(三) 标 本 出 处

作者除研究国内标本馆所藏标本外，还研究了其他国家馆藏的部分标本。作者研究过的标本，现存于下列标本馆 (室)。在本卷中，标本馆缩写依照 *Index Herbariorum* (Holmgren *et al*., 1990)。但为便于查阅，特此列出：

FH = 美国哈佛大学隐花植物Farlow标本馆 (Farlow Herbarium, Harvard University, Boston)；

FHMU = 中国海南医学院真菌标本馆；

GDGM = 中国广东省科学院微生物研究所真菌标本馆；

HKAS = 中国科学院昆明植物研究所隐花植物标本馆；

HMAS = 中国科学院微生物研究所菌物标本馆；

HMJAU = 中国吉林农业大学菌物标本馆；

K = 英国皇家植物园邱园标本馆 (Herbarium, Royal Botanic Gardens, Kew)；

NY = 美国纽约植物园标本馆 (Herbarium, New York Botanical Garden, Bronx)；

TNM = 中国台湾自然科学博物馆标本馆；

TNS = 日本国立自然科学博物馆植物研究部标本馆 (Herbarium, Department of Botany, National Museum of Nature and Science, Tsukuba)；

WU = 奥地利维也纳大学植物研究所标本馆 (Herbarium, Institute of Botany, University of Vienna, Vienna)。

(四) 命名人名缩写及其他

在本卷中，真菌命名人名缩写严格按 Kirk 和 Ansell (1992) 或其相关网页 (Index Fungorum) 中列出的缩写形式。在通论部分，某真菌学名仅首次出现时后有命名人名。在专论部分各分类单位下的讨论中，涉及其他分类单位时，首次出现时有学名和命名人名，再次出现时省去学名和命名人名，只用汉名。科及其以上的分类单元和植物学名后不附命名人名。

在本卷专论中，科下各属、属下各种出现的先后按该分类单位 (taxon) 在该分类等级 (rank) 中的拉丁语字母顺序排列。基名 (basionym) 紧跟正名后，各分类单位的异名按出现的年代先后排列，若年代相同，则按加词字母顺序排出。各种的世界分布范围根据文献资料整理而成，按各洲 (或各国) 名称的汉语拼音字母顺序排列。在引证国内的标本时，各省 (自治区、直辖市) 出现的先后顺序与国家标准 GB/T 2260—2007《中华人民共和国行政区划代码》顺序一致，在各省 (自治区、直辖市) 内各县 (市) 出现的先后顺序以汉语拼音为序。引证的各号标本至少包含一个成熟的个体。存于广东省科学院微生物研究所真菌标本馆和吉林农业大学菌物标本馆的标本一般没有个人采集号(有时采集号即为标本馆标本编号)，故在本卷中采集人名之后不列采集号。

有关真菌学名的各种问题，皆按《国际藻类、菌物和植物命名法规 (深圳法规)》*International Code of Nomenclature for algae, fungi, and plants* (Shenzhen Code) (Turland *et al.*, 2018) 及“第 F 章 (Chapter F)”(May *et al.*, 2019) 中的规定处理。真菌汉语名称的命名一般均遵照“真菌、地衣汉语学名命名法规”(中国植物学会真菌学会, 1987) 的精神。在《孢子植物名词及名称》(郑儒永等, 1990) 已经收录的真菌汉名，除非有特别原因，本书优先使用。

在通论中和专论各物种的讨论部分，引证真菌学名的作者名时，对两位以上作者共同发表的名称，只引证第一作者名，其余人员用“*et al.*”表示 (Turland *et al.*, 2018, Recommendation 46C)，但在专论中引证各属种的分类学文献时，作者名一般全部列出。在参考文献中，若同一论文或著作的作者人数少于或等于 3 人时，则将作者的姓名全部列出，若作者人数多于 3 人时，则只列前 3 名作者的姓名，其余人员用“等”或“*et al.*”表示。在文献引证或编撰参考文献清单时，若某期刊同一卷内各期连续编页码，则只给出卷号和具体页码范围，若某期刊同一卷内各期单独编页码，则列出卷号、期号和具体页码范围。

在本卷中，涉及多个真菌属名，各属的学名缩写统一如下：*B.* = *Boletus*，*Br.* = *Baorangia*，*But.* = *Butyriboletus*，*C.* = *Caloboletus*，*Cr.* = *Crocinoboletus*，*G.* = *Gastroboletus*，*Gg.* = *Gymnogaster*，*H.* = *Hourangia*，*Im.* = *Imleria*，*L.* = *Lanmaoa*，*Lc.* = *Leccinum*，*M.* = *Mucilopilus*，*N.* = *Neoboletus*，*P.* = *Phylloporus*，*Pa.* = *Pseudoaustroboletus*，*Pr.* = *Porphyrellus*，*Px.* = *Parvixerocomus*，*Ret.* = *Retiboletus*，*Rub.* = *Rubroboletus*，*Rug.* = *Rugiboletus*，*S.* = *Sutorius*，*T.* = *Tylopilus*，*V.* = *Veloporphyrellus*，*X.* = *Xerocomus*，*Xl.* = *Xerocomellus*，*Z.* = *Zangia*。

三、形态与结构

由于牛肝菌的属种十分多样，因此其担子果的外部性状 (如大小、颜色、受伤后是否变色、气味、菌幕的形状和颜色等) 和内部特征 (如菌盖表皮结构、囊状体及担孢子的形状大小、担孢子有无纹饰、菌丝横隔上有无锁状联合等) 都是重要的分类依据。准确把握上述性状和特征，对于准确鉴定是十分必要的。

菌盖 对菌盖大小的划分，本卷使用 Bas (1969) 提出的方案，即按成熟菌盖直径大小分为五类：很小 (直径 ≤ 3 cm)、小型 (直径 3～5 cm)、中等 (直径 5～9 cm)、大型 (直径 9～15 cm) 和很大 (直径 ≥ 15 cm) 等。菌盖的颜色是相对稳定的，因此是分类的重要特征。

菌盖表皮结构 在牛肝菌科中，有些属种的菌盖表皮是光滑的，有些属种的菌盖表皮成熟后裂开而形成各种各样的鳞片。就个体发育而言，光滑的菌盖表皮与菌盖表面被有的鳞片往往具有同源性。因此，在研究特定物种时，若该种菌盖表皮是光滑的，就研究其表皮显微结构；若该种菌盖表面被有鳞片，就研究鳞片的显微结构。

菌盖表面光滑与否、鳞片大小及形状和颜色等都是分类的重要依据。菌盖表皮或菌盖表面鳞片的显微结构，对于属种鉴定具有不可忽视的重要价值。在牛肝菌科真菌中，菌盖表皮主要有下列几种类型。

(1) 毛皮型 (trichodermal type) 及相关类型：菌盖表皮菌丝直立，细胞不膨大或稍膨大，称为毛皮型 (图 1-1)；若菌丝埋于胶状物质中，则称为黏毛皮型 (ixotrichodermal type) (图 1-2)；若菌丝交织而非严格直立，则称为交织毛皮型 (intricate trichodermal type)；若菌丝交织并埋于胶状物质中，则称为交织黏毛皮型 (intricate ixotrichodermal type) (图 1-3)。

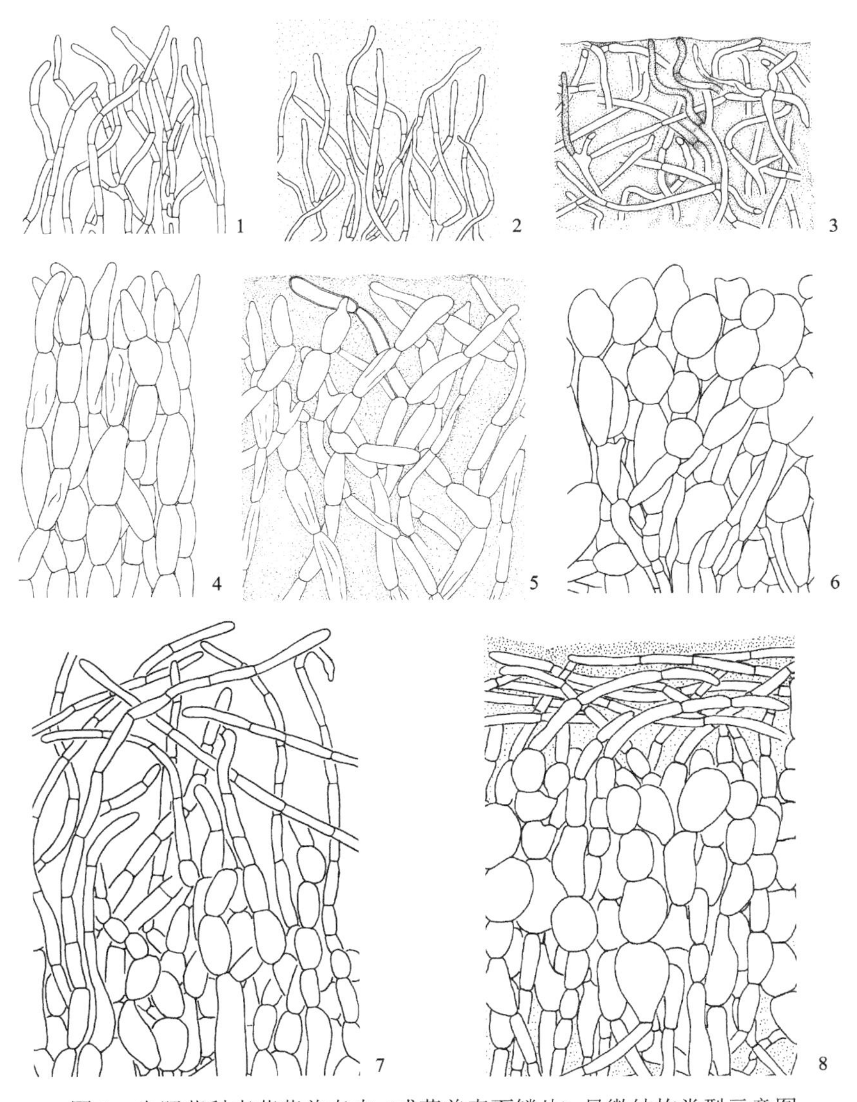

图 1　牛肝菌科真菌菌盖表皮 (或菌盖表面鳞片) 显微结构类型示意图

1. 毛皮型；2. 黏毛皮型；3. 交织黏毛皮型；4. 栅皮型；5. 黏栅皮型；6. 念珠型；7. 丝念珠型；8. 黏丝念珠型

(2) 栅皮型 (palisadodermal type) 及相关类型：菌盖表皮菌丝直立，细胞稍膨大至膨大，称为栅皮型 (图 1-4)；若菌丝埋于胶状物质中，则称为黏栅皮型 (ixopalisadodermal type) (图 1-5)。

(3) 念珠型 (epithelioid type) 及相关类型：菌盖表皮由大量球形、近球形、宽棒状或近椭圆形的膨大细胞串联而成，称为念珠型 (图 1-6)；有时外表被有菌丝，故称为丝念珠型 (hyphoepithelioid type) (图 1-7)；有时外表被有平伏菌丝且埋于胶状物质中，故称为黏丝念珠型 (ixohyphoepithelioid type) (图 1-8)。

就菌丝细胞膨大程度而言，在毛皮型、栅皮型和念珠型之间，往往有较多过渡类型；而就菌丝排列的规则程度而言，在严格直立和交织状之间，也有许多过渡类型。

(4) 平伏型 (cutis type) 及相关类型：菌盖表皮由平伏或近平伏的菌丝组成，菌丝不分化或分化不明显，称为平伏型 (图 88-5)；若菌丝埋于胶状物质中，则称为黏平伏型 (ixocutis type) (图 107-4)。

子实层体 在牛肝菌科绝大多数属中，着生子实层的复杂结构称为子实层体 (hymenophore)。子实层体俗称菌瓤，多由密集的菌管组成，仅个别属由片状的菌褶组成，偶尔个别种的呈迷路状。就子实层体在菌柄顶端的着生方式而言，多数是弯生至近离生的，有时是直生的或延生的 (应建浙等，1982)，表面多为米色、浅黄色、橄榄色、褐色、红褐色、黑褐色等。菌管常常是单孔式的 (图 2-1 左半部分子实层体)，也有复孔式的 (即大菌管内套有小菌管，图 2-1 右半部分子实层体)。菌管管口近圆形或呈多角形。腹菌化的牛肝菌，其产孢结构一般称为孢体 (gleba)。

在显微结构方面，有些属，如牛肝菌属 (*Boletus* L.) 和粉孢牛肝菌属 (*Tylopilus* P. Karst.) 的菌管菌髓为牛肝菌型 (*Boletus*-type)，即中央菌髓由排列紧密的菌丝组成，侧生菌髓由胶质化且排列稀疏的菌丝组成 (图 3)；有些属如褶孔牛肝菌属 (*Phylloporus* Quél.) 和绒盖牛肝菌属 (*Xerocomus* Quél.) 的菌管菌髓是褶孔牛肝菌型 (*Phylloporus*-type)，其菌髓中央菌丝与两侧菌丝之间无明显界线。

菌柄 牛肝菌的菌柄一般为中生至近中生，圆柱形、近圆柱形或倒棒状，表面平滑、具鳞片或有网纹，菌柄基部菌丝有时明显亮黄色，上述这些特征具有分类价值。

菌肉 在牛肝菌中，菌肉颜色及其受伤后变色情况，是识别属种的重要依据。有些属，如狭义牛肝菌属 (*Boletus* s.str.) 的物种其担子果表面擦伤或菌肉切开都不变色；有些属种的担子果表面或菌肉受伤后只有局部区域缓慢变为淡蓝色或蓝色；有些属种的担子果表面或菌肉受伤后整体都会快速变为蓝色或深蓝色；有些属种的担子果菌肉受伤后先变为淡蓝色，再变为红色或红褐色，最终变为淡褐色或近黑色。菌肉受伤后的变色差异，暗示各属种担子果中的次生代谢产物不同，因此具有较重要的分类价值。

担子 牛肝菌绝大多数种的担子呈棒状，一般具 4 孢梗 (sterigmata)，形成有弹射力的担子和担孢子 (图 2-5)。对腹菌化的牛肝菌而言，担子也多呈棒状，但无弹射力，担孢子多为被动脱落 (图 2-6)。

担孢子 在牛肝菌科真菌中，担孢子印的颜色多为粉红色、黄褐色、褐色、橄榄色至橄榄褐色、紫褐色、肉桂色、暗褐色至黑色，等等。担孢子的颜色、形状、大小、外表纹饰等具有重要的系统学和分类学价值。担子果呈牛肝菌状的物种 (图 2-1)，其担孢子都是两侧对称的 (图 2-5)，担子果呈腹菌状的物种 (图 2-2～4)，其担孢子是辐射对称

的 (图 2-6)。担孢子各部位的名称参见杨祝良等 (2019)。

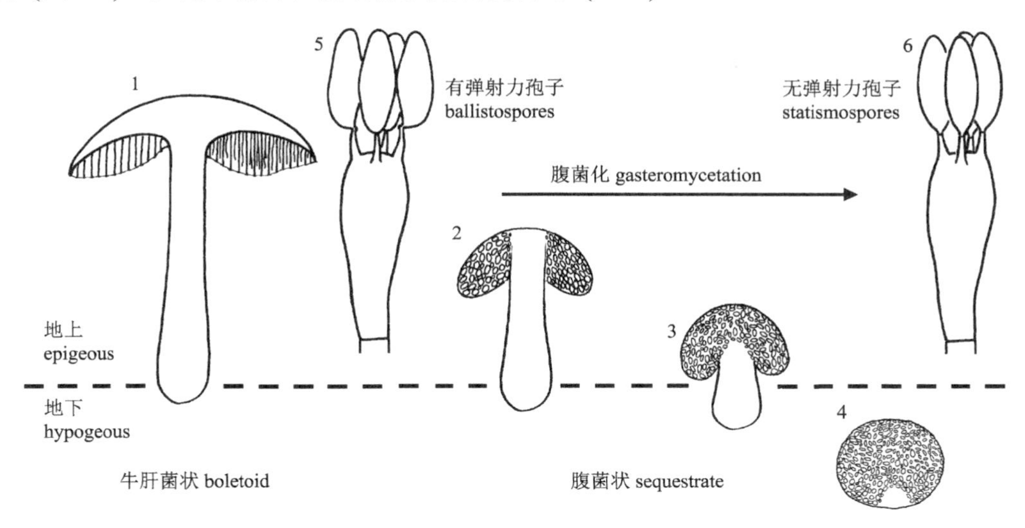

图 2　牛肝菌的腹菌化示意图

1. 牛肝菌状个体纵切面，示菌盖菌肉、子实层体和菌柄菌肉，子实层体中的菌管有单孔式 (左半部分) 和复孔式 (右半部分) 之分；2～4. 三类腹菌化物种个体纵切面，示菌柄菌肉和孢体；5. 有弹射力的担子和担孢子；6. 无弹射力的担子和担孢子

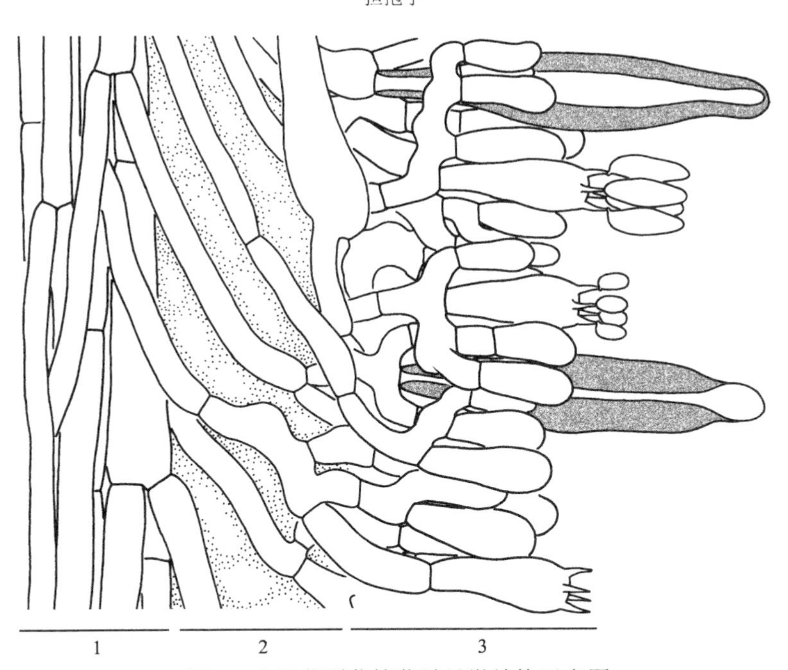

图 3　牛肝菌型菌管菌髓显微结构示意图

1. 中央菌髓由排列紧密的菌丝组成；2. 侧生菌髓由向外和向下走向、稍胶化且排列稀疏的菌丝组成；3. 亚子实层和子实层，在子实层中常有侧生囊状体，灰色示囊状体外表包被有胶状物质

按形状，参照 Bas (1969) 的方案并结合本科真菌的特点，将担孢子分为下列几个类型。

(1) 球形 (globose) 至近球形 (subglobose)：侧面观球形或近球形。球形长宽比 Q =

1～1.05，近球形长宽比 Q = 1.05～1.15 (图 4-1)。在本卷中，几乎没有此类孢子的物种，只在个别物种中有少数孢子为近球形 (图版 I-1)。

(2) 宽椭圆形 (broadly ellipsoid)、椭圆形 (ellipsoid) 或长椭圆形 (elongate)：侧面观宽椭圆形、椭圆形或长椭圆形，担孢子的上脐部不下陷，顶端不变窄。宽椭圆形长宽比 Q = 1.15～1.3 (图 4-2)，椭圆形长宽比 Q = 1.3～1.6 (图 4-3)，长椭圆形长宽比 Q = 1.6～2.0 (图 4-4)。需要指出的是，同一物种的孢子形状往往有过渡 (图版 I-2～4)。

(3) 圆柱形 (cylindrical)：侧面观圆柱形，担孢子的上脐部不下陷，顶端不变窄，长宽比 Q = 2.0～4.0 (图 4-5；图版 I-6)。

(4) 卵形 (ovoid)：侧面观卵形 (图 4-6；图版 I-5)。

(5) 梭形 (fusoid)：侧面观梭形或近梭形，不等边，其上脐部往往稍微下陷，顶端往往变窄 (图 4-7；图版 I-7)。这是该科真菌中最为常见的担孢子形状，常被称为“牛肝菌型孢子”(boletoid spores)。

(6) 杏仁形 (amygdaliformis)：侧面观杏仁形 (图 4-8；图版 I-8～9)。

在牛肝菌中，有些属种的担孢子外壁是光滑的，有些属种的则是有纹饰的，担孢子外壁光滑与否、纹饰特点等往往是分属的重要依据。值得注意的是，担孢子的外壁纹饰有时在光学显微镜下就能看到，但有的在扫描电镜下才能看到。在本卷涉及的属中，厚瓤牛肝菌属 (*Hourangia* Xue T. Zhu & Zhu L. Yang)、褶孔牛肝菌属 (*Phylloporus* Quél.)、绒盖牛肝菌属 (*Xerocomus* Quél.) 的担孢子表面一般都被有杆菌状纹饰 (bacillate ornamentation)，这种纹饰用扫描电镜方能观察到 (图版 I-10)。但喜杉绒盖牛肝菌 (*Xerocomus piceicola* M. Zang & M.S. Yuan) 例外，其担孢子光滑。另外，纤细垂边红孢牛肝菌 (*Veloporphyrellus gracilioides* Yan C. Li & Zhu L. Yang) 的担孢子有时有陷窝状纹饰 (图版 I-11)。本卷涉及的其他属种的担孢子外壁光滑 (图版 I-1～9)。

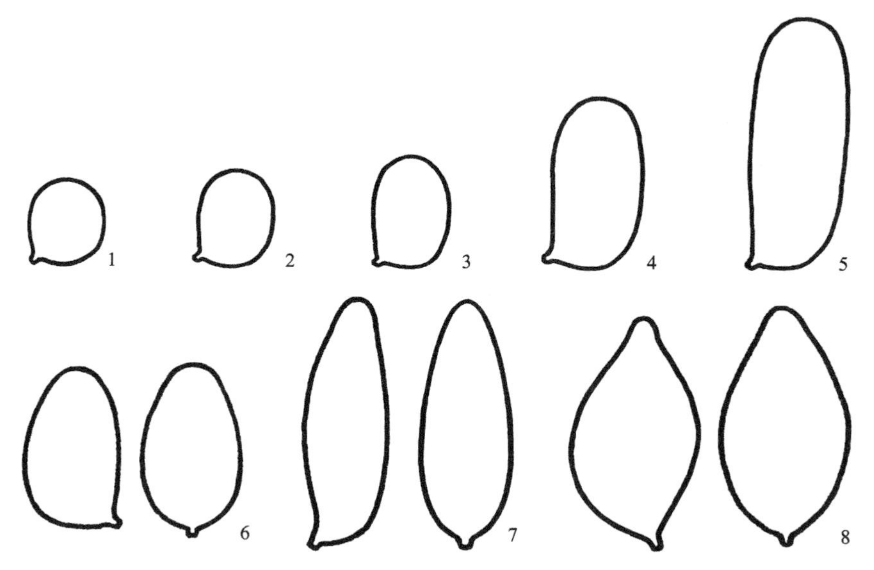

图 4　牛肝菌科真菌担孢子外形示意图

1. 球形至近球形；2. 宽椭圆形；3. 椭圆形；4. 长椭圆形；5. 圆柱形；6. 卵形；7. 梭形或牛肝菌形；8. 杏仁形。6～8 显示了孢子的侧面观 (左边孢子) 和背腹观 (右边孢子)，其他图显示的皆为侧面观

囊状体 在牛肝菌科真菌中，除菌管子实层中有侧生囊状体或管侧囊状体外，菌管管缘一般都有缘生囊状体。缘生囊状体的形状、大小、颜色、外表有无结晶、内部有无内含物等在分类和系统研究中有一定价值。在本卷中，管状子实层中的囊状体和褶状(如褶孔牛肝菌属) 子实层两侧的囊状体统称为侧生囊状体 (pleurocystidia)，管缘和褶缘的囊状体统称为缘生囊状体 (cheilocystidia)，菌柄表面的囊状体统称为柄生囊状体(caulocystidia)。

锁状联合 在牛肝菌目 (Boletales) 中，有些科 (如微牛肝菌科 Boletinellaceae 和圆孔牛肝菌科 Gyroporaceae) 的真菌有锁状联合 (clamps)，另外一些科的真菌则没有锁状联合。在现行的牛肝菌科概念中，一般没有锁状联合 (李泰辉和宋斌, 2002b)。

四、生态与分布

牛肝菌科真菌广布于全球各大洲，除少数种的分布范围较宽外，多数种都是地区性的特有种 (Feng *et al.*, 2012；Cui *et al.*, 2016)。在我国，每年的 6～10 月，是牛肝菌科真菌出菇的高峰期。但在东南沿海地区，3～5 月在森林中就可以见到牛肝菌了。

在牛肝菌科中，绝大多数物种为森林树木或某些草本植物的外生菌根真菌 (Rinaldi *et al.*, 2008；Gao and Yang, 2010；Eastwood *et al.*, 2011；Gao *et al.*, 2015；Noordeloos *et al.*, 2018)。有人认为，菌根共生关系可能对真菌和宿主植物多样性进化都有贡献 (Wang and Qiu, 2006)。也许正是这种共生关系为牛肝菌的演化带来了强大的驱动力，使该科真菌生态分布广泛、形态特征多样、显微结构繁杂，趋同进化和平行进化并存 (Singer, 1986；Bruns *et al.*, 1989；Binder and Bresinsky, 2002a；Binder and Hibbett, 2007；Wu *et al.*, 2014；Sato *et al.*, 2017)。在北半球，该科真菌可能与松科、壳斗科、桦木科 (Betulaceae)、杨柳科 (Salicaceae)、莎草科 (Cyperaceae) 等植物根系共生形成外生菌根 (臧穆, 2006, 2013；Gao and Yang, 2010；Gao *et al.*, 2015)。

值得指出的是，同一属真菌在地质历史演化和迁移中，在不同大陆上，其宿主植物发生了明显转换。松塔牛肝菌属 (*Strobilomyces* Berk.) 是一个研究得较为深入的属，研究发现该属在非洲起源后，在全球扩散的过程中，发生过多次宿主转换事件，尤其是在东亚，在壳斗科与松科间的宿主转换可能推动了松塔牛肝菌属真菌的快速辐射演化 (Sato *et al.*, 2017；Han *et al.*, 2018, 2020)。在非洲，其宿主主要是豆科 (Fabaceae) 的甘豆亚科 (Detarioideae) 和云实亚科 (Caesalpinioideae)、龙脑香科 (Dipterocarpaceae) 的柄蕊香亚科 (Monotoideae) 植物。但当松塔牛肝菌迁移到热带亚洲后，其宿主就转换为龙脑香科的双翅香亚科 (Dipterocarpoideae) 植物，到北半球亚热带至温带地区，其宿主植物变为壳斗科和松科。从热带亚洲迁移到大洋洲后，松塔牛肝菌的宿主转换为桃金娘科 (Myrtaceae) 的桉属(*Eucalyptus*)、木麻黄科 (Casuarinaceae) 和南山毛榉科 (Nothofagaceae) 植物 (Sato *et al.*, 2017；Han *et al.*, 2018, 2020)。

根据现有数据，在牛肝菌科中仅有极少数属，如木生牛肝菌属 (*Buchwaldoboletus* Pilát)、辣牛肝菌属 (*Chalciporus* Bataille) 和假牛肝菌属 (*Pseudoboletus* Šutara) 等属的种为腐生菌或菌寄生菌 (Taylor *et al.*, 2003；Nuhn *et al.*, 2013)。此外，条孢牛肝菌属 (*Boletellus* Murrill) 有的种常生于腐木上，但它们是属于腐生还是通过腐木与地下的植物根系形成菌根而实现共生，迄今尚无可靠结论。

五、系统分类研究进展

牛肝菌科的模式属是牛肝菌属（*Boletus* L.），它是由 Linnaeus (1753) 创建的。在该属建立以后的 260 余年间，在全球范围内，人们对牛肝菌科进行了大量分类研究并发表了大批成果（Peck, 1873, 1887；Heinemann, 1951；Snell and Dick, 1970；Watling, 1970；Smith and Thiers, 1971；Corner, 1972；Hongo and Nagasawa, 1976；Wolfe, 1979a, 1979b；Hongo, 1963, 1968, 1974a, 1974b, 1984a, 1984b, 1985；Nagasawa, 1997；Li and Watling, 1999；Watling and Li, 1999；Bessette *et al.*, 2000；Binder and Bresinsky, 2002a, 2002b；den Bakker and Noordeloos, 2005；Desjardin *et al.*, 2008, 2009；Nelson, 2010；Horak, 2011；Neves *et al.*, 2012）。有人尝试根据担子果的形态特征，特别是担孢子的形态特征，探索牛肝菌目的自然分类系统（Pegler and Young, 1981；Høiland, 1987）。Singer (1986) 将松塔牛肝菌科（Strobilomycetaceae）归并到牛肝菌科，这颇具慧眼。在 20 世纪及其之前，牛肝菌的分类和系统研究主要基于形态解剖特征、生态特性和部分化学成分特征。臧穆 (2006) 曾就相关进展作过简述。

在 21 世纪初期，分子系统学方法的应用，使人们对牛肝菌目的认识发生了革命性的变化。其中 Binder 和 Hibbett (2007) 的工作最具有代表性，他们依据分子系统学的研究结果，确定了该目下的 6 个亚目，其中牛肝菌亚目中属种最多的是牛肝菌科，当时该科包括 38 属，其范围与 Singer (1986) 的已经有很大差别。Binder 和 Hibbett (2007) 及 Wu 等 (2014) 将松塔牛肝菌科、球孢腹菌科(Octavianiaceae)、绒盖牛肝菌科(Xerocomaceae)、条孢牛肝菌科（Boletellaceae）及卡氏腹菌科（Chamonixiaceae）都归并到牛肝菌科中，而将微牛肝菌科（Boletinellaceae）、圆孔牛肝菌科（Gyroporaceae）、桩菇科（Paxillaceae）、乳牛肝菌科（Suillaceae）等处理为独立的科。同时，人们对牛肝菌的腹菌化也有了深入认识，发现在牛肝菌科演化中，腹菌化曾反复发生过多次（Wu *et al.*, 2014；图 2）。例如，西藏新牛肝菌 [*Neoboletus thibetanus* (Shu R. Wang & Yu Li) Zhu L. Yang *et al.*]（图版 VI-8）就是在新牛肝菌属物种演化中近期发生的腹菌化结果（Wu *et al.*, 2016a）。

牛肝菌科真菌物种繁多、分布广泛、形态多样、结构复杂。过去仅仅借助形态、生态和部分化学成分特征对牛肝菌进行分类，难度确实很大。难怪 Fries (1874) 曾说"Nullum genus quam boletorum magis me molestavit"（对我来说，没有比牛肝菌更棘手的了）。臧穆 (2006) 曾认为牛肝菌科真菌"你中有我，我中有你"，这是对牛肝菌分类困难的一种形象比喻。

纵观全球有关牛肝菌科真菌的研究历史不难发现，科内属间的系统发育关系不清，许多物种的系统分类地位不明，属种界定证据不足。作者认为，只有利用形态解剖、超微结构、生态、多基因分子系统发育乃至基因组等多学科的综合研究证据，方能揭示该科的属种多样性、系统亲缘关系、成种分化及其与植物的协同演化规律（Yang, 2011）。正是基于这种思路，中国学者率先实施了 4 个基因片段（*nrLSU*、*tef1-α*、*rpb1* 和 *rpb2*）的 DNA 测序和分析，并结合外部形态、显微结构、超微特征和文献资料，对全球牛肝菌科的属间亲缘关系作了研究，构建了牛肝菌科的新分类系统，提出了包括4新亚科在内的7亚科的高级阶元分类系统。发现59个属级（或亚属级）支系，其中22个为新支系，证明了11个已知属为单系，解决了牛肝菌科部分系统分类问题。作者经过系统地推演分析，发现若干关键特征，如担子果受伤变色与否、担孢子纹饰、担子果形态、子实层体孔口堵塞与否等，都经历了多次起源。作者系统阐述了牛肝菌科担孢子的纹饰类型，将牛肝菌科担孢子的纹饰划分为11大类，其中2种类型为首次发现（Wu *et al.*, 2014）。而后，根据分子系统发育、形态和生态证据，对我国的一批重要牛肝菌进行了研究（Wu *et al.*, 2016a, 2016b）。新系统将传统形态和现代分子证据有机结合，具有科学性、可行性和可操作性，因而得到同行的认可（Henrici, 2014；Noordeloos *et al.*, 2018）。

近年来，人们对牛肝菌科内各支系的演化关系和单系性有了深入认识，对古老的"牛肝菌属"(*Boletus*)的概念进行了重新审视，发现过去"广义的牛肝菌属"(*Boletus* s.l.)并非单系，而是代表了多个演化支系，有必要在属级水平作进一步划分。一个突出的例子是，仅仅在2014年各国牛肝菌研究专家相继发表了该科的多个新属（Arora *et al.*, 2014；Gelardi *et al.*, 2014；Li *et al.*, 2014a；Vizzini, 2014a, 2014b, 2014c, 2014d；Zeng *et al.*, 2014b；Zhao *et al.*, 2014a）。本卷使用的牛肝菌属（*Boletus*）是狭义概念，在狭义牛肝菌属（*Boletus* s.str.）中，只包括美味牛肝菌（*B. edulis*）及其近缘种（Cui *et al.*, 2016）。

在物种划分和识别方面，Taylor等（2000）提出的多基因系谱一致性系统发育种识别法（genealogical concordance phylogenetic species recognition, GCPSR），是真菌学界广为认同的物种界定的"金标准"(Hibbett *et al.*, 2011；Yang, 2011)。利用GCPSR方法，人们发现了大量隐形种或隐含种（cryptic species），对形态种标准提出了挑战。采用分子系统发育、群体遗传学等学科方法，可以揭示物种复合群（species complex）及种下各居群内的遗传差异及居群间的遗传分化，这对探讨共生真菌与宿主植物的协同演化，阐明物种起源、形成和演变的可能机制是非常必要的（Giraud *et al.*, 2008；Xu *et al.*, 2008；Dentinger, 2010；Li *et al.*, 2010；Amend *et al.*, 2011；Douhan *et al.*, 2011；Vincenot *et al.*, 2012）。

迄今，该科有80余属800余种（Henkel *et al.*, 1999；Jarosch, 2001；Yang *et al.*, 2006；Binder and Hibbett, 2007；Halling *et al.*, 2007；Kirk *et al.*, 2008；Desjardin *et al.*, 2008, 2009；Orihara *et al.*, 2010；Gelardi, 2011；Horak, 2011；Li *et al.*, 2011a；Halling *et al.*, 2012a, 2012b, 2015；Lebel *et al.*, 2012；Neves *et al.*, 2012；Husbands *et al.*, 2013；Wu *et al.*, 2014, 2016a, 2016b；Henkel *et al.*, 2017；Noordeloos *et al.*, 2018；Parihar *et al.*, 2018；Han *et al.*, 2020）。可以预料，随着研究的深入，在世界各地还会发现更多的属和种。

六、我国牛肝菌科分类研究简史

过去，人们对我国牛肝菌科真菌开展了大量以形态特征为主和生态特征为辅的分类研究，取得了众多成果（Patouillard, 1895；Teng and Ling, 1932；Lohwag, 1937；Teng, 1939；Chiu, 1948；裘维蕃, 1957；邓叔群, 1963；毕志树等, 1982, 1994；臧穆, 1985, 2013；Horak, 1987；李泰辉等, 1992；Bi *et al.*, 1993；臧穆等, 1993；戴贤才和李泰辉, 1994；应建浙等, 1994；袁明生和孙佩琼, 1995；Teng, 1996；臧穆等, 1996；黄年来等, 1998；

卯晓岚, 1998；Li and Song, 2000；卯晓岚等, 2000；Wen *et al.*, 2001；Wen and Ying, 2001；Li *et al.*, 2002；李泰辉和宋斌, 2002a, 2002b, 2003；李玉和图力古尔, 2003；Yang *et al.*, 2003；宋斌等, 2004；Wen, 2005；Fu *et al.*, 2006a, 2006b；臧穆, 2006；戴玉成和图力古尔, 2007；袁明生和孙佩琼, 2007；Li *et al.*, 2011a；吴兴亮等, 2011, 2013；Zeng and Yang, 2011；Zeng *et al.*, 2011, 2012；李玉等, 2015；Han *et al.*, 2020)。总括起来，我国已知牛肝菌科物种 300 余种 (Li and Song, 2000；李泰辉和宋斌, 2003；包括本卷作者的统计)。

特别需要指出的是，《中国真菌志 第二十二卷 牛肝菌科 (I)》(臧穆, 2006) 和《中国真菌志 第四十四卷 牛肝菌科 (II)》(臧穆, 2013) 对我国牛肝菌科部分属种多样性研究成果作了阶段性总结。本卷是上述两卷的续编，除少数有补充描述或用于形态对比的物种外，在上述两卷中已记载的物种一般不在本卷赘述。

由于欧洲和北美洲的牛肝菌研究较早，人们在研究东亚牛肝菌时不得不参考欧美牛肝菌研究的成果，结果是将不少东亚独特的牛肝菌物种冠上了欧洲、北美洲种的名称并长期使用。那些从东亚报道的“欧洲种”“北美种”是否与欧美的物种相同，需要深入检验。据作者的研究结果，欧洲、北美洲的少数物种确实在东亚特别是东亚北部 (如我国东北和西北) 有分布，但东亚的多数种是在东亚独立演化出来的，故在鉴定我国的牛肝菌物种时，一般不能简单地套用欧美种名称 (Li *et al.*, 2009, 2011a；Feng *et al.*, 2012；Zhao *et al.*, 2014a, 2014b；Cui *et al.*, 2016；Wu *et al.*, 2016a, 2016b；Han *et al.*, 2020)。为使牛肝菌的物种更为清晰可辨，作者对过去描述的某些物种选定了附加模式 (epitype)，并提供了多基因的 DNA 序列 (Zhu *et al.*, 2014, 2015)。

近年来，作者和加拿大麦克马斯特大学 (McMaster University) 的徐建平 (J.P. Xu) 教授合作，在中国国家自然科学基金委员会重点国际 (地区) 合作研究项目及其他项目的支持下，对牛肝菌科的系统发育和分子进化进行了研究，除构建了全球牛肝菌科高级阶元的分类系统框架外，还揭示了中国牛肝菌科真菌的基本特征和属种多样性，论证了东亚种与“欧洲种”和“北美种”的异同和亲缘关系 (Wu *et al.*, 2014, 2016a, 2016b；Cui *et al.*, 2016；Han *et al.*, 2020)，并阐明了牛肝菌科几个重要物种复合群的演化历史及其与宿主植物间的协同进化关系 (Feng *et al.*, 2012, 2017；Han *et al.*, 2018)。与此同时，广东省科学院微生物研究所、海南医学院、吉林农业大学等单位的同行对我国华南或其他地区的牛肝菌科真菌作了深入研究 (Wang *et al.*, 2014；Zhang *et al.*, 2014, 2015a, 2015b, 2016, 2017a, 2017b, 2017c；Gelardi *et al.*, 2015a, 2015b；Zeng *et al.*, 2015, 2016, 2017, 2018；Li *et al.*, 2016；Liang *et al.*, 2016；Zhang and Li, 2018；Zhao *et al.*, 2018；Chai *et al.*, 2019；Liu *et al.*, 2020)。在上述中国牛肝菌的研究过程中，不但取得了有意义的科研成果，而且也培养了部分从事真菌分类的新生力量，为后续研究奠定了人才基础。

我国牛肝菌科的物种多样性研究还远远不够，在今后的研究中必将还会发现新的属种和我国的新记录属种。

专　论

牛 肝 菌 科
BOLETACEAE Chevall.
Fl. Gén. Env. Paris 1: 248, 1826.

Strobilomycetaceae E.-J. Gilbert [as "Strobilomyceteae"], Les Livres du Mycologue Tome I-IV, Tom. III: Les Bolets: 105, 1931.

Octavianiaceae Locq. ex Pegler & T.W.K. Young [as "Octavianinaceae"], Trans. Br. Mycol. Soc. 72: 379, 1979.

Xerocomaceae (Singer) Pegler & T.W.K. Young, Trans. Br. Mycol. Soc. 76: 112, 1981.

Boletellaceae Jülich, Bibl. Mycol. 85: 357, 1982.

Chamonixiaceae Jülich, Bibl. Mycol. 85: 359, 1982.

担子果肉质，多数为菌盖-菌柄型 (即牛肝菌状或伞菌状)，少数腹菌型；菌盖表面光滑或被有各种鳞片或网纹；子实层体近离生、弯生、直生或延生，多数由密集的菌管组成 (管状)，少数为褶状或迷路状 (若担子果腹菌化，则产孢结构呈小腔状)；子实层体或菌肉受伤后常会缓慢或迅速变色，如变为蓝色、褐色、红色、近黑色等；菌柄中生至近中生，圆柱形、近圆柱形或倒棒状；表面光滑或有网纹或被各种鳞片。孢子印橄榄色、粉红色、黄褐色、肉桂色、红褐色、黑色，等等。

菌管菌髓两侧型或近两侧型，多数属种中央菌髓由排列密集的菌丝组成，侧生菌髓由胶质、排列较为稀疏的菌丝组成 (牛肝菌型)，有些属种的菌管菌髓中央菌丝与两侧菌丝之间无明显区别 (褶孔牛肝菌型或绒盖牛肝菌型)。亚子实层细胞通常不膨大。担子棒状，多具 4 孢梗；担子基部无锁状联合。担孢子梭形至长椭圆形，有时近球形至宽椭圆形或卵形，有时杏仁形；侧生小尖细小；担孢子壁光滑或被纹饰，纹饰条纹状、网状、疣状或杆菌状，等等。常有侧生囊状体和缘生囊状体。菌盖表皮或菌盖表面鳞片结构多样。菌丝横隔上无锁状联合。

模式属：牛肝菌属 *Boletus* L.。

生境与分布：牛肝菌科真菌多数生于林中地上，与树木形成外生菌根关系，极少数种为腐生或寄生真菌。分布于世界各地 (Binder and Hibbett, 2007；Nuhn *et al*., 2013；Wu *et al*., 2014；Noordeloos *et al*., 2018)。

本卷牛肝菌科的范围是依据 Binder 和 Hibbett (2007)、Kirk 等 (2008) 及 Wu 等 (2014) 的研究成果而界定的，其范围与过去 Singer (1986)、臧穆 (2006) 等界定的有较大差异。具体而言，将松塔牛肝菌科 (Strobilomycetaceae)、球孢腹菌科 (Octavianiaceae)、绒盖牛肝菌科 (Xerocomaceae)、条孢牛肝菌科 (Boletellaceae) 和卡氏腹菌科 (Chamonixiaceae) 都归并到牛肝菌科中，而将微牛肝菌科 (Boletinellaceae)、圆孔牛肝

菌科 (Gyroporaceae)、桩菇科 (Paxillaceae)、乳牛肝菌科 (Suillaceae) 等处理为独立的科。Noordeloos 等 (2018) 也接受了牛肝菌科这种分类方案。本卷记载我国牛肝菌科真菌 23 属 127 种。

本卷牛肝菌科各属分属检索表

1. 子实层体幼时白色、淡粉红色至淡紫粉色；菌肉受伤不变色或变为褐色或锈色等，少有变为蓝色 ………………………………………………………………………………………… 2
1. 子实层体幼时不为上述颜色；菌肉受伤常变为蓝色，偶不变色 ……………………………… 10
  2. 子实层体成熟后呈米色、浅黄色、黄色至暗黄色 ………………………………………………… 3
  2. 子实层体成熟后呈污白色、淡粉红色、粉红色、褐粉色等 ……………………………………… 4
3. 子实层体受伤后不变色；菌管管口幼时被菌丝堵塞；菌柄具明显网纹 …………… 牛肝菌属 ***Boletus***
3. 子实层体受伤后变为蓝色；菌管管口幼时不被堵塞；菌柄表面近光滑 ………… 褐牛肝菌属 ***Imleria***
  4. 菌柄基部非黄色；菌盖表皮不为黏丝念珠型 …………………………………………………… 5
  4. 菌柄基部金黄色至铬黄色；菌盖表皮黏丝念珠型 ……………………………… 臧氏牛肝菌属 ***Zangia***
5. 子实层体成熟后呈淡粉色或粉色；菌肉受伤不变色或变褐色至锈色，不变为蓝色 ………………… 6
5. 子实层体成熟后呈暗粉色或褐粉色；菌肉受伤常变为蓝色，有时再转变为锈褐色，或先变为红色然后变为黑色 ……………………………………………………………… 红孢牛肝菌属 ***Porphyrellus***
  6. 菌柄表面具明显网纹 ……………………………………………………………………………… 7
  6. 菌柄表面常无网纹或具不明显网纹 ……………………………………………………………… 8
7. 子实层体受伤常变为褐色或锈色；菌柄网纹多为褐色、黑褐色至近黑色 ···· 网柄牛肝菌属 ***Retiboletus***
7. 子实层体受伤不变色；菌柄网纹与菌柄颜色近似，多为白色 ···· 拟南方牛肝菌属 ***Pseudoaustroboletus***
  8. 菌盖不胶黏，菌盖表皮不为黏毛皮型；菌盖边缘不内卷 ……………………………………… 9
  8. 菌盖胶黏，菌盖表皮为黏毛皮型；菌盖边缘常内卷 (幼时尤为明显)；菌柄光滑或具有不明显的纵向棱纹 ……………………………………………………………… 黏盖牛肝菌属 ***Mucilopilus***
9. 菌盖边缘幼嫩时具明显菌幕，成熟后仍有菌幕残余或具明显的不育带；子实层体受伤不变色；缘生囊状体具有 2～3 个横隔 ……………………………… 垂边红孢牛肝菌属 ***Veloporphyrellus***
9. 菌盖边缘无明显菌幕残余或不具明显的不育带；子实层体受伤不变色或变为褐色或红色；缘生囊状体通常无横隔 ……………………………………………………………… 粉孢牛肝菌属 ***Tylopilus***
  10. 菌盖表皮栅皮型或念珠型 ……………………………………………………………………… 11
  10. 菌盖表皮毛皮型或黏毛皮型，偶为近平伏型或黏平伏型 …………………………………… 12
11. 菌盖表皮常为念珠型至近念珠型；担子果很小 (直径常< 3 cm)····· 小绒盖牛肝菌属 ***Parvixerocomus***
11. 菌盖表皮常为栅皮型；担子果小型至中等 (直径 3～9 cm) ………… 红绒盖牛肝菌属 ***Xerocomellus***
  12. 担孢子表面通常具有杆菌状纹饰 (在扫描电镜下观察，仅个别种例外)；菌管 (或菌褶) 菌髓多为褶孔牛肝菌型，即菌髓中央菌丝束与两侧菌丝之间无明显界线 ……………………………… 13
  12. 担孢子表面光滑 (在扫描电镜下观察，仅个别种少数孢子有陷窝)；菌管菌髓多为牛肝菌型，即中央菌髓由排列较紧密的菌丝组成，侧生菌髓由排列较疏松的菌丝组成 ……………………… 15
13. 子实层体管状或偶尔有腹菌型而孢体呈小腔状 ………………………………………………… 14
13. 子实层体褶片状 ……………………………………………………………… 褶孔牛肝菌属 ***Phylloporus***
  14. 子实层体的厚度是菌盖菌肉厚度的 3～5 倍；菌肉受伤先变为蓝色后变为红色 ………………………………………………………………………………… 厚瓤牛肝菌属 ***Hourangia***
  14. 子实层体的厚度与菌盖菌肉的厚度相近；菌肉受伤变为蓝色 ……… 绒盖牛肝菌属 ***Xerocomus***
15. 子实层体表面在幼时或整个生长阶段呈褐色、红褐色、黄褐色或铅紫色等；菌盖表皮常为毛皮型 ………………………………………………………………………………………… 16
15. 子实层体表面黄色，无褐色或紫色色调；菌盖表皮结构多样 ………………………………… 18
  16. 菌柄表面常被有细颗粒状至麦麸状鳞片；菌盖表皮常为毛皮型 ……………………………… 17

16. 菌柄表面常被有明显的红色网纹，偶被红色细颗粒状鳞片；菌盖表皮常为交织毛皮型……………………………………………………………………………………红孔牛肝菌属 ***Rubroboletus***

17. 子实层体表面幼时多为褐色、深褐色至红褐色，老后变为黄褐色，菌管在子实体整个生长过程都为黄色，子实层体和菌肉受伤变蓝，孢子印黄褐色……………………………新牛肝菌属 ***Neoboletus***

17. 子实层体表面和菌管在子实体整个生长过程都具紫色或紫红色色调，子实层体和菌肉受伤不变蓝，孢子印红褐色……………………………………………………………………异色牛肝菌属 ***Sutorius***

18. 菌盖菌肉厚度是子实层体厚度的 3～5 倍………………………………………………19

18. 菌盖菌肉厚度与子实层体的厚度相近…………………………………………………20

19. 菌盖表皮为交织毛皮型至近平伏型；常有葱味；烹调不当食后常会产生幻觉……………………………………………………………………………………兰茂牛肝菌属 ***Lanmaoa***

19. 菌盖表皮为毛皮型或交织毛皮型；无葱味；无致幻作用………………薄瓤牛肝菌属 ***Baorangia***

20. 担子果非亮橘红色；菌柄表面常具网纹………………………………………………21

20. 担子果亮橘红色；菌柄表面无网纹……………………………………橙牛肝菌属 ***Crocinoboletus***

21. 菌肉无苦味；菌柄表面无网纹或网纹非红色……………………………………………22

21. 菌肉有味苦；菌柄常被有红色网纹……………………………………美柄牛肝菌属 ***Caloboletus***

22. 菌盖表皮为毛皮型至交织毛皮型，偶为黏毛皮型，菌盖皱癞不明显；菌柄表面被有明显网纹……………………………………………………………………………………………23

22. 菌盖表皮为黏毛皮型，菌盖皱癞明显；菌柄表面无网纹，但有颗粒状鳞片…………………………………………………………………………………皱盖牛肝菌属 ***Rugiboletus***

23. 菌肉受伤不变色或偶变为褐色；担子果内常含有网柄牛肝菌素…………网柄牛肝菌属 ***Retiboletus***

23. 菌肉受伤变为蓝色；担子果内不含上述特殊成分……………………………黄肉牛肝菌属 ***Butyriboletus***

薄瓤牛肝菌属 **Baorangia** G. Wu & Zhu L. Yang

in Wu, Zhao, Li, Zeng, Feng, Halling & Yang, Fungal Divers. 81: 2, 2016.

担子果中等至大型，伞状，肉质。菌盖半球形、凸镜形至平展；菌盖表面干燥，微绒质，幼时边缘常内卷；菌肉淡黄色至黄色，受伤缓慢变为淡蓝色。子实层体直生至延生，由密集的菌管组成，其厚度仅为菌盖中央菌肉厚度的 1/5～1/3；菌管及管口常近同色，浅黄色至黄色，受伤迅速变浅蓝色至青蓝色；管口多角形至近圆形。菌柄中生；表面光滑或顶端偶被网纹；基部菌丝白色至淡黄色；菌肉淡黄色至黄色，受伤变为淡蓝色；菌环阙如。

菌管菌髓牛肝菌型，中央菌髓由排列较紧密的菌丝组成，侧生菌髓由排列较疏松的菌丝组成。亚子实层的菌丝不膨大。担子棒状至窄棒状，具 4 孢梗。担孢子近梭形至长梭形，浅黄色至浅褐黄色，表面光滑。侧生囊状体和缘生囊状体常见，腹鼓状，常具钝尖，薄壁，无色。菌盖表皮为毛皮型至交织毛皮型。担子果各部位皆无锁状联合。

模式种：薄瓤牛肝菌 *Baorangia pseudocalopus* (Hongo) G. Wu & Zhu L. Yang。

生境与分布：夏秋季生于林中地上，与壳斗科、松科等植物形成外生菌根关系，现知分布于东亚和北美洲 (Hongo, 1972；Bessette *et al.*, 2000；Wu *et al.*, 2016b)。

全世界目前报道的物种约 5 种，中国有 2 种。本卷记载 2 种。

薄瓤牛肝菌属分种检索表

1. 菌盖较大 (直径 14～20 cm)；担孢子较短 (7～9 × 4.5～5 μm)……………大果薄瓤牛肝菌 ***Br. major***

1. 菌盖中等 (直径 5～13 cm)；担孢子较长 (9～12.5 × 4～5 μm)………薄瓤牛肝菌 ***Br. pseudocalopus***

大果薄瓤牛肝菌 图版 II-1；图 5

Baorangia major Raspé & Vadthanarat, in Phookamsak *et al*., Fungal Divers. 95: 202, figs. 144, 145, 2019.

菌盖直径 14～20 cm，半球形至平展；表面干燥，微绒质，灰红色至灰红宝石色，老后变淡，边缘常内卷至稍下延；菌肉厚 17～50 mm，米色至淡黄色，受伤后较快变为浅蓝色至暗蓝色。子实层体延生至直生，幼时鲜黄色，老后暗黄色，受伤后迅速变暗蓝色，厚 2～5 mm (为菌盖中央菌肉厚度的 1/10～1/4)；菌管淡黄色，受伤后迅速变暗蓝色；管口成熟时直径达 2 mm，多角形至近圆形。菌柄 5～11 × 1.5～4 cm，近柱形至倒棒状；表面近光滑或密被暗红色至暗宝石红色细颗粒状鳞片，顶端常淡黄色至黄色，其他部位暗红色与黄色间杂，触碰后迅速变暗蓝色；菌柄基部菌丝近白色；菌肉浅黄色至黄色，受伤后迅速变暗蓝色。

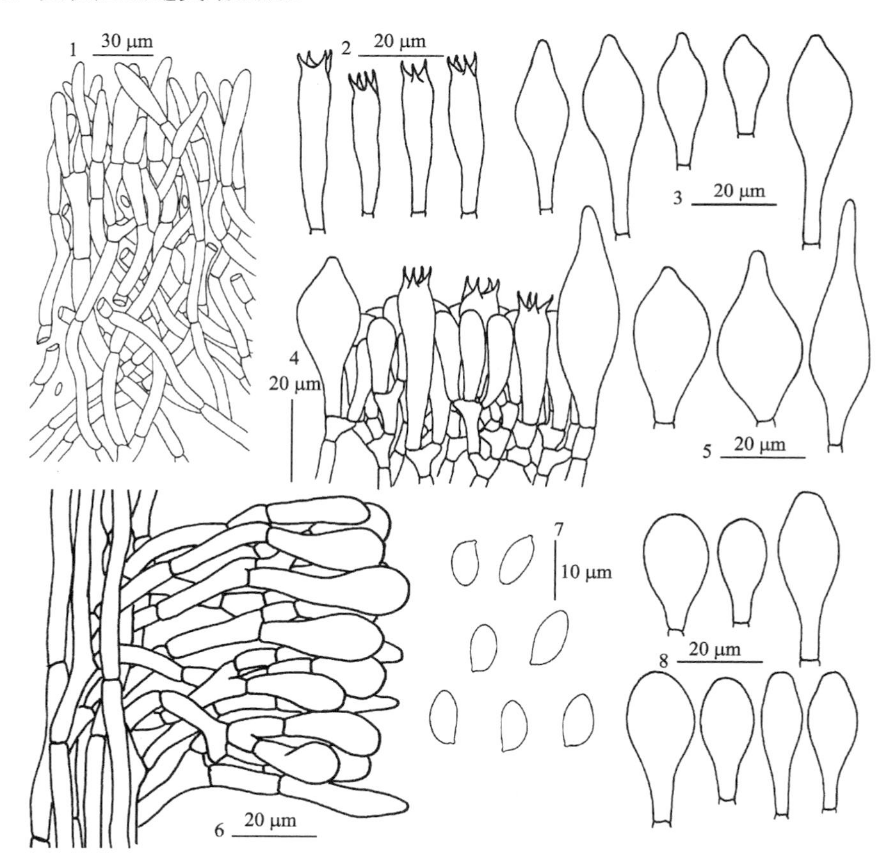

图 5 大果薄瓤牛肝菌 *Baorangia major* Raspé & Vadthanarat (1～3、6、7: HKAS 107564，4、5、8: HKAS 107565)

1. 菌盖表皮结构；2. 担子； 3，5. 侧生囊状体；4. 担子和侧生囊状体；6. 菌柄表皮结构；7. 担孢子；8. 缘生囊状体

菌管菌髓中央菌丝束与两侧菌丝稍有区别。担子 26～45 × 8～10 (12) μm，窄棒状，

具 4 孢梗，有时具 3 孢梗。担孢子 7～9 (10.5) × (4) 4.5～5 (5.5) μm [Q = (1.40) 1.50～2.0，**Q** = 1.68 ± 0.13]，侧面观近卵形至近杏仁形，不等边，上脐部下陷不明显，背腹观卵形至近椭圆形，浅黄色至浅褐黄色，表面光滑。缘生囊状体 26～43 × 10～16.5 μm，宽棒状至棒状腹鼓形，顶端钝圆，薄壁。侧生囊状体 33～63 (83) × 12～19 (21) μm，梭状宽腹鼓形至宽腹鼓形，顶端钝尖或长喙状，薄壁。菌盖表皮交织毛皮型，由 5～15 μm 宽的丝状菌丝组成；末端细胞近柱形，顶端有时钝尖，25～58 × 5～13 μm。柄表菌丝子实层状排列，厚 50～80 μm，末端细胞 19～39 × 6～13 μm。菌柄菌髓由近平行排列的宽 8～17 μm 的菌丝组成。担子果各部位皆无锁状联合。

生境：单生或散生于壳斗科林下。

世界分布：中国 (东南和西南地区)，泰国。

研究标本：云南：麻栗坡，海拔 1370 m，2017 年 7 月 30 日，吴刚 532624MF-201-Wu2303 (HKAS 107564)。福建：松溪渭田，海拔 120 m，2020 年 5 月 25 日，SJSX- 20200525 (HKAS 107565)。

讨论：大果薄瓤牛肝菌的鉴别特征为：子实体成熟时个体较大 (菌盖直径达 20 cm)，担孢子近卵形至近杏仁形，较小 (7～9 × 4.5～5 μm)。Phookamsak 等 (2019) 报道该种产于泰国北部和中国云南沧源，本卷记载我国云南省麻栗坡县和福建省松溪县也有分布。

大果薄瓤牛肝菌有毒，曾有人误食而中毒，应避免食用。

薄瓤牛肝菌　图版 II-2；图 6

Baorangia pseudocalopus (Hongo) G. Wu & Zhu L. Yang, Fungal Divers. 81: 4, figs. 1a, b, 4, 2016.

Boletus pseudocalopus Hongo, Mem. Shiga Univ. 22: 66, fig. 37, 1972; Zang, Flora Fung. Sinicorum 22: 76, figs. 22-1～3, 2006.

菌盖直径 5～13 cm，半球形至平展；表面干燥，微绒质，灰红色至灰玫瑰红色，幼时边缘内卷；菌肉厚 13～18 mm，淡黄色至浅黄色，受伤后缓慢变浅蓝色。子实层体延生至直生，淡黄色至浅黄色，受伤后迅速变青蓝色，厚 2～7 mm (为菌盖中央菌肉厚度的 1/5～1/3)；菌管淡黄色至浅黄色，受伤后缓慢变为淡蓝色至青蓝色；管口成熟时直径达 0.5～1 mm，多角形至近圆形。菌柄 6～9 × 1.5～2.5 cm，近柱形至倒棒状，上部或顶端常被有网纹；表面顶端淡黄色至黄色，其他部位灰红色与淡黄色间杂；菌柄基部菌丝白色；菌肉浅黄色至黄色，受伤缓慢变为淡蓝色。菌肉味道柔和。

菌管菌髓牛肝菌型。担子 22～50 × 8～14 μm，棒状至窄棒状，具 4 孢梗，有时具 2 孢梗。担孢子 9～12.5 (14) × 4～5 μm [Q = (1.88) 2.10～3.0 (3.20)，**Q** = 2.52 ± 0.23]，侧面观近梭形，不等边，上脐部往往稍微下陷，背腹观卵形至近梭形，浅褐黄色，表面光滑。缘生囊状体 15～33 × 6～11 μm，棒状腹鼓形至腹鼓形，顶端钝尖，薄壁。侧生囊状体 27～57 × 6.5～12.5 μm，梭状腹鼓形至腹鼓形、棒状，顶端钝尖，薄壁。菌盖表皮交织毛皮型，由 5～11 μm 宽的褐色至黄褐色丝状菌丝组成；末端细胞近柱形，顶端有时钝尖，25～65 × 4.5～10 μm。柄表菌丝子实层状排列，厚 70～100 μm，由浅褐色至黄褐色菌丝组成；末端细胞 19～42 × 10～20 μm。菌柄菌髓由近平行排列的宽 5.5～

9 μm 的菌丝组成。担子果各部位皆无锁状联合。

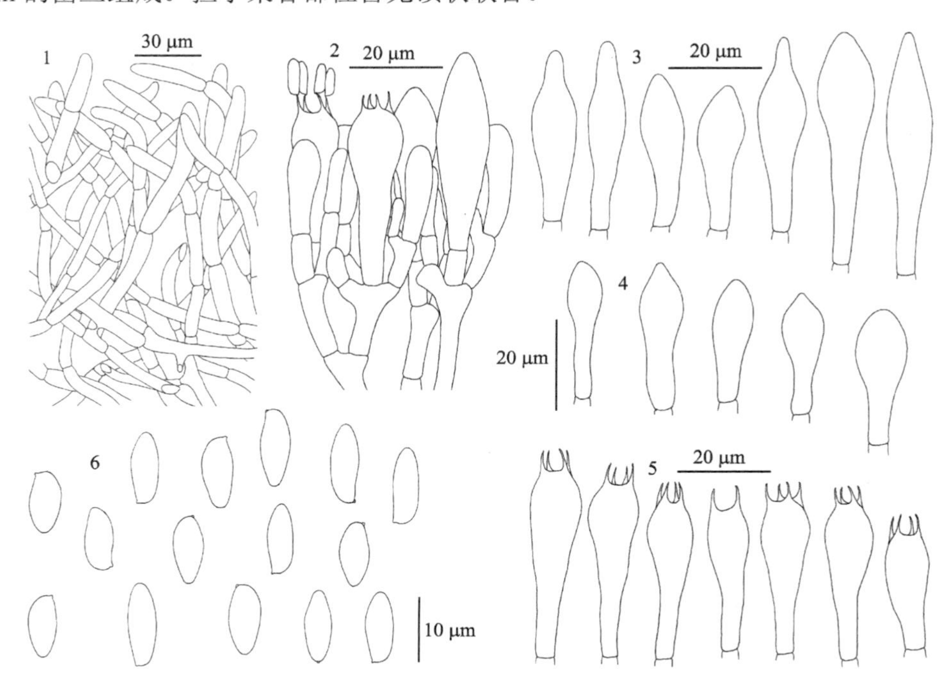

图 6 薄瓤牛肝菌 *Baorangia pseudocalopus* (Hongo) G. Wu & Zhu L. Yang (HKAS 75081)

1. 菌盖表皮结构；2. 担子和侧生囊状体；3. 侧生囊状体；4. 缘生囊状体；5. 担子；6. 担孢子

模式产地：日本。

生境：夏秋季单生或散生于壳斗科和松科等植物的混交林下。

世界分布：东亚 (日本和中国)。

研究标本：湖北：神农架，海拔 1900 m，2012 年 7 月 18 日，刘晓斌 127 (HKAS 75739)；同地同时，秦姣 577 (HKAS 77979)。四川：普格螺髻山，海拔 2000 m，2010 年 9 月 12 日，时晓菲 678 (HKAS 76679)。云南：南华，海拔 2200 m，2010 年 8 月 23 日，吴刚 375 (HKAS 63607)；同地，2011 年 8 月 18 日，吴刚 766 (HKAS 75081)；同地，2013 年 7 月 25 日，冯邦 1378 (HKAS 82798)。

讨论：薄瓤牛肝菌酷似美柄牛肝菌 [*C. calopus* (Pers.) Vizzini]，但后者菌肉具苦味，且菌柄表面具明显网纹 (Hellwig *et al.*, 2002；Zhao *et al.*, 2014b)。分子系统发育结果显示这两种的亲缘关系较远 (Wu *et al.*, 2014, 2016a)。

薄瓤牛肝菌与双色薄瓤牛肝菌 [*Br. bicolor* (Kuntze) G. Wu *et al.*] 亲缘关系很近，但后者菌盖红色、紫红色至锈褐色，分布于北美洲 (Bessette *et al.*, 2000)。

牛肝菌属 **Boletus** L.

Spec. Plant. 2: 1176, 1753; Fr., Syst. Mycol. 1: 385, 1821 (nom. sanct.).

担子果中等至大型，伞状，稀腹菌状，肉质。菌盖半球形、凸镜形至平展；菌盖表面干燥或胶黏；菌肉污白色至白色，受伤通常不变色。子实层体直生至弯生，有时延生，由密集的菌管组成；幼时菌管管口常被有一层污白色至白色的菌丝，成熟后该层菌丝消失，菌管及管口呈黄色至黄褐色，极少呈奶油色或淡粉色，受伤后不变色；管口多角形。菌柄中生；表面常被网纹，稀仅上部被网纹；基部菌丝白色至淡黄色；菌肉污白色至白色，受伤不变色；菌环阙如。

菌管菌髓牛肝菌型，中央菌髓由排列较紧密的菌丝组成，侧生菌髓由排列较疏松的菌丝组成。担子棒状，具 4 孢梗。担孢子梭形，少数椭圆形、长椭圆形或卵形，浅黄色，表面光滑。侧生囊状体和缘生囊状体常见，近梭形，薄壁，无色。菌盖表皮结构多样，毛皮型、黏毛皮型、念珠型或近平伏型等。担子果各部位皆无锁状联合。

模式种：美味牛肝菌 *Boletus edulis* Bull., nom. sanct.。

生境与分布：夏秋季节生于林中地上，与壳斗科、松科等植物形成外生菌根关系，部分物种（如网盖牛肝菌）可与高山草甸植物（如嵩草属 *Kobresia*）形成外生菌根 (Gao and Yang, 2010)。现知分布于亚洲、欧洲、北美洲、非洲北部和澳大利亚 (Chiu, 1948；Nagasawa, 1994；臧穆, 2006；Dentinger *et al.*, 2010；Feng *et al.*, 2012；Halling *et al.*, 2014；Noordeloos *et al.*, 2018)，部分物种可能随人类活动传播至南非和新西兰 (Feng *et al.*, 2012)。

在本卷中，作者使用的是狭义牛肝菌属 (*Boletus* s.str.) 的概念，这与臧穆 (2006) 采用的广义牛肝菌属 (*Boletus* s.l.) 的概念是不同的。在狭义牛肝菌属中，全世界目前报道的物种约 37 种，中国有 15 种。本卷记载 15 种。

牛肝菌属分种检索表

1. 菌盖颜色多变；担孢子梭形至椭圆形；菌盖表皮由近直立的菌丝构成……2
1. 菌盖浅灰色至灰色；担孢子卵形、椭圆形至长椭圆形；菌盖表皮由近平伏的菌丝构成……………………**灰盖牛肝菌 *B. griseiceps***
  2. 菌盖颜色非白色；担孢子牛肝菌型，梭形至椭圆形……3
  2. 菌盖白色；担孢子椭圆形至长椭圆形，有时宽椭圆形……**东方白牛肝菌 *B. orientialbus***
3. 菌盖紫黑色、紫褐色至蓝紫色；菌盖表皮由膨大呈链状的直立菌丝构成，菌丝外表皮有深褐色颗粒状胞外色素……4
3. 菌盖非紫色，常呈黄色至褐色；菌盖表皮菌丝不含有明显的深褐色颗粒状胞外色素……5
  4. 担孢子 16～18.5 × 4.5～6 μm……**拟紫牛肝菌 *B. subviolaceofuscus***
  4. 担孢子 12～15 × 4～6 μm……**紫牛肝菌 *B. violaceofuscus***
5. 菌盖表皮细胞不膨大……6
5. 菌盖表皮细胞膨大……10
  6. 菌盖表皮强烈胶质化，有明显的胶质层……7
  6. 菌盖表皮不强烈胶质化，无明显的胶质层……8
7. 菌盖表皮上层具有明显的平伏菌丝……**黏盖牛肝菌 *B. viscidiceps***
7. 菌盖表皮菌丝全部或部分直立，上层无明显的平伏菌丝……**食用牛肝菌 *B. shiyong***
  8. 菌盖不具有明显网络状凸起；菌盖表皮由直立菌丝构成，且不聚集呈束……9
  8. 菌盖具网络状凸起；菌盖表皮由近直立菌丝构成，且菌丝聚集呈束在菌盖表面形成小鳞片……………………**网盖牛肝菌 *B. reticuloceps***
9. 菌盖边缘往往白色；担孢子 15～19 × 5～6 μm……**美味牛肝菌 *B. edulis***
9. 菌盖边缘非白色；担孢子 12～15 × 4～6 μm……**白牛肝菌 *B. bainiugan***
  10. 菌盖表皮由近球形、球形至椭圆形的链状膨大细胞组成……11

10. 菌盖表皮由或多或少膨大的、非链状的细胞构成 ………………………………………………… 14

11. 菌盖边缘非白色；菌柄褐色；菌盖表皮由近球形至球形的链状或念珠状膨大细胞组成………… 12

11. 菌盖边缘白色；菌柄颜色浅，白色、浅灰色至浅黄色；菌盖表皮念珠型，由直立、近棒状、椭梭形至近球形的细胞组成……………………………………………………中华美味牛肝菌 *B. sinoedulis*

12. 菌柄上的网纹黄色至褐色 …………………………………………………………………………… 13

12. 菌柄上的网纹淡白色 ………………………………………………………褐盖牛肝菌 *B. umbrinipileus*

13. 菌柄仅顶端被不明显网纹…………………………………………………………栗褐牛肝菌 *B. monilifer*

13. 整个菌柄被有褐色至黑褐色的网纹………………………………………………葡萄牛肝菌 *B. botryoides*

14. 菌盖暗黄色至黄色；子实层体表面淡粉色 ……………………………类粉孢牛肝菌 *B. tylopilopsis*

14. 菌盖褐色至暗褐色或赭色，边缘渐变至橄榄褐色；子实层体奶油色、黄色至污黄色 ……………………………………………………………………………………………栎生牛肝菌 *B. fagacicola*

白牛肝菌　图版 II-3；图 7

别名：白牛肝

Boletus bainiugan Dentinger, Index Fung. 29: 1, 2013.

Boletus meiweiniuganjun Dentinger, Index Fung. 29: 1, 2013; Li, Li, Yang, Bau & Dai, Atlas Chin. Macrofung. Res., 1084, fig. 1590, 2015.

菌盖直径 5～12 cm，近半球形至平展；表面干燥，光滑至具褶皱，幼时赭黄色至肉桂色，带淡橄榄色色调，成熟后深赭黄色至黄褐色，带橄榄色色调，边缘延伸成为宽 1～2 mm 的不育带；菌肉白色，受伤不变色。子实层体弯生，幼时表面被有一层白色菌丝，成熟后白色菌丝消失；表面呈暗黄色，带橄榄色色调；菌管与子实层体表面同色；管口直径约 0.8 mm，常呈多角形，受伤后不变色。菌柄 5～12 × 2～4 cm，棒状至近圆柱形，基部膨大，污白色至淡褐色；表面被污白色或淡褐色网纹，通常菌柄顶部网纹较密，向下逐渐变稀疏；基部菌丝白色；菌肉松软，白色，受伤后不变色。菌肉味道柔和。

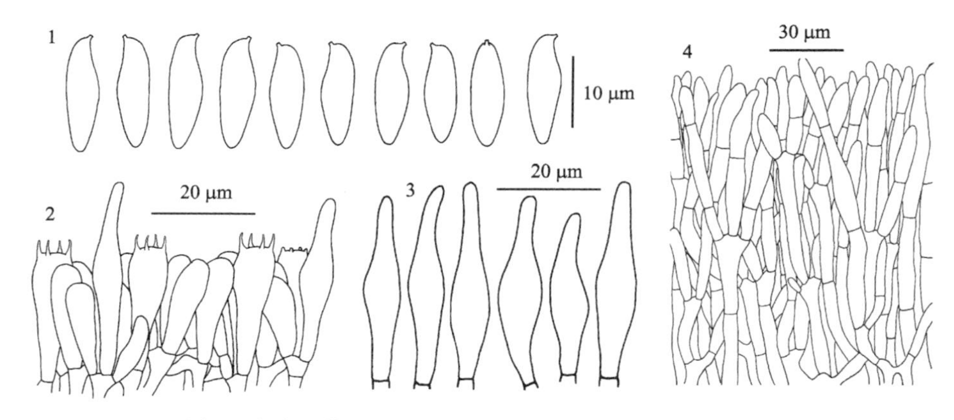

图 7　白牛肝菌 *Boletus bainiugan* Dentinger (HKAS 52235)

1. 担孢子；2. 担子和侧生囊状体；3. 侧生囊状体和缘生囊状体；4. 菌盖表皮结构

菌管菌髓牛肝菌型，由直径 4～16 μm 的菌丝组成。担子 20～30 × 9～12 μm，棒状，薄壁，具 4 孢梗。担孢子 (11) 12～15 × 4～6 μm [Q = (2.17) 2.35～3.13 (3.75)，**Q** = 2.82 ± 0.54]，侧面观梭形，不等边，上脐部往往稍微下陷，背腹观长梭形至梭形，表面平滑，壁略厚 (厚度< 1 μm)，在 KOH 溶液中淡黄色，在梅氏试剂中淡黄色至淡黄褐色。侧生

囊状体 28～40 × 6～9 μm，近梭形，薄壁，在 KOH 溶液中近无色或浅橄榄色，在梅氏试剂中淡黄色至淡黄褐色。缘生囊状体的形状和大小与侧生囊状体相似。菌盖表皮毛皮型，由直立的菌丝组成，菌丝无色，近圆柱形，壁薄或略厚，常具分枝，无色，直径 5～12 μm；末端细胞近圆柱形至近梭形，10～54 × 5～15 μm。菌柄菌髓由直径 5～12 μm 的薄壁菌丝组成，在 KOH 溶液中浅橄榄色，在梅氏试剂中淡黄色至淡黄褐色。菌柄表皮结构子实层状，由担子状细胞组成。担子果各部位皆无锁状联合。

模式产地：中国 (云南)。

生境：夏秋季单生或散生于云南松 (*Pinus yunnanensis*)、思茅松 (*Pinus kesiya* var. *langbianensis*) 或板栗 (*Castanea mollissima*) 林下。

世界分布：中国 (华中和西南地区)。

研究标本：河南：南阳，海拔 400 m，2010 年 7 月 31 日，时晓菲 413 (HKAS 62896)。四川：普格，海拔 1440 m，2010 年 9 月 12 日，时晓菲 676 (HKAS 62899)。云南：昌宁，海拔 2000 m，2009 年 7 月 24 日，李艳春 1792 (HKAS 59539)；贡山，海拔 1600 m，2011 年 7 月 29 日，冯邦 953 (HKAS 71350)；同地，海拔 1500 m，2011 年 7 月 29 日，冯邦 959 (HKAS 71351)；剑川，海拔 2600 m，2003 年 8 月 14 日，杨祝良 4015 (HKAS 43050)；同地，海拔 2600 m，2003 年 8 月 17 日，杨祝良 4092 (HKAS 43127)；昆明，海拔 2000 m，2012 年 10 月 13 日，冯邦 1330 (HKAS 82472)；马龙，海拔 2000 m，2011 年 8 月 21 日，杨祝良 5521 (HKAS 70259)；同地，海拔 2000 m，2011 年 8 月 21 日，杨祝良 5522 (HKAS 70260)；南华野生食用菌市场购买，产地海拔不详，2007 年 8 月 25 日，杨祝良 4918 (HKAS 52235)；同地，2008 年 8 月 9 日，冯邦 282 (HKAS 55393)；同地，2008 年 8 月 9 日，冯邦 283 (HKAS 55394)；宁洱，海拔 1330 m，2008 年 8 月 1 日，冯邦 271 (HKAS 55382)；维西，海拔 3000 m，2008 年 9 月 8 日，赵琪 8322 (HKAS 55284)；同地，海拔 3000 m，2008 年 9 月 8 日，赵琪 8323 (HKAS 55285)；同地，海拔 3000 m，2009 年 9 月 5 日，赵琪 531 (HKAS 58994)；玉龙，海拔 2000 m，2008 年 8 月 26 日，赵琪 8289 (HKAS 55266)；同地，海拔 2000 m，2008 年 8 月 26 日，赵琪 8320 (HKAS 55282)；同地，海拔 2500 m，2008 年 7 月 18 日，冯邦 224 (HKAS 55334)。

讨论：在我国，白牛肝菌曾被作为美味牛肝菌 (*B. edulis*) 处理 (Chiu, 1948；臧穆, 2006)。然而，美味牛肝菌的菌盖赭黄色至黄褐色，一般没有橄榄色色调，边缘通常近白色，且担孢子较大 (15～19 × 5～6 μm)。美味牛肝菌主要分布于欧洲和北美洲，在中国目前仅发现于东北地区 (Feng *et al.*, 2012)。Dentinger (2013) 还描述了 *B. meiweiniuganjun* Dentinger 这一物种。在分子系统发育树上，白牛肝菌和 *B. meiweiniuganjun* 互为姐妹群，但两者间并没有可兹鉴别利用的形态或生态差异，故将 *B. meiweiniuganjun* 作为白牛肝菌的异名处理 (Cui *et al.*, 2016)。

在云南野生食用菌市场上，白牛肝菌为常见的野生食用菌。

葡萄牛肝菌 图版 II-4；图 8

Boletus botryoides B. Feng, Yang Y. Cui, J.P. Xu & Zhu L. Yang, in Cui, Feng, Wu & Yang, Fungal Divers. 81: 195, figs. 1, 2, 5, 6, 2016.

菌盖直径 5～10 cm，近半球形至平展；表面干燥，幼时绒质，成熟后近平滑，暗褐色至橄榄褐色；菌肉白色，受伤不变色。子实层体弯生，幼时表面被有一层白色菌丝，成熟后白色菌丝消失；表面黄色至黄褐色；菌管与子实层体同色；管口直径约 1 mm，受伤后不变色。菌柄 7～13 × 1.5～2.5 cm，棒状，基部渐粗；表面褐色至黑褐色，但基部颜色较浅，被同色网纹；基部菌丝白色；菌肉松软，白色，受伤后不变色。菌肉味道柔和。

菌管菌髓牛肝菌型，由直径 3～15 μm 的菌丝组成。担子 20～30 × 8～10 μm，棒状，具 4 孢梗，孢梗长 3.5～4.5 μm。担孢子 11～15 × 4～5 μm [Q = (2.20) 2.40～3.50 (3.75)，**Q** = 2.97 ± 0.35]，侧面观梭形，不等边，上脐部往往稍微下陷，背腹观长梭形至梭形，表面平滑，壁略厚 (厚度<1 μm)，在 KOH 溶液中淡黄色，在梅氏试剂中淡黄褐色。侧生囊状体 30～65 × 6.5～10 μm，近梭形，顶部变细长，薄壁，在 KOH 溶液中透明，在梅氏试剂中近无色至淡黄色。缘生囊状体形状和大小与侧生囊状体相似。菌盖表皮由膨大的念珠状细胞组成，菌丝梭形至近球形，壁薄或略厚，通常无分枝，直径 6～25 μm，在 KOH 溶液中无色；末端细胞 15～40 × 7～27 μm，近球形至近梭形，顶部常钝尖或渐狭。菌柄菌髓由直径 5～21 μm 的薄壁菌丝组成。菌柄表皮结构子实层状，由担子状细胞组成。担子果各部位皆无锁状联合。

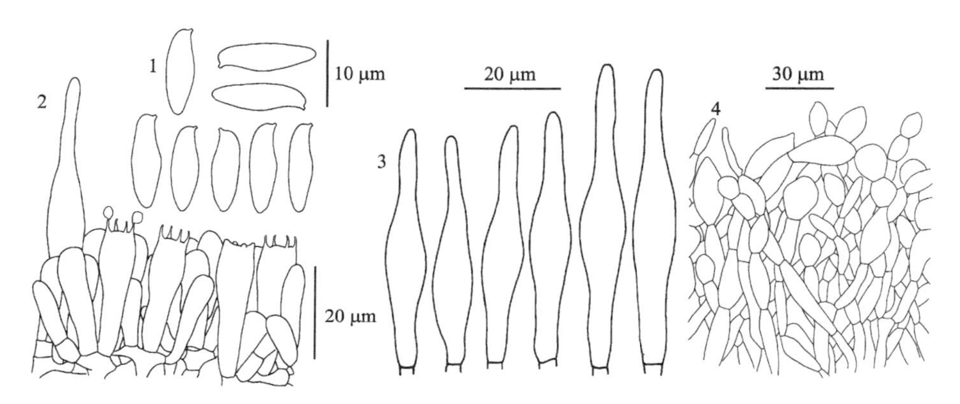

图 8　葡萄牛肝菌 *Boletus botryoides* B. Feng, Yang Y. Cui, J.P. Xu & Zhu L. Yang (HKAS 53403，模式)

1. 担孢子；2. 担子和侧生囊状体；3. 侧生囊状体和缘生囊状体；4. 菌盖表皮结构

模式产地：中国 (湖南)。

生境：夏秋季单生或散生于壳斗科林下。

世界分布：中国。

研究标本：湖南：宜章，海拔 950 m，2007 年 9 月 2 日，李艳春 1058 (HKAS 53403，模式)。

讨论：葡萄牛肝菌的主要鉴别特征为：菌盖深褐色至褐色带有橄榄色色调，菌柄深褐色，菌柄上下被有同色易于识别的网纹，菌盖表皮由近球状至梭形链状的膨大细胞组成。在外形上，葡萄牛肝菌与 *B. aereus* Bull. 和 *B. hiratsukae* Nagas. 的担子果颜色均较深。但是，*B. aereus* 的菌盖表皮由无色的圆柱状菌丝构成 (Watling, 1970；Alessio, 1985；Singer, 1986；Courtecuisse and Duhem, 1995；Horak *et al*., 2005；Phillips, 2005)；*B. hiratsukae* 菌柄上部的网纹白色，下部网纹煤黑色，菌盖表皮菌丝由近梭形的链状膨大细胞组成，细胞外具有深色的胞外色素 (Nagasawa, 1994)。分子系统发育分析表明，葡萄牛肝菌和褐盖牛肝菌 (*B. umbrinipileus* B. Feng *et al.*) 近缘，且二者的菌盖表皮结构相同。但是，后者的菌柄污白色至白色，且仅在菌柄上部被有白色网纹 (Cui *et al.*, 2016)。

美味牛肝菌 图版 II-5；图 9

别名：白牛肝、牛肝菌、大脚菇

Boletus edulis Bull., Herb. France 2: tab. 60, 1782; Fr., Syst. Mycol. 1: 392, 1821 (nom. sanct.); Zang, Flora Fung. Sinicorum 22: 54, 2006, *p. p.*; Li, Li, Yang, Bau & Dai, Atlas Chin. Macrofung. Res., 1079, figs. 1582-1, 2, 2015.

菌盖直径 5～13 cm，半球形至平展；表面干燥，近平滑，浅灰色、淡褐色至黑褐色，边缘往往颜色较浅，常为白色；菌肉白色，受伤不变色。子实层体弯生，幼时表面被一层白色菌丝覆盖，成熟后白色菌丝消失；子实层体表面黄色至污黄色；菌管与子实层体表面同色；管口直径 0.5～1 mm，受伤后不变色。菌柄 5～10 × 1.2～3 cm，棒状至近圆柱形，淡黄色至浅褐色，上部被白色网纹；基部膨大，污白色，菌丝白色；菌肉松软，白色，受伤后不变色。菌肉味道柔和。

菌管菌髓牛肝菌型，由直径 4.5～14 μm 的菌丝组成。担子 30～40 × 9～12 μm，棒状，具 4 孢梗，孢梗长 4～7 μm。担孢子 (14) 15～19 × (4.5) 5～6 μm [Q = (2.6) 2.75～3.36 (3.5)，**Q** = 3.05 ± 0.19]，侧面观梭形，不等边，上脐部往往稍微下陷，背腹观长梭形至梭形，表面平滑，壁略厚 (厚度 < 1 μm)，在 KOH 溶液中淡黄色，在梅氏试剂中淡黄色。侧生囊状体及缘生囊状体 40～70 × 6～13 μm，近梭形，薄壁，在 KOH 溶液中近无色或浅橄榄色，在梅氏试剂中淡黄色。菌盖表皮毛皮型，由直立菌丝组成，菌丝不膨大，常具分枝，壁薄或略厚，在 KOH 溶液中无色，直径 2～13 μm。菌柄菌髓由直径 3～9 μm 的薄壁菌丝组成。菌柄表皮结构子实层状，由担子和囊状体组成。担子果各部位皆无锁状联合。

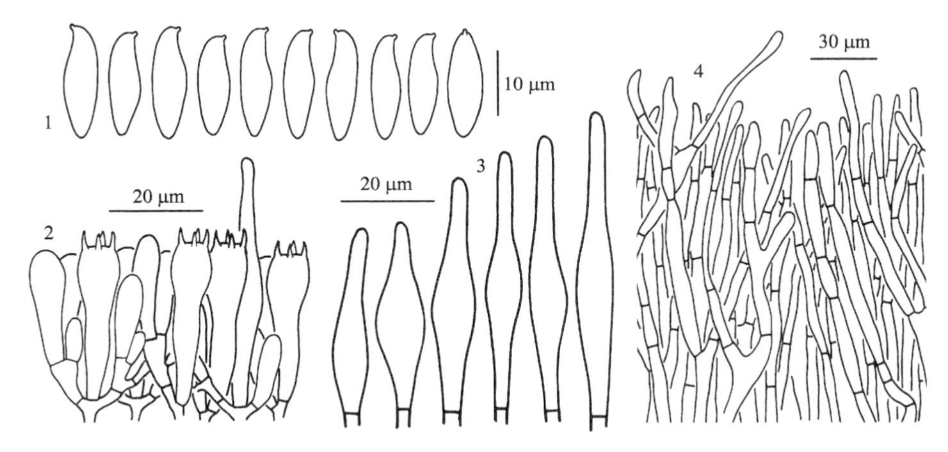

图 9 美味牛肝菌 *Boletus edulis* Bull. (HKAS 62898)

1. 担孢子；2. 担子和侧生囊状体；3. 侧生囊状体和缘生囊状体；4. 菌盖表皮结构

模式产地：欧洲 (法国)。

生境：夏秋季单生或散生于松科或壳斗科林下。

世界分布：北美洲、东亚和欧洲。

研究标本：吉林：安图，海拔 1120 m，2010 年 8 月 8 日，时晓菲 473 (HKAS 62897)。内蒙古：呼伦贝尔，海拔 640 m，2010 年 8 月 20 日，时晓菲 640 (HKAS 62898)。黑龙江：呼中，海拔不详，2010 年 8 月 21 日，王向华 2692 (HKAS 62909)。

讨论：若严格遵循“真菌、地衣汉语学名命名法规”的精神 (中国植物学会真菌学会, 1987)，“美味牛肝菌”这一真菌的汉名应该是“牛肝菌”，但考虑到其重要经济价值，为避免混淆，本卷仍沿用“美味牛肝菌”这一汉语名称。

美味牛肝菌原初描述于欧洲 (Noordeloos *et al.*, 2018)。臧穆 (2006) 曾记载我国西南有美味牛肝菌。近来的研究表明，该种在欧洲、北美洲和亚洲均有分布，但在中国该种主要见于东北地区 (Feng *et al.*, 2012)，西南的“美味牛肝菌”实际上是白牛肝菌 (*B. bainiugan*)、食用牛肝菌 (*B. shiyong* Dentinger) 或中华美味牛肝菌 (*B. sinoedulis* B. Feng *et al.*) (Feng *et al.*, 2012；Cui *et al.*, 2016)。因此，将美味牛肝菌收入本卷，以便读者对比和鉴别之用。

美味牛肝菌为著名野生食用菌。

栎生牛肝菌　图版 II-6；图 10

Boletus fagacicola B. Feng, Yang Y. Cui, J.P. Xu & Zhu L. Yang, in Cui, Feng, Wu & Yang, Fungal Divers. 81: 197, figs. 1, 2, 7, 8, 2016.

菌盖直径 5～13 cm，半球形至平展；表面干燥，近平滑，褐色至暗褐色或赭色，边缘渐变至橄榄褐色；菌肉白色，受伤不变色。子实层体弯生，幼时表面被一层白色菌丝覆盖，成熟后白色菌丝消失；子实层体表面呈奶油色、黄色至污黄色；菌管与子实层体表面同色；管口直径 0.5～1 mm，受伤后不变色。菌柄 5～9 × 1.2～3 cm，棒状至近圆柱形，基部膨大，淡褐色至褐色，基部污白色，菌柄上部被淡褐色网纹；基部菌丝白色；菌肉松软，白色，受伤后不变色。菌肉味道柔和。

菌管菌髓牛肝菌型，由直径 4.5～14 μm 的菌丝组成。担子 20～30 × 7～9 μm，棒状，具 4 孢梗，孢梗长 4～5 μm。担孢子 9～12 (13) × 4～5 μm [Q = (2.04) 2.20～2.88 (3.16)，**Q** = 2.58 ± 0.26]，侧面观梭形，不等边，上脐部往往稍微下陷，背腹观长梭形至梭形，表面平滑，壁略厚 (厚度 < 1 μm)，在 KOH 溶液中淡黄色，在梅氏试剂中淡黄色。侧生囊状体 35～50 × 5～10 μm，近梭形，薄壁，在 KOH 溶液中近无色或浅橄榄色，在梅氏试剂中淡黄色。缘生囊状体的形状和大小与侧生囊状体相似。菌盖表皮近毛皮型，由略膨大、近球形、近棒状至近梭形的细胞组成，壁薄或略厚，在 KOH 溶液中无色，直径 6～10 μm；末端细胞 12～32 × 6～14 μm，近梭形至近球形，顶部常钝尖或渐狭。菌柄菌髓由直径 3～9 μm 的薄壁菌丝组成。菌柄表皮结构子实层状，由担子状细胞组成。担子果各部位皆无锁状联合。

模式产地：中国 (湖南)。

生境：生于壳斗科植物林下。

世界分布：中国 (华南、华中和西南地区)。

研究标本：湖南：宜章，海拔 700 m，2007 年 9 月 2 日，李艳春 1067 (HKAS 55975，模式)。海南：琼中，海拔 700 m，曾念开 720 (HKAS 71347)。云南：普洱，海拔 1200 m，2014 年 6 月 28 日，姚淑 11 (HKAS 83194)；同地，海拔 1200 m，2014 年 6 月 28 日，

姚淑 12 (HKAS 83195)。

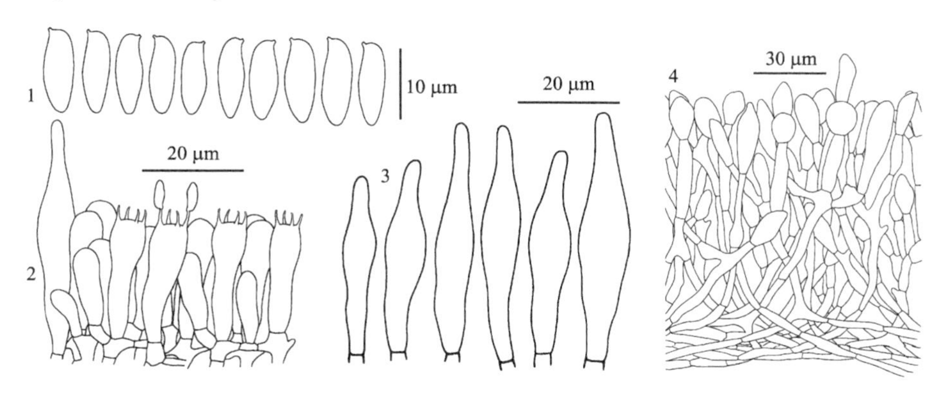

图 10　栎生牛肝菌 *Boletus fagacicola* B. Feng, Yang Y. Cui, J.P. Xu & Zhu L. Yang (HKAS 55975，模式)

1. 担孢子；2. 担子和侧生囊状体；3. 侧生囊状体和缘生囊状体；4. 菌盖表皮结构

讨论：栎生牛肝菌主要生于亚热带阔叶林，其主要鉴别特征为：菌盖褐色至深褐色或赭色，菌盖边缘橄榄褐色，菌柄褐色至浅褐色，上半部被淡褐色网纹，菌盖表皮具有梭形至近球形的末端细胞 (Cui *et al*., 2016)。

在显微特征上，栎生牛肝菌、*B. nobilis* Peck、*B. separans* Peck 和 *B. subcaerulescens* (E.A. Dick & Snell) Both *et al.*的菌盖表皮末端细胞都呈近梭形至近球形。但是，*B. nobilis* 的菌盖表面浅黄褐色至浅红褐色，菌柄浅白色有紫红色色调 (Peck, 1905; Snell and Dick, 1970); *B. separans* 的担子果深红色至深褐色 (Peck, 1873; Snell and Dick, 1970; Smith and Thiers, 1971；Bessette *et al*., 1997；Simonini *et al*., 2001；Nuhn *et al*., 2013)；*B. subcaerulescens* 的菌盖表面深紫褐色，且边缘具有不育带 (Dick and Snell, 1965；Snell and Dick, 1970；Smith and Thiers, 1971)。

灰盖牛肝菌　图版 II-7；图 11

Boletus griseiceps B. Feng, Yang Y. Cui, J.P. Xu & Zhu L. Yang, in Cui, Feng, Wu & Yang, Fungal Divers. 81: 198, figs. 2, 9, 10, 2016.

菌盖直径 5～11 cm，平展；表面干燥，近平滑，灰褐色，被灰褐色绒质鳞片；菌肉白色，受伤不变色。子实层体弯生，幼时表面被一层白色菌丝覆盖，成熟后白色菌丝消失；子实层体表面呈浅灰色至浅褐色；菌管黄色；管口直径约 1 mm，受伤后不变色。菌柄 9～10 × 1.5～2.3 cm，棒状至近圆柱形，淡灰色至淡黄色；表面被网纹，通常菌柄顶部网纹较密，向下逐渐变稀疏；基部菌丝白色；菌肉白色，受伤后不变色。菌肉味道柔和。

菌管菌髓牛肝菌型，由直径 5～14 μm 的菌丝组成。担子 27～40 × 7～11 μm，棒状，具 4 孢梗，孢梗长 4～5 μm。担孢子 7～9 (10) × 4～6 μm [Q = 1.60～2.00，**Q** = 1.71 ± 0.16]，侧面观椭圆形至长椭圆形，上脐部不下陷，背腹观卵形至长椭圆形，表面平滑，壁略厚 (厚度< 1 μm)，在 KOH 溶液中淡黄色至浅橄榄色，在梅氏试剂中淡黄色至淡黄褐色。侧生囊状体及缘生囊状体丰富，27～55 × 7～12 μm，梭形或近梭形，薄壁，在 KOH 溶液中近无色或浅橄榄色，在梅氏试剂中黄色。菌盖表皮近平伏型，基部由紧贴

交织的菌丝组成，表面被有不连续分布的匍匐菌丝。菌柄表皮结构子实层状，由担子状细胞组成。担子果各部位皆无锁状联合。

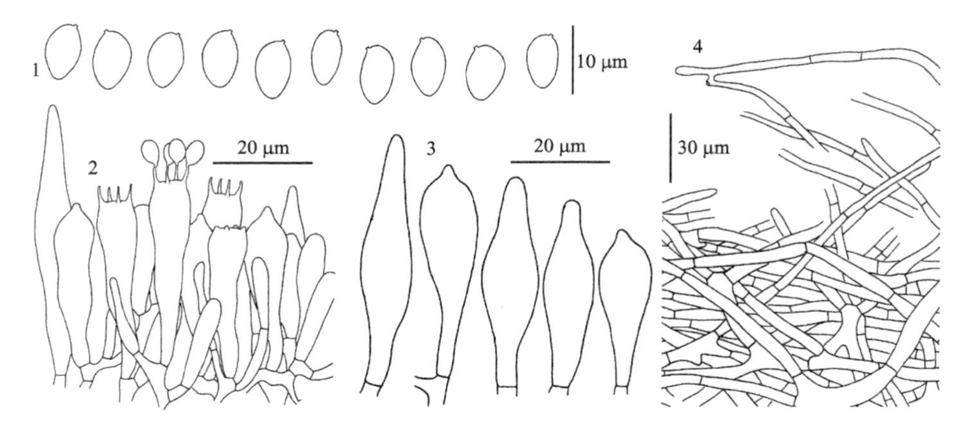

图 11　灰盖牛肝菌 *Boletus griseiceps* B. Feng, Yang Y. Cui, J.P. Xu & Zhu L. Yang (HKAS 82692，模式)

1. 担孢子；2. 担子和侧生囊状体；3. 侧生囊状体和缘生囊状体；4. 菌盖表皮结构

模式产地：中国 (福建)。

生境：生于壳斗科林下。

世界分布：中国 (东南地区)。

研究标本：福建：漳平，海拔 360 m，2009 年 8 月 28 日，曾念开 626 (HKAS 82692，模式)；同地，海拔 600 m，2009 年 8 月 28 日，曾念开 619 (HKAS 71346)。

讨论：灰盖牛肝菌的主要鉴别特征为：菌盖灰褐色，表面被有绒质鳞片，菌管黄色，菌柄淡灰色，具网纹，担孢子卵形、椭圆形至长椭圆形，菌盖表皮由平伏菌丝构成 (Cui *et al*., 2016)。灰盖牛肝菌和 *B. barrowsii* Thiers & A.H. Sm.都具有近平伏的菌盖表皮菌丝。但是，后者的担子果白色，担孢子梭形至近梭形 (Thiers, 1976；Arora, 2008)。

栗褐牛肝菌　图版 II-8；图 12

Boletus monilifer B. Feng, Yang Y. Cui, J.P. Xu & Zhu L. Yang, in Cui, Feng, Wu & Yang, Fungal Divers. 81: 199, figs. 1, 2, 11, 12, 2016.

菌盖直径 7～11 cm，凸镜形至近平展；表面干燥，密被绒毛，褐色至黑褐色，有时中部灰黑色略带淡红色色调，边缘黄褐色至土褐色；菌肉幼时白色，成熟后变浅褐色，受伤不变色。子实层体弯生，幼时表面被一层白色菌丝覆盖，成熟后白色菌丝消失；子实层体表面呈污黄色至黄褐色；菌管与子实层体同色，长可达 10 mm，管口多角形，直径约 0.8 mm，受伤后不变色。菌柄 5～12 × 1～2 cm，近圆柱形，淡黄褐色，基部白色；菌柄仅顶端被不明显网纹；基部菌丝白色；菌肉柔软，白色，受伤后不变色。菌肉味道柔和。

菌管菌髓牛肝菌型，由直径 4～12 μm 的菌丝组成。担子 29～35 × 8.5～12 μm，棒状，具 4 孢梗，孢梗长 5～7.5 μm。担孢子 12.5～15.5 (17) × 4.5～6 μm [Q = 2.33～3.10 (3.4)，**Q** = 2.77 ± 0.24]，侧面观梭形，不等边，上脐部往往下陷，背腹观梭形至近梭形，表面平滑，壁略厚 (厚度< 1 μm)，在 KOH 溶液中淡黄色，在梅氏试剂中淡黄褐色。侧

生囊状体 40～65 × 7～12 μm，披针形或梭形，薄壁，在 KOH 溶液中透明，在梅氏试剂中淡黄色。缘生囊状体的形状和大小与侧生囊状体相似。菌盖表皮念珠型，由球形至近球形细胞组成，菌丝通常无分枝，排列成串，直径 5～24 μm；末端细胞 10～39 × 8～25 μm，近球形、长椭圆形至近卵形，顶部通常变窄。菌柄菌髓由直径 3～15 μm 的菌丝组成。菌柄表皮结构子实层状，由担子状细胞组成。担子果各部位皆无锁状联合。

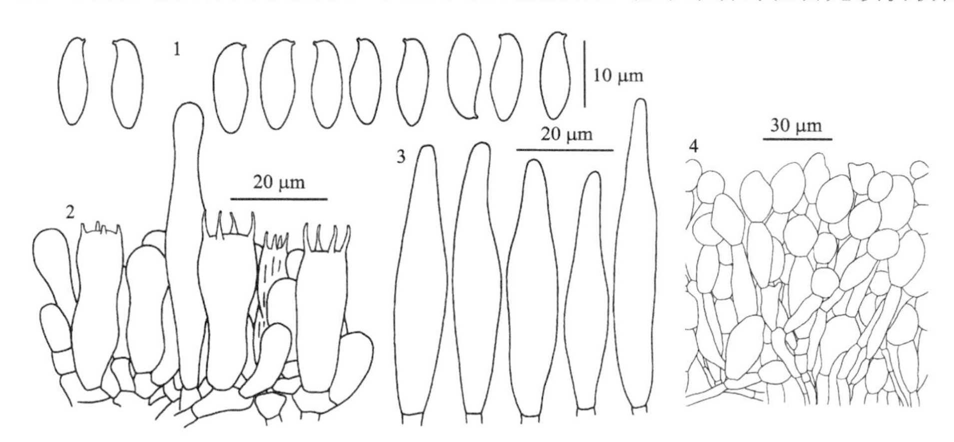

图 12 栗褐牛肝菌 *Boletus monilifer* B. Feng, Yang Y. Cui, J.P. Xu & Zhu L. Yang (HKAS 71352，模式)
1. 担孢子；2. 担子和侧生囊状体；3. 侧生囊状体和缘生囊状体；4. 菌盖表皮结构

模式产地：中国 (云南)。

生境：生于柯属 (*Lithocarpus*) 或栎属 (*Quercus*) 植物林下。

世界分布：中国 (西南地区)。

研究标本：云南：景洪，海拔 1100 m，2014 年 6 月 29 日，赵宽 452 (HKAS 83203)；昆明，海拔 2169 m，2011 年 10 月 5 日，冯邦 1183 (HKAS 71352，模式)；南涧，海拔 2230 m，2014 年 8 月 2 日，郝艳佳 1273 (HKAS 83064)；同地，海拔 2270 m，2014 年 8 月 4 日，郝艳佳 1307 (HKAS 83098)；普洱，海拔 1200 m，2014 年 6 月 28 日，葛再伟 3515 (HKAS 83205)。

讨论：栗褐牛肝菌的主要鉴别特征是：菌盖表面褐色，菌柄褐色且仅顶端被有不明显的网纹，菌盖表皮由球状至近球状的细胞组成 (Cui *et al.*, 2016)。栗褐牛肝菌、*B. quercophilus* Halling & G.M. Muell.、*B. reticulatus* Schaeff. 和 *B. variipes* Peck 均具有褐色的菌盖。但是，*B. quercophilus* 的菌盖边缘具有黏合的纤维鳞片，菌柄上下皆被网纹，菌盖表皮菌丝不膨大 (Halling and Mueller, 1999)；*B. reticulatus* 的菌盖具有小的不明显的鳞片，菌柄上部 3/4 被有网纹，菌盖表皮由交织的菌丝构成 (Snell and Dick, 1970；Watling, 1970；Courtecuisse and Duhem, 1995)；*B. variipes* 的菌盖表皮往往龟裂，且其菌盖表皮由不膨大的菌丝构成 (Peck, 1888；Snell and Dick, 1970；Smith and Thiers, 1971；Grund and Harrison, 1976；Phillips, 2005)。栗褐牛肝菌、葡萄牛肝菌和褐盖牛肝菌的菌盖表皮显微结构相似。但是，栗褐牛肝菌的菌柄仅其顶端具有不明显的网纹，而葡萄牛肝菌的整个菌柄都被有网纹，褐盖牛肝菌的菌柄仅上半部被有网纹。

东方白牛肝菌　图版 II-9；图 13

Boletus orientialbus N.K. Zeng & Zhu L. Yang, in Zeng, Liang & Yang, Mycoscience 55: 160, figs. 1, 2, 2014.

菌盖直径 9～13 cm，半球形至平展；表面干燥，近平滑，白色至奶油色，成熟后偶呈淡褐色；菌肉白色，受伤不变色。子实层体弯生，幼时表面被一层白色菌丝覆盖，成熟后白色菌丝消失；子实层体表面呈黄色至橄榄黄色；菌管淡黄色，长 6～13 mm，管口多角形，直径约 0.1 mm，受伤后不变色。菌柄 8～10 × 1.5～2.5 cm，近圆柱形，与菌盖同色；菌柄从上往下约 2/3 的长度被白色网纹，基部平滑；基部菌丝白色；菌肉柔软，白色，受伤后不变色。菌肉味道柔和。

菌管菌髓牛肝菌型，由直径 3～10 μm 的菌丝组成。担子 25～36 × 8～13 μm，棒状，具 4 孢梗，孢梗长 4～5 μm。担孢子 (6) 7～10 × (4) 4.5～5 (6) μm [Q = (1.20) 1.40～2.00，**Q** = 1.67 ± 0.18]，椭圆形至长椭圆形，稀宽椭圆形，表面平滑，壁略厚 (厚度 < 1 μm)，在 KOH 溶液中呈橄榄褐色至黄褐色。侧生囊状体丰富，23～57 × 11～16 (21) μm，近梭形、棒状或近棒状，薄壁，在 KOH 溶液中无色。缘生囊状体较少，40～70 × 7～15 μm，近梭形或梭形，薄壁，在 KOH 溶液中无色。菌盖表皮栅皮型，由直立的菌丝组成，菌丝常分枝，薄壁，直径 4～8 μm；末端细胞 20～60 (80) × 4～7 μm，窄棒状或近圆柱形。菌柄菌髓由直径 4～10 μm 的菌丝组成。担子果各部位皆无锁状联合。

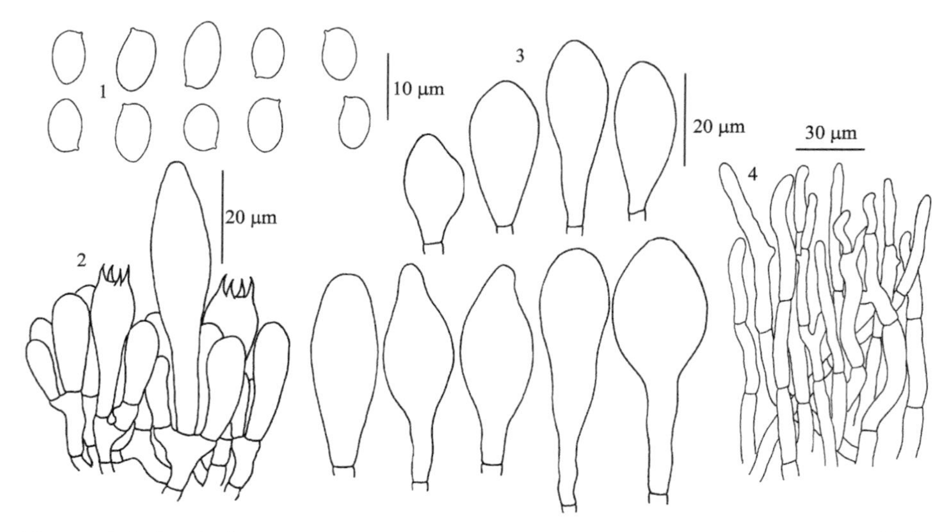

图 13　东方白牛肝菌 *Boletus orientialbus* N.K. Zeng & Zhu L. Yang (HKAS 62907，模式)

1. 担孢子；2. 担子和侧生囊状体；3. 侧生囊状体和缘生囊状体；4. 菌盖表皮结构

模式产地：中国 (福建)。

生境：生于柯属或锥属 (*Castanopsis*) 植物林下。

世界分布：中国 (东南地区)。

研究标本：福建：闽清，海拔不详，2005 年 8 月 4 日，黄年来 无号 (HKAS 76151)；漳平，海拔 370 m，2009 年 8 月 28 日，曾念开 639 (HKAS 62907，模式)；同地，海拔 380 m，2009 年 8 月 28 日，曾念开 604 (HKAS 62906)；同地，海拔 380 m，2009 年 8

月 28 日，曾念开 633 (HKAS 76152)；同地，海拔 360 m，2009 年 9 月 1 日，曾念开 652 (HKAS 62908)。

讨论：东方白牛肝菌的主要鉴别特征为：担子果白色，担孢子椭圆形至长椭圆形 (Zeng *et al.*, 2014a)。在形态上，美味牛肝菌白色变型 [*B. edulis* f. *albus* (Pers.) J.A. Munoz] 和 *B. barrowsii* Thiers & A.H. Sm. 都产生白色的担子果，但美味牛肝菌白色变型分布于欧洲，*B. barrowsii* 分布于北美洲，二者均生于松科和壳斗科植物林下，担孢子为梭形。东方白牛肝菌目前仅见于东亚，生于壳斗科植物林下，以椭圆形的孢子明显区别于前二者 (Zeng *et al.*, 2014a)。

网盖牛肝菌 图版 II-10；图 14

Boletus reticuloceps (M. Zang, M.S. Yuan & M.Q. Gong) Q.B. Wang & Y.J. Yao, Sydowia 57: 132, figs. 1, 2, 2005. Li, Li, Yang, Bau & Dai, Atlas Chin. Macrofung. Res., 1087, figs. 1596-1～3, 2015.

Aureoboletus reticuloceps M. Zang, M.S. Yuan & M.Q. Gong, Acta Mycol. Sinica 12: 277, figs. 1-3～6, 1993; Zang, Flora Fung. Sinicorum 22: 32, figs. 12-6～9, 57-1, 2006.

菌盖直径 10～15 cm，有时可达 20 cm 以上，半球形至平展；表面粗糙，具网络状凸起，黄褐色、红褐色至黑褐色，幼时边缘常有一白色环带；菌肉白色，受伤不变色。子实层体弯生，幼时表面被一层白色菌丝覆盖，成熟后白色菌丝消失；子实层体表面呈淡黄色带橄榄色色调；菌管黄褐色至橄榄褐色，管口多角形，直径 0.7～1 mm，受伤后不变色。菌柄 9～17 × 1～4 cm，棒状，淡黄色、黄褐色至淡黑褐色，被白色网纹，上部网纹致密，常相连形成一白色膜状物，下部网纹较稀疏；基部菌丝白色；菌肉柔软，白色，受伤后不变色。菌肉味道柔和。

菌管菌髓牛肝菌型，由直径 4～12 μm 的菌丝组成。担子 35～45 × 10～16 μm，棒状，具 4 孢梗，孢梗长 5～7 μm。担孢子 (13) 15～18 (20) × 5～6.5 μm [Q = 2.46～3.2 (3.4)，**Q** = 2.83 ± 0.32]，侧面观梭形，不等边，上脐部往往下陷，背腹观梭形，表面平滑，壁略厚 (厚度 < 1 μm)，在 KOH 溶液中淡黄色，在梅氏试剂中淡黄褐色。侧生囊状体 50～70 × 8～15 μm，近梭形，薄壁，在 KOH 溶液中无色，在梅氏试剂中浅黄色。缘生囊状体大小和形状与侧生囊状体相似。菌盖表皮毛皮型，由轻微交织的直立菌丝组成，薄壁，直径 5～18 μm。菌柄菌髓由直径 4～13 μm 的菌丝组成。担子果各部位皆无锁状联合。

模式产地：中国 (四川)。

生境：生于云杉属 (*Picea*) 或冷杉属 (*Abies*) 植物林下。

世界分布：中国 (华中、东南和西南地区)。

研究标本：湖北：神农架，海拔和时间不详，张平 540 (HKAS 62910)。台湾：花莲，海拔 3100 m，1994 年 6 月 23 日，周文能 563 (TNM-F2308)。四川：白玉，海拔 3800 m，2006 年 8 月 22 日，葛再伟 1355 (HKAS 50942)；红原，海拔 3600 m，1991 年 8 月 23 日，袁明生 1662 (HKAS 23856，模式)。云南：禄劝，海拔 3750 m，1999 年 7 月 31 日，臧穆 12980 (HKAS 34031)；香格里拉，海拔 3600 m，2008 年 8 月 16 日，冯邦 320 (HKAS 55431)；同地，海拔 3600 m，2008 年 8 月 16 日，冯邦 321 (HKAS 55432)。

西藏：类乌齐，海拔 4000 m，2004 年 8 月 9 日，杨祝良 4325 (HKAS 45704)。

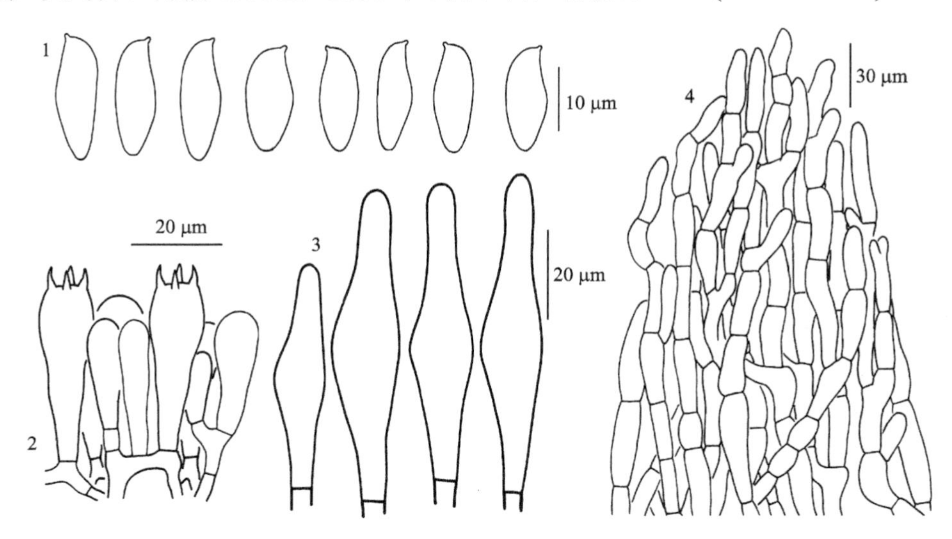

图 14　网盖牛肝菌 *Boletus reticuloceps* (M. Zang, M.S. Yuan & M.Q. Gong) Q.B. Wang & Y.J. Yao (HKAS 55431)

1. 担孢子；2. 担子；3. 侧生囊状体和缘生囊状体；4. 菌盖表皮结构

讨论：网盖牛肝菌因其菌盖表面具有粗糙的网络状凸起，极易与其他物种区分。但是，该种曾长期被误定为原初描述自欧洲的 *B. reticulatus*。网盖牛肝菌目前已知仅分布于中国西南、华中和台湾省的亚高山地区 (Feng *et al.*, 2017)，特异性地与云杉和冷杉共生。北美洲亦曾报道具有类似特征的物种，即 *B. mottiae* Thiers (Thiers, 1975)。然而，*B. mottiae* 自发表后未有学者采集到特征类似的新标本，其与网盖牛肝菌的系统关系有待进一步考证。

网盖牛肝菌可食。

食用牛肝菌　图版 II-11；图 15

Boletus shiyong Dentinger, Index Fung. 29: 1, 2013.

菌盖直径 10～17 cm，半球形至平展；表面干燥，有皱纹，有时龟裂，淡黄色、淡黄褐色至黄褐色，带暗褐色色调；菌肉白色，受伤不变色。子实层体弯生，幼时表面被一层白色菌丝覆盖，成熟后白色菌丝消失；子实层体表面呈淡黄色带橄榄色色调；菌管淡黄色，管口多角形，直径约 0.1 mm，受伤后不变色。菌柄 7～11 × 3～5 cm，圆柱形至近棒状，淡白色、浅灰色至浅灰褐色，被白色、灰白色至浅灰褐色网纹；基部菌丝白色；菌肉柔软，白色，受伤后不变色。菌肉味道柔和。

菌管菌髓牛肝菌型，由直径 4～16 μm 的菌丝组成。担子 25～40 × 9～12 μm，棒状，具 4 孢梗，孢梗长 4～5 μm。担孢子 12.5～17.5 (19.5) × (3) 4～6 μm [Q = (2.33) 2.50～3.75 (4.00)，**Q** = 3.08 ± 0.39]，侧面观梭形，不等边，上脐部往往下陷，背腹观梭形，表面平滑，壁略厚 (厚度 < 1 μm)，在 KOH 溶液中淡黄色，在梅氏试剂中淡黄褐色。侧生囊状体 34～60 × 5～11 μm，近梭形，薄壁，在 KOH 溶液中无色，在梅氏试剂中浅黄色。缘生囊状体大小和形状与侧生囊状体相似。菌盖表皮黏毛皮型，由埋于胶状物

质中的轻微交织的直立菌丝组成，上层无明显的平伏状菌丝，壁薄或微加厚，直径 2～8 μm；末端细胞近圆柱形或近棒状。菌柄菌髓由直径 4～13 μm 的菌丝组成。担子果各部位皆无锁状联合。

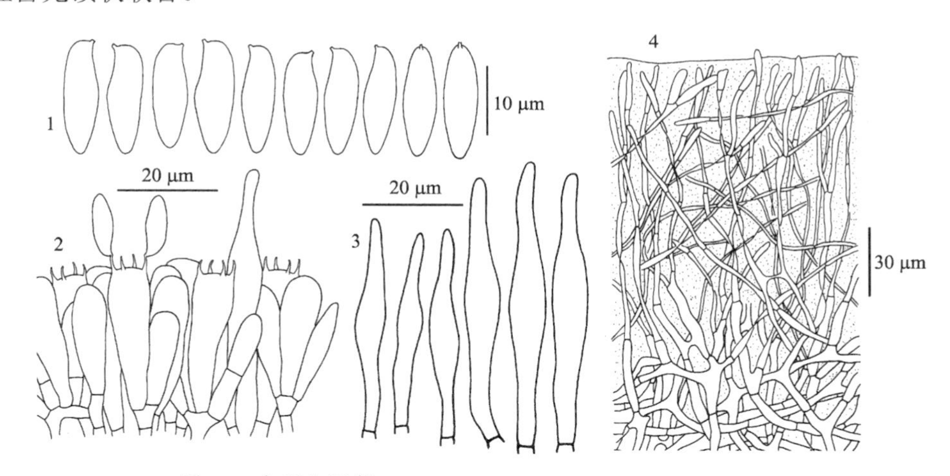

图 15　食用牛肝菌 *Boletus shiyong* Dentinger (HKAS 55425)

1. 担孢子；2. 担子和侧生囊状体；3. 侧生囊状体和缘生囊状体；4. 菌盖表皮结构

模式产地：中国（云南）。

生境：生于高山松（*Pinus densata*）和高山栎（*Quercus semecarpifolia*）混交林下，或生于云杉林下，单生或群生。

世界分布：中国（西南地区）。

研究标本：云南：剑川野生食用菌市场购买，产地海拔不详，2009 年 8 月 31 日，冯邦 743 (HKAS 57472)；香格里拉，海拔 2880 m，2008 年 8 月 14 日，冯邦 314 (HKAS 55425)；同地，2008 年 8 月 14 日，冯邦 315 (HKAS 55426)；玉龙，海拔 3060 m，2008 年 8 月 10 日，冯邦 285 (HKAS 55396)；同地，海拔 3000 m，2008 年 7 月 22 日，赵琪 888 (HKAS 55089)。

讨论：食用牛肝菌的主要鉴别特征为：菌盖浅黄色、浅黄褐色至褐色，菌柄白色、灰色或灰褐色，上下皆被浅色网纹，菌盖表皮胶质化（Cui *et al*., 2016）。食用牛肝菌和美味牛肝菌酷似 *B. reticulatus*。但是，美味牛肝菌的菌盖边缘白色（Snell and Dick, 1970；Watling, 1970；Smith and Thiers, 1971；Grund and Harrison, 1976；Alessio, 1985；Horak *et al*., 2005；Phillips, 2005）。同时，美味牛肝菌和 *B. reticulatus* 的菌盖表皮非胶质化且菌丝不膨大（Snell and Dick, 1970；Watling, 1970；Smith and Thiers, 1971；Grund and Harrison, 1976；Phillips, 2005）。在解剖特征上，食用牛肝菌和黏盖牛肝菌（*B. viscidiceps* B. Feng *et al*.）的菌盖表皮菌丝相似。但是，后者的胶质化更为强烈（Cui *et al*., 2016）。在分子系统学上，食用牛肝菌和 *B. quercophilus* 近缘。但是，后者的菌盖边缘在干燥时具有黏合的纤维状鳞片，且菌盖表皮菌丝非胶质化（Halling and Mueller, 1999）。

在云南西北部自由贸易市场上，食用牛肝菌常有出售。

中华美味牛肝菌 图版 II-12；图 16

Boletus sinoedulis B. Feng, Yang Y. Cui, J.P. Xu & Zhu L. Yang, in Cui, Feng, Wu & Yang, Fungal Divers. 81: 203, figs. 1, 2, 15, 16, 2016.

菌盖直径 10～12 cm，近半球形至平展；表面干燥，平滑，幼时淡黄褐色至深褐色，成熟后淡黄褐色至浅橄榄褐色，边缘色稍淡，常为白色；菌肉白色，受伤不变色。子实层体弯生，幼时表面被一层白色菌丝覆盖，成熟后白色菌丝消失；子实层体表面淡黄色至淡黄褐色；菌管与子实层体表面同色；管口直径约 0.8 mm，常呈多角形，受伤后不变色。菌柄 9～10 × 1.2～1.5 cm，棒状至近圆柱形，基部膨大，白色、浅灰色至浅黄色；表面被淡白色或淡黄色网纹，通常菌柄顶部网纹较密，向下逐渐变稀疏；基部菌丝白色；菌肉松软，白色，受伤后不变色。菌肉味道柔和。

菌管菌髓牛肝菌型，由直径 4～14 μm 的菌丝组成。担子 29～40 × 9～13 μm，棒状，具 4 孢梗，孢梗长 4～5 μm。担孢子 (13) 14～17.5 × (4) 5～6.5 (7) μm [Q = (2.18) 2.43～3.45 (4.25)，**Q** = 2.83 ± 0.28]，侧面观梭形，不等边，上脐部往往下陷，背腹观梭形至近梭形，表面平滑，壁略厚 (厚度 ＜ 1 μm)，在 KOH 溶液中淡黄色，在梅氏试剂中淡黄色。侧生囊状体 30～65 × 5～8 μm，近梭形，薄壁，在 KOH 溶液中淡黄色或浅橄榄色，在梅氏试剂中淡黄色。缘生囊状体的形状和大小与侧生囊状体相似。菌盖表皮念珠型，由直立、近棒状、椭梭形至近球形的细胞组成，细胞直径 6～17 μm；末端细胞棒状至近球形，15～45 × 9～17 μm，顶部常钝圆。菌柄菌髓由直径 6～15 μm 的薄壁菌丝组成。菌柄表皮结构子实层状，由担子状细胞组成。担子果各部位皆无锁状联合。

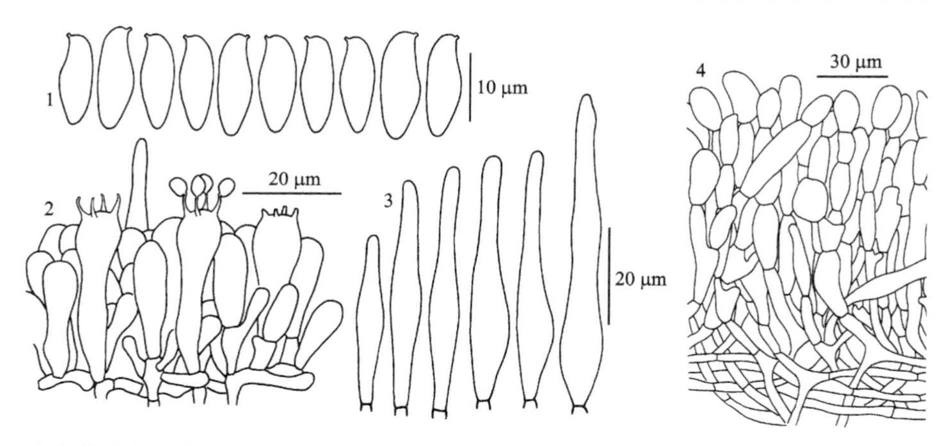

图 16 中华美味牛肝菌 *Boletus sinoedulis* B. Feng, Yang Y. Cui, J.P. Xu & Zhu L. Yang (HKAS 53613，模式)

1. 担孢子；2. 担子和侧生囊状体；3. 侧生囊状体和缘生囊状体；4. 菌盖表皮结构

模式产地：中国 (四川)。

生境：夏秋季单生或散生于云杉或冷杉林下，偶见于华山松 (*Pinus armandii*)林下。

世界分布：中国 (西南地区)。

研究标本：四川：丹巴，海拔 3600 m，2007 年 7 月 25 日，葛再伟 1527 (HKAS 53613，模式)；乡城，海拔 3500 m，1998 年 7 月 9 日，杨祝良 2289 (HKAS 32428)；同地，海拔 3500 m，1998 年 7 月 19 日，杨祝良 2394 (HKAS 32436)。云南：德钦，海拔 3700 m，

2008 年 8 月 19 日，冯邦 332 (HKAS 55443)；同地，海拔 3700 m，2008 年 8 月 18 日，冯邦 325 (HKAS 55436)；香格里拉，海拔 3400 m，2006 年 7 月 20 日，葛再伟 1018 (HKAS 50602)；玉龙，海拔 3400 m，2001 年 8 月 26 日，杨祝良 3038 (HKAS 38260)。

讨论：中华美味牛肝菌的主要鉴别特征为：菌盖淡黄褐色、深褐色至橄榄褐色，菌柄白色、浅灰色至浅黄色，上下皆被白色、浅灰色至浅黄色的网纹，菌盖表皮主要由膨大呈梭形至近球形的细胞构成 (Cui *et al*., 2016)。在生态上，该种主要分布于中国西南亚高山地区的云杉或冷杉林下。中华美味牛肝菌酷似美味牛肝菌，但后者的菌柄浅黄色至浅褐色，且网纹仅位于菌柄上部，菌盖表皮菌丝不膨大 (Snell and Dick, 1970；Watling, 1970；Smith and Thiers, 1971；Grund and Harrison, 1976；Phillips, 2005)。在显微特征上，中华美味牛肝菌、*B. rex-veris* D. Arora & Simonini、*B. aereus* 和 *B. pinophilus* Pilát & Dermek 的菌盖表皮菌丝皆由直立、膨大呈梭形至近球形的细胞构成。但是，*B. rex-veris* 的菌盖红褐色，菌柄红褐色且网纹仅在上半部 (Arora, 2008)；*B. aereus* 的担子果颜色更深，生于阔叶树林中 (Watling, 1970；Horak, 2005)；*B. pinophilus* 的菌盖红褐色，菌柄被红褐色网纹，常生长于松林中 (Watling, 1970；Breitenbach and Kränzlin, 1991；Horak, 2005)。

在我国西南山区，中华美味牛肝菌常被收购用作食材。

拟紫牛肝菌　图版 III-1；图 17

Boletus subviolaceofuscus B. Feng, Yang Y. Cui, J.P. Xu & Zhu L. Yang, in Cui, Feng, Wu & Yang, Fungal Divers. 81: 204, figs. 2, 17, 18, 2016.

菌盖直径 4～8 cm，近半球形至平展；表面干燥，平滑，暗紫色至葡萄酒色；菌肉白色，受伤不变色。子实层体直生，有时弯生，幼时表面被一层淡白色菌丝覆盖，成熟后白色菌丝消失；子实层体表面呈奶油色至淡黄色；菌管与子实层体表面同色；管口直径约 1 mm，常呈多角形，受伤后不变色。菌柄 5～10 × 1.2～1.5 cm，棒状至近圆柱形，与菌盖同色或颜色稍浅；表面被淡白色或淡紫色网纹；基部菌丝白色；菌肉松软，白色，受伤后不变色。菌肉味道柔和。

菌管菌髓牛肝菌型，由直径 5～12 μm 的菌丝组成。担子 34～50 × 8～14 μm，棒状，具 4 孢梗，孢梗长 4～5 μm。担孢子(15) 16～18.5 (20) × 4.5～6 μm [Q = (2.70) 2.83～3.78 (5.00)，**Q** = 3.18 ± 0.47]，侧面观梭形，不等边，上脐部往往下陷，背腹观长梭形至梭形，表面平滑，壁略厚 (厚度 < 1 μm)，在 KOH 溶液中淡黄色至浅橄榄色，在梅氏试剂中浅褐色。侧生囊状体 35～74 × 7～15 μm，梭形或近梭形，薄壁，在 KOH 溶液中无色，在梅氏试剂中淡黄色或浅橄榄色。缘生囊状体的形状和大小与侧生囊状体相似。菌盖表皮念珠型，由直立、近棒状至椭圆形、直径 6～17 μm 的细胞组成；末端细胞棒状至近球形，18～40 × 5.5～20 μm。菌柄菌髓由直径 4～15 μm 的厚壁菌丝组成。菌柄表皮结构子实层状，由担子状细胞组成。担子果各部位皆无锁状联合。

模式产地：中国 (云南)。

生境：夏秋季单生或散生于柯属植物林下。

世界分布：中国 (西南地区)。

研究标本：云南：景东，海拔 2480 m，2014 年 8 月 7 日，郝艳佳 1358 (HKAS 83149，

模式)；同地，海拔 2500 m，2013 年 8 月 6 日，吴刚 1203 (HKAS 80578)；同地，海拔 2500 m，2013 年 8 月 6 日，刘晓斌 180 (HKAS 79881)；同地，海拔 2500 m，2006 年 7 月 19 日，李艳春 571 (HKAS 50325)。

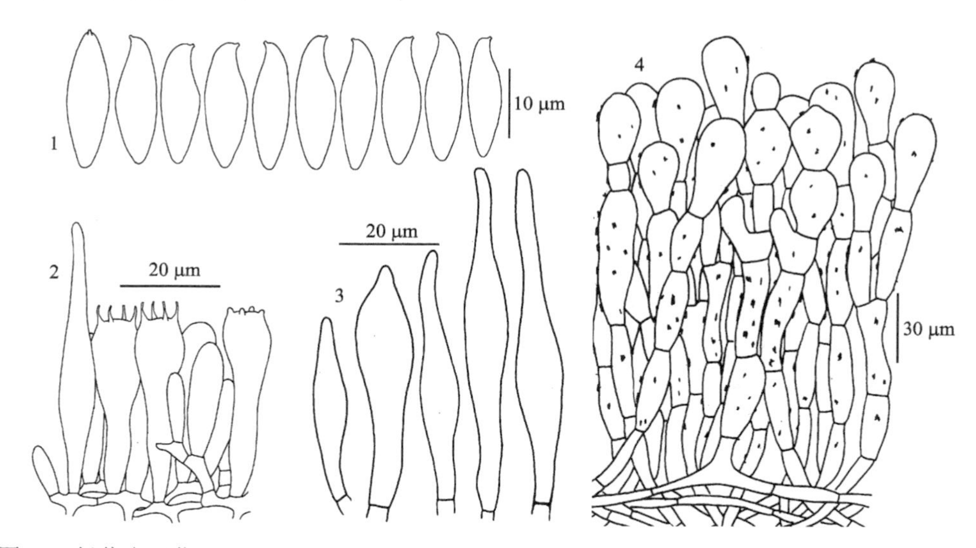

图 17 拟紫牛肝菌 *Boletus subviolaceofuscus* B. Feng, Yang Y. Cui, J.P. Xu & Zhu L. Yang (HKAS 79881)

1. 担孢子；2. 担子和侧生囊状体；3. 侧生囊状体和缘生囊状体；4. 菌盖表皮结构

讨论：拟紫牛肝菌的主要鉴别特征为：担子果深紫色至紫褐色，菌盖表皮菌丝厚壁具有深褐色胞外色素 (Cui *et al*., 2016)。在分子系统学上，拟紫牛肝菌、紫牛肝菌 (*B. violaceofuscus* W.F. Chiu)、*B. nobilis* 和 *B. separans* 亲缘关系近。但是，与紫牛肝菌相比，拟紫牛肝菌的担孢子更大；*B. nobilis* 的菌盖表面浅黄褐色至红褐色，菌柄白色，菌盖表皮具有或多或少膨大的末端细胞 (Peck, 1905；Snell and Dick, 1970)；*B. separans* 菌盖表皮的末端细胞偏大 (Smith and Thiers, 1968, 1971；Snell and Dick, 1970；Grund and Harrison, 1976；Bessette, 1997；Simonini *et al*., 2001)。拟紫牛肝菌的紫色色调和 *B. pinophilus* 相似，但后者的菌盖表皮由直立菌丝构成，其仅末端和亚末端细胞或多或少膨大 (Watling, 1970；Courtecuisse and Duhem, 1995)。

拟紫牛肝菌可食。

类粉孢牛肝菌 图版 III-2；图 18

Boletus tylopilopsis B. Feng, Yang Y. Cui, J.P. Xu & Zhu L. Yang, in Cui, Feng, Wu & Yang, Fungal Divers. 81: 206, figs. 2, 19, 20, 2016.

菌盖直径 8～11 cm，近半球形；表面干燥，具皱纹，暗黄色至黄色，具橄榄色色调，边缘色稍淡；菌肉奶油色至淡黄色，受伤不变色。子实层体直生至稍弯生，幼时表面被一层淡白色菌丝覆盖，成熟后白色菌丝消失；子实层体表面呈淡粉色；菌管长 1.5 cm，受伤后不变色。菌柄 9～12 × 1.5～2.2 cm，近圆柱形至近棒状，由下往上渐细，污白色、浅黄色至淡褐色；表面密被网纹，网纹与菌柄同色；基部菌丝白色；菌肉松软，奶油色至淡黄色，受伤后不变色。菌肉味道柔和。

菌管菌髓牛肝菌型，由直径 4～11 μm 的菌丝组成。担子 30～44 × 9～11.5 μm，棒状，具 4 孢梗，孢梗长 4 μm。担孢子(12) 12.5～15 × 4.5～5.5 (6) μm [Q = (2.33) 2.4～3.00 (5.11)，**Q** = 2.61 ± 0.21]，侧面观梭形，不等边，上脐部往往下陷，背腹观长梭形至梭形，表面平滑，壁略厚 (厚度 < 1 μm)，在 KOH 溶液中无色至淡黄色，在梅氏试剂中淡黄色。侧生囊状体 29～72 × 10～15 μm，近梭形，薄壁，在 KOH 溶液中无色，在梅氏试剂中无色至淡黄色。缘生囊状体的形状和大小与侧生囊状体相似。菌盖表皮介于毛皮型和念珠型之间，由直立的、梭形至棒状的细胞组成；末端细胞梭形至棒状，15～37 × 5～18 μm。菌柄菌髓由直径 4～8 μm 的薄壁菌丝组成。菌柄表皮结构子实层状，由担子状细胞组成。担子果各部位皆无锁状联合。

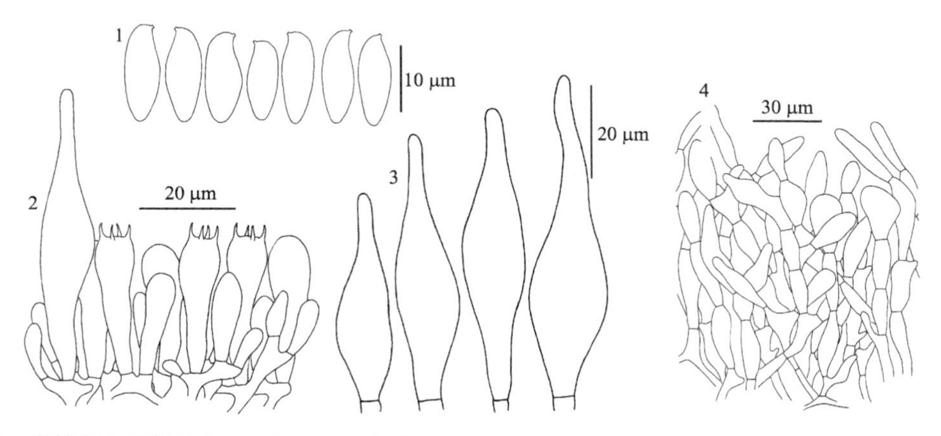

图 18　类粉孢牛肝菌 *Boletus tylopilopsis* B. Feng, Yang Y. Cui, J.P. Xu & Zhu L. Yang (HKAS 83196，模式)

1. 担孢子；2. 担子和侧生囊状体；3. 侧生囊状体和缘生囊状体；4. 菌盖表皮结构

模式产地：中国 (云南)。

生境：夏秋季单生或散生于柯属植物林下。

世界分布：中国 (西南地区)。

研究标本：云南：普洱，海拔 1200 m，2014 年 6 月 28 日，葛再伟 3521 (HKAS 83196，模式)；同地，海拔 1200 m，2014 年 6 月 28 日，赵宽 445 (HKAS 83202)。

讨论：类粉孢牛肝菌的主要鉴别特征为：菌盖暗黄色，表面具皱纹，菌柄具网纹，子实层体淡粉色，菌盖表皮菌丝膨大呈梭形至近棒状 (Cui *et al*., 2016)。类粉孢牛肝菌和广义粉孢牛肝菌属 (*Tylopilus* s.l.) 成员的子实层体均为淡粉色。但是，类粉孢牛肝菌的菌孔在年幼时被一层白色的菌丝。在分子系统学上，类粉孢牛肝菌和 *B. nobilis* 近缘，但后者的菌盖褐色至红褐色，子实层体黄色至赭色 (Peck, 1905；Snell and Dick, 1970)。

褐盖牛肝菌　图版 III-3；图 19

Boletus umbrinipileus B. Feng, Yang Y. Cui, J.P. Xu & Zhu L. Yang, in Cui, Feng, Wu & Yang, Fungal Divers. 81: 206, figs. 1, 2, 21, 22, 2016.

菌盖直径 4.5～7 cm，凸镜形至平展；表面干燥，光滑，灰褐色、褐色至橄榄褐色，边缘色较淡；菌肉白色，受伤不变色。子实层体直生至稍弯生，幼时表面被一层淡白色菌丝包被，成熟后白色菌丝消失；子实层体表面浅黄色；菌管长 4～6 mm，直径约 0.5 mm，受伤后不变色。菌柄 8.5～10 × 0.8～1.5 cm，近圆柱形，顶部灰褐色至淡褐色，被淡白色网纹，基部污白色至白色，无网纹；基部菌丝白色；菌肉污白色，受伤后不变色。菌肉味道柔和。

菌管菌髓牛肝菌型，由直径 4～14 μm 的菌丝组成。担子 25～40 × 7～10 μm，棒状，具 4 孢梗，孢梗长 4～5 μm。担孢子 10～13 × (3) 3.5～4 (4.5) μm [Q = 2.75～3.83 (4.64), **Q** = 3.15 ± 0.49]，侧面观梭形，不等边，上脐部往往下陷，背腹观长梭形至梭形，表面平滑，壁略厚 (厚度 < 1 μm)，在 KOH 溶液中淡黄色至淡橄榄色，在梅氏试剂中淡黄色。侧生囊状体 33～60 × 7～11 μm，披针形或梭形，薄壁，在 KOH 溶液中近无色或浅橄榄色，在梅氏试剂中近无色至浅黄色。缘生囊状体的形状和大小与侧生囊状体相似。菌盖表皮念珠型，由椭圆形至近球形、直径 7～16 μm 的细胞组成；末端细胞近球形至倒卵形，10～30 × 7～16 μm。菌柄菌髓由直径 4～13 μm 的薄壁菌丝组成。菌柄表皮结构子实层状，由担子状细胞组成。担子果各部位皆无锁状联合。

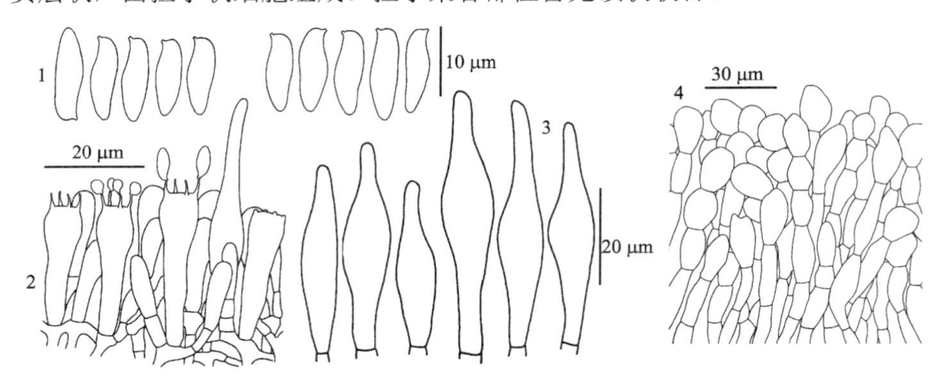

图 19　褐盖牛肝菌 *Boletus umbrinipileus* B. Feng, Yang Y. Cui, J.P. Xu & Zhu L. Yang (HKAS 50496，模式)

1. 担孢子；2. 担子和侧生囊状体；3. 侧生囊状体和缘生囊状体；4. 菌盖表皮结构

模式产地：中国 (云南)。

生境：夏秋季单生或散生于壳斗科林下。

世界分布：中国 (西南地区)。

研究标本：云南：景东，海拔 2400 m，2006 年 7 月 21 日，杨祝良 4699 (HKAS 50496，模式)；同地，海拔 2500 m，2013 年 8 月 6 日，吴刚 1186 (HKAS 80560)；同地，海拔 2500 m，2013 年 7 月 22 日，冯邦 1351 (HKAS 83211)；同地，海拔 2500 m，2013 年 7 月 23 日，崔杨洋 41 (HKAS 79721)。

讨论：褐盖牛肝菌的主要鉴别特征为：菌盖灰褐色、褐色至橄榄褐色，菌柄污白色或浅褐色，上半部分被有白色网纹，菌盖表皮由椭圆形至近球形念珠状排列的细胞构成。褐盖牛肝菌和栗褐牛肝菌具有相似的菌盖表皮结构，但后者仅菌柄顶端具网纹。褐盖牛肝菌和葡萄牛肝菌具有较近的亲缘关系，但后者的菌柄上下皆有网纹 (Cui *et al.*, 2016)。

紫牛肝菌　图版 III-4；图 20

别名：紫褐牛肝菌

Boletus violaceofuscus W.F. Chiu, Mycologia 40: 210, 1948; Zang, Flora Fung. Sinicorum

22: 70, figs. 20-10, 11, 2006; Li, Li, Yang, Bau & Dai, Atlas Chin. Macrofung. Res., 1092, fig. 1605, 2015.

菌盖直径 4～7 cm，半球形至平展；表面干燥，光滑，紫黑色、紫褐色至蓝紫色，撕裂后呈紫红色；菌肉白色，受伤不变色。子实层体直生至稍弯生，幼时表面被一层白色菌丝覆盖，成熟后白色菌丝消失；子实层体表面粉白色至米色；菌管直径约 0.7 mm，受伤后不变色。菌柄 8～11 × 1～2.5 cm，近圆柱形，幼时淡紫色，顶端近白色，成熟后紫黑色；表面被同色网纹，至基部时网纹消失；基部菌丝白色；菌肉白色，受伤后不变色。菌肉具香味，味道柔和。

菌管菌髓牛肝菌型，由直径 4～14 μm 的菌丝组成。担子 30～50 × 8～15μm，棒状，具 4 孢梗，孢梗长 4～6 μm。担孢子 (11) 12～15 (17) × 4～6 μm [Q = (2.18) 2.36～3 (3.5)，**Q** = 2.68 ± 0.23]，侧面观梭形，不等边，上脐部往往下陷，背腹观梭形至近梭形，表面平滑，壁略厚 (厚度 < 1 μm)，在 KOH 溶液中淡黄色至淡橄榄色，在梅氏试剂中淡黄色。侧生囊状体及缘生囊状体 40～65 × 9～13 μm，近梭形，薄壁，在 KOH 溶液中近无色或浅橄榄色，在梅氏试剂中近无色至浅黄色。菌盖表皮念珠型，由直立的、近棒状至椭圆形、直径 6～17 μm 的细胞组成；末端细胞近棒状至近球形，10～60 × 10～25 μm。菌柄菌髓由直径 4～15 μm 的菌丝组成。菌柄表皮结构子实层状，由担子状细胞组成。担子果各部位皆无锁状联合。

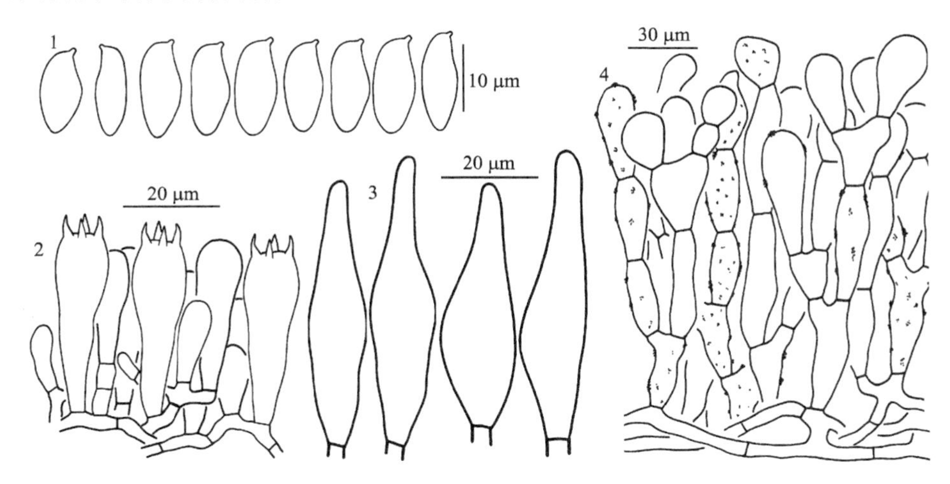

图 20　紫牛肝菌 *Boletus violaceofuscus* W.F. Chiu (HKAS 83212)

1. 担孢子；2. 担子；3. 侧生囊状体和缘生囊状体；4. 菌盖表皮结构

模式产地：中国 (云南)。

生境：夏秋季单生或散生于壳斗科林下。

世界分布：中国 (西南地区)。

研究标本：云南：昆明市场购买，产地海拔不详，1938 年 9 月 2 日，赵士赞 7007 (HMAS 3007，模式)；南华野生食用菌市场购买，产地海拔不详，2010 年 8 月 23 日，吴刚 383 (HKAS 62900)；同地，产地海拔不详，2010 年 8 月 23 日，吴刚 387 (HKAS 62901)；同地，产地海拔不详，2013 年 7 月 23 日，冯邦 1379 (HKAS 83212)；同地，产地海拔不详，2013 年 7 月 23 日，冯邦 1380 (HKAS 83213)；腾冲，海拔 2100 m，1980

年 8 月 5 日，臧穆 6451 (HKAS 6451)。

讨论：紫牛肝菌是由裘维蕃先生基于收集自昆明市场的标本发表的物种 (Chiu, 1948)，因其紫黑色至紫褐色的担子果，似乎易与该属其他物种相区分 (臧穆, 2006)。但是，Cui 等 (2016) 发表的拟紫牛肝菌 (*B. subviolaceofuscus*) 酷似紫牛肝菌，二者容易混淆。因此，本卷将紫牛肝菌收入，以便读者比较两种的异同。

紫牛肝菌可食，常见于市场。

黏盖牛肝菌　图版 III-5；图 21

Boletus viscidiceps B. Feng, Yang Y. Cui, J.P. Xu & Zhu L. Yang, in Cui, Feng, Wu & Yang, Fungal Divers. 81: 208, figs. 1, 2, 23, 24, 2016; Li, Li, Yang, Bau & Dai, Atlas Chin. Macrofung. Res., 1093, figs. 1606-1, 2, 2015 (invalid).

菌盖直径 8.5～13 cm，凸镜形至近平展；表面湿时胶黏，具褶皱，浅黄褐色至黄褐色，向边缘颜色渐淡；菌肉白色，受伤不变色。子实层体弯生，幼时表面被一层淡白色菌丝包被，成熟后白色菌丝消失；子实层体表面橄榄黄色；菌管直径约 0.6 mm，受伤后不变色。菌柄 12～13 × 3～3.5 cm，近圆柱形，顶部黄褐色，基部白色，上 1/3 部分被网纹，顶部网纹呈黄褐色，向下渐变为白色；基部菌丝白色；菌肉污白色，受伤后不变色。菌肉味道柔和。

菌管菌髓牛肝菌型，由直径 4.5～12 μm 的菌丝组成。担子 20～34 × 7～12 μm，棒状，具 4 孢梗，孢梗长 4～5 μm。担孢子 13～16 × 4～5 μm [Q = 2.70～3.50，**Q** = 3.09 ± 0.25]，侧面观梭形，不等边，上脐部往往下陷，背腹观长梭形至梭形，表面平滑，壁略厚 (厚度 < 1 μm)，在 KOH 溶液中浅黄色，在梅氏试剂中淡黄色。侧生囊状体 29～68 × 6～11 μm，披针形或梭形，薄壁，在 KOH 溶液中近无色或浅橄榄色，在梅氏试剂中淡黄色。菌盖表皮黏毛皮型，上层具有明显的平伏菌丝，菌丝直径 2～10 μm，末端细胞近圆柱状，几乎不膨大。菌柄菌髓由直径 4～15 μm 的薄壁菌丝组成。菌柄表皮子实层状，由担子状细胞组成。担子果各部位皆无锁状联合。

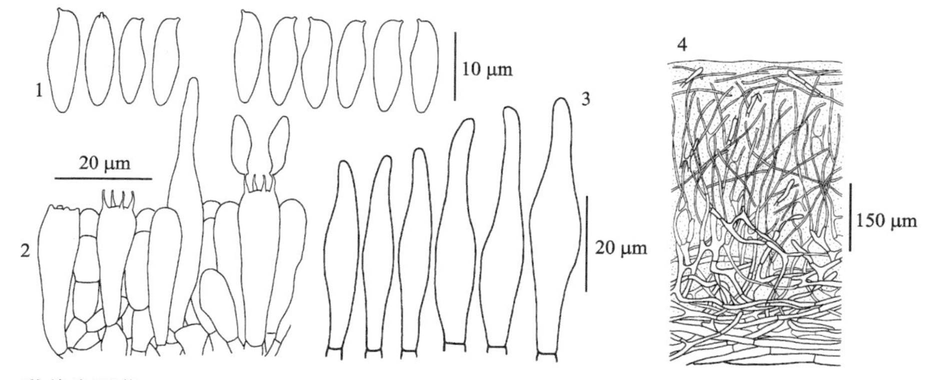

图 21　黏盖牛肝菌 *Boletus viscidiceps* B. Feng, Yang Y. Cui, J.P. Xu & Zhu L. Yang (HKAS 57435，模式)

1. 担孢子；2. 担子和侧生囊状体；3. 侧生囊状体和缘生囊状体；4. 菌盖表皮结构

模式产地：中国 (云南)。

生境：夏秋季单生或散生于壳斗科林下。

世界分布：中国 (西南地区)。

研究标本：云南：景东，海拔 2478 m，2014 年 8 月 7 日，郝艳佳 1347 (HKAS 83138)；同地，海拔 2500 m，2013 年 7 月 22 日，冯邦 1350 (HKAS 83199)；同地，海拔 2500 m，2013 年 7 月 23 日，冯邦 1363 (HKAS 83204)；同地，海拔 2500 m，2006 年 7 月 19 日，李艳春 585 (HKAS 50339)；南涧，海拔 2300 m，2014 年 8 月 3 日，郝艳佳 1295 (HKAS 83086)；玉龙，海拔 3200 m，2009 年 8 月 28 日，冯邦 706 (HKAS 57435，模式)；同地，海拔 3100 m，2008 年 8 月 14 日，赵琪 8194 (HKAS 62904)。

讨论：黏盖牛肝菌的主要鉴别特征为：菌盖浅黄褐色至黄褐色，菌柄网纹上半部黄褐色，下半部白色或消失，菌盖表皮胶质化 (Cui *et al.*, 2016)。分子系统发育证据表明，黏盖牛肝菌和原描述于北美洲的 *B. barrowsii* 亲缘关系较近，但后者的担子果白色。此外，黏盖牛肝菌酷似 *B. reticulatus*，但后者的网纹白色且覆盖整个菌柄，菌盖表皮菌丝仅轻微胶质化 (Snell and Dick, 1970；Watling, 1970)。黏盖牛肝菌和 *B. variipes* 也较为相似，但后者担子果色深且菌盖表皮非胶质化 (Peck, 1888；Snell and Dick, 1970；Smith and Thiers, 1971；Phillips, 2005)。

黄肉牛肝菌属 **Butyriboletus** D. Arora & J.L. Frank

Mycologia 49: 466, 2014.

担子果小型至大型，伞状，肉质。菌盖表面粉红色、黄褐色至红褐色，菌肉淡黄色，受伤后常变为蓝色，有时受伤会先变蓝色，再变红色，最后变黑色。子实层体表面多为黄色，少数为橘红色至暗红色；菌管黄色，受伤后变为蓝色。菌柄通常黄色或红色，被有同色网纹，有时网纹不明显。孢子印褐色至橄榄褐色。

菌管菌髓牛肝菌型，由排列致密的菌丝组成中央菌髓，而侧生菌髓则由排列较疏松的胶质菌丝组成。亚子实层由不膨大的菌丝组成。担子棒状，多具 4 孢梗，偶具 2 孢梗。担孢子侧面观梭形，不等边，近无色至淡橄榄褐色，表面平滑。侧生囊状体和缘生囊状体常见，多呈窄棒状、长披针形或腹鼓状，薄壁，无色。菌盖表皮交织毛皮型，由纵横交错的菌丝组成。担子果各部位皆无锁状联合。

模式种：黄肉牛肝菌 *Butyriboletus appendiculatus* (Schaeff.) D. Arora & J.L. Frank。

生境与分布：夏秋季生于林中地上，与壳斗科、松科等植物形成外生菌根关系，分布于世界各地 (Arora and Frank, 2014；Zhao *et al.*, 2015)。

本属已报道约 30 种，多分布于北半球。本卷记载中国该属共 8 种。

黄肉牛肝菌属分种检索表

1. 菌肉受伤后变为蓝色；生于温带、亚热带或亚高山地区 ···················· 2
1. 菌肉受伤后先变蓝色，再变红色，最后变黑色；生于热带和亚热带地区 ····················
······························· 海南黄肉牛肝菌 ***But. hainanensis***
    2. 菌柄网纹红色；生于壳斗科植物林下或云杉、冷杉林下 ···················· 3
    2. 菌柄网纹黄色；生于云南松、华山松等松属植物林下 ···················· 5
3. 菌肉受伤后迅速变为深蓝色；生于壳斗科植物林下 ···················· 7
3. 菌肉受伤后缓慢变为浅蓝色；生于以云杉、冷杉为主的亚高山针叶林下 ···················· 4

4. 菌盖表面和子实层体表面红色至暗红色；菌盖表面胶黏；菌柄表面网纹红色至暗红色，撕裂呈蛇皮纹状 ……………………………………………………………… 血红黄肉牛肝菌 ***But. ruber***
4. 菌盖表面赭色至深棕色，子实层体表面淡棕黄色至暗黄色；菌盖表面干燥，绒质；菌柄表面网纹粉色至玫红色、深红色，不粗糙，不呈蛇皮纹状 ………………… 彝食黄肉牛肝菌 ***But. yicibus***
5. 菌盖表面浅灰色、橄榄褐色至黄褐色；无葱香味 ……………………………………………… 6
5. 菌盖表面粉红色、淡紫红色或玫红色；葱香味明显 ………………… 玫黄黄肉牛肝菌 ***But. roseoflavus***
6. 菌盖表面受伤后不变墨蓝色；担孢子较大 (11～15 × 4～5 μm) …· 撒尼黄肉牛肝菌 ***But. sanicibus***
6. 菌盖表面受伤后迅速变墨蓝色；担孢子较小 (9～11 × 3.5～4 μm)………………………………
……………………………………………………………………… 黄柄黄肉牛肝菌 ***But. pseudospeciosus***
7. 担子果小型至中等；担孢子较长 (9～12 × 3.5～4 μm) ………… 黄褐黄肉牛肝菌 ***But. subsplendidus***
7. 担子果中等至大型，担孢子较短 (7.5～10.5 × 3～4 μm)……… 年来黄肉牛肝菌 ***But. huangnianlaii***

海南黄肉牛肝菌 图版 III-6；图 22

Butyriboletus hainanensis N.K. Zeng, Zhi Q. Liang & S. Jiang, in Liang, An, Jiang, Su & Zeng, Phytotaxa 267: 257, figs. 2, 3, 2016.

菌盖直径 6～20 cm，近半球形至凸镜形，有时较平展；表面干燥，绒质，淡褐色至褐色；边缘稍内卷；菌盖中央附近菌肉厚 10～28 mm，白色至米色，受伤后迅速变为蓝色，后逐渐变为红色，最后变为黑色。子实层体直生；表面黄色，受伤后迅速变为蓝色，后逐渐变为红色，最后变为黑色；管口多角形，直径 0.3～0.5 mm；菌管长 1～15 mm，淡黄色，受伤后迅速变为蓝色，后逐渐变为红色，最后变为黑色。菌柄近柱状，6～13 × 1.5～3 cm，中生，坚实；柄表干燥，网纹不清晰，上端小半部为黄色，下端大半部为棕红色；菌柄菌肉白色，伤后变色情况同菌盖菌肉；基部菌丝白色。无特殊气味和味道。

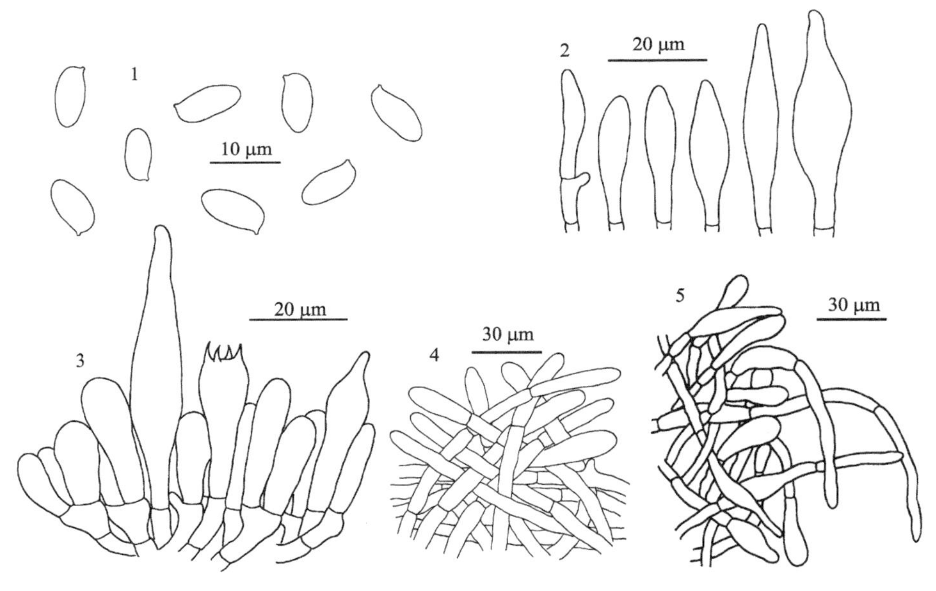

图 22 海南黄肉牛肝菌 *Butyriboletus hainanensis* N.K. Zeng, Zhi Q. Liang & S. Jiang (HKAS 59816，模式)

1. 担孢子；2. 缘生囊状体；3. 担子和侧生囊状体；4. 菌盖表皮结构；5. 菌柄表皮结构

菌管菌髓牛肝菌型。担子 29～34 × 7～10 μm，棒状，具 4 孢梗，孢梗长 5～6 μm。担孢子 7.5～10 (11) × 4～5 μm [Q = (1.70) 1.80～2.25 (2.50)，**Q** = 2.06 ± 0.16]，近纺锤形或椭圆形，孢子壁光滑，稍厚 (约 0.5 μm)，在 KOH 溶液中呈橄榄褐色至灰褐色。缘生囊状体 23～50 × 5～12 μm，近纺锤形至纺锤形，薄壁，有时含黄褐色内容物。侧生囊状体 38～70 × 8～14 μm，近纺锤形至纺锤形，薄壁，有时含褐色至金褐色内容物。菌盖表皮栅皮型，直径 3～9 μm，末端细胞 16～43 × 4～9 μm，窄棒状或近圆柱状，有钝尖。菌柄表皮厚约 150 μm，由交叉栅栏状排列的菌丝组成，末端细胞窄棒状或宽棒状，有时近圆柱状，15～65 × 6～13 μm。担子果各部位皆无锁状联合。

模式产地：中国 (海南)。

生境：夏秋季散生或群生于以壳斗科植物为主的阔叶林下。

世界分布：中国 (海南)。

研究标本：海南：琼中鹦哥岭，海拔 850 m，2009 年 7 月 26 日，曾念开 334 (HKAS 59816，模式)；同地，2013 年 6 月 16 日，曾念开 1197 (FHMU 2410)。

讨论：海南黄肉牛肝菌的鉴别特征较明显，其子实层体和菌肉受伤后先变为蓝色，再变为红色，最后变为黑色，菌柄上具有模糊的红色网纹，这些特征可以使其与属内其他物种区分开来 (Liang *et al*., 2016)。

年来黄肉牛肝菌　图版 III-7；图 23

Butyriboletus huangnianlaii N.K. Zeng, H. Chai & Zhi Q. Liang, in Chai, Liang, Xue, Jiang, Luo, Wang, Wu, Tang, Chen, Hong & Zeng, MycoKeys 46: 67, figs. 4a, 4b, 7, 2019.

菌盖直径 5～11 cm，近平展；菌盖表面干，覆有细小绒毛，浅褐色至浅红褐色；菌肉厚 6～22 mm，黄色，受伤迅速变蓝色。子实层体弯生；表面浅黄色，受伤迅速变蓝色；菌管长 4～8 mm；管口直径约 0.5 mm，角形。菌柄 4.5～8 × 1.3～2.5 cm，中生，近圆柱形；表面干，幼时浅黄色，成熟后红褐色，中上部有网纹；菌柄基部菌丝白色；菌肉黄色，受伤迅速变蓝色。菌肉气味不明显。

菌管菌髓牛肝菌型。担子 20～30 × 6～9 μm，棒状，在 KOH 溶液中无色至浅黄色，具 4 孢梗，孢梗长 3～4 μm。担孢子 (7) 7.5～10.5 (11) × 3～4 μm [Q = (2.00) 2.14～2.86 (3.14)，**Q** = 2.51 ± 0.27]，侧面观梭形，不等边，上脐部往往稍微下陷，背腹观长梭形至梭形，表面平滑，壁略厚 (厚度 < 1 μm)，在 KOH 溶液中浅黄褐色至黄褐色。缘生囊状体 32～53 × 7～12 μm，纺锤形或近纺锤形，薄壁，在 KOH 溶液中浅黄褐色至黄褐色。侧生囊状体 40～60 × 8～13 μm，纺锤形或近纺锤形，薄壁，在 KOH 溶液中黄色。菌盖表皮交织毛皮型，厚约 110 μm，由直径 4～6 μm、在 KOH 溶液中浅黄色的薄壁菌丝组成；顶端细胞 30～50 × 4～8 μm，棒状或近圆柱形，先端圆钝。菌柄表皮厚 120～140 μm，子实层状，由无色或浅黄色的菌丝构成；顶端细胞 15～45 × 4～9 μm，棒状、近棒状、梭形或近梭形，偶尔可见一些成熟的担子。菌柄髓部由纵向近平行排列的菌丝组成，直径 3.5～7 μm，圆柱形，细胞壁厚达 0.5 μm，在 KOH 溶液中无色或浅黄色。担子果各部位皆无锁状联合。

模式产地：中国 (福建)。

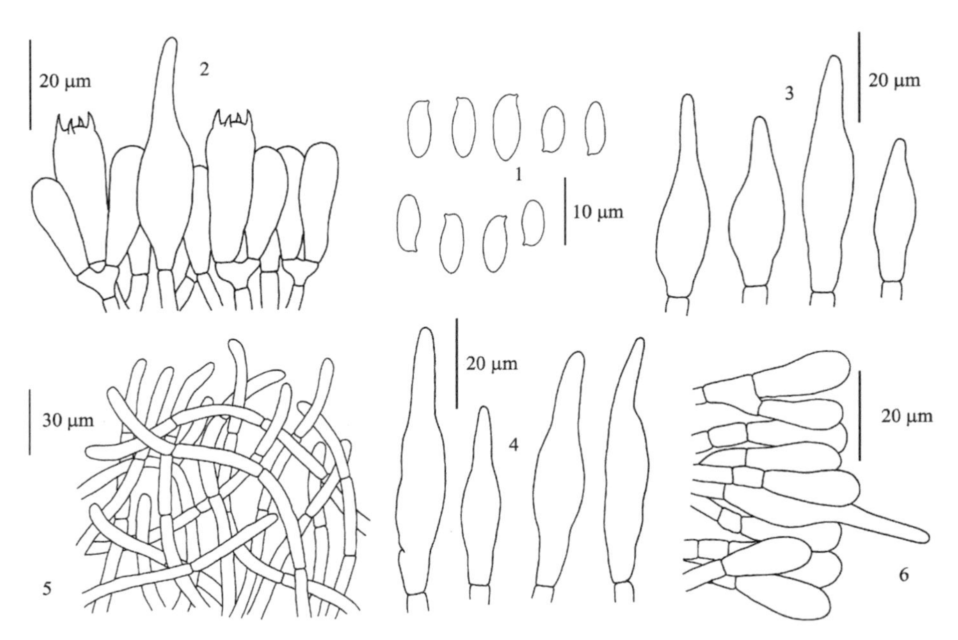

图 23　年来黄肉牛肝菌 *Butyriboletus huangnianlaii* N.K. Zeng, H. Chai & Zhi Q. Liang (FHMU 2207，模式)

1. 担孢子；2. 担子和侧生囊状体；3. 缘生囊状体；4. 侧生囊状体；5. 菌盖表皮结构；6. 菌柄表皮结构

生境：夏秋季散生于格氏栲（*Castanopsis kawakamii*）林下。

世界分布：中国（东南地区）。

研究标本：福建：三明三元格氏栲国家森林公园，海拔 420 m，2017 年 8 月 16 日，曾念开 3245 (FHMU 2206) 和曾念开 3246 (FHMU 2207，模式)。

讨论：年来黄肉牛肝菌的主要鉴别特征为：担子果中等至大型，菌盖表面覆盖有浅褐色至红褐色的细小鳞片，担孢子较小，与壳斗科植物共生。在形态和分子系统发育方面，年来黄肉牛肝菌都与黄柄黄肉牛肝菌（*But. pseudospeciosus* Kuan Zhao & Zhu L.Yang）和玫黄黄肉牛肝菌 [*But. roseoflavus* (Hai B. Li & Hai L.Wei) D. Arora & J.L. Frank] 相近。但是，原描述于我国云南的黄柄黄肉牛肝菌，其菌盖覆有绒毛且不带红色色调，盖表和柄表受伤都会迅速变蓝色，而且它的囊状体较窄，担孢子更长（9～11 × 3.5～4 μm) (Wu *et al*., 2016a；Chai *et al*., 2019)；原描述于我国浙江的玫黄黄肉牛肝菌，其菌盖粉红色、紫红色或玫瑰红色，担孢子相对更长（9～12 × 3～4 μm)，且常与松科植物共生（Arora and Frank, 2014；Li *et al*., 2013；Wu *et al*., 2016a；Chai *et al*., 2019)。年来黄肉牛肝菌与原描述于云南的黄褐黄肉牛肝菌 [*But. subsplendidus* (W.F. Chiu) Kuan Zhao *et al.*] 在形态上也非常相似，但后者的担子果小型至中等，且担孢子较长 (9～12 × 3.5～4 μm) (Chai *et al*., 2019)。

黄柄黄肉牛肝菌　图版 III-8；图 24

Butyriboletus pseudospeciosus Kuan Zhao & Zhu L. Yang, in Wu, Li, Zhu, Zhao, Han, Cui, Li, Xu & Yang, Fungal Divers. 81: 69, figs. 25f～h, 28, 2016.

菌盖直径 5～8 cm，半球形；表面浅灰色、橄榄褐色至黄褐色，上有紫色斑点，受伤后迅速变为墨蓝色，边缘稍内卷；菌肉厚 10～15 mm，浅黄色，受伤后迅速变为蓝色至蓝灰色。子实层体直生；表面黄色至亮黄色，受伤后迅速变为蓝色；管口多角形，2～3 个/mm；菌管长 3～6 mm，亮黄色，受伤后迅速变为蓝色，后逐渐恢复原色。菌柄 6～10 × 1～3 cm，上端大半部奶油色至黄色，且有黄色网纹，下端小半部浅紫红色；表面受伤后迅速变为蓝色，上部菌肉黄色，中下部菌肉紫红色至红褐色，仅顶部菌肉受伤后变为蓝色，其余部分常不变色；基部菌丝白色。无特殊气味和味道。

菌管菌髓牛肝菌型。担子 25～32 × 7～11 μm，棒状至细长棒状，在 KOH 溶液中近透明，多具 4 孢梗，有时 2 孢梗。担孢子 (8) 9～11 (12) × 3.5～4 μm [Q = (1.83) 1.91～2.15 (2.17)，**Q** = 2.02 ± 0.06]，侧面观梭形，不等边，上脐部往往下陷，背腹观近梭形，在 KOH 溶液中稍带黄色，壁光滑，稍厚。侧生囊状体和缘生囊状体 42～54 × 6～8 μm，窄烧瓶状或长披针形，薄壁，在 KOH 溶液中近透明。菌盖表皮交织毛皮型，由交错至直立、直径 3.5～6 μm 的菌丝组成。担子果各部位皆无锁状联合。

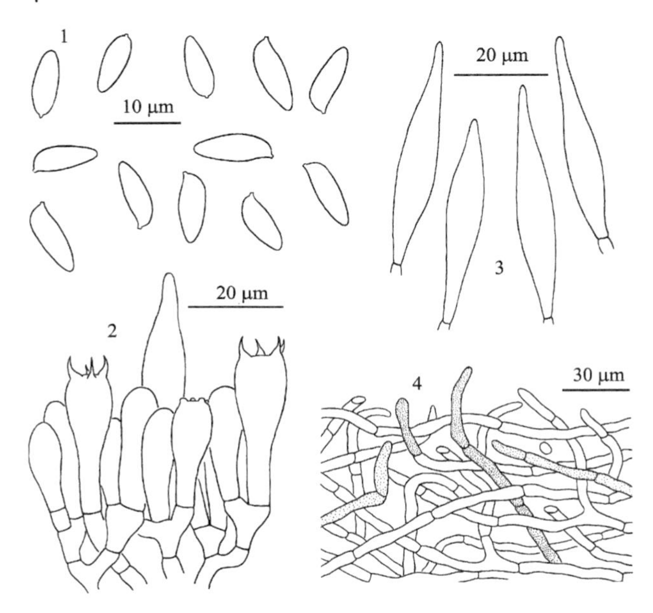

图 24　黄柄黄肉牛肝菌 *Butyriboletus pseudospeciosus* Kuan Zhao & Zhu L. Yang (HKAS 63513，模式)

1. 担孢子；2. 担子和侧生囊状体；3. 侧生囊状体和缘生囊状体；4. 菌盖表皮结构

模式产地：中国 (云南)。

生境：夏秋季单生或散生于云南松、华山松林下。

世界分布：中国 (西南地区)。

研究标本：云南：保山，海拔 1900 m，2010 年 8 月 10 日，蔡箐 346 (HKAS 67910)；昆明野生食用菌市场购买，产地海拔不详，2009 年 6 月 13 日，吴刚 258 (HKAS 63489)；师宗，海拔 1920 m，2010 年 8 月 8 日，吴刚 282 (HKAS 63513，模式)；腾冲，海拔 1900 m，2009 年 7 月 20 日，李艳春 1720 (HKAS 59467)；易门野生食用菌市场购买，产地海拔不详，2012 年 7 月 21 日，杨祝良 5618 (HKAS 82796)。

讨论：黄柄黄肉牛肝菌在形态上与北美洲的小美牛肝菌 (*B. speciosus* Frost) 较为相似，如子实层体、菌柄及网纹颜色和受伤后变色情况等。但小美牛肝菌的菌盖表面颜色为玫红色至鲜红色且受伤后变为淡黄色，而黄柄黄肉牛肝菌的菌盖表面则常为浅灰色、橄榄褐色至黄褐色 (Wu *et al.*, 2016a)。另外，黄柄黄肉牛肝菌的孢子较短 (9～11 μm)，而小美牛肝菌的孢子较长 (11～15 μm) (Smith and Thiers, 1971；Bessette *et al.*, 2000)。

黄柄黄肉牛肝菌可食。

玫黄黄肉牛肝菌 图版 III-9；图 25

别名：白葱、见手青

Butyriboletus roseoflavus (Hai B. Li & Hai L. Wei) D. Arora & J.L. Frank, Mycologia 106: 470, fig. 4d, 2014; Wu, Li, Zhu, Zhao, Han, Cui, Li, Xu & Yang, Fungal Divers. 81: 69, figs. 25i, j, 29, 2016.

Boletus roseoflavus Hai B. Li & Hai L. Wei, Mycol. Prog. 13: 26, figs. 3, 4, 2014; Li, Li, Yang, Bau & Dai, Atlas Chin. Macrofung. Res., 1088, fig. 1597, 2015.

菌盖直径 7～12 cm，半球形，幼时菌盖边缘内卷，成熟后渐平展；表面干燥，浅粉色至淡紫红色或玫红色，受伤后变为蓝色，后褪为灰褐色；菌肉厚 10～18 mm，坚实，有葱味，淡黄色，受伤后缓慢变为蓝色或不变色。子实层体与菌柄贴生；表面鲜黄色，受伤后迅速变为蓝色；管口近圆形，较密，2～3 个/mm；菌管长 4～8 mm，柠檬黄色，受伤后迅速变为蓝色。菌柄粗壮，6～12 × 2～3 cm，近圆柱状，自上而下逐渐变粗，中上部浅黄色，至基部逐渐变为淡紫红色至淡红褐色；菌柄表面常有黄色网纹；基部菌丝白色。菌香浓郁，味道温和。

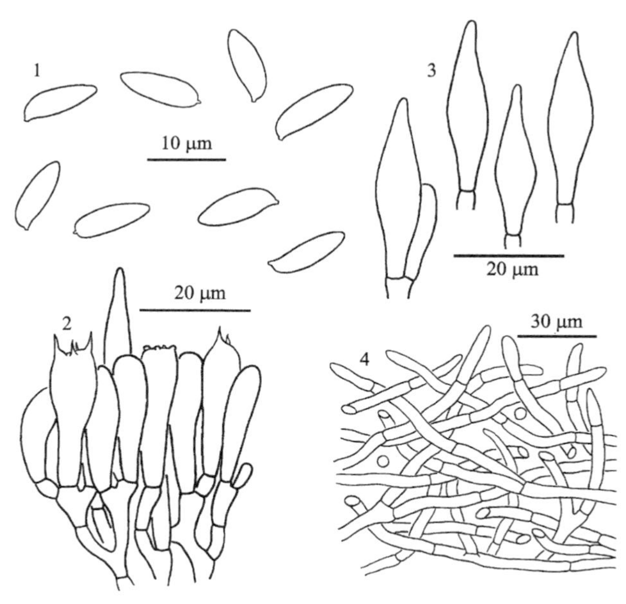

图 25 玫黄黄肉牛肝菌 *Butyriboletus roseoflavus* (Hai B. Li & Hai L.Wei) D. Arora & J.L. Frank (HKAS 54099)

1. 担孢子；2. 担子和侧生囊状体；3. 侧生囊状体和缘生囊状体；4. 菌盖表皮结构

菌管菌髓牛肝菌型。担子 25～30 × 6～9 μm，棍棒状，在 KOH 溶液中近透明，多具 4 孢梗，有时具 2 孢梗。担孢子 9～12 (13) × 3～4 μm [Q = (2.57) 2.71～3.33 (3.50),

Q = 3.04 ± 0.21]，侧面观梭形，不等边，上脐部往往下陷，背腹观近梭形，在 KOH 溶液中稍带黄色，壁光滑，稍厚。缘生囊状体 20～36 × 7～10 μm，光滑，薄壁，在 KOH 溶液中近透明，窄烧瓶形至烧瓶形；侧生囊状体形态和大小与缘生囊状体的相近。菌盖表皮交织毛皮型，由直径 3～6 μm、平滑、薄壁、透明的菌丝交织排列组成。菌柄菌髓由平行排列的菌丝组成，直径 2～4 μm。担子果各部位皆无锁状联合。

模式产地：中国 (浙江)。

生境：单生或散生于松树下，如马尾松、台湾松或云南松林下。

世界分布：中国 (华东、华中和西南地区)。

研究标本：湖南：宜章莽山国家森林公园，海拔 880 m，2007 年 9 月 2 日，李艳春 1060 (HKAS 53405)。云南：鹤庆，海拔 2200 m，2010 年 8 月 22 日，吴刚 361 (HKAS 63593)；南华野生食用菌市场购买，产地海拔不详，2010 年 8 月 23 日，吴刚 377 (HKAS 63609)；昆明野生食用菌市场购买，产地海拔不详，2008 年 6 月 7 日，杨祝良 5063 (HKAS 54099)；景东，海拔 2000 m，2013 年 8 月 5 日，吴刚 1183 (HKAS 82557)。

讨论：玫黄黄肉牛肝菌的主要鉴别特征是：菌盖表面淡粉色、浅紫红色至玫红色；子实层体表面鲜黄色，受伤后迅速变为蓝色；菌柄表面柠檬黄色至浅黄色，被有同色网纹；与松属植物形成共生关系。该种模式标本产于浙江 (Li *et al.*, 2013)。

玫黄黄肉牛肝菌酷似北美洲的小美牛肝菌 (*B. speciosus*)，但前者与松属植物 (如马尾松、台湾松和云南松) 形成共生关系，其菌肉具有芬芳菌香味，与后者不同 (Bessette *et al.*, 2000；Li *et al.*, 2013)。

在云南，新鲜的玫黄黄肉牛肝菌具有葱味，菌盖表面颜色较淡，受伤后变为蓝色，故被称为“白葱”或“见手青”，它是重要的野生食用菌，但有微毒，生食会产生幻觉，煮熟后方可食用。

血红黄肉牛肝菌　图版 III-10；图 26

Butyriboletus ruber (M. Zang) K. Wu, G. Wu & Zhu L. Yang, Acta Edulis Fungi 27 (2): 96, figs. 2, 3, 2020.

Leccinum rubrum M. Zang, Acta Bot. Yunnanica 8: 11, figs. 3-1～3, 1986; Zang, Flora Fung. Sinicorum 22: 60, figs. 17-8～10, pl. 3-6, 2006.

Boletus kermesinus Har. Takah., Taneyama & A. Koyama, Mycoscinecе 52: 419, 2011; Li, Li, Yang, Bau & Dai, Atlas Chin. Macrofung. Res., 1082, fig. 1587, 2015.

菌盖直径 5～13 cm，半球形、凸镜形至宽凸镜形；表面光滑，湿时胶黏，红色、暗红色至褐红色，菌盖边缘有时颜色稍浅；菌肉厚 10～17 mm，坚实，黄白色至淡黄色，受伤后缓慢变为浅蓝色。子实层体直生至贴生；表面红色、紫红色、暗红色至褐红色，受伤后迅速变为蓝色；管孔角形至圆形，密，1～2 个/mm；菌管长达 15 mm，浅黄色至黄色，受伤后迅速变为蓝色。菌柄 8～12 × 1～3 cm，中生，实心，圆柱形、近柱形至倒棒状，基部渐细或膨大 (直径达 5.8 cm)；表面被有红色、紫红色、褐红色至黑红色网纹，网纹撕裂呈蛇皮纹状，并露出黄色至米色的菌柄底色；菌肉浅黄色，受伤后变为蓝色；基部菌丝淡黄色至浅黄色。

菌管菌髓牛肝菌型。担子 30～37 × 10～13 μm，棍棒状，具 4 孢梗，有时具 2 或 3

孢梗。担孢子(12) 14.5～20 × (5) 5.5～7 μm [Q = (2.05) 2.48～3.17, **Q** = 2.83 ± 0.15]，侧面观梭形，不等边，上脐部往往下陷，背腹观近梭形，在 KOH 溶液中浅黄色至橘黄色，壁光滑。缘生囊状体 50～80 × 8～9.5 μm，丰富，窄腹鼓状梭形，薄壁；侧生囊状体 72～85 × 12～16.5 μm，腹鼓状梭形，薄壁。菌盖表皮交织黏毛皮型，厚约 200 μm，由直径 2～4 μm、平滑、薄壁的菌丝交错排列组成，末端细胞 32～67 × 3.5～5 μm，近柱形至近棒状。菌柄表皮子实层状，网纹处厚 325～600 μm；柄表担子 33～35 × 10.5～11 μm，棒状；柄生囊状体 37～70 × 7～12 μm，腹鼓状梭形；菌髓由平行排列的菌丝组成，直径 4～8 μm。担子果各部位皆无锁状联合。

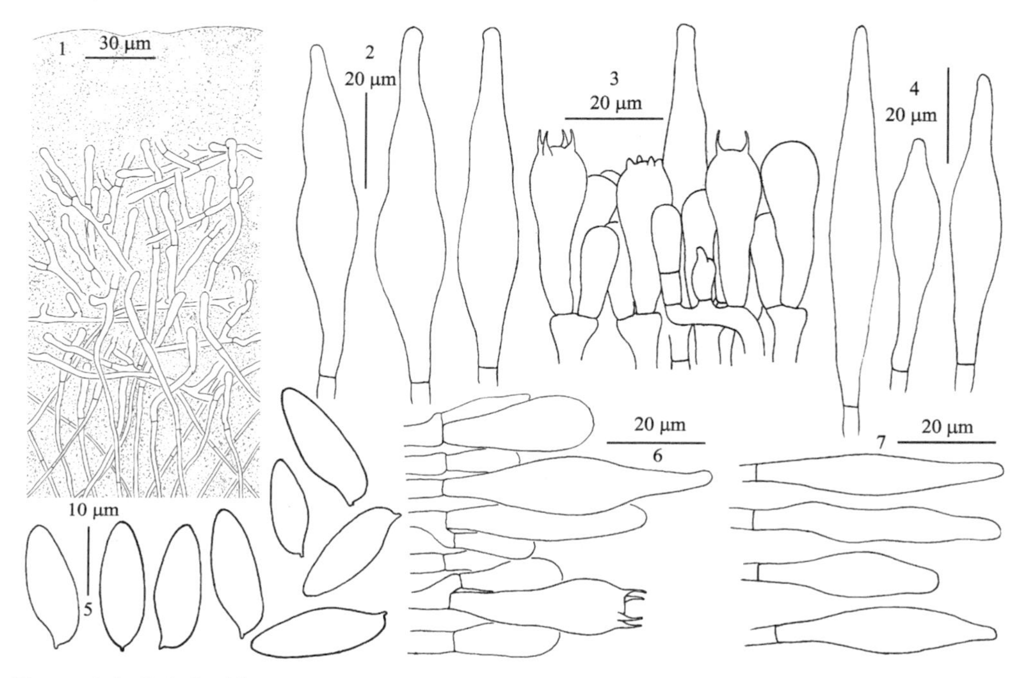

图 26　血红黄肉牛肝菌 *Butyriboletus ruber* (M. Zang) K. Wu, G. Wu & Zhu L. Yang (HKAS 103122)

1.菌盖表皮结构；2.侧生囊状体；3.担子和侧生囊状体；4.缘生囊状体；5.担孢子；6.菌柄表皮结构；7.柄生囊状体

模式产地：中国 (西藏)。

生境：单生或散生于以冷杉、高山栎和高山松等为主的亚高山林中。

世界分布：中国 (西南地区)、日本。

研究标本：西藏：察隅日东，海拔 3600～3800 m，1982 年 9 月 21 日，张大成 1088 (HKAS 17055，模式)。四川：康定，海拔 3280 m，2017 年 8 月 22 日，513301MF0604 (HKAS 103122)；同地，2017 年 9 月 17 日，513301MF1014 (HKAS 103513)；小金梁河口，海拔 3400 m，1998 年 8 月 1 日，袁明生 3180 (HKAS 33928)；乡城热打，海拔 3500 m，1998 年 7 月 19 日，杨祝良 2393 (HKAS 32431)。云南：玉龙玉龙雪山云杉坪，海拔 3200 m，2019 年 8 月 13 日，杨祝良 6279 (HKAS 106891)。

讨论：血红黄肉牛肝菌最初置于疣柄牛肝菌属 (*Leccinum*) 中 (臧穆，1986)，分子系统发育证据表明该种为黄肉牛肝菌属的一员 (Wu *et al*., 2020)，其主要鉴别特征是：子实体整体红色、褐红色至暗红色，菌盖表面湿时胶黏，菌肉和子实层受伤变为蓝色，柄表所被网纹撕裂呈蛇皮纹状，菌盖表皮交织黏毛皮型，担孢子光滑，子实体常与冷杉植物共生。

Takahashi 等 (2011) 发表了牛肝菌属的一个物种 (*B. kermesinus*)，认为该种与血红黄肉牛肝菌的区别在于后者菌柄表面无网纹，而被斑块状鳞片，菌肉受伤不变色，子实层无管缘囊状体 (臧穆, 1986)。然而，对血红黄肉牛肝菌模式标本的仔细研究，发现菌柄上有明显网纹，且子实层体具有管缘囊状体。另外，新近采集的血红黄肉牛肝菌标本都有受伤变为蓝色的记录，所以 *B. kermesinus* 作为血红黄肉牛肝菌的异名处理 (Wu *et al*., 2020)。

从形态和分子系统发育分析结果看，血红黄肉牛肝菌与分布于北美洲的弗氏黄肉牛肝菌[*But. frostii* (J.L. Russell) G. Wu, Kuan Zhao & Zhu L. Yang] 非常相似或近缘，但后者具有更窄的担孢子 (11～17 × 4～5 μm)和不撕裂的菌柄网纹，且常与橡树形成共生关系 (Smith and Thiers, 1971；Bessette *et al*., 2000)。此外，分布于北美洲的佛罗里达黄肉牛肝菌 (*But. floridanus*) 也与血红黄肉牛肝菌近缘，但前者菌盖表面绒质不胶黏，颜色淡浅，菌柄网纹不粗糙也撕裂，担孢子更窄 (13.2～18 × 4～5.3 μm)，常与橡树共生 (Singer, 1945, 1947)。

撒尼黄肉牛肝菌 图版 III-11；图 27

Butyriboletus sanicibus D. Arora & J.L. Frank, Mycologia 106: 477, fig. 3f, 2014.

菌盖直径 7～20 cm，半球形；表面干燥，淡褐色、红褐色至深褐色；边缘内卷呈波状；菌肉厚 5～10 mm，略带黄色，受伤后迅速变为蓝色。子实层体直生，暗黄色，受伤后变为灰蓝色；管口多角形，直径约 1 mm；菌管长 15～22 mm，浅黄色至鲜黄色，成熟后略带绿色色调，受伤后变为蓝色。菌柄中生，5～10 × 1～3 cm，近圆柱形，中实；柄表黄色，受伤易变为蓝色，中上部有黄色网纹；菌肉淡黄色，受伤后变色不明显；基部菌丝污白色。菌肉味鲜，气味温和。

菌管菌髓牛肝菌型。担子 20～26 × 10～12 μm，棒状，在 KOH 溶液中无色，多具 4 孢梗，有时 2 孢梗。担孢子 12～16 (17) ×4.5～5.5 μm [Q = (2.4) 2.64～3.1，**Q** = 2.81 ± 0.17]，侧面观梭形，不等边，上脐部往往下陷，背腹观近梭形至近柱状，在 KOH 溶液中稍带黄色，壁光滑，稍厚，浅黄褐色。侧生囊状体和缘生囊状体 33～40 × 8～10 μm，细长棒状或长披针形，薄壁，在 KOH 溶液中近透明。菌盖表皮交织毛皮型，由近直立、交织排列、直径 4～6 μm 的薄壁菌丝组成。菌柄菌髓由平行排列的菌丝组成。担子果各部位皆无锁状联合。

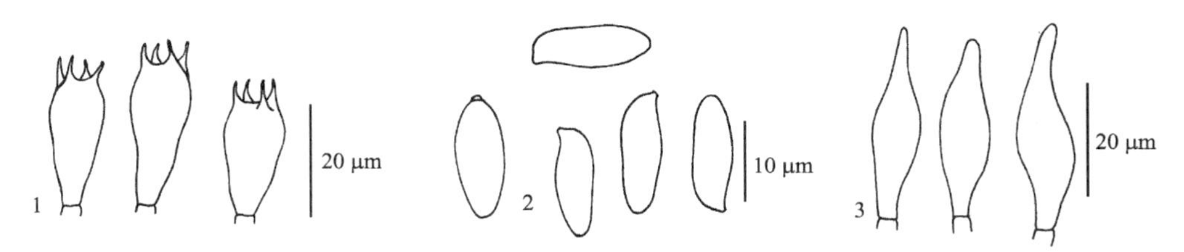

图 27 撒尼黄肉牛肝菌 *Butyriboletus sanicibus* D. Arora & J.L. Frank (HKAS 55413)

1. 担子；2. 担孢子；3. 侧生囊状体和缘生囊状体

模式产地：中国（云南）。

生境：散生于以云南松为主的混交林下。

世界分布：中国（西南地区）。

研究标本：云南：香格里拉哈巴雪山，海拔 2800 m，2008 年 8 月 12 日，冯邦 302 (HKAS 55413)。

讨论：撒尼黄肉牛肝菌与欧洲的费氏黄肉牛肝菌 [*But. fechtneri* (Velen.) D. Arora & J.L. Frank] 在系统发育关系上较近缘 (Arora and Frank, 2014)，但后者的菌盖表面为银灰色至暗灰色至赭灰色，且菌香味不明显 (Alessio, 1985；Assyov, 2012)。在形态上，该种和黄柄黄肉牛肝菌在菌盖颜色、菌柄网纹和受伤后变色情况等方面都较为相似，但后者的菌盖表面受伤后迅速变为墨蓝色，且孢子较小 (9～11 × 3.5～4 μm) (Wu *et al.*, 2016a)。

黄褐黄肉牛肝菌 图版 III-12；图 28

Butyriboletus subsplendidus (W.F. Chiu) Kuan Zhao, G. Wu & Zhu L. Yang, in Wu, Li, Zhu, Zhao, Han, Cui, Li, Xu & Yang, Fungal Divers. 81: 70, figs. 25k, 25l, 30, 2016.

Boletus subsplendidus W.F. Chiu, Mycologia 40: 222, 1948; Zang, Flora Fung. Sinicorum 22: 147, figs. 42-4～6, 2006.

菌盖直径 4～6 cm，半球形；表面干燥，淡褐色、红褐色至深褐色；边缘稍内卷；菌肉厚 9～12 mm，略带黄色，受伤后迅速变为蓝色，后逐渐褪色。子实层体直生；表面橘红色，成熟后变暗黄色，受伤后立即变为深蓝色；管口多角形，直径不足 1 mm，排列较密集；菌管长 5～7 mm，受伤后迅速变为蓝色。菌柄中生，5～7 × 0.6～1 cm，近圆柱形，中实，上部黄色，向下逐渐变为粉色、玫红色至暗红色，菌柄（至少上部）上有粉色至玫红色网纹；上部菌肉黄色，受伤后迅速变为蓝色，基部菌肉黄褐色，受伤后不变色；基部菌丝白色。菌肉味鲜，菌香味浓。

菌管菌髓牛肝菌型。担子 24～31 × 8～11 μm，棒状，在 KOH 溶液中无色，多具 4 孢梗，有时 2 孢梗。担孢子 (8) 9～12 (13) × (3) 3.5～4 μm [Q = (2.17) 2.43～3.17 (3.75), **Q** = 2.74 ± 0.07]，侧面观梭形，不等边，上脐部往往下陷，背腹观近梭形至近柱状，在 KOH 溶液中稍带黄色，壁光滑，稍厚，浅黄褐色。侧生囊状体和缘生囊状体 35～57 × 7～10 μm，细长棒状或长披针形，薄壁，在 KOH 溶液中近透明。菌盖表皮交织毛皮型，由近直立、交错排列的薄壁菌丝组成，菌丝直径 4～7 (12) μm。菌柄菌髓由平行排列的菌丝组成。担子果各部位皆无锁状联合。

模式产地：中国（云南）。

生境：散生于壳斗科植物林下。

世界分布：中国（西南地区）。

研究标本：云南：昆明妙高寺附近，海拔 2050 m，2006 年 8 月 6 日，李艳春 690 (HKAS 50444)；昆明筇竹寺附近，海拔 2100 m，2007 年 8 月 8 日，李艳春 974 (HKAS 52661，附加模式)；同地，2012 年 9 月 6 日，冯邦 1233 (HKAS 82375)。

讨论：在分子系统发育关系上，黄褐黄肉牛肝菌与原描述于北美洲的弗氏黄肉牛肝菌 [*But. frostii* (J.L. Russell) G. Wu *et al.*] 较近缘 (Wu *et al.*, 2014)，但后者的菌盖表面为血红色至暗红色，且菌柄上网纹突出呈明显的浮雕状。在形态特征上，该种和描述于北美洲的佛罗里达黄肉牛肝菌 [*But. floridanus* (Singer) G. Wu *et al.*] 在菌柄网纹颜色以及子实层体和菌肉的受伤变色情况都较为相似，但佛罗里达黄肉牛肝菌的菌盖表面呈粉红色至紫红色，而黄褐黄肉牛肝菌的菌盖表面则呈褐色、红褐色；另外，佛罗里达黄肉牛肝菌的担子果较大 (Singer, 1947；Smith and Thiers, 1971；Bessette *et al.*, 2000)。

Chiu (1948) 所指定的该种模式标本因时间较为久远，从中能获得的形态特征信息有限，也无法提取高质量的 DNA 用于分子系统发育分析，故特指定 HKAS 52661 为该种的附加模式 (Wu *et al.*, 2016a)。

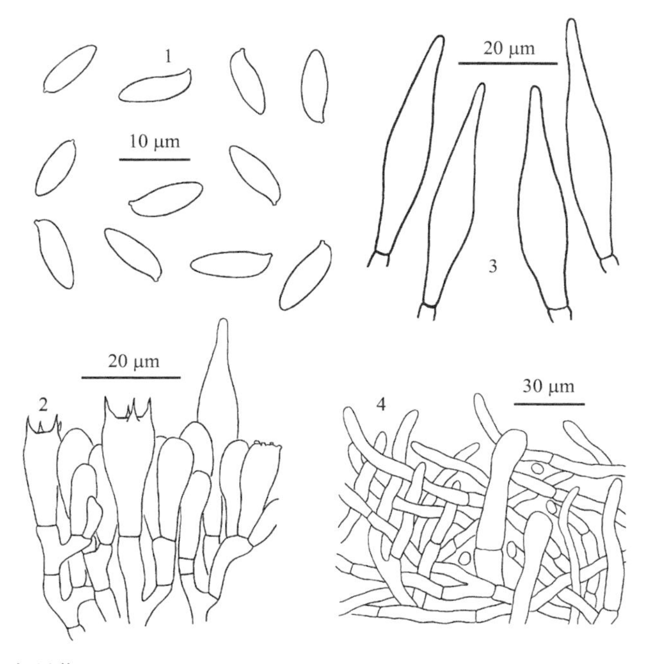

图 28　黄褐黄肉牛肝菌 *Butyriboletus subsplendidus* (W.F. Chiu) Kuan Zhao, G. Wu & Zhu L. Yang (HKAS 52661，附加模式)

1. 担孢子；2. 担子和侧生囊状体；3. 侧生囊状体和缘生囊状体；4. 菌盖表皮结构

彝食黄肉牛肝菌　图版 IV-1；图 29

Butyriboletus yicibus D. Arora & J.L. Frank, Mycologia 106: 477, figs. 3g, 4c, 2014; Wu, Li, Zhu, Zhao, Han, Cui, Li, Xu & Yang, Fungal Divers. 81: 71, figs. 25m～o, 31, 2016.

菌盖直径 5～10 cm，半球形至凸镜形，边缘稍内卷；表面干燥，被细鳞毛，赭色、褐色至深褐色；菌肉厚 15～25 mm，近白色，受伤后不变色或局部缓慢变为淡蓝色后恢复原色。子实层体稍弯生；表面淡棕黄色至暗黄色，受伤后缓慢变为蓝色，后逐渐恢复原色；管口多角形，较密，直径小于 1 mm；菌管长 10～15 mm，与子实层体表面同色，受伤后不变色或缓慢变为浅蓝色。菌柄 4～7 × 2.5～4 cm，近圆柱状，粗壮，自上而下渐粗，上部粉色至玫红色，至下部逐渐变为淡紫红色至深红色；柄表被同色网纹；菌肉浅黄色，受伤后不变色或局部缓慢变为淡蓝色；基部菌丝白色。味道温和，无特殊气味。

菌管菌髓牛肝菌型。担子 26～38 × 9～12 μm，棒状，在 KOH 溶液中近透明，多具 4 孢梗，有时具 2 孢梗。担孢子 (11) 13～15 (16) × 4～5 (5.5) μm [Q = (2.47) 2.62～3.06 (3.33)，**Q** = 2.81 ± 0.12]，侧面观梭形，不等边，上脐部往往下陷，背腹观近梭形至近柱状，在 KOH 溶液中呈浅黄色，表面光滑。缘生囊状体 42～60 × 7～9 μm，光滑，薄壁，在 KOH 溶液中近透明，窄烧瓶形、长披针形。侧生囊状体形状和大小与缘生囊状体相近。菌盖表皮交织毛皮型，由直径为 4～6 μm、平滑、薄壁、有时含褐色胞内色素的菌丝交织排列组成。菌柄菌髓由平行排列、直径 3～5 μm 的菌丝组成。担子果各部位皆无锁状联合。

模式产地：中国 (云南)。

生境：单生或散生于亚高山针叶林，如云杉、冷杉林下。

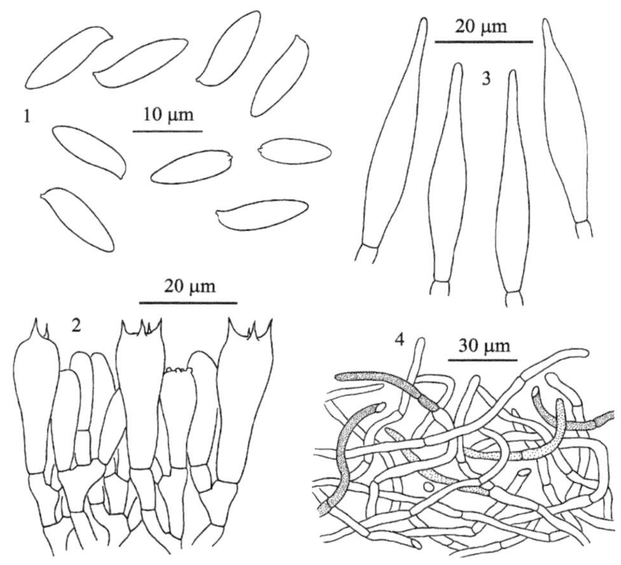

图 29　彝食黄肉牛肝菌 *Butyriboletus yicibus* D. Arora & J.L. Frank (HKAS 56163)

1. 担孢子；2. 担子；3. 侧生囊状体和缘生囊状体；4. 菌盖表皮结构

世界分布：中国 (西南地区)。

研究标本：云南：德钦白马雪山，海拔 3600 m，2008 年 8 月 19 日，冯邦 334 (HKAS 55445)；丽江古城大东，2010 年 8 月 18 日，冯邦 888 (HKAS 68669)；香格里拉哈巴雪山，海拔 3750 m，2008 年 8 月 13 日，冯邦 307 (HKAS 55418)；同地，2009 年 8 月 25 日，吴刚 136 (HKAS 57668)；玉龙老君山，海拔 3380 m，2009 年 9 月 3 日，冯邦 775 (HKAS 57503)；玉龙玉龙雪山，海拔 3100 m，2008 年 7 月 20 日，李艳春 1309 (HKAS 56163)；同地，2010 年 7 月 12 日，郝艳佳 38 (HKAS 68010)。

讨论：彝食黄肉牛肝菌的主要鉴别特征为：菌盖表面褐色，菌管黄色，受伤后变为蓝灰色；菌柄较细且被黄色网纹 (Wu *et al*., 2016a)。该种的原始描述仅引证了 1 份标本，采自云南松林下，但本研究中涉及的该种标本全部采自滇西北亚高山针叶林 (如云杉、冷杉) 下。

分子系统发育分析表明，彝食黄肉牛肝菌与亚缘盖黄肉牛肝菌 (*But. subappendiculatus*) 较近缘。然而，原产自欧洲的亚缘盖黄肉牛肝菌的菌柄较粗壮且菌肉受伤后不变色。在形态上，该种与另一种描述自云南的撒尼黄肉牛肝菌 (*But. sanicibus*)

相像，但是后者的菌柄较粗壮，菌肉较坚实且受伤后变为蓝色而非蓝灰色 (Arora and Frank, 2014)。

彝食黄肉牛肝菌可食。

美柄牛肝菌属 **Caloboletus** Vizzini

Index Fung. 146: 1, 2014.

担子果小型至大型，伞状，肉质。菌盖凸起或平展，干燥，光滑或具绒毛状鳞片；菌肉白色至淡黄色，受伤后迅速变为蓝色，与菌管连接处变色较明显，味苦；子实层体直生至稍弯生，幼时鲜黄、黄色、橘红色至棕红色，成熟后颜色加深至黄褐色，有的仍为橘红色至棕红色，受伤后迅速变为蓝色。菌柄中生，多具网纹；菌肉污白色、灰色或黄褐色。孢子印橄榄绿色。

菌管菌髓亚牛肝菌型，中央菌髓由深色或暗色的密集菌丝组成，侧生菌髓由稀疏排列的胶质菌丝组成。担子棒状，通常具 4 孢梗。担孢子光滑，梭形或卵形，橄榄褐色至黄褐色，表面平滑。缘生囊状体和侧生囊状体常见，薄壁。菌盖表皮毛皮型至交织毛皮型。担子果各部位皆无锁状联合。

模式种：美柄牛肝菌 *Caloboletus calopus* (Pers.) Vizzini。

生境与分布：夏秋季生于林中地上，与松科植物形成外生菌根关系，主要分布于北半球的温带和亚热带地区。

全球已知约 19 种，本卷记载我国 5 种。

美柄牛肝菌属分种检索表

1. 担孢子典型牛肝菌型，上脐部往往下陷；担孢子较窄 (<6 μm)……2
1. 担孢子卵形，上脐部不下陷；担孢子较宽 (>6 μm)……**云南美柄牛肝菌 *C. yunnanensis***
  2. 幼时子实层体表面橘红色至棕红色，与菌管异色；生于阔叶林下……3
  2. 幼时子实层体表面黄色，与菌管同色；生于针叶林下……**毡盖美柄牛肝菌 *C. panniformis***
3. 成熟后子实层体表面仍为橘红色至棕红色……4
3. 成熟后子实层体表面变为黄色……**象头山美柄牛肝菌 *C. xiangtoushanensis***
  4. 菌盖表面橄榄黄色至棕黄色；菌柄表面中上部有深红色、棕红色至锈红色网纹……**戴氏美柄牛肝菌 *C. taienus***
  4. 菌盖表面污白色或浅褐色；菌柄表面覆有浓密的浅褐色、褐色至红褐色的细小鳞片，偶具网纹……**关羽美柄牛肝菌 *C. guanyui***

关羽美柄牛肝菌　图版 IV-2；图 30

Caloboletus guanyui N.K. Zeng, H. Chai & S. Jiang, in Chai, Liang, Xue, Jiang, Luo, Wang, Wu, Tang, Chen, Hong & Zeng, MycoKeys 46: 69, figs. 4c～f, 8, 2019.

Boletus quercinus Hongo, Memoirs of Shiga University 17: 92, figs. 17-6～8, 1967 (nom. illeg.); Li, Li, Yang, Bau & Dai, Atlas Chin. Macrofung. Res., 1087, fig. 1595, 2015; non *Boletus quercinus* Schrad., Spicilegium Florae Germanicae 1: 157, 1794; non *Boletus quercinus* (Pilát) Hlaváček, Mykologický Sborník 67(3): 87, 1990 (nom. illeg., later homonym).

菌盖直径 5～10 cm，凸镜形至平展；表面污白色至淡褐色；菌肉厚 5～18 mm，白色，受伤迅速变蓝色，之后恢复为白色。子实层体弯生；表面浅红色至红褐色，受伤迅速变蓝黑色；管口直径 0.3～0.5 mm，近圆形；菌管长 5～10 mm，浅黄色，受伤迅速变蓝色。菌柄 5.5～9 × 0.7～1.5 cm，中生，近圆柱形，实心，有时弯曲；表面覆有浓密的浅棕色、褐色至红褐色的细小鳞片，偶具网纹；基部菌丝白色；菌肉白色，有时带浅红色色调，受伤不变色。菌肉气味不明显。

菌管菌髓牛肝菌型，由直径 4～10 μm、在 KOH 溶液中浅黄色的薄壁菌丝组成。担子 21～30 × 6～8 μm，棒状，在 KOH 溶液中无色至浅黄色，具 4 孢梗，孢梗长 3～4 μm。担孢子 (8.5) 9～11 (12) × 3.5～4.5 μm [Q = (2.00) 2.22～2.67 (2.86)，**Q** = 2.43 ± 0.17]，侧面观梭形，不等边，上脐部往往下陷，背腹观近梭形至近柱状，在 KOH 溶液中浅黄色至黄色，壁光滑，稍厚 (0.5 μm)。缘生囊状体 25～40 × 7～10 μm，纺锤形或近纺锤形，薄壁，在 KOH 溶液中浅黄色至无色。侧生囊状体 35～45 × 6～11 μm，纺锤形或近纺锤形，薄壁，在 KOH 溶液中浅黄色至无色。菌盖表皮毛皮型，厚 100～200 μm，由直径 5～8 μm、薄壁、在 KOH 溶液中近无色的菌丝组成；顶端细胞 28～35 × 5～10 μm，棒状或近棒状，先端圆钝。菌盖髓部菌丝直径 4～8 μm，在 KOH 溶液中无色至浅黄色。菌柄表皮厚 80～100 μm，子实层状，由浅黄色的薄壁菌丝组成，顶端细胞 27～43 × 6～11 μm，棒状、近棒状、纺锤形或近纺锤形，偶尔可见成熟担子。菌柄髓部由纵向排列的近平行菌丝组成，直径 3～6 μm，圆柱形，在 KOH 溶液中无色至浅黄色。担子果各部位皆无锁状联合。

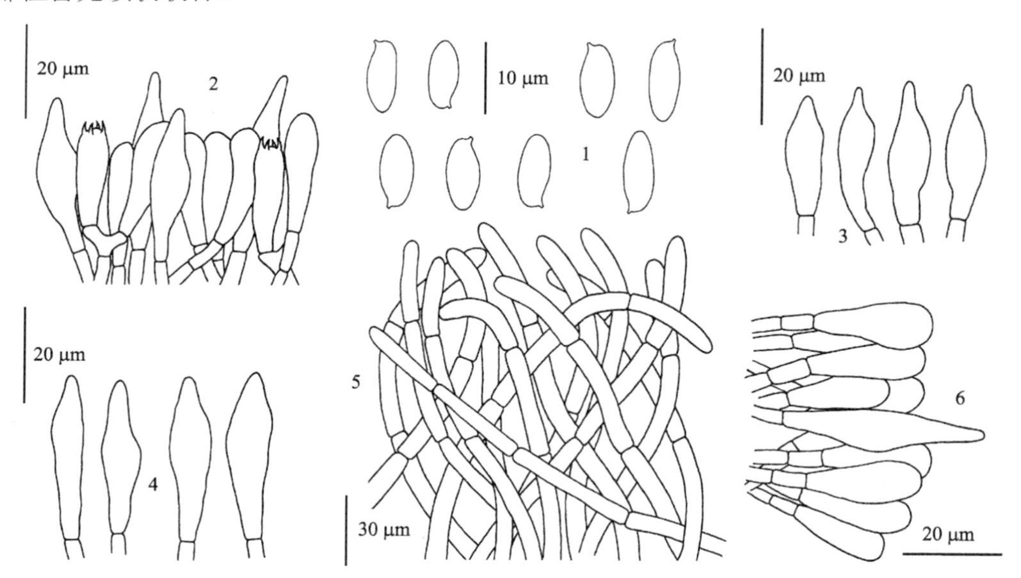

图 30　关羽美柄牛肝菌 *Caloboletus guanyui* N.K. Zeng, H. Chai & S. Jiang (FHMU 2040)

1. 担孢子；2. 担子和侧生囊状体；3. 缘生囊状体；4. 侧生囊状体；5. 菌盖表皮结构；6. 菌柄表皮结构

模式产地：日本。

生境：群生于格氏栲或柯属植物林下。

世界分布：日本和中国 (东南和华南地区)。

研究标本：海南：乐东鹦哥岭，海拔 650 m，2017 年 6 月 4 日，曾念开 3058 (FHMU 2019)；同地，2017 年 6 月 5 日，曾念开 3079 (FHMU 2040)。福建：漳平天台国家森林公园，海拔 350 m，2009 年 8 月 28 日，曾念开 635 (FHMU 399)；三明三元格氏栲国家森林公园，海拔 420 m，2017 年 8 月 16 日，曾念开 3257 (FHMU 2218) 和曾念开 3261 (FHMU 2222)；永安天宝岩，海拔 600 m，2017 年 8 月 17 日，曾念开 3263 (FHMU 2224)。

讨论：关羽美柄牛肝菌的主要鉴别特征为：菌盖污白色至浅褐色，子实层体表面浅红色至红褐色，受伤迅速变蓝黑色，菌柄表面有浅褐色、褐色至红褐色的细小鳞片 (Chai *et al.*, 2019)。

戴氏美柄牛肝菌 [*C. taienus* (W.F. Chiu) Ming Zhang & T.H. Li]和象头山美柄牛肝菌 [*C. xiangtoushanensis* Ming Zhang *et al.*] 都有红色的子实层体表面，但是它们的菌盖并非污白色或浅褐色。分子系统发育学研究表明关羽美柄牛肝菌与 *C. firmus* (Frost) Vizzini 较为亲缘，但后者的菌柄上有白色或淡红色的网纹，且仅分布于北美洲和中美洲 (Bessette *et al.*, 2016；Zhang *et al.*, 2017a；Chai *et al.*, 2019)。

关羽美柄牛肝菌最早描述于日本，并被命名为 *B. quercinus* (Hongo, 1967)，但“*quercinus*”是不合法名，因为 Schrader (1794) 曾以此加词命名过牛肝菌属的另外一个物种，故用“*guanyui*”作为本种的新名称加词 (Chai *et al.*, 2019)。

毡盖美柄牛肝菌　图版 IV-3；图 31

Caloboletus panniformis (Taneyama & Har. Takah.) Vizzini, Index Fung. 146: 1, 2014; Wu, Li, Zhu, Zhao, Han, Cui, Li, Xu & Yang, Fungal Divers. 81: 73, figs. 32a～c, 33, 2016.

Boletus panniformis Taneyama & Har. Takah., Mycoscience 54: 459, 2013; Li, Li, Yang, Bau & Dai, Atlas Chin. Macrofung. Res., 1093, figs. 1607-1, 2, 2015.

菌盖直径 8～12 cm，近半球形，边缘常稍内卷；表面柔软，绒质，被灰褐色鳞片；菌肉厚 10～15 mm，淡黄色，受伤后迅速变为蓝色；子实层体直生至稍弯生；菌管长 5～10 mm；管口直径不足 0.5 mm，多角形，管口与菌管内部同色，黄色，受伤后不变色。菌柄 6～10 × 1～2 cm，中生，近圆柱形；表面中上部黄色，下部桃红色、深红色至红褐色，菌柄上常有同色网纹，中上部尤为明显；菌柄实心，菌肉黄色，受伤后不变色；基部菌丝白色。无特殊气味，菌肉有苦味。

菌管菌髓牛肝菌型。在亚高山暗针叶林中采集的标本，担孢子 (12) 13～16 (19) × (4) 5～6 (6.5) μm [Q = (1.98) 2.67～2.90 (3.40)，**Q** = 2.78 ± 0.10]；在云南松林下采集的标本，担孢子 11～13 (15) × 3.5～4.5 (5.0) μm [Q = (1.98) 2.41～3.10 (3.64)，**Q** = 2.78 ± 0.31]；侧面观梭形，不等边，上脐部往往下陷，背腹观近梭形至近柱状，在 KOH 溶液中稍带黄色，壁光滑，稍厚；小尖长约 0.5 μm。担子 32～38 × 12～15 μm，棒状，在 KOH 溶液中黄褐色、褐色至深褐色，多具 4 孢梗，有时具 2 孢梗，孢梗长约 5 μm。缘生囊状体丰富，32～55 × 9～13 μm，梭形或近梭形，薄壁，在 KOH 溶液中无色至浅黄色。侧生囊状体 35～56 × 8～12 μm，形状与缘生囊状体接近。菌褶髓部菌丝直径 3～8 μm，在 KOH 溶液中无色至浅黄色。菌盖表皮毛皮型至交织毛皮型，菌丝直径 4～7 μm，在 KOH 溶液中无色、浅黄色至黄褐色，非淀粉质；末端细胞 34～67 × 5～8 μm，近圆柱形或棒状。担子果各部位皆无锁状联合。

模式产地：日本。

生境：夏秋季节单生或散生于以冷杉属、云杉属植物为主的亚高山针叶林，也可见于云南松林下。

世界分布：日本、印度和中国。

研究标本：四川：康定，海拔 3700 m，1984 年 8 月 30 日，袁明生 870 (HKAS 15556)。贵州：威宁，1993 年 7 月 24 日，吴兴亮 4190 (HKAS 29249)。云南：宾川，海拔 2280 m，2012 年 9 月 20 日，赵宽 180 (HKAS 77530)；德钦白马雪山，海拔 3600 m，2008 年 8 月 19 日，冯邦 333 (HKAS 55444)；香格里拉碧沽天池，海拔 3750 m，2009 年 7 月 25 日，冯邦 681 (HKAS 57410)；玉龙，海拔 2600 m，2010 年 8 月 20 日，吴刚 329 (HKAS 63560)。甘肃：迭部虎头山，海拔 3000 m，2012 年 8 月 12 日，朱学泰 687 (HKAS 76536)。

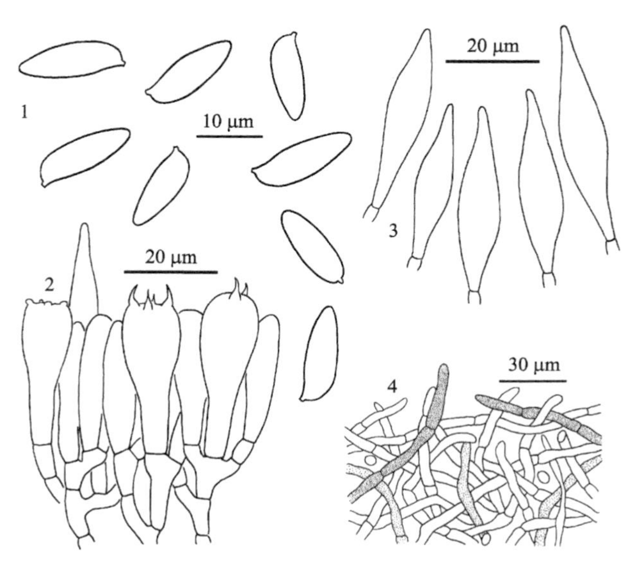

图 31 毡盖美柄牛肝菌 *Caloboletus panniformis* (Taneyama & Har. Takah.) Vizzini (HKAS 57410)

1. 担孢子；2. 担子和侧生囊状体；3. 侧生囊状体和缘生囊状体；4. 菌盖表皮结构

讨论：在中国，毡盖美柄牛肝菌曾被当作欧洲的美柄牛肝菌 (*C. calopus*)，但后者的菌盖菌丝淀粉质，且菌盖表面无绒状鳞片 (Alessio, 1985；Muñoz, 2005；臧穆, 2006)。

毡盖美柄牛肝菌味苦，有毒。

戴氏美柄牛肝菌 图版 IV-4；图 32

Caloboletus taienus (W.F. Chiu) Ming Zhang & T.H. Li, in Zhang, Li, Gelardi & Zhong, Phytotaxa 309: 122, figs. 2d～f, 2017.

Boletus taienus W.F. Chiu, Mycologia 40: 220, 1948; Bi, Zheng & Li, Macrofungus Flora China's Guangdong Province, 585, pl. 100-1～4, 1993; Zang, Flora Fung. Sinicorum 22: 187, figs. 52-10～12, 2006; Li, Li, Yang, Bau & Dai, Atlas Chin. Macrofung. Res., 1091, figs. 1602-1, 2, 2015.

菌盖直径 4～7 cm，近半球形至凸镜形，有时较平展，边缘常内卷、波状；表面干燥，橄榄黄色至黄褐色，光滑，被有白色至黄绿色微绒毛；菌肉厚 8～15 mm，白色，受伤后迅速变浅蓝色。子实层体直生至稍弯生；表面为深红色、红褐色至锈红色，受伤后迅速变深蓝色甚至发黑；管口直径 0.3～1 mm，多角形；菌管长 4～8 mm，黄色，受伤后迅速变为蓝色。菌柄 6～8 × 0.8～2 cm，中生，近圆柱形；表面干燥，本底黄色，中上部有深红色、红褐色至锈红色网纹，至菌柄基部逐渐消失；菌柄菌肉白色至淡红色，中上部受伤后变为蓝色，下部受伤后变淡红色；基部菌丝白色至奶油色。无特殊气味，菌肉有苦味。

菌管菌髓牛肝菌型。孢子 8～11 × (3.5) 4～5 μm [Q = (2.00) 2.11～2.63, **Q** = 2.25 ± 0.14]；侧面观梭形，不等边，上脐部往往下陷，背腹观近梭形至近柱状，在 KOH 溶液中稍带黄色，壁光滑，稍厚；小尖长约 0.5 μm。担子 32～38 × 12～15 μm，棒状，在 KOH 溶液中黄褐色、褐色至深褐色，多具 4 孢梗，有时具 2 孢梗，孢梗长 3～4 μm。缘生囊状体丰富，32～50 × 8～13 μm，近梭形至窄烧瓶状，薄壁，在 KOH 溶液中无色至浅黄色。侧生囊状体 37～62 ×7～12 μm，形状与缘生囊状体接近。菌盖表皮交织毛皮型，由松散交织排列的菌丝组成，菌丝直径 4～5 μm，薄壁，在 KOH 溶液中浅黄色。担子果各部位皆无锁状联合。

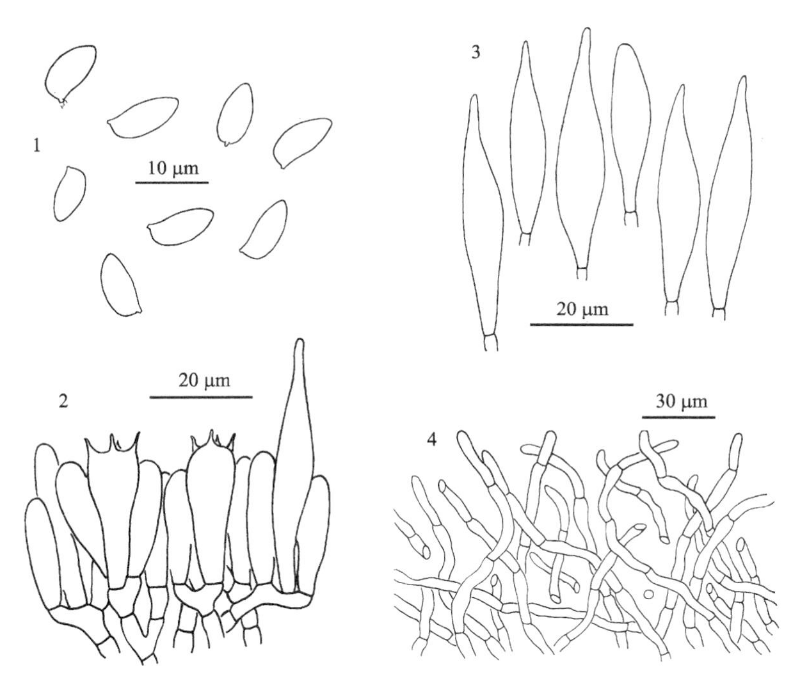

图 32　戴氏美柄牛肝菌 *Caloboletus taienus* (W.F. Chiu) Ming Zhang & T.H. Li (GDGM 44081)

1. 担孢子；2. 担子和侧生囊状体；3. 侧生囊状体和缘生囊状体；4. 菌盖表皮结构

模式产地：中国 (云南)。

生境：夏秋季节单生或散生于阔叶树林下。

世界分布：中国 (云南和海南)。

研究标本：海南：乐东尖峰岭国家级自然保护区，海拔 800 m，2013 年 7 月 1 日，王超群 (GDGM 44081)。

讨论：戴氏美柄牛肝菌的主要鉴别特征为：子实层体表面深红色、红褐色至锈红色，受伤后迅速变深蓝色至近黑色；菌柄中上部网纹颜色与子实层体表面颜色相似（Zhang *et al*., 2017a）。

该种在形态上与象头山美柄牛肝菌（*C. xiangtoushanensis*）和毡盖美柄牛肝菌较为接近，但象头山美柄牛肝菌成熟后子实层体及菌柄表面颜色均变黄且孢子较长（9～13 μm）；毡盖美柄牛肝菌生于针叶林下，其菌盖表面被灰褐色鳞片（Takahashi *et al*., 2013；Zhao *et al*., 2014b；Zhang *et al*., 2017a）。

戴氏美柄牛肝菌是根据昆明市场上采购的标本描述的物种（Chiu, 1948），但作者近年在昆明市场上未见该种的个体。

戴氏美柄牛肝菌味苦，有毒。

象头山美柄牛肝菌　图版 IV-5；图 33

Caloboletus xiangtoushanensis Ming Zhang, T.H. Li & X.J. Zhong, in Zhang, Li, Gelardi & Zhong, Phytotaxa 309: 119, figs. 2a～c, 2017.

菌盖直径 4～9 cm，近半球形至凸镜形，边缘常稍内卷，幼时尤甚；表面干燥，柔软，暗红色至褐黄色，后逐渐褪为黄色，被同色短绒毛；菌肉厚 10～15 mm，白色至淡黄色，略带粉色色调，受伤后迅速变浅蓝色；子实层体弯生；表面幼时为橘红色至深橘黄色，成熟后变为黄色，受伤后迅速变深蓝色；管口多角形，直径 0.3～0.5 mm；菌管长 0.5～0.8 cm，橄榄黄色至黄色，受伤后迅速变为蓝色。菌柄 3～8 × 1～1.5 cm，中生，近圆柱形至棒状，淡黄色，上有橙红色至鲜红色网纹或纵向条纹，老后中下部逐渐褪为黄色，受伤后变色不明显；基部菌丝白色至米色；菌柄中实，内部菌肉褐色至红褐色，受伤后缓慢变为蓝色。无特殊气味，菌肉有苦味。

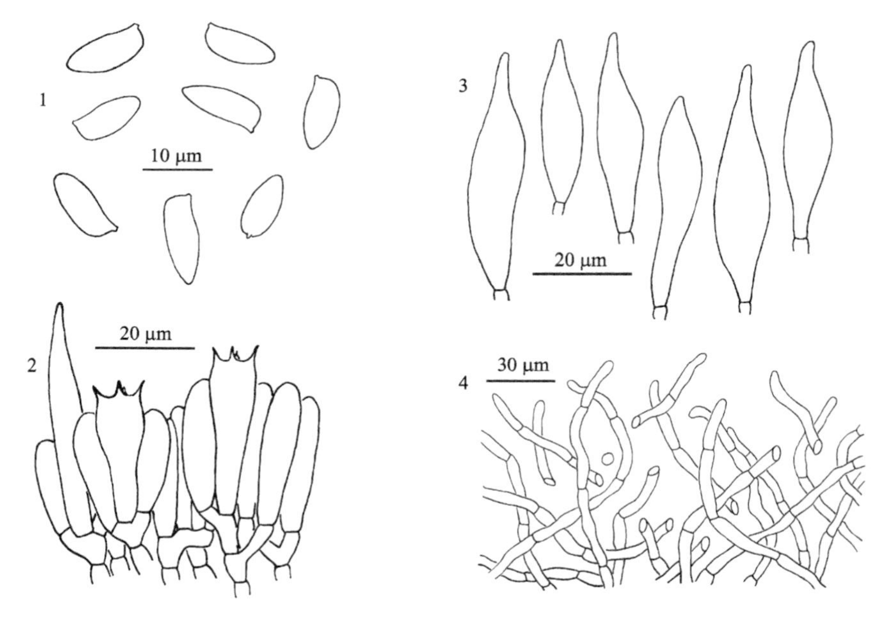

图 33　象头山美柄牛肝菌 *Caloboletus xiangtoushanensis* Ming Zhang, T.H. Li & X.J. Zhong (GDGM 44725，模式)

1. 担孢子；2. 担子和侧生囊状体；3. 侧生囊状体和缘生囊状体；4. 菌盖表皮结构

菌管菌髓牛肝菌型。担子 25～33 × 7～10 μm，棒状，在 KOH 溶液中淡黄色，多具 4 孢梗，有时具 2 孢梗，孢梗长 2.5～4 μm。担孢子 (9) 10～13 × 4～5 μm [Q = (2.22) 2.25～2.75 (2.89)，**Q** = 2.51± 0.17]，侧面观近梭形，上脐部往往下陷，在 KOH 溶液中淡黄色至黄褐色，壁光滑。缘生囊状体丰富，30～55 × 8～12 μm，长披针形或近梭形，薄壁，在 KOH 溶液中无色至浅黄色。侧生囊状体与缘生囊状体形态、大小相近。菌盖表皮交织毛皮型，菌丝直径 3.5～5 μm，薄壁，在 KOH 溶液中无色，有时末端细胞具褐色色素。担子果各部位皆无锁状联合。

模式产地：中国 (广东)。

生境：夏秋季单生或散生于壳斗科植物林下，如青冈属 (*Cyclobalanopsis*)和锥属 (*Castanopsis*) 等植物林下。

世界分布：中国 (广东、浙江)。

研究标本：浙江：武义，海拔 600 m，2015 年 8 月 22 日，李传华 (GDGM 45160)。广东：惠州象头山国家级自然保护区，海拔 500 m，2015 年 7 月 7 日，黄浩和李婷 (GDGM 44725，模式)。

讨论：象头山美柄牛肝菌的主要鉴别特征为：菌柄上有明显的橙红色至鲜红色网纹或纵向条纹；子实层体表面幼时为橘红色至深橘黄色，成熟后则变为黄色 (Zhang *et al*., 2017a)。该种在形态上与戴氏美柄牛肝菌较接近，见戴氏美柄牛肝菌名下的讨论。

象头山美柄牛肝菌味苦，有毒。

云南美柄牛肝菌　图版 IV-6；图 34

Caloboletus yunnanensis Kuan Zhao & Zhu L. Yang, in Zhao, Wu, Yang & Feng, Mycol. Prog. 113: 36, figs. 3, 4, 2014; Li, Li, Yang, Bau & Dai, Atlas Chin. Macrofung. Res., 1094, fig. 1608, 2015.

菌盖直径 5～10 cm，近半球形，边缘常轻微内卷；表面干燥，黄褐色、褐色至暗褐色，被微细鳞片；菌肉厚 15～25 mm，粉色至浅红色，中下部与菌管连接处受伤后迅速变为蓝色，后逐渐恢复原色；子实层体直生，稀弯生；菌管长 5～10 mm，浅黄色至暗黄色；管口直径 0.35～0.5 mm，多角形，较密，管口与菌管内部同色，受伤后迅速变为蓝色。菌柄 3～6 × 1～2 cm，中生，近圆柱形；表面光滑、无网纹，顶部浅黄色、黄色，中上部灰色 (略带黄色色调)，下部浅紫色，中实，内部菌肉红褐色，受伤后缓慢变为蓝色后逐渐恢复原色；基部菌丝白色。无特殊气味，菌肉有苦味。

菌管菌髓牛肝菌型。担子 32～38 × 12～15 μm，棒状，在 KOH 溶液中黄褐色、褐色至深褐色，多具 4 孢梗，有时具 2 孢梗，孢梗长约 5 μm。担孢子 (7) 8.5～9 (10.5) × (5) 6.5～7 (8) μm [Q = (1.67) 1.77～1.82 (2.13)，**Q** = 1.81 ± 0.02]，卵形，稀椭圆形，上脐部不下陷，在 KOH 溶液中稍带黄色，壁光滑，稍厚；小尖长约 0.5 μm。缘生囊状体丰富，32～55 × 9～13 μm，长披针形或近梭形，薄壁，在 KOH 溶液中无色至浅黄色。侧生囊状体与缘生囊状体形态、大小接近，但较少见。菌盖表皮交织毛皮型，由直径 4～7 μm、薄壁、无色至浅黄色或黄褐色的菌丝组成。担子果各部位皆无锁状联合。

模式产地：中国 (云南)。

生境：夏秋季单生或散生于云南松林下。

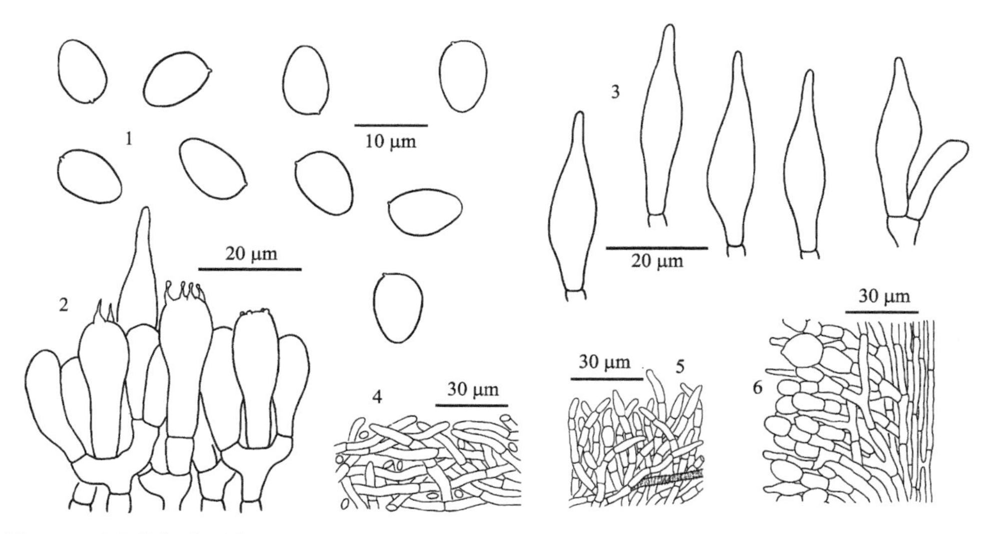

图 34　云南美柄牛肝菌 *Caloboletus yunnanensis* Kuan Zhao & Zhu L. Yang (HKAS 69214，模式)
1. 担孢子；2. 担子和侧生囊状体；3. 侧生囊状体和缘生囊状体；4. 菌盖表皮结构；5. 菌盖表皮结构 (未成熟)；6. 菌柄表皮结构

世界分布：中国 (西南地区)。

研究标本：云南：保山隆阳，海拔 1860 m，2010 年 8 月 11 日，郝艳佳 230 (HKAS 69214，模式)；保山，海拔 1450 m，2009 年 8 月 9 日，唐丽萍 1220 (HKAS 63040)；泸水，海拔 1800 m，2011 年 8 月 7 日，吴刚 550 (HKAS 74864)；南涧，海拔 2000 m，2009 年 9 月 28 日，蔡箐 27 (HKAS 58694)。

讨论：云南美柄牛肝菌的担孢子呈卵形、菌柄上无网纹，这两个特征能将它与属内的其他物种明显区分开来 (Zhao *et al*., 2014b)。

云南美柄牛肝菌味苦，有毒。

橙牛肝菌属 **Crocinoboletus** N.K. Zeng, Zhu L. Yang & G. Wu, in Zeng, Wu, Li, Liang & Yang, Phytotaxa 175: 134, 2014.

担子果小型至中等，伞状，肉质。菌盖凸镜形至平展，干；表面橙色，被红褐色细小鳞片，受伤后迅速变为蓝绿色，之后变为黑色；菌肉金黄色，受伤后迅速变为蓝绿色。子实层体直生至稍弯生，由密集的菌管组成，橙色，受伤后迅速变为蓝绿色，之后变为黑色。菌柄中生；表面橙色，被红橙色鳞片，受伤后迅速变为蓝绿色，之后变为黑色；基部菌丝橙黄色；菌肉金黄色，受伤后迅速变为蓝绿色；菌环阙如。担子果含有牛肝菌藏花素 (boletocrocins) 等色素成分。

菌管菌髓牛肝菌型，中央菌髓由深色或暗色的密集菌丝组成，侧生菌髓由稀疏排列的胶质菌丝组成。担子棒状，通常具 4 孢梗。担孢子近梭形至椭圆形，橄榄褐色至黄褐色，表面平滑。缘生囊状体和侧生囊状体常见，近梭形或梭形，薄壁。菌盖表皮为毛皮型，由不膨大的菌丝组成。担子果各部位皆无锁状联合。

模式种：橙牛肝菌 *Crocinoboletus rufoaureus* (Massee) N.K. Zeng *et al.*。

生境与分布：夏秋季生于林中地上，与壳斗科、松科等植物形成外生菌根关系，现知分布于亚洲 (Zeng *et al.*, 2014b)。

全世界报道 2 种，本卷记载 2 种。

橙牛肝菌属分种检索表

1\. 菌盖菌肉薄；担孢子较小 (9～12 × 4～5 μm) ································ 艳丽橙牛肝菌 ***Cr. laetissimus***
1\. 菌盖菌肉厚；担孢子较大 (11～14 × 4～5 μm)···································· 橙牛肝菌 ***Cr. rufoaureus***

艳丽橙牛肝菌　图版 IV-7；图 35

Crocinoboletus laetissimus (Hongo) N.K. Zeng, Zhu L. Yang & G. Wu, in Zeng, Wu, Li, Liang & Yang, Phytotaxa 175: 135, figs. 1h, i, 3, 2014.

Boletus laetissimus Hongo, Mem. Shiga Univ. 18: 49, figs. 20-1～3, 1968; Zang, Flora Fung. Sinicorum 22: 95, figs. 26-4～6, 2006; Li, Li, Yang, Bau & Dai, Atlas Chin. Macrofung. Res., 1082, fig. 1588, 2015.

菌盖直径 3.8～7 cm，幼时近半球形，成熟后凸镜形至平展；表面金黄色、亮橙色至红橙色，被暗红褐色细小鳞片，受伤后迅速变为蓝绿色，之后变为黑色；边缘稍延生；菌肉厚 5～10 mm，金黄色，受伤后迅速变为蓝绿色。子实层直生至稍弯生；管口近圆形，直径约 0.7 mm，橙色，受伤后迅速变为蓝绿色，之后变为黑色；菌管长 3～4 mm，金黄色至橙色，受伤后迅速变为蓝绿色，之后变为黑色。菌柄 6～11 × 1.2～2 cm，中生，近圆柱形，实心；表面与菌盖表面同色，有时被有暗红橙色鳞片，受伤后迅速变为蓝绿色，之后变为黑色；菌肉金黄色，受伤后迅速变为蓝绿色；菌环阙如；基部菌丝橙黄色。气味和味道不明显。

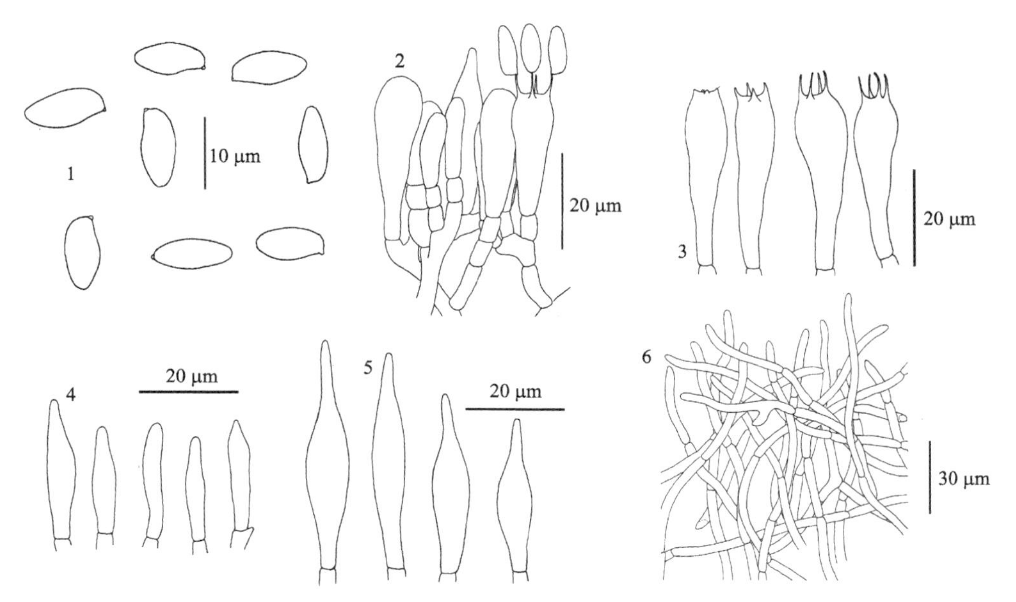

图 35　艳丽橙牛肝菌 *Crocinoboletus laetissimus* (Hongo) N.K. Zeng, Zhu L. Yang & G. Wu (1～3、6 据 HKAS 59701；4～5 据 HKAS 50232)

1\. 担孢子；2. 担子和侧生囊状体；3. 担子；4. 缘生囊状体；5. 侧生囊状体；6. 菌盖表皮结构

菌管菌髓近牛肝菌型。担子24～35 × 7～10 µm，棒状，具4孢梗，在KOH溶液中无色至浅黄色；孢梗长 5～6 µm。担孢子9～12 (14) × 4～5 µm [Q = (1.84) 1.98～2.60 (3.00), **Q** = 2.23 ± 0.22]，侧面观梭形，不等边，上脐部往往下陷，背腹观近梭形，在KOH溶液中橄榄褐色至黄褐色，光滑。缘生囊状体19～28 × 3.5～5 µm，近梭形或梭形，薄壁，在KOH溶液中无色、褐黄色至黄褐色。侧生囊状体28～44 × 4～8 µm，梭形或近梭形，薄壁，在KOH溶液中无色、褐黄色至黄褐色。菌盖表皮毛皮型，由直径3～6 µm的薄壁菌丝组成；顶端细胞18～80 × 2.5～4 µm，窄棒状或近圆柱形，先端圆钝。菌盖髓部由直径为3～6 µm的菌丝组成。菌柄表皮类栅栏型，顶端由窄棒状、宽棒状或近梭形的细胞（13～30 × 5～12 µm）及少量棒状的担子组成。菌柄髓部由纵向排列、直径4～12 µm的菌丝组成。担子果各部位皆无锁状联合。

模式产地：日本。

生境：夏秋季单生于壳斗科植物林下或壳斗科与松科植物组成的混交林下。

世界分布：日本和中国（西南和华南地区）。

研究标本：云南：南华野生食用菌市场购买，产地海拔不详，2009年8月2日，李艳春1953 (HKAS 59701)；西双版纳，海拔1450 m，2006年7月9日，李艳春478 (HKAS 50232)。

讨论：艳丽橙牛肝菌与橙牛肝菌非常相似，但前者的菌盖菌肉较薄，且担孢子较小(9～12 × 4～5 µm) (Zeng *et al.*, 2014b)。

橙牛肝菌 图版IV-8；图36

Crocinoboletus rufoaureus (Massee) N.K. Zeng, Zhu L. Yang & G. Wu, in Zeng, Wu, Li, Liang & Yang, Phytotaxa 175: 134, figs. 1a～g, 2, 2014.

Boletus rufoaureus Massee, Bull. Misc. Inf., Kew: 204, 1909.

菌盖直径4～8 cm，幼时近半球形，成熟后凸镜形至平展；表面干燥，黄橙色、亮橙色至红橙色，被红褐色细小鳞片，受伤后迅速变为蓝绿色，之后变为黑色；边缘稍下延生；菌肉厚9～14 mm，金黄色，受伤后迅速变为蓝绿色。子实层体直生至稍弯生；管口近圆形，直径0.2～0.5 mm，橙色，受伤后迅速变为蓝绿色，之后变为黑色；菌管长3～5 mm，橙色，受伤后迅速变为蓝绿色，之后变为黑色。菌柄5～8 × 1～3 cm，中生，近圆柱形，实心；表面干燥，与菌盖表面同色，被红橙色细小鳞片，并常有纵向条纹，受伤后迅速变为蓝绿色，之后变为黑色；菌肉金黄色，受伤后迅速变为蓝绿色；菌环阙如；基部菌丝橙黄色。气味和味道不明显。

菌管菌髓近牛肝菌型。担子23～34 × 7～10 µm，棒状，具4孢梗，在KOH溶液中无色至浅黄色；孢梗长 5～6 µm。担孢子(9) 11～14 (15) × 4～5 (5.5) µm [Q = (1.80) 2.20～3.25 (3.75)，**Q** = 2.65 ± 0.38]，侧面观梭形，不等边，上脐部往往下陷，背腹观近梭形，在KOH溶液中橄榄褐色至黄褐色，光滑。缘生囊状体丰富，27～42 × 6～9 µm，近梭形或梭形，薄壁，在KOH溶液中无色、褐黄色至黄褐色。侧生囊状体丰富，28～41 × 5.5～9 µm，梭形或近梭形，薄壁，在KOH溶液中无色、褐黄色至黄褐色。菌盖表皮栅皮型，由直立、多少交织状排列、在KOH溶液中浅黄褐色或黄褐色至褐色的菌丝（直径 3～7 µm）组成；顶端细胞24～50 × 5～6 µm，窄棒状或近圆柱形，先端圆钝。

菌盖髓部由直径为 3～7 μm 的菌丝组成。菌柄表皮为毛皮型，顶端由窄棒状、宽棒状、偶尔为梭形的细胞 (15～30 × 9～14 μm) 组成，细胞在 KOH 溶液中浅黄色至黄褐色。菌柄髓部由纵向排列、直径 4～10 μm 的菌丝组成。担子果各部位皆无锁状联合。

模式产地：新加坡。

生境：夏秋季单生或群生于壳斗科植物林下。

世界分布：马来西亚、新加坡和中国 (东南、华南和华中地区)。

研究标本：湖南：宜章莽山国家森林公园，海拔 880 m，2007 年 9 月 3 日，李艳春 1079 (HKAS 53424)。海南：琼中鹦哥岭国家级自然保护区，海拔 850 m，2009 年 7 月 26 日，曾念开 327 (HKAS 82333)；同地，海拔 900 m，2009 年 7 月 28 日，曾念开 371 (HKAS 59821)；黎母山省级自然保护区，海拔 850 m，2010 年 8 月 3 日，曾念开 808 (HKAS 82335)；五指山国家级自然保护区，海拔 1180 m，2009 年 8 月 2 日，曾念开 420 (HKAS 82334)。

讨论：橙牛肝菌与艳丽橙牛肝菌的区别见艳丽橙牛肝菌名下的讨论。

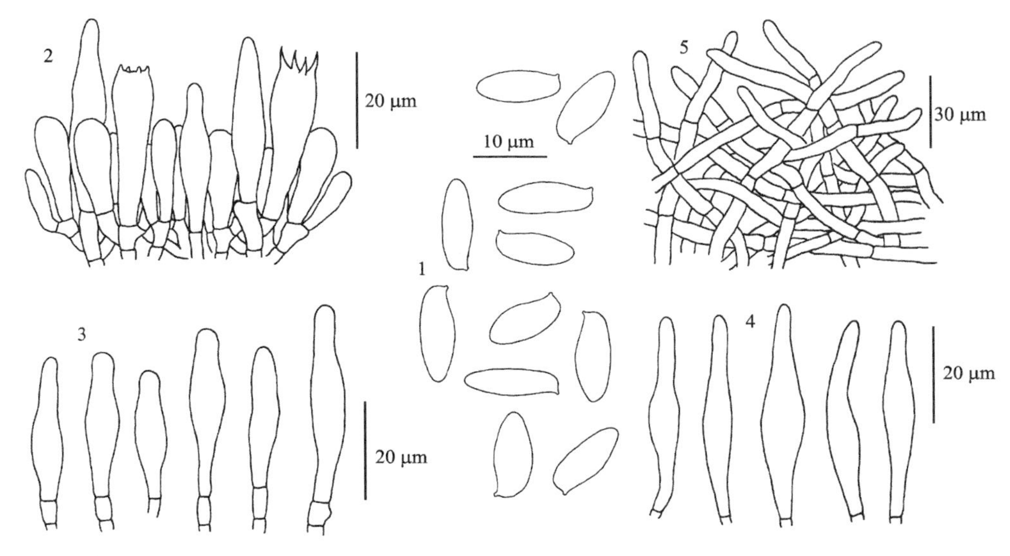

图 36　橙牛肝菌 *Crocinoboletus rufoaureus* (Massee) N.K. Zeng, Zhu L. Yang & G. Wu (1 据 HKAS 82333 和 82335；2、3 据 HKAS 82333；4、5 据 HKAS 82335)

1. 担孢子；2. 担子和侧生囊状体；3. 缘生囊状体；4. 侧生囊状体；5. 菌盖表皮结构

厚瓤牛肝菌属 **Hourangia** Xue T. Zhu & Zhu L. Yang

in Zhu, Wu, Zhao, Halling & Yang, Mycol. Prog. 14: 37, 2015.

担子果小型至中等，伞状，肉质。菌盖扁半球形、凸镜形至平展；表面密被暗色绒毛，成熟后龟裂成块状或斑点状鳞片；菌盖菌肉厚度与子实层体厚度相比明显较薄，污白色至浅黄色，受伤后变为蓝色或变色不明显，然后变为浅红色至浅红褐色，最后变为浅褐色或浅黑色；子实层体直生或稍弯生；表面鲜黄色至深黄色，受伤后变为蓝色，厚度是菌盖菌肉厚度的 3～5 (7) 倍；菌管与子实层体表面同色，受伤变为蓝色；管口多角形，复孔式。菌柄中生，浅黄褐色、浅褐色或浅红褐色，多光滑，有时具纤丝状鳞片；菌肉污白色至浅黄色，受伤后变为蓝色或变色不明显，后渐变为浅红色至浅红褐色，最后变为浅褐色至浅黑色；基部菌丝白色；菌环阙如。

菌管菌髓为褶孔牛肝菌型，菌髓中央菌丝束与两侧菌丝之间无界线。担子棒状，具4孢梗。担孢子梭形，不等边；担孢子表面光学显微镜下光滑，在扫描电镜下可见杆菌状纹饰。缘生囊状体和侧生囊状体棒状或腹鼓状。菌盖表皮菌丝直立交织排列，末端细胞短柱状至近球状。担子果各部位皆无锁状联合。

模式种：厚瓤牛肝菌 *Hourangia cheoi* (W.F. Chiu) Xue T. Zhu & Zhu L. Yang。

生境与分布：夏秋季生于林中地上，与壳斗科、松科等植物形成外生菌根关系，现知分布于东亚和东南亚 (Zhu *et al.*, 2015)。

该属迄今已报道 4 种，其中 *H. pumila* (M. A. Neves & Halling) Xue T. Zhu *et al.* 目前仅见于印度尼西亚，其余 3 种记载于中国。本卷记载 3 种。

厚瓤牛肝菌属分种检索表

1. 菌盖菌肉受伤后缓慢变为蓝色或变色不明显；担孢子较小 (7.5～10 × 3.5～4 μm)……………………2
1. 菌盖菌肉受伤后迅速变为蓝色；担孢子较大 (10～12.5 × 4～4.5 μm) ………… **厚瓤牛肝菌 *H. cheoi***
   2. 担子果小型至中等；菌盖直径 7.5～10 cm；通常与亚热带、山地温带的针叶树和阔叶树形成外生菌根关系 ……………………………………………………… **芝麻厚瓤牛肝菌 *H. nigropunctata***
   2. 担子果很小；菌盖直径 1.5～3 cm；通常与亚热带、热带的阔叶树形成外生菌根关系 ………… ……………………………………………………………… **小果厚瓤牛肝菌 *H. microcarpa***

厚瓤牛肝菌 图版 IV-9；图 37

Hourangia cheoi (W.F. Chiu) Xue T. Zhu & Zhu L. Yang, in Zhu, Wu, Zhao, Halling & Yang, Mycol. Prog. 14: 37, figs. 2a～e, 3a, 4, 2015.

Boletus cheoi W.F. Chiu, Mycologia 40: 215, 1948.

Boletus punctilifer W.F. Chiu, Mycologia 40: 216, 1948; Zang, Flora Fung. Sinicorum 22: 137, figs. 39-4～6, 2006.

Xerocomus cheoi (W.F. Chiu) F.L. Tai, Syll. Fung. Sinicorum: 813, 1979; Zang, Flora Fung. Sinicorum 44: 90, fig. 27-1～3, 2013.

Xerocomus punctilifer (W.F. Chiu) F.L. Tai, Syll. Fung. Sinicorum: 814, 1979; Zang, Flora Fung. Sinicorum 44: 92, fig. 28-1～3, 2013.

菌盖直径 2～8 cm，半球形、凸镜形至平展，有时中央有凸起；表面干燥，密被红褐色至深褐色的绒毛，成熟后龟裂成块状或斑点状的鳞片，老时擦伤变为黑色；菌肉较薄，污白色，受伤后迅速变为蓝色，然后渐变为浅红色至浅红褐色，最后变为浅褐色至浅黑色。子实层体直生、弯生或稍延生；表面幼时鲜黄色，成熟时变为深黄色，受伤后迅速变为蓝色，厚度是菌盖菌肉厚度的 3～5 (7) 倍；菌管长 5～12 mm，与子实层体表面同色，受伤后变为蓝色；管口多角形，复孔式，直径 0.5～2 mm。菌柄中生，5～8 × 0.3～0.6 cm，近圆柱形，褐色、浅棕黄色、浅褐色或浅红褐色，光滑，有时有纤丝状鳞片；菌肉污白色，受伤后上部缓慢变为蓝色，后渐变为浅红色至浅红褐色，中下部受伤直接变为浅红褐色，最终均变为浅褐色至近黑色；基部菌丝污白色。菌肉味道柔和。

菌管菌髓为褶孔牛肝菌型。担子 27～34 × 8～11 μm，棒状，具 4 孢梗，孢梗长 4～5 μm。担孢子 (8.5) 10～11.5 (14.5) × (3.5) 4～4.5 (5.5) μm [Q = (1.81) 2.26～2.71 (3.13), **Q** = 2.48 ± 0.23]，侧面观梭形，不等边，上脐部往往下陷，背腹观近梭形，在 KOH 溶液中浅橄榄褐色；担孢子表面在光学显微镜下光滑，在扫描电镜下可见杆菌状纹饰。侧生囊状体和缘生囊状体散生，50～90 × 7～17 μm，披针形、棒状或腹鼓棒状，薄壁，无色，偶浅黄色。菌盖表皮毛皮型，菌丝直立交错排列，细胞中含有浅黄褐色至浅褐色色素；幼时细胞圆柱状，末端细胞 20～55 × 7～13 μm；成熟时细胞常呈念珠状，末端细胞 35～70 × 17～30 μm，膨大至近球形。柄生囊状体 60～80 × 5～9 μm，棒状。担子果各部位皆无锁状联合。

模式产地：中国 (云南)。

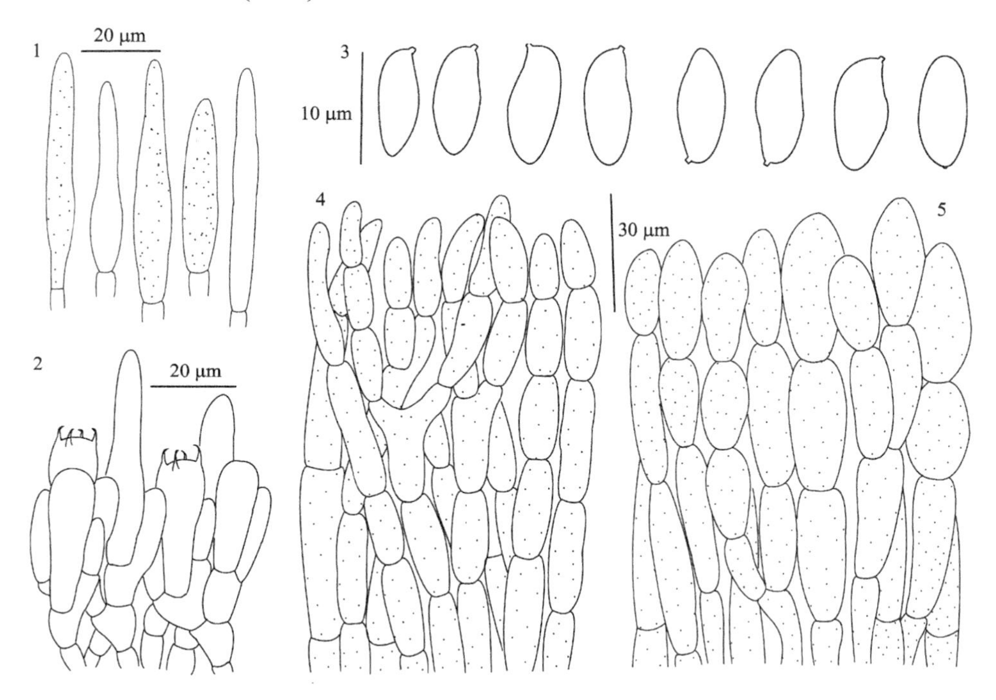

图 37　厚瓤牛肝菌 *Hourangia cheoi* (W.F. Chiu) Xue T. Zhu & Zhu L. Yang (HKAS 52269，附加模式)

1. 侧生囊状体和缘生囊状体；2. 担子和侧生囊状体；3. 担孢子；4. 菌盖表皮结构 (未成熟)；5. 菌盖表皮结构

生境：生长在松属、锥属、柯属及栎属植物林中地上，偶见生于松树近根部的树皮上。

世界分布：中国 (西南地区)。

研究标本：云南：保山隆阳百花岭，海拔 1900 m，2003 年 7 月 25 日，杨祝良 3878 (HKAS 43022)；同地，2010 年 9 月 9 日，蔡箐 323 (HKAS 67885)；楚雄紫溪山，海拔不详，2010 年 9 月 5 日，葛再伟 2721 (HKAS 61644)；宾川鸡足山，海拔不详，1938 年 9 月 11 日，周家炽 7692 (HMAS 8963, *B. cheoi* 的模式)；大理下关，海拔不详，1938 年 8 月 24 日，周家炽 7700 (HMAS 9021)；贡山，海拔 1700 m，2021 年 7 月 29 日，吴刚 433 (HKAS 74744)；景东哀牢山，海拔 2500 m，2006 年 7 月 20 日，杨祝良 4683 (HKAS 50480)；昆明大普吉，海拔不详，1942 年 7 月 8 日，裘维蕃 7860 (HMAS 3860, *B. punctilifer*

的模式)；同地同时，裘维蕃 7873 (HMAS 3873)；昆明黑龙潭公园，海拔 1990 m，2007 年 9 月 8 日，杨祝良 4952 (HKAS 52269，附加模式)；同地，2008 年 8 月 16 日，杨祝良 5153 (HKAS 54450)；昆明西山，海拔不详，1938 年 7 月 19 日，严楚将 7699 (HMAS 8996)；同地，海拔不详，1938 年 8 月，裘维蕃 7748 (HMAS 3748)；兰坪，海拔 2500 m，2010 年 8 月 14 日，朱学泰 142 (HKAS 68318)；同地同时，朱学泰 166 (HKAS 68342)；同地，2010 年 8 月 13 日，朱学泰 130 (HKAS 68306)；泸水，海拔 2000 m，2010 年 8 月 7 日，郝艳佳 189 (HKAS 68161)；同地同时，郭婷 85 (HKAS 69077)；普洱菜阳河自然保护区，海拔 1500 m，2008 年 7 月 28 日，冯邦 230 (HKAS 53378)；师宗菌子山，海拔 2260 m，2010 年 8 月 7 日，朱学泰 108 (HKAS 68284)；玉龙玉龙雪山，海拔不详，2008 年 8 月 10 日，唐丽萍 572 (HKAS 54803)；同地，海拔不详，2008 年 7 月 23 日，李艳春 1328 (HKAS 56182)；玉龙老君山，海拔 2900 m，2008 年 7 月 23 日，吴刚 203 (HKAS 57735)。

讨论：在描述厚瓤牛肝菌的论文中，裘维蕃还描述了另一个新种，即带点牛肝菌 (*B. punctilifer* W.F. Chiu)。根据原始描述，这两个种的主要区别是前者的菌盖中央有凸起，菌柄附近的管口较大，菌柄光滑 (Chiu, 1948)。经过对模式标本和新采集标本的对照研究，本卷作者发现厚瓤牛肝菌和带点牛肝菌的上述三个区分特征并不稳定，在外部形态和内部结构特征方面，二者并无可靠区别，故将带点牛肝菌作为厚瓤牛肝菌的异名进行处理 (Zhu *et al.*, 2015)。

需要注意的是，裘维蕃 (Chiu, 1948) 在描述带点牛肝菌时，除模式标本外，还引证了另外 3 号标本，其中周家炽 7735 (HMAS 3735) 的担孢子较之其他标本，明显更宽 (12～15.5 × 5～6 μm)，或许属于其他物种。

厚瓤牛肝菌的担子果形态特征变化很大，菌盖有半球形、凸镜形、平展形，有些个体的菌盖中央有明显的凸起；菌盖颜色有红色、红褐色、黄褐色、深褐色，有些个体会因受摩擦而变黑色；菌盖表面或绒毛状，或龟裂成块状鳞片，或呈斑点状鳞片。但根据其菌盖菌肉伤后迅速变为蓝色以及较大的担孢子 (10～11.5 × 4～4.5 μm)，可将其与厚瓤牛肝菌属的其他物种相区分。

厚瓤牛肝菌与黑斑绒盖牛肝菌 (*X. nigromaculatus* Hongo) 在担子果形态上较为相似，二者的不同之处是后者菌盖和菌柄在受擦拭后都会明显变黑 (Hongo, 1966)。

小果厚瓤牛肝菌　图版 IV-10；图 38

Hourangia microcarpa (Corner) G. Wu, Xue T. Zhu & Zhu L. Yang, in Zhu, Wu, Zhao, Halling & Yang, Mycol. Prog. 14: 37, figs. 2g, 3c, 5, 2015.

Boletus microcarpus Corner, *Boletus* in Malaysia: 209, 1972.

菌盖直径 1.5～3 cm，初半球形，后变平展；表面干燥，被绒毛，常龟裂状，浅褐色至褐色，有时具浅红色色调，边缘不育；菌肉较薄，污白色至奶油色，受伤后缓慢变浅蓝色。子实层体直生至弯生；表面浅黄色至黄色，受伤后变深蓝色；厚度是菌肉厚度的 3 倍以上；菌管长达 6 mm，与子实层体表面同色，受伤后变为蓝色；管口不规则形至近圆形，复孔式，孔径 1～2 mm。菌柄中生，2～4 × 0.2～0.5 cm，近圆柱形，上部褐色至亮褐色，下部褐色至肉桂色；表面平滑；菌肉浅褐色，有时中上部污白色至奶油色，受伤后缓慢变浅蓝色；基部菌丝白色。菌肉味道柔和。

菌管菌髓为褶孔牛肝菌型。担子 24～34 × 7.5～11 μm，棒状，具 4 孢梗。担孢子 8～10 × 3.5～4 (4.5) μm [Q = (1.97) 2～2.5 (2.52)，**Q** = 2.24 ± 0.14]，侧面观梭形，不等边，上脐部往往下陷，背腹观近梭形，浅橄榄褐色，在光学显微镜下表面光滑，在扫描电镜下表面可见杆菌状纹饰。侧生囊状体和缘生囊状体 40～79 × 7～15 μm，梭形，中央腹鼓，顶部近尖，有时在近中部有缢缩，薄壁，无色。菌盖表皮毛皮型，厚达 150 μm，菌丝直立交错排列，由膨大细胞组成；末端细胞 25～50 × 8.5～19 μm，近圆柱形或子弹形。柄生囊状体 35～50 × 6～10 μm，棒状。担子果各部位皆无锁状联合。

模式产地：马来西亚。

生境：夏秋季节散生于亚热带至热带的锥属、柯属及栎属植物林下。

世界分布：马来西亚和中国 (东南和西南地区)。

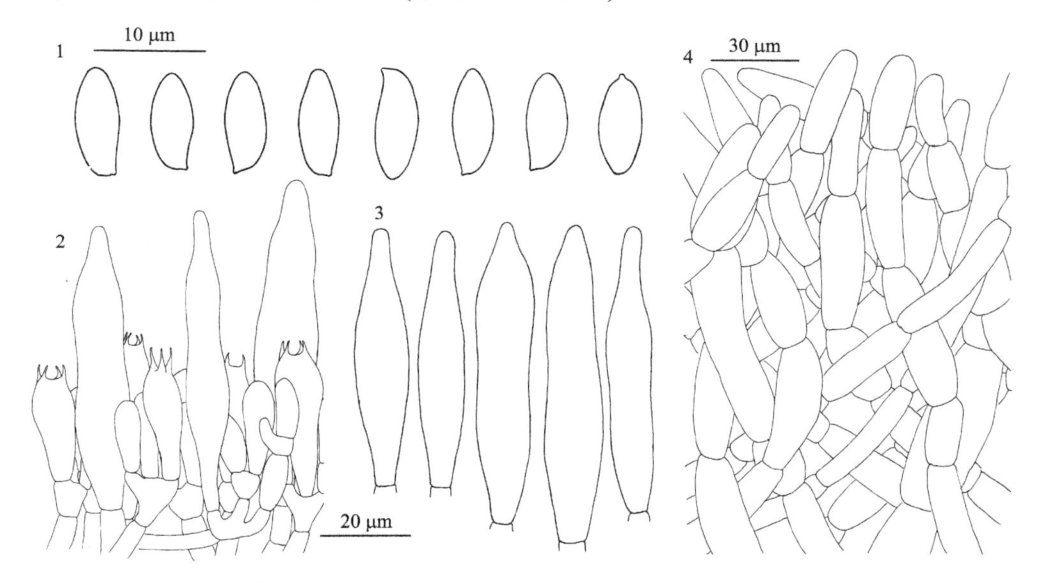

图 38 小果厚瓤牛肝菌 *Hourangia microcarpa* (Corner) G. Wu, Xue T. Zhu & Zhu L. Yang (HKAS 83763，附加模式)

1. 担孢子；2. 担子和侧生囊状体；3. 侧生囊状体和缘生囊状体；4. 菌盖表皮结构

研究标本：福建：三明三元格氏栲国家森林公园，海拔 250 m，2007 年 8 月 26 日，李艳春 1033 (HKAS 53378)。云南：普河菜阳河自然保护区，海拔 1300 m，2014 年 7 月 11 日，吴刚 1324 (HKAS 83763，附加模式)。

讨论：小果厚瓤牛肝菌最初是由 Corner (1972) 作为牛肝菌属的新种描述的，其主要特征是：担子果很小，子实层体厚 (可达 6 mm)，受伤后变为蓝色，菌盖菌肉薄，受伤后缓慢变为浅蓝色，担孢子较小 (8～10 × 3.5～4 μm)。Zhu 等 (2015) 研究发现，宜将其置于厚瓤牛肝菌属中。

芝麻厚瓤牛肝菌 图版 IV-11；图 39

Hourangia nigropunctata (W.F. Chiu) Xue T. Zhu & Zhu L. Yang, in Zhu, Wu, Zhao, Halling & Yang, Mycol. Prog. 14: 37, figs. 2f, 3b, 6, 2015.

Boletus nigropunctatus W.F. Chiu, Mycologia 40: 214, 1948; Li, Li, Yang, Bau & Dai, Atlas Chin. Macrofung. Res., 1085, figs. 1592-1, 2, 2015.

Xerocomus nigropunctatus (W.F. Chiu) F.L. Tai, Syll. Fung. Sinicorum: 813, 1979; Zang, Flora Fung. Sinicorum 44: 91, figs. 27-7～9, 2013.

菌盖直径 2～7 cm，初半球形，后变凸镜形至平展；表面干燥，密被黄褐色、红褐色至深褐色绒毛，成熟时龟裂成块状或斑点状鳞片；菌肉较薄，污白色至浅黄色，受伤后最初变为浅蓝色或变蓝不明显，随后渐变为浅红色至浅红褐色，最后变为浅褐色至浅黑色。子实层体直生或弯生；表面鲜黄色，老后局部为赭色，受伤后迅速变为蓝色，随后变为暗褐色；厚度是菌盖菌肉厚度的 3～5 倍；菌管长 7～12 mm，与子实层体表面同色，受伤变为蓝色；管口多角形，复孔式，直径 1～2 mm。菌柄中生，2～8 × 0.3～1.2 cm，棒状，向下渐粗，浅棕黄色至浅褐色，有时具红色色调，多光滑，有时有纤丝状鳞片；基部菌丝污白色；菌肉污白色至浅黄色，受伤后起初变浅蓝色，之后变浅红色至浅红褐色，最后变为浅黑褐色。菌肉味道柔和。

菌管菌髓为褶孔牛肝菌型。担子 27～40 × 9～11 μm，棒状，在 KOH 溶液中无色，具 4 孢梗，孢梗长 4～5 μm。担孢子 (6.5) 7.5～9 (11) × (3) 3.5～4 (5) μm [Q = (1.88) 2.07～2.31 (2.83)，**Q** = 2.19 ± 0.18]，侧面观梭形，不等边，上脐部往往下陷，背腹观近梭形，浅黄褐色，在光学显微镜下表面光滑，在扫描电镜下表面可见杆菌状纹饰。侧生囊状体和缘生囊状体散生，45～95 × 9～17 μm，披针形、棒状或腹鼓棒状，薄壁，无色或有时浅黄色。菌盖表皮菌丝直立交织状排列，浅黄褐色至浅褐色；末端细胞 20～70 × 15～36 μm，短棒状至近球形。柄生囊状体 40～60 × 9～13 μm，棒状。担子果各部位皆无锁状联合。

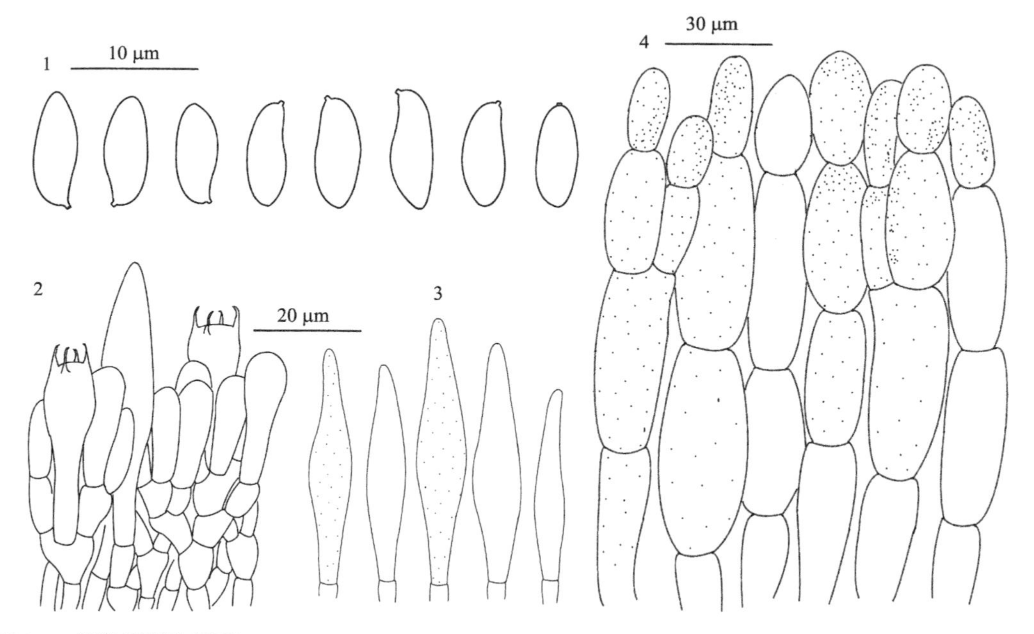

图 39　芝麻厚瓤牛肝菌 *Hourangia nigropunctata* (W.F. Chiu) Xue T. Zhu & Zhu L. Yang (HKAS 76657，附加模式)

1. 担孢子；2. 担子和侧生囊状体；3. 侧生囊状体和缘生囊状体；4. 菌盖表皮结构

模式产地：中国（四川）。

生境：夏秋季生长在松属、锥属、柯属及栎属植物林中地上。

世界分布：中国（东南、华中、华南和西南地区）。

研究标本：福建：三明三元格氏栲国家森林公园，海拔 250 m，2007 年 8 月 25 日，李艳春 1010 (HKAS 53355)；同地，2007 年 8 月 27 日，李艳春 1038 (HKAS 53383)。湖南：宜章莽山，海拔 1800 m，李艳春 1068 (HKAS 53431)；同地同时，李艳春 1086 (HKAS 53468)。海南：乐东尖峰岭，海拔不详，2009 年 8 月 5 日，曾念开 450 (HKAS 59849)。贵州：道真大沙河自然保护区，海拔 1400 m，2010 年 7 月 27 日，时晓菲 390 (HKAS 76657，附加模式)。云南：江城，海拔 1500 m，2008 年 7 月 29 日，冯邦 247 (HKAS 55357)；景洪，海拔 1300 m，2009 年 7 月 18 日，李艳春 936 (HKAS 52623)。

讨论：芝麻厚瓤牛肝菌的担子果大小、颜色与厚瓤牛肝菌的非常相似，但是，前者的担孢子明显较小 (7.5～9 × 3.5～4 μm)，据此可以将二者区分开。该种的模式标本（裘维蕃 262）已经遗失，故指定标本 HKAS 76657 作为该种的附加模式标本 (Zhu *et al*., 2015)。

褐牛肝菌属 **Imleria** Vizzini

Index Fung. 147: 1, 2014.

担子果中等至大型，伞状，肉质。菌盖扁半球形至平展，枣红褐色、栗褐色至暗灰褐色；菌盖边缘稍延伸；菌盖表面干燥时绒毛皮型或絮绒状，湿润时黏；菌肉白色至黄色，受伤后变为淡蓝色或蓝色，在子实层体附近变色尤为明显。子实层体直生至弯生，奶油色至浅柠檬黄色，老后变暗黄色，受伤后变为蓝色；菌管与子实层体表面同色；管口多角形，复孔式。菌柄中生，与菌盖同色或颜色稍浅，密被黄褐色至紫褐色小鳞片；基部菌丝白色至奶油色；菌柄菌肉奶油色至黄色，上部受伤后变为淡蓝色或变色不明显；菌环阙如。菌肉味道柔和。

菌管菌髓牛肝菌型，中央菌髓由深色或暗色的密集菌丝组成，侧生菌髓由稀疏排列的胶质菌丝组成。担孢子侧面观近梭形至长椭圆形，背腹观梭形，在 KOH 溶液中浅橄榄褐色，光滑，壁稍厚 (0.5～1 μm)。侧生囊状体及缘生囊状体披针形、近梭形至腹鼓棒状。菌盖表皮黏毛皮型至交织黏毛皮型，菌丝直立交错或弯曲交织状排列，包埋于胶状物质中，浅黄色，细胞表面被有黄褐色物质。担子果各部位皆无锁状联合。

模式种：褐牛肝菌 *Imleria badia* (Fr.) Vizzini。

生境与分布：夏秋季生于林中地上，与松科、壳斗科等植物形成外生菌根关系，现知主要分布于北半球。

全世界已报道约 5 种，本卷记载我国 3 种。有 1 条来自黑龙江省赤松菌根的 ITS 序列 (NCBI 序列号 GU138759) 与该属模式种褐牛肝菌的一致，故该种在中国可能有分布。由于没有采自我国的褐牛肝菌标本，在本卷中仅将该种列入检索表，而不提供其形态特征描述。

褐牛肝菌属分种检索表

1. 担子果小型至中等；菌盖直径 ≤ 9 cm，菌柄纤细 (直径 ≤ 1.5 cm)；分布于东亚……………… 2
1. 担子果通常大型；菌盖直径 ≥ 9 cm，菌柄粗壮 (直径通常> 1.5 cm)；分布于北温带………………………………………………………………………………………………… 褐牛肝菌 ***Im. badia***
   2. 担子果通常中等 (菌盖直径 5～8 cm)；菌柄上部通常白色至浅黄色……………………………… 3
   2. 担子果通常很小 (菌盖直径 ≤ 3 cm)；菌柄通体褐色至暗褐色……………小褐牛肝菌 ***Im. parva***
3. 担孢子较大 (11～15 × 4.5～6 μm)；分布于云杉、冷杉林中………亚高山褐牛肝菌 ***Im. subalpina***
3. 担孢子较小 (9.5～12 × 4～4.5 μm)；分布于亚热带壳斗科植物林中…………………………………………………………………………………………………暗褐牛肝菌 ***Im. obscurebrunnea***

暗褐牛肝菌 图版 IV-12；图 40

Imleria obscurebrunnea (Hongo) Xue T. Zhu & Zhu L. Yang, in Zhu, Li, Wu, Feng, Zhao, Gelardi, Kost & Yang, Phytotaxa 191: 90, figs. 3b, 4b, 6, 2014.

Xerocomus obscurebrunneus Hongo, J. Jap. Bot. 54: 301, figs. 1-1～4, 1979; Zang, Flora Fung. Sinicorum 44: 137, figs. 36-1～3, 2013.

Boletus obscurebrunneus (Hongo) Har. Takah., MSJ News 19: 38, 1992.

菌盖直径 2～6 cm，初扁半球形，后变凸镜形至平展；表面锈褐色、栗褐色至暗灰褐色，干燥时具绒毛皮型或絮绒状鳞片，湿润时黏；菌肉污白色至浅黄色，受伤时缓慢变为浅蓝色。子实层体直生至弯生；表面幼嫩时污白色、浅黄色至浅柠檬黄色，成熟后变为深黄色，受伤后缓慢变为浅蓝灰色，久置后变暗褐色；菌管与子实层体表面同色，受伤后缓慢变浅蓝色，久置后变暗褐色；管口多角形，复孔式，孔径 0.5～1 mm。菌柄中生，4～8 × 0.3～0.8 cm，棒状，纤细，向下稍变粗，与菌盖同色或颜色稍浅，密被深褐色的小鳞片，顶部近子实层体处浅黄色，基部白色至污白色；基部菌丝污白色；菌肉污白色至浅褐色，受伤后变蓝不明显。菌肉味道柔和。

菌管菌髓牛肝菌型。担子 26～35 × 9～11 μm，棒状，在 KOH 溶液中无色，具 4 孢梗。担孢子(9) 9.5～12 × (3.5) 4～4.5 (5) μm [Q = 2.2～2.8 (3)，**Q** = 2.55 ± 0.16]，侧面观梭形，不等边，上脐部常下陷，背腹观近梭形，在 KOH 溶液中浅橄榄褐色，表面光滑。侧生囊状体和缘生囊状体散生，26～48 × 7～10 μm，披针形、棒状或梭形，薄壁，无色，有时浅黄色。菌盖表皮交织黏毛皮型，菌丝弯曲交织状排列，包埋于胶状物质中，浅黄色，细胞表面沉积有黄褐色物质，末端细胞棒状，40～80 × 5～8 μm。柄生囊状体形态与侧生囊状体及缘生囊状体相似。担子果各部位皆无锁状联合。

模式产地：日本。

生境：夏秋季单生于山毛榉属、栎属、锥属、柯属植物林中地上。

世界分布：日本和中国 (西南地区)。

研究标本：云南：景东哀牢山，海拔 2500 m，2006 年 7 月 20 日，杨祝良 4680 (HKAS 50477)；同地，2006 年 7 月 20 日，李艳春 592 (HKAS 50346)；同地，海拔 1450 m，2007 年 7 月 17 日，李艳春 872 (HKAS 52557)；同地，2008 年 7 月 20 日，李艳春 1229 (HKAS 56083)。

国外标本：日本，新潟妙高高原，海拔不详，1977 年 10 月 7 日，T. Hongo 5684

(TNS-F-237653，模式)。

讨论：暗褐牛肝菌的主要特征是：担子果小型至中等，菌柄纤细，锈褐色、栗褐色至暗灰褐色或颜色稍浅，菌柄顶部浅黄色，基部白色至污白色，菌盖表皮菌丝弯曲交织状排列，包埋于胶状物质中 (Zhu *et al.*, 2014)。

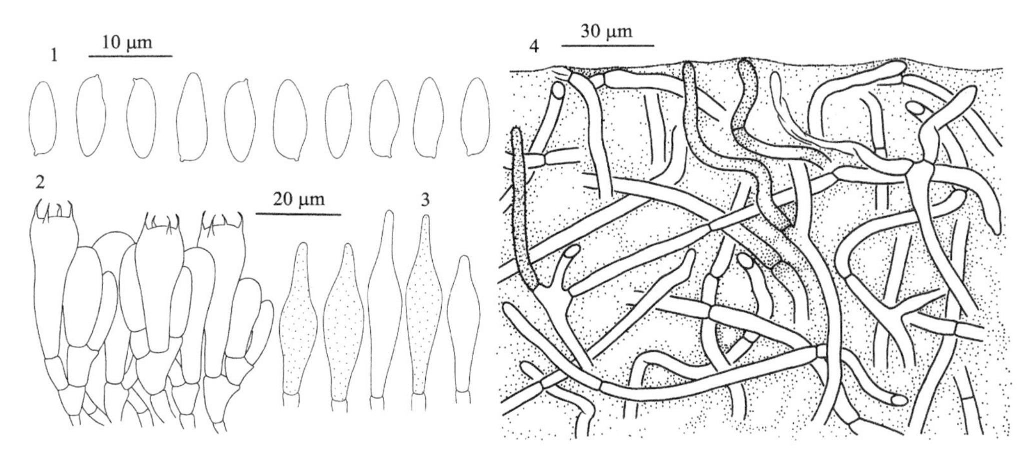

图 40 暗褐牛肝菌 *Imleria obscurebrunnea* (Hongo) Xue T. Zhu & Zhu L. Yang (HKAS 50477，其中 2 和 3 据该种模式标本 TNS-F-237653)

1. 担孢子；2. 担子；3. 侧生囊状体和缘生囊状体；4. 菌盖表皮结构

该种常与壳斗科植物共生。这个种的担子果颜色、大小与 *X. prebadius* (Corner) E. Horak 很相近，但是后者的菌柄菌肉为红色，仅在热带龙脑香树林中有分布 (Corner, 1972；Horak, 2011)。

小褐牛肝菌　图版 V-1；图 41

Imleria parva Xue T. Zhu & Zhu L. Yang, in Zhu, Li, Wu, Feng, Zhao, Gelardi, Kost & Yang, Phytotaxa 191: 90, figs. 3c, 4c, 7, 2014; Li, Li, Yang, Bau & Dai, Atlas Chin. Macrofung. Res., 1107, figs. 1630-1, 2, 2015.

菌盖直径 2～3.5 cm，扁半球形至凸镜形；表面栗褐色至暗褐色，干燥时絮绒状，湿润时黏；菌肉污白色至浅黄色，受伤时缓慢变为浅蓝色。子实层体弯生；表面幼时污白色、浅黄色，成熟后橄榄黄色，受伤后缓慢变为浅蓝色，久置后变为暗褐色；菌管与子实层体表面同色，受伤缓慢变为浅蓝色，久置后变为暗褐色；管口多角形，复孔式，孔径 0.5～1 mm。菌柄中生，4～7 × 0.3～0.7 cm，棒状，纤细，向下稍变粗，与菌盖同色或颜色稍浅，密被深褐色的小鳞片；基部菌丝污白色；菌肉污白色至浅褐色，受伤后变蓝不明显。菌肉味道柔和。

菌管菌髓牛肝菌型。担子 26～32 × 9～11 μm，棒状，具 4 孢梗。担孢子(8.5) 9～11 (12) × (3) 3.5～4.5 μm [Q = 2.3 (2.5)～2.7 (3)，**Q** = 2.61 ± 0.14]，侧面观梭形，不等边，上脐部常下陷，背腹观近梭形，在 KOH 溶液中浅橄榄褐色，表面光滑。侧生囊状体和缘生囊状体散生，30～65 × 7～11 μm，披针形或梭形，薄壁，无色，有时浅黄色。菌盖表皮交织黏毛皮型，菌丝弯曲交织状排列，包埋于胶状物质中，浅黄色，细胞表面被有黄褐色物质，末端细胞 50～95 × 5～9 μm，棒状。柄生囊状体 25～40 × 7～9 μm，棒状至腹鼓状。担子果各部位皆无锁状联合。

模式产地：中国（云南）。

生境：夏秋季生长在锥属和松属植物混交林中地上。

世界分布：中国（西南地区）。

研究标本：云南：泸水，海拔 2000 m，2010 年 8 月 7 日，郝艳佳 190 (HKAS 68162)；普洱菜阳河自然保护区，海拔 1500 m，2008 年 7 月 28 日，冯邦 231 (HKAS 55341，模式)；盈江，海拔 1940 m，2009 年 7 月 18 日，李艳春 1690 (HKAS 59437)。

讨论：小褐牛肝菌的担子果很小，菌盖直径不超过 3.5 cm，子实层体污白色至浅橄榄黄色，整个柄部被有深褐色的小鳞片，依据这些特征可以将其与同属其他物种相区分。小褐牛肝菌与亚迷路绒盖牛肝菌 (*X. subdaedaleus* J.Z. Ying) 都具有小型的担子果，栗褐色的菌盖和菌柄，但是后者的菌盖干燥，毛皮型，不黏，菌管口径较大 (1～2 mm)，为不规则多角形至近迷路状 (Ying, 1986；Zhu, 2014)。

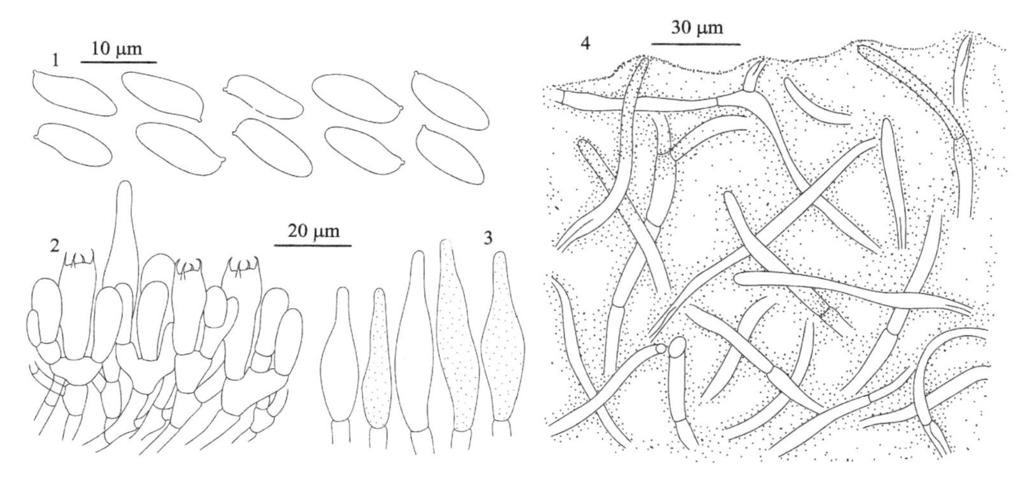

图 41　小褐牛肝菌 *Imleria parva* Xue T. Zhu & Zhu L. Yang (HKAS 55341，模式)

1. 担孢子；2. 担子和侧生囊状体；3. 侧生囊状体和缘生囊状体；4. 菌盖表皮结构

亚高山褐牛肝菌　图版 V-2；图 42

Imleria subalpina Xue T. Zhu & Zhu L. Yang, in Zhu, Li, Wu, Feng, Zhao, Gelardi, Kost & Yang, Phytotaxa 191: 90, figs. 3d, 4d, 8, 2014; Li, Li, Yang, Bau & Dai, Atlas Chin. Macrofung. Res., 1107, fig. 1631, 2015.

菌盖直径 4～8 cm，扁半球形至凸镜形；表面红褐色至暗灰褐色，干燥时绒毛皮型，湿润时黏；菌肉污白色至黄色，受伤后缓慢变为浅蓝色。子实层体弯生；表面幼时浅黄色至浅柠檬黄色，成熟后呈橄榄黄色，受伤后缓慢变为浅蓝色，久置后变为暗褐色；管口多角形，复孔式，孔径 0.5～1 mm；菌管与子实层体表面同色，受伤后缓慢变为浅蓝色，久置后变为暗褐色。菌柄中生，5～7 × 0.8～1.1 cm，棒状，纤细，基部稍膨大，与菌盖同色或色稍浅，被浅褐色至暗褐色的小鳞片，顶部近子实层体处浅黄色；基部菌丝污白色；菌肉污白色至浅褐色，受伤后变蓝不明显。菌肉味道柔和。

菌管菌髓牛肝菌型。担子 24～35 × 10～13 μm，棒状，具 4 孢梗。担孢子(10) 11～

15 (17) × (4) 4.5～6 (6.5) μm [Q = (2) 2.4～2.6 (3)，**Q** = 2.5 ± 0.23]，侧面观为窄长的椭圆形，背腹观近梭形，浅黄褐色，表面光滑。侧生囊状体和缘生囊状体散生，35～60 × 7～10 μm，披针形、棒状或梭形，薄壁，无色，有时浅黄色。菌盖表皮黏毛皮型至交织黏毛皮型，菌丝交织状排列，包埋于胶状物质中，细胞浅黄色，表面沉积有黄褐色物质，加入 KOH 溶液后，黄褐色物质逐渐消失；末端细胞棒状，20～60 × 5～8 μm。柄生囊状体 25～40 × 7～9 μm，棒状至腹鼓状。担子果各部位皆无锁状联合。

模式产地：中国 (云南)。

生境：夏秋季分布于海拔 3300～3900 m 的亚高山地区，生长在云杉属或冷杉属植物林中地上。

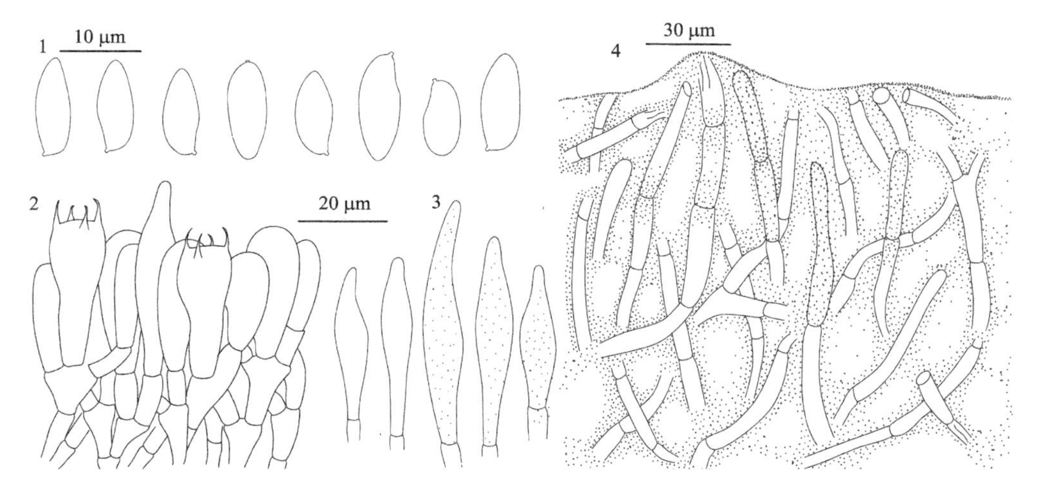

图 42　亚高山褐牛肝菌 *Imleria subalpina* Xue T. Zhu & Zhu L. Yang (HKAS 56375，模式)

1. 担孢子；2. 担子和侧生囊状体；3. 侧生囊状体和缘生囊状体；4.菌盖表皮结构

世界分布：中国 (西南地区)。

研究标本：云南：德钦白马雪山，海拔 3700 m，1981 年，王立松 122 (HKAS 8693)；香格里拉大雪山，海拔 3920 m，2008 年 8 月 21 日，李艳春 1535 (HKAS 56375，模式)；玉龙老君山，海拔 3380 m，2009 年 9 月 3 日，冯邦 773 (HKAS 74712)。

讨论：亚高山褐牛肝菌酷似暗褐牛肝菌 (*Im. obscurebrunnea*)，但是前者担孢子较大 (11～15 × 4.5～6 μm)，分布于亚高山针叶林中，而后者担孢子较小 (9.5～12 × 4～4.5 μm)，主要分布于亚热带阔叶林中 (Zhu *et al.*, 2014)。

兰茂牛肝菌属 **Lanmaoa** G. Wu & Zhu L. Yang

in Wu, Zhao, Li, Zeng, Feng, Halling & Yang, Fungal Divers. 81: 7, 2016.

担子果中等至大型，伞状，肉质。菌盖半球形、凸镜形至平展；表面微绒状，干燥，幼时边缘稍内卷；菌肉奶油色至乳黄色，受伤后缓慢变为淡蓝色至浅蓝色。子实层体直生至弯生，由密集的菌管组成，子实层体薄；菌管及管口近同色，乳黄色至柠檬黄色，稀红色，受伤后迅速变为暗蓝色；管口多角形至近圆形。菌柄中生，顶端表面乳黄色、浅黄色至柠檬黄色，其他部位浅紫红色至暗紫红色；基部菌丝白色至奶油色；菌肉奶油色至乳黄色，受伤后缓慢变为淡蓝色至暗蓝色；菌环阙如。

菌管菌髓牛肝菌型，中央菌髓由排列较紧密的菌丝组成，侧生菌髓由排列较疏松的菌丝组成。亚子实层由不膨大的菌丝组成。担子棒状至长棒状，具 4 孢梗。担孢子近梭形，淡黄色至淡褐黄色，表面光滑。侧生囊状体和缘生囊状体常见，近腹鼓状梭形至棒状，薄壁。菌盖表皮为交织毛皮型、交织黏毛皮型、近平伏型或黏平伏型。担子果各部位皆无锁状联合。

模式种：兰茂牛肝菌 *Lanmaoa asiatica* G. Wu & Zhu L. Yang。

生境与分布：夏秋季生于林中地上，与壳斗科、松科等植物形成外生菌根关系，现知分布于东亚 (中国) 和北美洲。文献显示欧洲亦有分布。

全世界报道的物种约 10 种，其中 4 种分布于中国。本卷记载 4 种。

兰茂牛肝菌属分种检索表

1. 新鲜时菌肉葱味浓郁；常见于我国西南地区 ·· 2
1. 新鲜时菌肉无特殊气味；常见于我国东部至南部地区 ···································· 3
   2. 菌管孔成熟后常呈红色至玫红色；担孢子较窄 10～12 × 3.5～4 μm ························ ······································ **窄孢兰茂牛肝菌 *L. angustispora***
   2. 菌管孔成熟后常呈黄色；担孢子较宽 9～11.5 × 4～5.5 μm······················ **兰茂牛肝菌 *L. asiatica***
3. 菌盖红色至橘红色；子实层体受伤后先变蓝色后缓慢变为红褐色；担孢子较短 8～11 × 4～5 μm·· ······································ **红盖兰茂牛肝菌 *L. rubriceps***
3. 菌盖褐红色；子实层体受伤后先变蓝色后缓慢变为褐色；担孢子较长 10～12 × 4.5～5 μm ········· ······································ **大盖兰茂牛肝菌 *L. macrocarpa***

窄孢兰茂牛肝菌　图版 V-3；图 43

Lanmaoa angustispora G. Wu & Zhu L. Yang, in Wu, Zhao, Li, Zeng, Feng, Halling & Yang, Fungal Divers. 81: 7, figs. 1c, d, 5, 2016.

菌盖直径 4.5～12.5 cm，半球形至凸镜形，边缘内卷；表面近光滑，灰红色、灰橙色、褐橙色至褐黄色，受伤后迅速变为蓝色至暗蓝色，老后湿时黏滑；菌肉厚 12～20 mm，奶酪黄色至浅黄色，受伤后变为淡蓝色至蓝色。子实层体直生至弯生，厚度为菌盖中央菌肉厚度的 1/5～1/3；表面幼时淡黄色至黄色，老后呈灰红色、天竺葵红色，受伤后迅速变为蓝色至暗蓝色；菌管长 2～7 mm，淡黄色至黄色，受伤后缓慢变为蓝色至暗蓝色；菌管直径 0.5～0.8 mm，多角形。菌柄 5.5～7.5 × 1.5～3 cm，近圆柱形，顶部秸秆黄色至芥末黄色，其余部位呈紫红色至灰洋红色，有时略带褐橙色而被有紫红色点状颗粒，受伤迅速变为蓝色至暗蓝色；菌肉奶酪黄色至浅黄色，上半部受伤变为蓝色至暗蓝色，下半部受伤变为淡蓝色；基部菌丝白色。菌肉有葱味。

菌管菌髓牛肝菌型。担子 25～49 × 7～13 μm，棒状至长棒状，具 4 孢梗，有时具 2 孢梗。担孢子 (9.5) 10～12 × (3) 3.5～4 (5) μm [Q = (1.98) 2.5～3.43 (3.48), **Q** = 2.95 ± 0.25]，侧面观梭形，不等边，上脐部常下陷，背腹观近梭形，在 KOH 溶液中浅褐黄色，表面光滑。缘生囊状体 19～49 × 5～13 μm，腹鼓状梭形至棒状，顶端钝尖，常具黄色至褐黄色胞内色素，薄壁。侧生囊状体 25～60 × 7～15 μm，腹鼓状梭形至宽腹鼓状梭形，有时顶端钝尖，薄壁。菌盖表皮菌丝幼时为交织毛皮型，老后为交织黏毛皮型至近平伏型，由直径 3～4.5 μm 的菌丝组成；末端细胞近柱形，顶端有时钝尖，极少数呈囊状体状，20～80 × 4～8 μm。菌柄外表皮由交织的丝状菌丝组成，末端细胞 40～82 × 2.5～4 μm；内表皮菌丝呈子实层状，末端细胞棒状，25～32× 5～10 μm，常具褐黄色胞内色素。菌柄菌髓由纵向平行排列、直径 5～10 μm 的菌丝组成。担子果各部位皆无锁状联合。

模式产地：中国 (云南)。

生境：夏秋季散生于板栗林或板栗与云南松混交林中地上。

世界分布：中国 (西南地区)。

研究标本：云南：贡山丙中洛，海拔 1500～1700 m，2011 年 7 月 30 日，吴刚 454 (HKAS 74765)；贡山丙中洛，海拔 1500～1700 m，2011 年 7 月 30 日，吴刚 448 (HKAS 74759)；贡山丙中洛，海拔 1500～1700 m，2011 年 7 月 30 日，吴刚 441 (HKAS 74752，模式)。

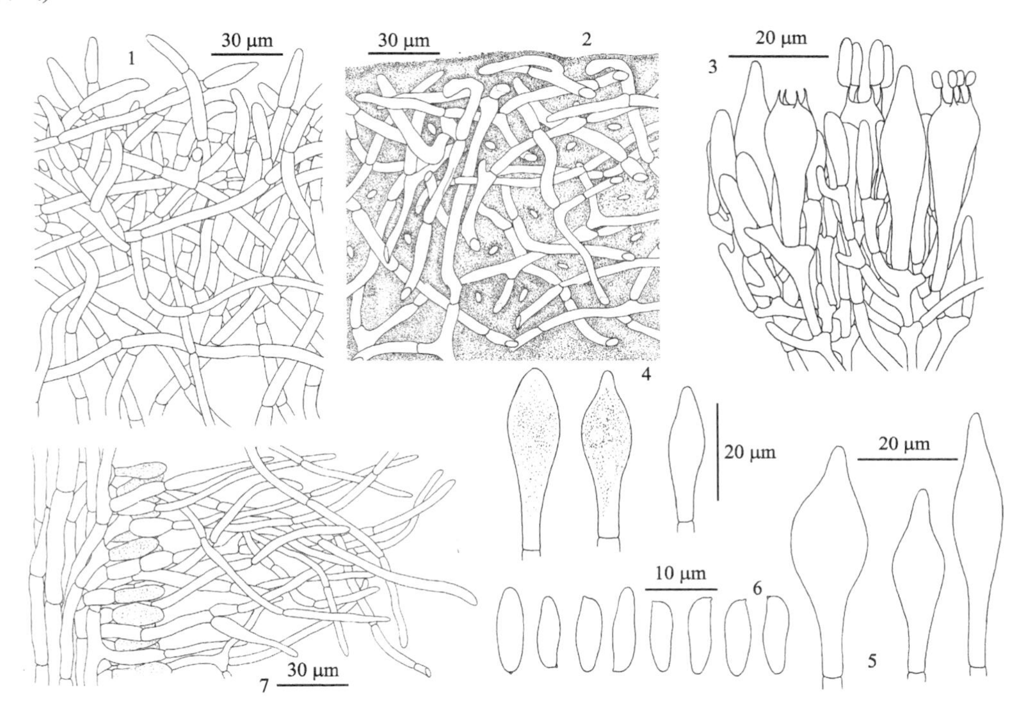

图 43　窄孢兰茂牛肝菌 *Lanmaoa angustispora* G. Wu & Zhu L. Yang (HKAS 74752，模式)

1. 菌盖表皮结构 (未成熟)；2. 菌盖表皮结构；3. 担子和侧生囊状体；4. 缘生囊状体；5. 侧生囊状体；6. 担孢子；7. 菌柄表皮结构

讨论：窄孢兰茂牛肝菌酷似北美洲的红黄兰茂牛肝菌 (*L. flavorubra*)，两者管口均具红色色调，但后者褐红色的菌柄顶端具有明显的网纹，且担孢子更宽(4.2～4.9 μm) (Halling and Mata, 2004)。

兰茂牛肝菌　图版 V-4；图 44

别名：红葱、红见手

Lanmaoa asiatica G. Wu & Zhu L. Yang, in Wu, Zhao, Li, Zeng, Feng, Halling & Yang,

Fungal Divers. 81: 9, figs. 1e, f, 6, 2016.

菌盖直径 5～11 cm，半球形至扁平，有时微皱，幼时边缘稍内卷；表面干燥，粉红色、红色至暗红色，受伤后变为褐色至暗褐色，遇 KOH 溶液后变为浅黄色至黄色；菌肉厚 10～30 mm，淡黄色，受伤后缓慢变为淡蓝色至浅蓝色，有葱味。子实层体弯生，厚度为菌盖中央菌肉厚度的 1/4～1/3；表面浅黄色，受伤后迅速变为浅蓝色至蓝色；菌管长 3～7 mm，浅黄色，受伤后迅速变为浅蓝色至蓝色；菌管多角形，直径 0.3～0.7 mm。菌柄 8～11 × 1～3 cm，近柱形至倒棒状，有时基部膨大呈球形，顶端浅黄色至鸡油黄色，其余部位灰红色、褐红色至灰红宝石色，有时上半部具网纹；菌肉鸡油黄色至玉米黄色，较菌盖表面色深，受伤后缓慢变为淡蓝色至浅蓝色；基部菌丝奶油色。菌肉有葱味。

菌管菌髓牛肝菌型。担子 24～52 × 6～12 μm，棒状，具 4 孢梗，有时 1～2 孢梗。担孢子 (8.5) 9～11.5 (13) × 4～5.5 (6) μm [Q = (1.7) 1.86～2.63 (2.75)，**Q** = 2.20 ± 0.18]，侧面观梭形，不等边，上脐部不下陷或有时稍微下陷，背腹观近梭形，在 KOH 溶液中浅褐黄色，表面光滑。缘生囊状体 14～36 × 5～12 μm，腹鼓状梭形至倒棒状，顶端常具钝尖且基部常有一短细胞相连，薄壁。侧生囊状体 20～50 × 6～13 μm，宽腹鼓状梭形至腹鼓状，顶端具钝尖，薄壁。菌盖表皮交织毛皮型至近平伏型，由直径 2.5～5 μm 的菌丝组成；末端细胞近柱形，具钝尖，14～57 × 3～5 μm。柄表表皮厚 65～90 μm，由淡褐色至黄褐色、子实层状排列的菌丝组成，末端细胞 17～43 × 6.5～9 μm。菌柄菌髓由纵向排列、直径 4～6 μm 的菌丝组成。担子果各部位皆无锁状联合。

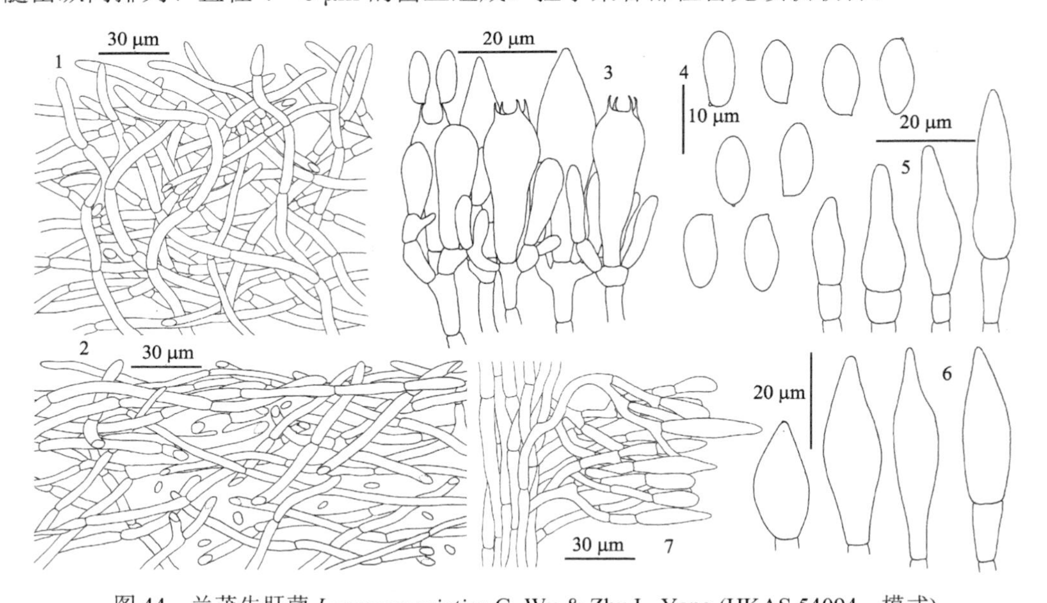

图 44　兰茂牛肝菌 *Lanmaoa asiatica* G. Wu & Zhu L. Yang (HKAS 54094，模式)

1. 菌盖表皮结构 (未成熟)；2. 菌盖表皮结构；3. 担子和侧生囊状体；4. 担孢子；5. 缘生囊状体；6. 侧生囊状体；7. 菌柄表皮结构

模式产地：中国 (云南)。

生境：夏秋季散生于云南松林下或云南松与栎属植物组成的混交林中地上。

世界分布：中国 (西南地区)。

研究标本：云南：鹤庆羊龙潭，海拔 2200 m，2010 年 8 月 22 日，吴刚 370～374 (HKAS 63602～63606)；昆明野生食用菌市场购买，产地海拔不详，2008 年 6 月 8 日，杨祝良 5058 (HKAS 54094，模式)，杨祝良 5059 (HKAS 54095)；南华野生食用菌市场购买，产地海拔 2200 m，吴刚 1237a (HKAS 82696)；师宗丹凤，海拔 2600 m，2010 年 8 月 8 日，吴刚 285 (HKAS 63516)。

讨论：兰茂牛肝菌与产自北美洲的红脚兰茂牛肝菌 (*L. carminipes*) 在分子系统发育上亲缘关系很近 (Wu *et al*., 2016b)，但后者菌肉受伤迅速变为蓝色且担孢子 (9～12 × 3～3.5 μm) 明显较兰茂牛肝菌的窄 (Bessette *et al.*, 2000)。兰茂牛肝菌还与产自北美洲的双色薄瓤牛肝菌相似，但后者菌盖表面与 KOH 溶液接触后不变色，且常与壳斗科植物形成菌根关系 (Bessette *et al.*, 2000)。

在云南，兰茂牛肝菌是重要的野生食用菌，深受当地各族人民喜爱。由于新鲜的担子果具有葱味，菌盖或多或少呈红色，故被称之为“红葱”。该菌有微毒，生食会致幻。加工烹调时，需要煮熟，方可食用。值得一提的是，吃剩的兰茂牛肝菌菜肴，下顿食用时仍需要煮透方可食用。

大盖兰茂牛肝菌 图版 V-5、6；图 45

Lanmaoa macrocarpa N.K. Zeng, H. Chai & S. Jiang, in Chai, Liang, Xue, Jiang, Luo, Wang, Wu, Tang, Chen, Hong & Zeng, MycoKeys 46: 74, figs. 5a～c, 11, 2019.

菌盖直径 10～13 cm，幼时近半球形，后凸镜形至平展；表面干，棕红色；菌肉厚约 25 mm，浅黄色，受伤迅速变为蓝色。子实层体弯生；表面黄色，受伤先迅速变为蓝色，后缓慢变为褐色；管口直径 1～2 mm，角形；菌管长约 15 mm。菌柄 8～11 × 1.5～2 cm，中生，近圆柱形，实心；表面干，棕红色，有时在顶端具网纹；基部菌丝浅黄色；菌肉黄色，受伤迅速变为蓝色。菌肉气味不明显。

菌管菌髓牛肝菌型。担子 18～28 × 6～10 μm，棒状，具 4 孢梗，孢梗长 3～4 μm。担孢子 (9) 10～12 (13) × 4.5～5 μm [Q = (2.00) 2.10～2.60 (2.67)，**Q** = 2.39 ± 0.16]，侧面观梭形，不等边，上脐部往往下陷，背腹观近梭形至近柱状，在 KOH 溶液中浅黄褐色至黄褐色，壁光滑，稍厚 (0.5 μm)。缘生囊状体 25～42 × 7～10 μm，纺锤形或近纺锤形，薄壁，在 KOH 溶液中黄色，表面无附属物。侧生囊状体 25～45 × 7～11 μm，纺锤形或近纺锤形，薄壁，在 KOH 溶液中黄色，表面无附属物。菌盖表皮毛皮型，厚 120～160 μm，由直径 4.5～6 μm、在 KOH 溶液中近无色的菌丝组成；顶端细胞 21～32 × 4～6 μm，近圆柱形或棒状，先端圆钝。菌盖髓部菌丝直径 3～10 μm，在 KOH 溶液中近无色。菌柄表皮子实层状，厚约 100 μm，由无色菌丝组成；顶端细胞 22～43 × 3～9 μm，棒状或近纺锤形，偶尔可见成熟担子。菌柄髓部由纵向排列的近平行状的菌丝组成，菌丝直径 3～8 μm，在 KOH 溶液中浅黄色。担子果各部位皆无锁状联合。

模式产地：中国 (海南)。

生境：单生于格氏栲或黧蒴锥 *Castanopsis fissa* (Champ. ex Benth.) Rehd. et Wils. 林下。

世界分布：中国 (东南和华南地区)。

研究标本：海南：琼中鹦哥岭，海拔 750 m，2017 年 5 月 28 日，曾念开 3021 (FHMU

1982，模式)。福建：三明三元格氏栲国家森林公园，海拔 400 m，2017 年 8 月 16 日，曾念开 3251 (FHMU 2212)。

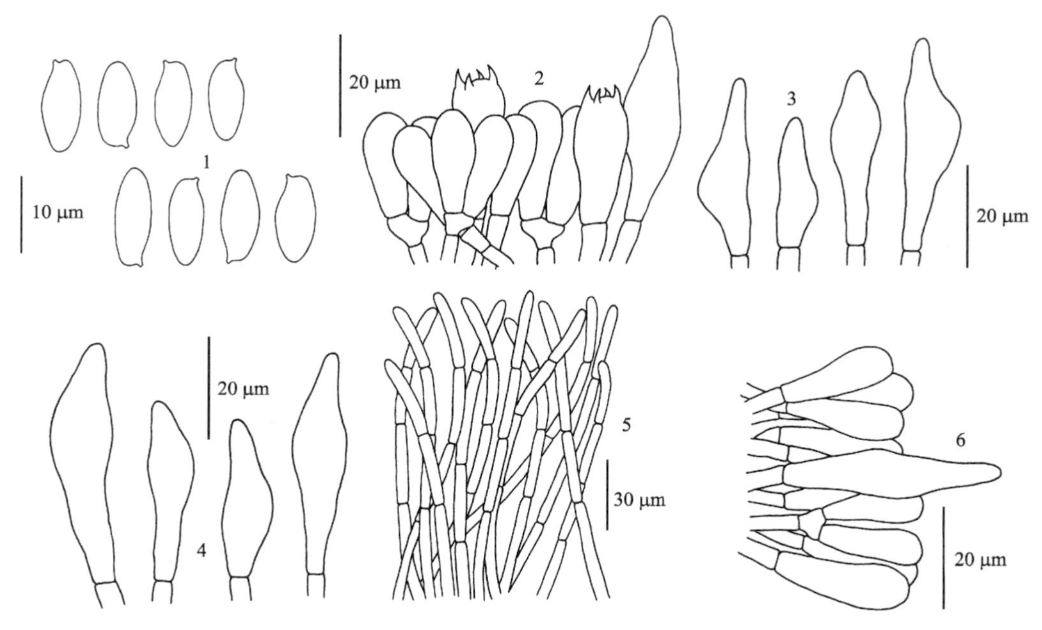

图45　大盖兰茂牛肝菌 *Lanmaoa macrocarpa* N.K. Zeng, H. Chai & S. Jiang (1～5 据 FHMU 1982，模式；6 据 FHMU 2212)

1. 担孢子；2. 担子和侧生囊状体；3. 缘生囊状体；4. 侧生囊状体；5. 菌盖表皮结构；6. 菌柄表皮结构

讨论：大盖兰茂牛肝菌的主要鉴别特征为：担子果大型，有棕红色的菌盖和菌柄，子实层体厚度约为盖菌中央菌肉厚度的 3/5，与锥属植物形成共生关系。无论是在形态上还是在分子系统发育上，它都与原描述于我国的红盖兰茂牛肝菌 [*L. rubriceps* N.K. Zeng & Hui Chai] 相近，然而红盖兰茂牛肝菌的菌盖红色、深红色至橙红色，菌孔幼时堵塞，子实层体表面成熟后棕红色，担孢子相对较小 (8～11 × 4～5 μm) (Chai *et al*., 2018)。

红盖兰茂牛肝菌　图版 V-7；图 46

Lanmaoa rubriceps N.K. Zeng & H. Chai, in Zeng, Chai, Jiang, Xue, Wang, Hong & Liang, Phytotaxa 347: 75, figs. 2, 3, 2018.

菌盖 4～11 cm，幼时近半球形，后平展；表面干，幼时红色至深红色，成熟后橙红色；菌肉厚约 10 mm，黄色，受伤迅速变为蓝色。子实层体弯生；表面黄色，成熟后呈棕红色，受伤迅速变为蓝色；管口直径 0.3～0.5 mm，成熟后圆形或角形；菌管长约 5 mm，浅黄色，受伤迅速变为蓝色，之后再缓慢变回浅黄色。菌柄 5.5～9 × 1.3～3 cm，中生，近圆柱形，实心；表面干，黄色，有时覆盖有棕红色细小鳞片，受伤后通常迅速变为蓝色；基部菌丝白色；菌肉黄色，受伤迅速变为蓝色。菌肉气味不明显。

菌管菌髓牛肝菌型。担子 16～24 × 6～9 μm，棒状，具 4 孢梗，孢梗长 5～6 μm。担孢子 8～11 (12) × 4～5 (5.5) μm [Q = (1.60) 1.80～2.38 (2.88)，**Q** = 2.09 ± 0.23]，侧面

观梭形，不等边，上脐部往往下陷，背腹观近梭形至近柱状，在 KOH 溶液中浅黄色，壁光滑，稍厚 (0.5 μm)。缘生囊状体 24～35 × 5～8 μm，丰富，纺锤形或近纺锤形，薄壁，有时内部含有黄色物质。侧生囊状体 24～35 × 5～8 μm，纺锤形或近纺锤形，薄壁，有时内部含有黄色物质。菌盖表皮毛皮型，厚 70～110 μm，由直径 5～8 μm、在 KOH 溶液中无色至浅黄色的菌丝组成；顶端细胞 20～41 × 4～7 μm，近圆柱形，先端圆钝。菌盖髓部由直径 4～7 μm 的菌丝组成。菌柄表皮子实层状，顶端细胞 15～37 × 3～7 μm，棒状、近梭形或近圆柱形，薄壁，在 KOH 溶液中浅褐色至黄褐色，偶尔可见成熟担子。菌柄髓部由平行排列的菌丝组成，菌丝直径 2～10 μm，细胞壁薄至稍微增厚 (0.5 μm)。担子果各部位皆无锁状联合。

模式产地：中国 (海南)。

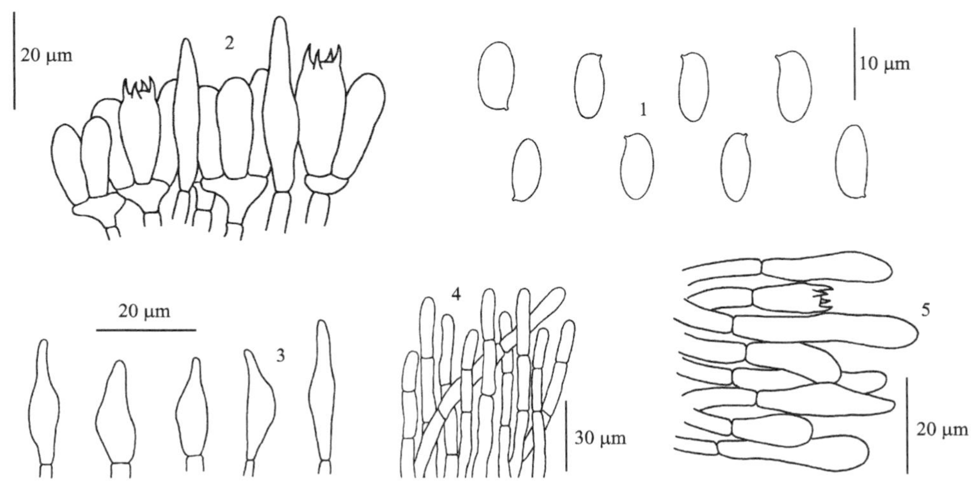

图 46　红盖兰茂牛肝菌 *Lanmaoa rubriceps* N.K. Zeng & H. Chai (FHMU 2801，模式)

1. 担孢子；2. 担子和侧生囊状体；3. 缘生囊状体；4. 菌盖表皮结构；5. 菌柄表皮结构

生境：散生或群生于壳斗科林下。

世界分布：中国 (华南地区)。

研究标本：海南：白沙鹦哥岭，海拔 600 m，2016 年 8 月 8 日，曾念开 2766、2767、2773 和 2774 [分别为 FHMU 1756、FHMU 1757、FHMU 1763 和 FHMU 2801 (模式)]；同地，2017 年 5 月 27 日，曾念开 2992 和 2999 (分别为 FHMU 1953 和 FHMU 1960)。

讨论：红盖兰茂牛肝菌的主要鉴别特征为：菌盖红色、深红色至橙红色，菌孔幼时堵塞，且菌孔表面受伤先变蓝后变浅黄色，菌柄表面受伤变蓝色，菌盖表皮为毛皮型。在形态上，红盖兰茂牛肝菌与北美洲的 *L. pseudosensibilis* (A.H. Sm. & Thiers) G. Wu *et al.* 相似，但是后者的担孢子更窄 (9～12 × 3～4 μm)，菌盖表皮具有短而膨大的细胞 (Smith and Thiers, 1971；Wu *et al.*, 2016b)。*Boletus sensibilis* Peck 和 *B. rubellus* subsp. *borneensis* Corner 也都具有红色的菌盖，然而北美洲的 *B. sensibilis* 和马来西亚的 *B. rubellus* subsp. *borneensis* 菌孔在幼时都不堵塞，且 *B. rubellus* subsp. *borneensis* 的菌柄为深红色，担孢子也更大 (11.5～14.5 × 4.3～5 μm) (Smith and Thiers, 1971；Corner, 1972；Chai *et al.*, 2018)。

黏盖牛肝菌属 **Mucilopilus** Wolfe

Mycotaxon. 10: 117, 1979.

担子果小型至中等，伞状，肉质。菌盖半球形至扁半球形，湿时黏；菌盖表面具皱纹至近平滑，幼时常见白色至乳白色的绒毛或粉末，老时近光滑，边缘稍延伸；菌肉白色、污白色至乳白色，受伤不变色。子实层体弯生，由密集的菌管组成，幼时近白色至淡粉色，成熟后粉色至粉红色或污粉红色，受伤后不变色或留有淡褐色色斑。菌柄中生；表面白色、乳白色，受伤后不变色，近光滑，幼嫩时被同色绒状或粉末状鳞片，有时具有不明显的细长棱纹；基部菌丝白色；菌肉白色至奶油色，受伤后不变色；菌环阙如。孢子印淡粉色至粉红色。

菌管菌髓牛肝菌型，中央菌髓由排列较紧密的菌丝组成，侧生菌髓由排列较疏松的胶质菌丝组成。亚子实层由不膨大的菌丝组成。担子棒状，具 4 孢梗，稀具 2 孢梗。担孢子梭形至近梭形，有时椭圆形，近无色、淡粉色至淡橄榄褐色，表面平滑。侧生囊状体和缘生囊状体常见，窄棒状至近梭形，薄壁，无色。菌盖表皮黏毛皮型，由胶质化直立的菌丝组成。担子果各部位皆无锁状联合。

模式种：黏盖牛肝菌 *Mucilopilus viscidus* (McNabb) Wolfe [≡ *Fistulinella viscida* (McNabb) Singer]。

生境与分布：夏秋季生于林中地上，与壳斗科、松科等植物形成外生菌根关系，现知分布于东亚、北美洲、新西兰 (Wolfe, 1979b, 1982；Hongo, 1985；Takahashi, 1988)。

全世界报道的物种约 7 种，迄今中国仅记载 1 种。本卷记载 1 种。

假栗色黏盖牛肝菌 图版 V-8；图 47

Mucilopilus paracastaneiceps Yan C. Li & Zhu L. Yang, The Boletes of China: Tylopilus s.l.: 175, figs. 15.5, 15.6, 2021.

菌盖直径 3～6.5 cm，半球形至扁半球形；表面光滑，在幼嫩个体中有时具皱纹，初期常为栗色或肉红色，后期变为浅栗色、浅肉褐色或浅粉褐色，湿时黏，边缘有时延伸；菌肉白色至灰白色，受伤后不变色。子实层体直生或稍弯生；表面淡粉色至粉褐色或灰粉色；菌管长达 8 mm，淡粉色至污粉色；管口直径 0.5～1 mm，近圆形至多角形。菌柄 5～7 × 0.3～1 cm，棒状，向上渐变细，无网纹或上部有时有不明显的长条状棱纹；表面白色至污白色，受伤后不变色，但基部常具有米黄色至黄色斑点；菌肉白色，但菌柄基部常为米黄色或浅黄色；菌柄基部菌丝白色至米黄色。菌肉味道柔和。

菌管菌髓牛肝菌型。担子 21～64 × 8～12 μm，棒状，具 4 孢梗，有时具 2 孢梗。担孢子 12～13.5 × 4.5～5.5 (6.5) μm [Q = (2.14) 2.18～2.6，**Q** = 2.44 ± 0.14]，侧面观梭形，不等边，上脐部常稍微下陷，背腹观近梭形，在 KOH 溶液中无色至浅黄色或浅黄褐色，光滑，壁略厚 (厚约 0.5 μm)。侧生囊状体及缘生囊状体 52～66 × 7.5～8.5 μm，近长梭形至腹鼓形，上部常具有 1～2 个缢缩，顶端渐尖，薄壁，在 KOH 溶液中透明无色或浅黄色，在梅氏试剂中黄褐色或浅黄褐色。菌盖表皮黏毛皮型，由黄色至淡黄色、直径 2.5～5 μm 的胶质菌丝组成。担子果各部位皆无锁状联合。

模式产地：日本。

生境：夏秋季单生或散生于壳斗科植物林下或热带、亚热带地区的阔叶林或针阔混交林内。

世界分布：中国（西南地区）。

研究标本：云南：楚雄紫溪山，海拔 1500 m，2007 年 7 月 11 日，李艳春 800 (HKAS 52487)；景东哀牢山，海拔 2450 m，2006 年 7 月 19 日，李艳春 584 (HKAS 50338，模式)；兰坪河西，海拔 2600 m，2011 年 8 月 16 日，吴刚 750 (HKAS 75065)。

讨论：假栗色黏盖牛肝菌的主要特征是：菌盖胶黏，成熟后为浅栗色、浅肉褐色或浅粉褐色，菌肉受伤后不变色，菌柄白色至污白色，侧生囊状体和缘生囊状体近长梭形至腹鼓形，菌盖表皮为黏毛皮型 (Li and Yang, 2021)。假栗色黏盖牛肝菌曾一度误认为是栗色黏盖牛肝菌 [*M. castaneiceps* (Hongo) Hid. Takah.]，但后者的菌盖褐色，侧生囊状体棒状、较小，缘生囊状体棒状 (Hongo, 1985)。

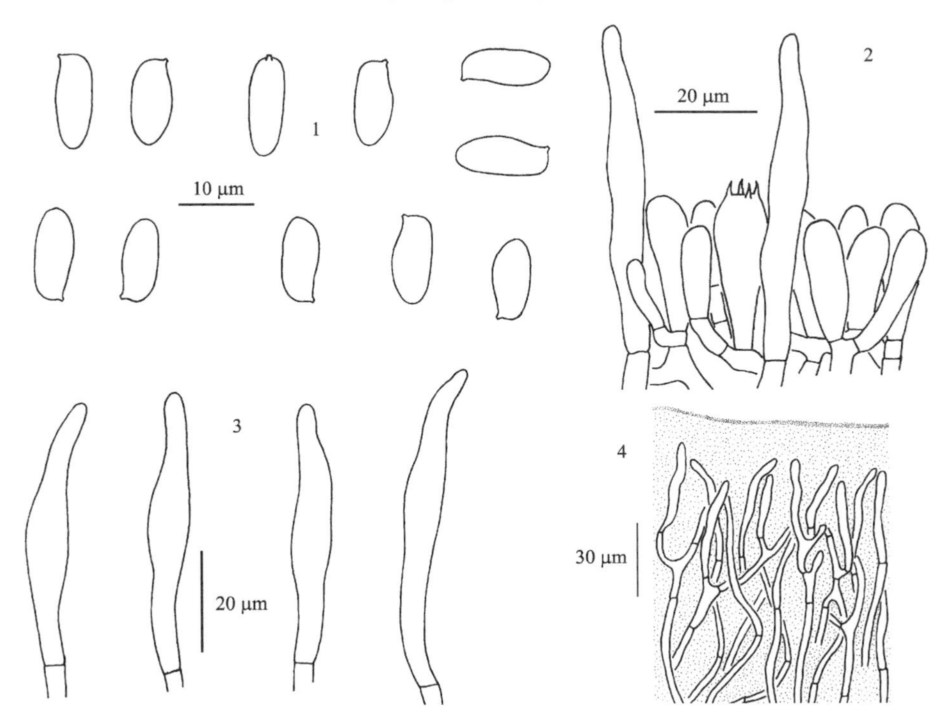

图 47　假栗色黏盖牛肝菌 *Mucilopilus paracastaneiceps* Yan C. Li & Zhu L. Yang (HKAS 50338)
1. 担孢子；2. 担子和侧生囊状体；3. 侧生囊状体和缘生囊状体；4. 菌盖表皮结构

新牛肝菌属 **Neoboletus** Gelardi, Simonini & Vizzini in Vizzini, Index Fungorum 192: 1, 2014.

担子果中等至大型，多为牛肝菌状或伞状，稀呈腹菌状，肉质。若为伞状，菌盖半球形、凸镜形至平展；菌盖表面微绒质至绒质，有时光滑，干燥，有时受伤后变为蓝色；菌肉淡黄色、浅黄色至黄色或者淡白色至淡紫色，受伤后迅速变为蓝色或不变。子实层体直生至弯生，稀近离生，由密集的菌管组成，管口多角形、圆形至近圆形；表面幼时常为褐色、暗褐色至红褐色，老后变为黄色至褐黄色，受伤后通常变为蓝色至暗蓝色；菌管黄色至亮黄色，受伤后通常变为蓝色至暗蓝色。菌柄中生；菌环阙如；表面常被鳞片，受伤后变为蓝色或不变色；菌肉颜色及受伤变色近同菌盖菌肉。若为腹菌状，担子果近球形；孢体受伤后迅速变为蓝色；小腔不规则至多角形；菌柄菌肉受伤后迅速变为蓝色。

菌管菌髓牛肝菌型，中央菌髓由排列较紧密的菌丝组成，侧生菌髓由排列较疏松的菌丝组成。亚子实层由不膨大的菌丝组成。担子棒状，常具 4 孢梗。担孢子梭形，浅褐黄色、黄褐色、褐色至肉桂色，表面光滑。侧生囊状体和缘生囊状体常见，梭形腹鼓状，有时为棒状，薄壁。菌盖表皮毛皮型至交织毛皮型，稀黏毛皮型。担子果各部位皆无锁状联合。

模式种：*Neoboletus luridiformis* (Rostk.) Gelardi *et al.*。

生境与分布：夏秋季生于林中地上，与壳斗科、松科等植物形成外生菌根关系，现知分布于世界各地。

全世界目前报道约 27 种 (含变种、变型)，中国记载 14 种。本卷记载 13 种。

新牛肝菌属分种检索表

1\. 担子果菌柄-菌盖型 (伞状、牛肝菌状) ………………………………………………… 2
1\. 担子果腹菌状，外包被近阙如，具短柄 ………………………… **西藏新牛肝菌 *N. thibetanus***
  2\. 幼时子实层体表面与菌管同色，为浅黄色至黄色 ……………………………………… 3
  2\. 幼时子实层体表面与菌管不同色，为褐色、黄褐色至红褐色 ……………………………… 4
3\. 担子果大型，成熟时菌盖直径可达 25 cm；菌肉受伤后缓慢变为蓝色；常分布于亚高山，与云杉或冷杉共生 ……………………………………………… **有毒新牛肝菌 *N. venenatus***
3\. 担子果中等，菌盖直径常小于 10 cm；菌肉受伤迅速变为蓝色至暗蓝色；常分布于亚热带地区，与松属或壳斗科植物共生 ……………………………………… **黄孔新牛肝菌 *N. flavidus***
  4\. 担子果常分布于亚高山，与云杉或冷杉共生 ……………………………………………… 5
  4\. 担子果常分布于亚热带与热带地区，与松属或壳斗科植物共生 …………………………… 7
5\. 菌盖表皮毛皮型 ……………………………………………………………………… 6
5\. 菌盖表皮黏毛皮型 ………………………………………… **红孔新牛肝菌 *N. rubriporus***
  6\. 担孢子较短 (10～14 × 5～6 μm) ……………………… **血红新牛肝菌 *N. sanguineus***
  6\. 担孢子较长 (13.5～17 × 5～7 μm) ………………… **拟血红新牛肝菌 *N. sanguineoides***
7\. 菌盖湿时不黏；柄肉受伤常迅速变为蓝色至暗蓝色，仅极少数受伤缓慢变为蓝色；菌盖表皮多为毛皮型 ……………………………………………………………………………… 8
7\. 菌盖湿时胶黏；柄肉除基部受伤变为蓝色外，其余部分受伤几乎不变色；菌盖表皮为黏毛皮型 ………………………………………………………… **海南新牛肝菌 *N. hainanensis***
  8\. 菌柄粗，倒棒状，有时基部呈球形 ……………………………………………………… 9
  8\. 菌柄细长，圆柱形至近圆柱形 ………………………………………………………… 11
9\. 菌柄表面无网纹；担孢子较窄 (宽度常≤5 μm) ………………………………………… 10
9\. 菌柄表面有紫红色网纹；担孢子较宽 (宽度常≥5 μm) ………… **中华新牛肝菌 *N. sinensis***
  10\. 菌盖菌肉硬实但菌柄菌肉绵软，受伤后缓慢变为淡蓝色；子实层体表面褐色，无红色色调 ……………………………………………………… **暗褐新牛肝菌 *N. obscureumbrinus***
  10\. 菌盖和菌柄的菌肉均硬实，受伤后迅速变为蓝色至暗蓝色；子实层体表面红色至红褐色 ……………………………………………………………… **华丽新牛肝菌 *N. magnificus***
11\. 子实层体表面红褐色、橘红色至橘褐色 ……………………………………………… 12

11. 子实层体表面褐色至深褐色，几乎无红色色调…………………………茶褐新牛肝菌 ***N. brunneissimus***
  12. 菌柄表面被有密集的颗粒至麦麸状鳞片；菌盖表皮毛皮型、黏毛皮型 ………………………… 13
  12. 菌柄表面近光滑，有时上半部具有不明显的颗粒状或纤毛皮型鳞片，菌柄基部常具绒毛；菌盖表皮毛皮型 ………………………………………………………………绒柄新牛肝菌 ***N. tomentulosus***
13. 菌盖表面受伤后变为蓝黑色；菌盖表皮毛皮型，偶见黏毛皮型………锈柄新牛肝菌 ***N. ferrugineus***
13. 菌盖表面受伤后不变色；菌盖表皮毛皮型……………………………… 密鳞新牛肝菌 ***N. multipunctatus***

茶褐新牛肝菌　图版 V-9；图 48

别名：黑牛肝、褐牛肝

Neoboletus brunneissimus (W.F. Chiu) Gelardi, Simonini & Vizzini, in Vizzini, Index Fung. 192: 1, 2014.

Boletus brunneissimus W.F. Chiu, Mycologia 40: 228, 1948; Zang, Flora Fung. Sinicorum 22: 155, figs. 44-7～9, 2006; Li, Li, Yang, Bau & Dai, Atlas Chin. Macrofung. Res., 1078, figs. 1581-1～3, 2015.

Sutorius brunneissimus (W.F. Chiu) G. Wu & Zhu L. Yang, in Wu, Li, Zhu, Zhao, Han, Cui, Li, Xu & Yang, Fungal Divers. 81: 145, 2016.

菌盖直径 2～8 cm，半球形至扁平；表面干燥，微绒质，褐黄色、黄褐色、浅褐色至褐色；菌肉厚 6～12 mm，淡黄色至浅黄色，受伤后迅速变浅蓝色、蓝色至暗蓝色。子实层体在菌柄周围直生至弯生；表面褐黄色、黄褐色、浅褐色至褐色，偶见红色色调，受伤后迅速变为蓝色至暗蓝色；菌管长 4～18 mm，幼时黄油黄色至玉米黄色，老后呈橄榄黄色，受伤后迅速变为蓝色至暗蓝色；管口直径 0.5～0.8 mm，近圆形。菌柄 4～9 × 0.5～1.3 cm，近柱形至柱形或稍呈倒棒状；表面褐黄色，顶端黄色，密被褐色细颗粒状鳞片，上半部偶具不明显的网纹或纵条纹；菌肉顶端浅黄色至黄色，向基部逐渐变为浅黄色、浅褐黄色至褐色，受伤后变为蓝色。菌柄基部菌丝奶黄色、黄褐色至褐色。

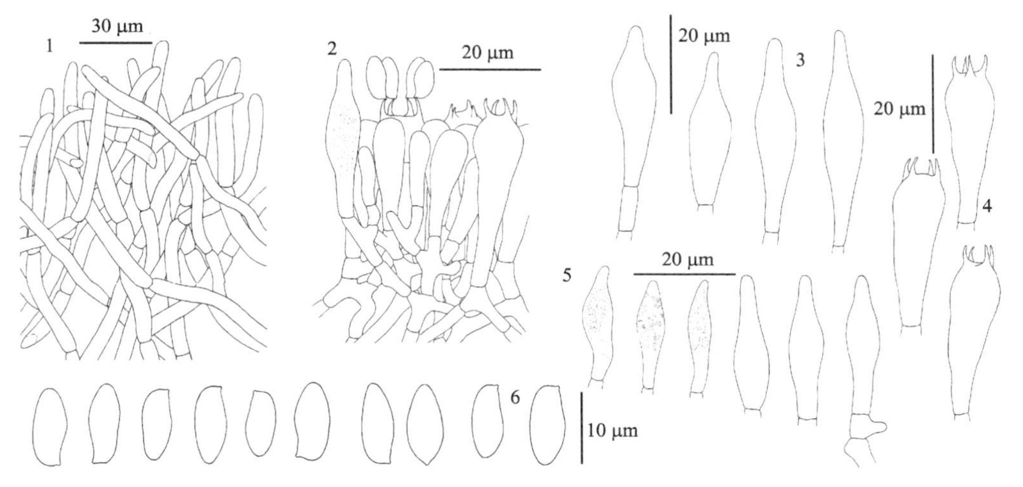

图 48　茶褐新牛肝菌 *Neoboletus brunneissimus* (W.F. Chiu) Gelardi, Simonini & Vizzini (HKAS 50450)
1. 菌盖表皮结构；2. 担子和侧生囊状体；3. 侧生囊状体；4. 担子；5. 缘生囊状体；6. 担孢子

菌管菌髓牛肝菌型。担子 25～49 × 9～11 μm，棒状，具 4 孢梗。担孢子 (9) 10～14 (18) × (4) 4.5～5 (6) μm [Q = (1.86) 2.04～2.8 (3)，**Q** = 2.41 ± 0.20]，侧面观近梭形至圆柱形，不等边，上脐部常下陷，背腹观近梭形至近圆柱形，壁稍厚 (厚约 0.5 μm)，浅褐黄色，表面光滑。缘生囊状体 20～43 × 4～9 μm，腹鼓状梭形至具小尖的腹鼓状，具黄色至褐黄色胞内色素；侧生囊状体 27～49 × 6～10 μm，形状似缘生囊状体。菌盖表皮毛皮型至交织毛皮型，由直径 3～5.5 μm 的丝状菌丝组成；末端细胞近柱形，顶端偶钝尖，23～58 × 3.5～5 μm。菌柄表皮厚 55～65 μm，子实层状，由褐黄色菌丝组成，末端细胞 20～27 × 3～8 μm。菌柄菌髓由纵向排列、直径 3～5.5 μm 的菌丝组成。担子果各部位皆无锁状联合。

模式产地：中国 (云南)。

生境：夏秋季散生于亚热带地区的松林 (云南松或华山松等) 或壳斗科 (锥属等) 林或针阔混交林中。

世界分布：中国 (西南地区)。

研究标本：云南：剑川老君山，海拔 2900 m，2009 年 8 月 31 日，吴刚 202 (HKAS 57734)；剑川，海拔 2300 m，2009 年 8 月 29 日，冯邦 722 (HKAS 57451)；景东哀牢山，海拔 2500 m，2008 年 7 月 10 日，唐丽萍 387 (HKAS 54618)；昆明筇竹寺附近，海拔 2100 m，2007 年 8 月 8 日，李艳春 973 (HKAS 50450，模式产地附近标本)；兰坪金鼎新生桥国家森林公园，海拔 2400 m，2010 年 8 月 14 日，冯邦 834 (HKAS 68615)；丽江古城七河，海拔 2780 m，冯邦 919 (HKAS 68700)；香格里拉至格咱途中，海拔 3400 m，2006 年 7 月 26 日，杨祝良 4741 (HKAS 50538)。

讨论：茶褐新牛肝菌最早由 Chiu (1948) 发表并置于牛肝菌属中。分子系统发育证据表明，该种应隶属于新牛肝菌属。在形态上，该种与发表自欧洲的 *Neoboletus luridiformis* (Rostk.) Gelardi *et al.*和北美洲的 *B. vermiculosus* Peck 相似，但 *N. luridiformis* 的子实层体为红色，且柄表被有红色颗粒状鳞片，担子果常分布于温带地区的落叶林 (山毛榉属、栎属等) 或针叶林 (云杉属) 中 (Rauschert, 1987；Hansen and Knudsen, 1992)；*B. vermiculosus* 的担子较窄 (24～32 × 7～9 μm)，仅报道分布于北美洲至中美洲 (Smith and Thiers, 1971；Bessette *et al.*, 2000；Halling and Mueller, 2005)。

茶褐新牛肝菌是云南集市常见的野生食用菌。

锈柄新牛肝菌 图版 V-10；图 49

Neoboletus ferrugineus (G. Wu, Fang Li & Zhu L. Yang) N.K. Zeng, H. Chai & Zhi Q. Liang, in Chai, Liang, Xue, Jiang, Luo, Wang, Wu, Tang, Chen, Hong & Zeng, MycoKeys 46: 88, 2019.

Sutorius ferrugineus G. Wu, Fang Li & Zhu L. Yang, in Wu, Li, Zhu, Zhao, Han, Cui, Li, Xu & Yang, Fungal Divers. 81: 134, figs. 77-c～f, 79, 2016.

菌盖直径 3～5.5 cm，凸镜形至平展；表面干燥，湿时微黏，微绒质，中部浅褐色至褐色，边缘有时呈浅橘色至杏黄色，受伤后迅速变为蓝黑色，幼时边缘内卷；菌肉厚约 5 mm，浅黄色至浅橘色，受伤后迅速变为蓝色至暗蓝色。子实层体直生至弯生；表面褐红色至橘红色，受伤后迅速变为蓝黑色；菌管长约 5 mm，香蕉黄色、浅橙黄色至橘色，受伤后迅速变暗蓝色；管口直径 0.2～0.3 mm，近圆形至多角形。菌柄 3.5～5 × 0.7～1 cm，中生，近柱形；表面浅黄色至浅橘色，被有密集的橘红色至褐红色的颗粒状至麦糠状鳞片，受伤迅速变为蓝黑色；菌肉浅黄色至浅橘色，有时有灰黄色色调，受伤后迅速变为浅蓝色或暗蓝色；菌柄基部菌丝淡白色至奶黄色。

菌管菌髓牛肝菌型。担子 27～43 × 8～11 μm，棒状，具 4 孢梗。担孢子 (7) 8～10 × (3.5) 4～5 (6) μm [Q = (1.33) 1.75～2.18 (2.41)，**Q** = 1.97 ± 0.20]，侧面观近梭形至长椭圆形，不等边，上脐部常下陷，背腹观长椭圆形至卵形，壁稍厚 (厚约 0.5 μm)，浅褐黄色，表面光滑。缘生囊状体 35～55 × 8～12 μm，梭形腹鼓状，顶端具长喙，偶为葫芦状，常厚壁 (约 1 μm 厚)。侧生囊状体 33～78 × 8～12 μm，梭形腹鼓状，顶端常具窄长的喙，薄壁。菌盖表皮厚约 180 μm，毛皮型，偶见黏毛皮型，由直径 4.5～6 μm 的菌丝组成；末端细胞渐尖，21～51 × 4～6 μm。菌柄表皮厚 60～70 μm，子实层状；柄生囊状体 30～56 (99) × 9～22 μm，宽梭形腹鼓状，顶端钝尖或具长喙，壁有时稍微加厚 (≤ 1 μm)。菌柄菌髓由纵向排列、直径 2～10 μm 的菌丝组成。担子果各部位皆无锁状联合。

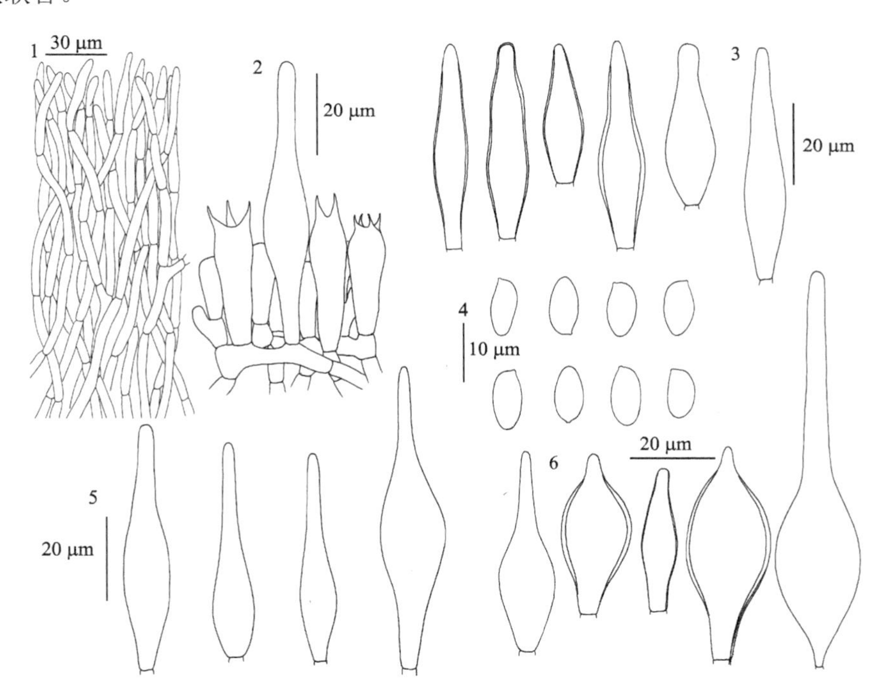

图 49　锈柄新牛肝菌 *Neoboletus ferrugineus* (G. Wu, Fang Li & Zhu L. Yang) N.K. Zeng, H. Chai & Zhi Q. Liang (1～3、5、6 据 HKAS 77617；4 据 HKAS 77718，模式)

1. 菌盖表皮结构；2. 担子和侧生囊状体；3. 缘生囊状体；4. 担孢子；5. 侧生囊状体；6. 柄生囊状体

模式产地：中国 (广东)。

生境：夏秋季散生于亚热带的壳斗科 (栎属、锥属、柯属等) 林中。

世界分布：中国 (华南地区)。

研究标本：广东：封开黑石顶，海拔 250 m，2012 年 5 月 24 日，李方 371 (HKAS 77617)；同地，2012 年 8 月 16 日，李方 838 (HKAS 77718，模式)。

讨论：锈柄新牛肝菌的鉴别特征为：担子果褐色，子实层体表面及菌柄鳞片橘红色至褐红色，受伤迅速变为蓝黑色，菌盖表皮菌丝毛皮型且末端细胞钝尖 (Wu *et al*., 2016b)。

分子系统发育分析表明，锈柄新牛肝菌与海南新牛肝菌关系密切，但后者担孢子更长 (9.5～13.5 × 4～5 μm)。在形态上，茶褐新牛肝菌、绒柄新牛肝菌 *N. tomentulosus* (M. Zang *et al.*) N.K. Zeng *et al*.、*B. bannaensis* Har. Takah.、*B. erythropus* var. *novoguineensis* Hongo、*B. fuscopunctatus* Hongo & Nagasawa、*B. kumaeus* var. *rubricollum* Corner 和 *B. reayi* R. Heim 都与锈柄新牛肝菌相似，但茶褐新牛肝菌、*B. erythropus* var. *novoguineensis*、*B. kumaeus* var. *rubricollum* 和 *B. reayi* 的担孢子都比锈柄新牛肝菌的更长，而 *B. bannaensis* 的子实层体表面幼时为浅黄色，成熟后呈深红色，担孢子较小 (6.5～9 × 3.5～4 μm) (Takahashi, 2007)；*B. fuscopunctatus* 分布于亚高山地区且担孢子较长 (9.5～12.5 × 4～5.5 μm) (Hongo and Nagasawa, 1976)。

黄孔新牛肝菌　图版 V-11；图 50

别名：见手青

Neoboletus flavidus (G. Wu & Zhu L. Yang) N.K. Zeng, H. Chai & Zhi Q. Liang, in Chai, Liang, Xue, Jiang, Luo, Wang, Wu, Tang, Chen, Hong & Zeng, MycoKeys 46: 89, 2019.

Sutorius flavidus G. Wu & Zhu L. Yang, in Wu, Li, Zhu, Zhao, Han, Cui, Li, Xu & Yang, Fungal Divers. 81: 135, figs. 77g～i, 80, 2016.

菌盖直径 3～8 cm，凸镜形至平展；表面干燥，微绒质，橄榄褐色、黄褐色、红褐色、浅红色至褐红色，受伤后迅速变为暗蓝色；边缘幼时内卷；菌肉厚 4～9 mm，浅黄色至黄色，受伤后迅速变为暗蓝色。子实层体直生至弯生，幼时鲜黄色至黄色，成熟后呈褐红色，受伤后迅速变为暗蓝色；菌管长约 4 mm，幼时鲜黄色至黄色，成熟后呈橘色，受伤后迅速变为暗蓝色；管口直径约 0.5 mm，近圆形至圆形。菌柄 2～9 × 1～1.5 cm，中生，近圆柱形至倒棒状；顶部鲜黄色至黄色，其余部位红褐色至紫褐色，受伤后变为暗蓝色，有时表面 (尤其是下半部) 具有不明显的同色纵向条纹或细颗粒状鳞片；菌肉浅黄色至黄色，基部颜色稍深，受伤后迅速变为暗蓝色，但比菌盖菌肉变色稍慢；菌柄基部菌丝污白色至奶油色。

菌管菌髓牛肝菌型。担子 23～34 × 8～12 μm，棒状，具 4 孢梗。担孢子(9) 10～13 (14) × 4.5～5.5 (6) μm [Q = (1.96) 2.1～2.67 (2.89)，**Q** = 2.35 ± 0.19]，侧面观近梭形至圆柱形，不等边，上脐部常下陷，背腹观近梭形至近圆柱形，壁稍厚 (厚约 0.5 μm)，浅褐黄色，表面光滑。缘生囊状体 20～34 × 4.5～8 μm，梭形腹鼓状至棒状，顶端常具钝尖或长喙，薄壁。侧生囊状体 35～56 × 6～9 μm，梭形腹鼓状，顶端常具长喙，薄壁。菌盖表皮厚约 220 μm，毛皮型，由 4～7 μm 宽的丝状菌丝组成；末端细胞近柱形或向顶端渐尖，27～93 × 2.5～6 μm，且末端与近末端细胞常聚集在一起而呈角锥状。菌柄表皮厚约 70 μm，子实层状，末端细胞棒状，16～34 × 7～14 μm。菌柄菌髓由纵向排列、直径 5～12 μm 的菌丝组成。担子果各部位皆无锁状联合。

模式产地：中国 (云南)。

生境：夏秋季散生于亚热带针阔混交林（云南松、华山松、锥属、柯属、栎属及油杉等）中。

世界分布：中国（华中和西南地区）。

研究标本：湖南：宜章莽山国家森林公园，海拔 900 m，2007 年 9 月 2 日，李艳春 1061 (HKAS 53406)。云南：保山隆阳，海拔 1900 m，2010 年 8 月 10 日，唐丽萍 1224 (HKAS 63044)；泸水老窝，海拔 2100 m，2011 年 8 月 7 日，吴刚 541 (HKAS 74855)；腾冲，海拔 2010 m，2009 年 7 月 19 日，李艳春 1696 (HKAS 59443，模式)；腾冲，海拔 1700 m，2011 年 8 月 11 日，吴刚 620 (HKAS 74934)；永平，海拔 2100 m，2009 年 7 月 31 日，蔡箐 57 (HKAS 58724)。

讨论：黄孔新牛肝菌的鉴别特征在于其幼时鲜黄色的菌管口，担子果受伤迅速变为蓝色，菌盖表皮菌丝毛皮型排列且末端细胞纤细（Wu *et al.*, 2016b）。

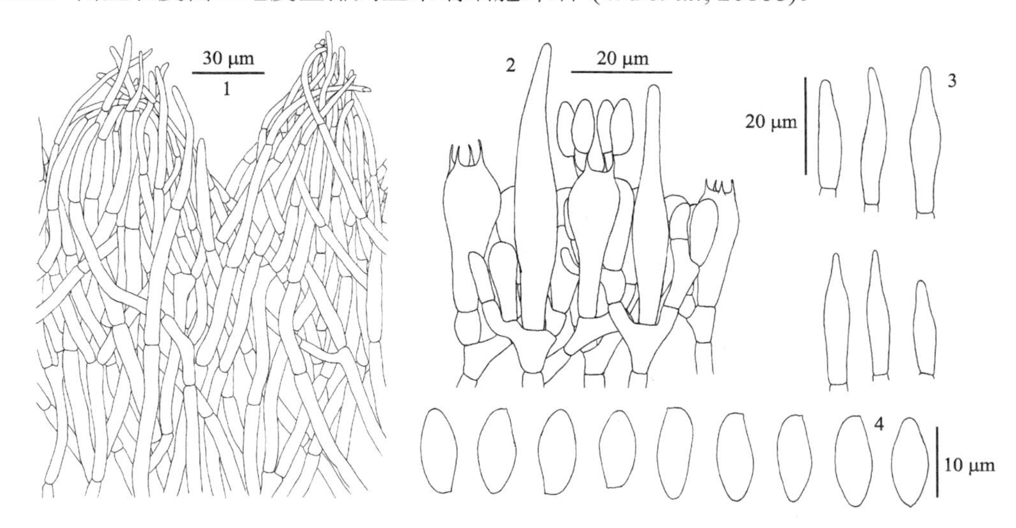

图 50 黄孔新牛肝菌 *Neoboletus flavidus* (G. Wu & Zhu L. Yang) N.K. Zeng, H. Chai & Zhi Q. Liang (HKAS 59443，模式)

1. 菌盖表皮结构；2. 担子和侧生囊状体；3. 缘生囊状体；4. 担孢子

分子系统发育分析表明，黄孔新牛肝菌与有毒新牛肝菌有一定的亲缘关系，且二者菌管口幼时均为黄色。但有毒新牛肝菌分布于亚高山地区，常与冷杉或云杉形成共生关系，且菌肉受伤后变色较为缓慢。在形态上，发表自日本的 *B. oksapminensis* Hongo 和 *B. ventricosus* Taneyama & Har. Takah.菌盖表面黄褐色至红褐色，子实层体表面黄色和菌肉受伤变为蓝色，与黄孔新牛肝菌较为相似。但 *B. oksapminensis* 菌肉受伤后稍微变为蓝色，且囊状体呈棒状至近头状（Hongo, 1973），而 *B. ventricosus* 子实层体明显较薄且菌盖表皮菌丝近平伏状（Takahashi *et al.*, 2013）。

海南新牛肝菌 图版 V-12；图 51

Neoboletus hainanensis (T.H. Li & M. Zang) N.K. Zeng, H. Chai & Zhi Q. Liang, in Chai, Liang, Xue, Jiang, Luo, Wang, Wu, Tang, Chen, Hong & Zeng, MycoKeys 46: 76, figs. 5d～f, 2019.

Boletus hainanensis T.H. Li & M. Zang, Mycotaxon 80: 482, figs. 1-6～10, 2001; Zang, Flora Fung. Sinicorum 22: 177, figs. 49-7～9, 2006.

Sutorius hainanensis (T.H. Li & M. Zang) G. Wu & Zhu L. Yang, in Wu, Li, Zhu, Zhao, Han, Cui, Li, Xu & Yang, Fungal Divers. 81: 135, figs. 77-j～l, 81, 2016.

菌盖直径 4～10 cm，凸镜形至阔扁平，边缘幼时内卷；表面浅褐色至浅黄褐色，菌盖边缘稍色浅，受伤后变暗蓝色，湿时微黏，干后近光滑至微绒质；菌肉厚 10～17 mm，淡黄色，受伤后迅速变为蓝色至暗蓝色。子实层体直生，浅黄褐色、浅褐橘色、浅褐黄色至橘黄色，有时有红色色调，受伤后迅速变为蓝黑色；菌管长 4～10 mm，黄色至鲜黄色，受伤后迅速变为蓝色至暗蓝色；管口直径约 0.5 mm，近圆形。菌柄 9～12 × 1.5～2.5 cm，中生，近柱形至柱形；表面浅黄色至灰黄色，常被浅褐黄色至浅褐色的颗粒状至皮屑状鳞片和不明显的纵向条纹，受伤迅速变为蓝色至暗蓝色；菌肉淡黄色，有时有灰黄色色调，仅顶部受伤变为蓝色，其余部位不变色或缓慢变为淡蓝色；菌柄基部菌丝污白色。

菌管菌髓牛肝菌型。担子 24～33 × 9～13 μm，棒状，具 4 孢梗，极少数 2 孢梗。担孢子(9) 9.5～13.5 (16) × 4～5 (6) μm [Q = (1.90) 2.07～2.7 (2.93)，**Q** = 2.40 ± 0.19]，侧面观近梭形至圆柱形，不等边，上脐部常下陷，背腹观近梭形至近圆柱形，壁稍厚 (厚约 0.5 μm)，浅褐黄色，表面光滑。缘生囊状体 22～38 × 5～8 μm，梭形腹鼓状至棒状，顶端常具长喙，具褐黄色胞内色素，薄壁。侧生囊状体 26～70 (86) × 8～12 μm，梭形腹鼓状至阔梭形腹鼓状，顶端常具长喙，薄壁，有时也具褐黄色胞内色素。菌盖表皮厚约 300 μm，黏毛皮型至毛皮型，由直径 3～7 μm 的丝状菌丝组成，末端细胞近柱形或棒状 (有时钝尖)，20～70 × 4～8 μm。菌柄表皮厚 80～90 μm，子实层状，末端细胞 30～35× 8～10 μm。菌柄菌髓由纵向排列、直径 4～9 μm 的菌丝组成。担子果各部位皆无锁状联合。

模式产地：中国 (海南)。

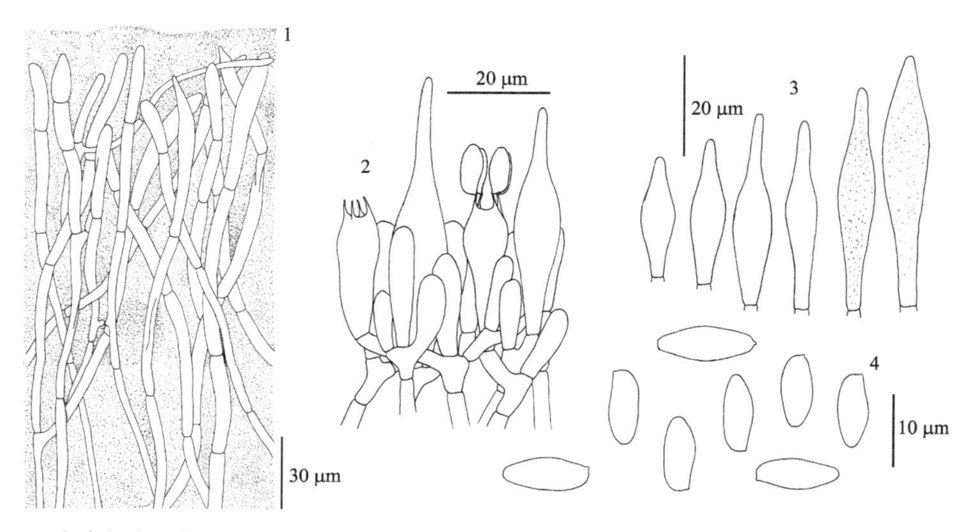

图 51　海南新牛肝菌 *Neoboletus hainanensis* (T.H. Li & M. Zang) N.K. Zeng, H. Chai & Zhi Q. Liang (HKAS 74880)

1. 菌盖表皮结构；2. 担子和侧生囊状体；3. 缘生囊状体；4. 担孢子

生境：夏秋季单生或散生于亚热带地区的壳斗科和松科等植物的混交林下或松林中。

世界分布：中国 (华南和西南地区)。

研究标本：海南：昌江霸王岭，海拔 600 m，1987 年 7 月 28 日，李泰辉等 (GDGM 16472，模式)；同地，2009 年 8 月 20 日，曾念开 523 (HKAS 90209)。云南：保山隆阳，海拔 1800 m，2011 年 8 月 8 日，吴刚 566 (HKAS 74880)；昌宁窝脚底村，海拔 1800 m，2009 年 7 月 24 日，李艳春 1791 (HKAS 59538)；师宗丹凤，海拔 1900 m，2010 年 8 月 8 日，吴刚 284 (HKAS 63515)；鹤庆羊龙潭，海拔 2200 m，2010 年 8 月 2 日，吴刚 357 (HKAS 63589)；腾冲光坡脚村，海拔 1900 m，2009 年 7 月 20 日，李艳春 1722 (HKAS 59469)。

讨论：海南新牛肝菌最早由 Zang 等 (2001) 发表并置于牛肝菌属中，但分子系统发育分析表明，该种应归属于新牛肝菌属 (Chai *et al*., 2019)。其鉴别特征在于子实层体表面褐黄色，除菌柄菌肉外其他部位受伤后都迅速变为蓝色，菌盖表皮菌丝黏毛皮型至毛皮型排列。海南新牛肝菌与锈柄新牛肝菌亲缘关系很近，但后者担孢子较短 (8～10 × 4～5 μm)。

华丽新牛肝菌 图版 VI-1；图 52

别名：见手青、紫见手

Neoboletus magnificus (W.F. Chiu) Gelardi, Simonini & Vizzini, in Vizzini, Index Fung. 192: 1, 2014.

Boletus magnificus W.F. Chiu, Mycologia 40: 221, 1948; Zang, Flora Fung. Sinicorum 22: 177, figs. 50-1～3, 2006; Li, Li, Yang, Bau & Dai, Atlas Chin. Macrofung. Res., 1083, fig. 1589, 2015.

Sutorius magnificus (W.F. Chiu) G. Wu & Zhu L. Yang, in Wu, Li, Zhu, Zhao, Han, Cui, Li, Xu & Yang, Fungal Divers. 81: 145, 2016.

菌盖直径 5～8 μm，半球形至扁平，边缘幼时内卷；表面干燥，微绒质，玫瑰红色至浅红色至咖啡褐色、暗褐色，受伤后迅速变为暗蓝色；菌肉厚 15～20 mm，浅黄色，受伤后迅速变为暗蓝色。子实层体直生至弯生，稀近离生；表面红褐色至褐红色；菌管长 5～10 mm，浅黄色至玉米黄色，老后成橄榄黄色，受伤后迅速变暗蓝色；管口直径 0.3～0.5 mm，近圆形。菌柄 7.5～10 × 1.5～5 cm，中生，倒棒状，基部有时近球形；表面顶端锌黄色至玉米黄色，向基部逐渐变为鸡冠红色至暗红色，有时有暗黄色色调，被有红色颗粒状鳞片，受伤后迅速变为蓝色；菌肉颜色及受伤变色同菌盖菌肉；基部菌丝淡黄色至浅黄色。

菌管菌髓牛肝菌型。担子 24～42 × 8.5～13 μm，棒状，具 4 孢梗，稀具 2 孢梗。担孢子 (9) 10～13 (15) × (4) 4～5 (5.5) μm [Q = (1.84) 2.27～3 (3.7)，**Q** =2.61 ± 0.19]，侧面观近梭形，不等边，上脐部常下陷，背腹观近梭形至近圆柱形，壁稍厚 (厚约 0.5 μm)，浅褐黄色，表面光滑。缘生囊状体 25～45 × 5～7.5 μm，披针形、窄梭形、棒状或不规则长条形，薄壁。侧生囊状体 28～58 × 6～11 μm，梭形腹鼓状，薄壁。菌盖表皮毛皮型至交织毛皮型，由直径 5～7 μm 的丝状菌丝组成，末端细胞近柱形，顶端钝尖，有时呈囊状体状，38～92 × 5～16 μm。菌柄表皮厚 80～100 μm，子实层状，末端菌丝 23～60 × 8～15 μm。菌柄菌髓由纵向排列、直径 4.5～8 μm 的菌丝组成。担子果各部位皆无锁状联合。

模式产地：中国 (云南)。

生境：夏秋季散生于亚热带针阔混交林 (云南松、华山松、柯属、锥属和栎属等) 中。

世界分布：中国 (西南地区)。

研究标本：云南：昆明妙高寺附近，海拔 2100 m，2006 年 8 月 6 日，李艳春 696 (HKAS 50450)；昆明野生食用菌市场购买，产地海拔 1900 m，2008 年 6 月 7 日，杨祝良 5060 (HKAS 54096)；南华野生食用菌市场购买，产地海拔 2200 m，2010 年 8 月 23 日，吴刚 369 (HKAS 63601)；腾冲，海拔 1600 m，2011 年 8 月 11 日，吴刚 625 (HKAS 74939)。

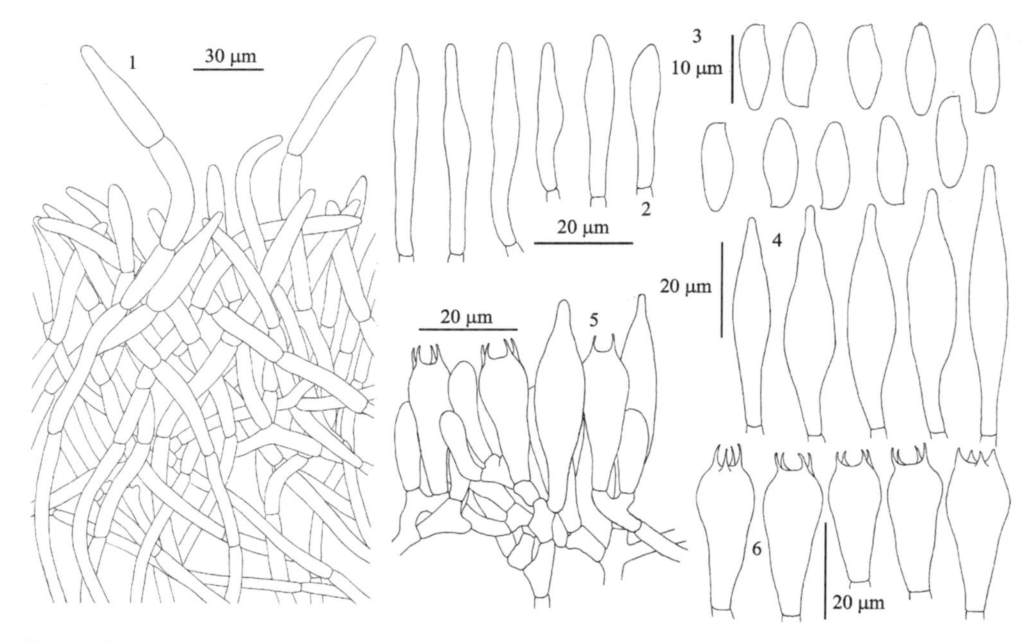

图 52　华丽新牛肝菌 *Neoboletus magnificus* (W.F. Chiu) Gelardi, Simonini & Vizzini (HKAS 74939)
1. 菌盖表皮结构；2. 缘生囊状体；3. 担孢子；4. 侧生囊状体；5. 担子和侧生囊状体；6. 担子

讨论：华丽新牛肝菌最初由 Chiu (1948) 发表并置于牛肝菌属中。分子系统发育分析表明，该种应归属新牛肝菌属 (Chai *et al*., 2019)，且与血红新牛肝菌近缘。但是，血红新牛肝菌分布于亚高山地区且担孢子较宽 (10～14 × 5～6 μm)。在形态上，红孔牛肝菌 (*Rub. sinicus*) 和 *N. luridiformis* 与该种相似，但红孔牛肝菌的柄表密被明显的网纹，且菌肉受伤缓慢变为浅蓝色；*N. luridiformis* 分布于欧洲温带地区的落叶林或针叶林中，其担孢子较大 (12～17 × 4～6 μm) (Alessio, 1985；Hansen and Knudsen, 1992)。

在云南，华丽新牛肝菌是重要的野生食用菌。因为担子果各部位受伤后变为蓝色，故被称为“见手青”。该菌有微毒，生食常常会出现幻觉。烹调时需要煮熟方可食用。食剩的牛肝菌再食用前仍需要煮透。

密鳞新牛肝菌　图版 VI-2～3；图 53

Neoboletus multipunctatus N.K. Zeng, H. Chai & S. Jiang, in Chai, Liang, Xue, Jiang, Luo, Wang, Wu, Tang, Chen, Hong & Zeng, MycoKeys 46: 77, figs. 5g～l, 12, 2019.

菌盖直径 5.7～7 cm，凸镜形至近平展；表面干，褐色、暗褐色或黑褐色，覆有细小绒毛；菌肉厚 10～15 mm，浅黄色，受伤迅速变为蓝色。子实层体弯生；表面褐色至红褐色，受伤后迅速变为蓝黑色；管口直径 0.3～0.4 mm，近圆形；菌管长 5～7 mm，浅黄色，受伤迅速变为蓝色。菌柄 7～7.4 × 1～1.3 cm，中生，近圆柱形，实心，通常弯曲；表面干，密被褐色至红褐色鳞片；菌柄基部菌丝黄色；菌肉黄色，受伤迅速变为蓝色。菌肉气味不明显。

菌管菌髓牛肝菌型。担子 27～37 × 6～10 μm，棒状，具 4 孢梗；孢梗长 5～6 μm。担孢子 8.5～11 (12) × 4～5 μm [Q = (1.80) 1.90～2.50 (2.75)，**Q** = 2.22 ± 0.22]，侧面观梭形，不等边，上脐部往往下陷，背腹观近梭形至近柱状，在 KOH 溶液中浅黄褐色至黄褐色，壁光滑，稍厚 (0.5 μm)。缘生囊状体 27～34 × 5～7 μm，丰富，纺锤形或近纺锤形，薄壁，在 KOH 溶液中浅黄褐色至黄褐色。侧生囊状体 38～61 × 6～8 μm，丰富，纺锤形或近纺锤形，薄壁，在 KOH 溶液中无色至黄褐色。菌盖表皮毛皮型，厚约 120 μm，由直径 3～5 μm 的薄壁菌丝组成，在 KOH 溶液中无色至浅黄色；顶端细胞 21～70 × 3～5 μm，近圆柱形或棒状，先端圆钝。菌盖髓部菌丝直径 3～8 μm，薄壁，在 KOH 溶液中无色至浅黄色。菌柄表皮厚约 100 μm，子实层状，由无色至浅黄色的菌丝组成；顶端细胞 25～44 × 3～9 μm，棒状、近棒状、纺锤形或近纺锤形，在 KOH 溶液中无色至浅黄色，偶尔可见成熟的担子。菌柄髓部由纵向排列的近平行状的菌丝组成，菌丝直径 4～9 μm，在 KOH 溶液中无色。担子果各部位皆无锁状联合。

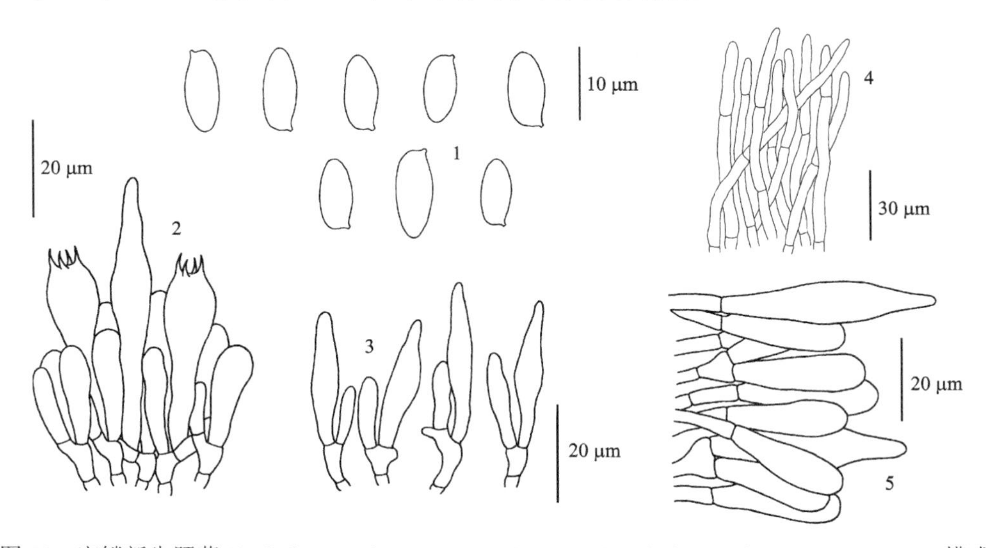

图 53　密鳞新牛肝菌 *Neoboletus multipunctatus* N.K. Zeng, H. Chai & S. Jiang (FHMU 1620，模式)
1. 担孢子；2. 担子和侧生囊状体；3. 缘生囊状体；4. 菌盖表皮结构；5. 菌柄表皮结构

模式产地：中国 (海南)。

生境：单生于壳斗科林下。

世界分布：中国 (华南地区)。

研究标本：海南：昌江霸王岭，海拔 600 m，2009 年 8 月 22 日，曾念开 559 (HKAS 76851)；琼中鹦哥岭，海拔 800 m，2015 年 8 月 3 日，曾念开 2498 (FHMU 1620，模式)；乐东鹦哥岭，海拔 620 m，2018 年 5 月 6 日，曾念开 3324 (FHMU 2808)。

讨论：密鳞新牛肝菌的主要鉴别特征为：菌盖褐色、暗褐色或黑褐色，子实层体表面褐色至红褐色，受伤迅速变为蓝黑色，菌柄表面密被褐色至红褐色鳞片，担孢子小。与壳斗科植物共生，分布于我国热带地区 (Chai *et al*., 2019)。

无论是在形态上还是在分子系统发育上，密鳞新牛肝菌都与原描述于云南的茶褐新牛肝菌相近，然而后者的担孢子更大 (10～14 × 4.5～5 μm)，而且分布在温带和亚热带地区 (Chai *et al*., 2019)。在形态上，密鳞新牛肝菌与海南新牛肝菌、中华新牛肝菌 [*N. sinensis* (T.H. Li & M. Zang) Gelardi *et al*.] 也十分相似。但是海南新牛肝菌的菌盖和菌柄表面受伤都会变为暗蓝色，基部菌丝为白色，担孢子相对较大 (9.5～13.5 × 4～5 μm)，盖表毛皮型至黏毛皮型 (Chai *et al*., 2019)；中华新牛肝菌最早也描述于海南，其菌柄为樱桃红色，上覆有网纹，且具有更大的担孢子 (13～19 × 5～6.5 μm) 和更宽的囊状体 (Zang *et al*., 2001)。

暗褐新牛肝菌　图版 VI-4；图 54

别名：黑牛肝、褐牛肝

Neoboletus obscureumbrinus (Hongo) N.K. Zeng, H. Chai & Zhi Q. Liang, in Chai, Liang, Xue, Jiang, Luo, Wang, Wu, Tang, Chen, Hong & Zeng, MycoKeys 46: 78, figs. 6a～e, 2019.

Boletus obscureumbrinus Hongo, Mem. Shiga Univ. 18: 49, fig. 21, 1968; Zang, Flora Fung. Sinicorum 22: 75, figs. 21-7～9, 2006; Li, Li, Yang, Bau & Dai, Atlas Chin. Macrofung. Res., 1086, fig. 1593, 2015.

Sutorius obscureumbrinus (Hongo) G. Wu & Zhu L. Yang, in Wu, Li, Zhu, Zhao, Han, Cui, Li, Xu & Yang, Fungal Divers. 81: 138, figs. 77m～o, 82, 2016.

菌盖直径 7～15 cm，凸镜形至扁平，幼时边缘内卷；表面干燥，微绒质，褐色至暗褐色；菌肉厚 20～30 mm，淡黄色，受伤后缓慢变浅蓝色。子实层体直生至弯生；表面红褐色，受伤后迅速变为暗蓝色；菌管长 10～20 mm，暗橘色至金黄色，受伤后缓慢变为淡蓝色至暗蓝色；管口成熟时直径达 0.3～0.8 mm，多角形至近圆形。菌柄 6.5～9 × 2～5.5 cm，中生，常倒棒状，基部有时呈球形；上半部浅黄色至暗橘色，其他部位褐色至褐橘色，被有同色细小颗粒状鳞片；菌肉淡黄色至浅黄色，受伤后极缓慢地变为淡蓝色；基部菌丝污黄色。菌肉有令人不悦的异味。

菌管菌髓牛肝菌型。担子 25～35 (43) × 9～11.5 μm，棒状，具 4 孢梗。担孢子 (9) 10～12 (12.5) × 4～5 μm [Q = (2.22) 2.27～2.78 (2.98)，**Q** = 2.51 ± 0.19]，侧面观近梭形，不等边，上脐部常下陷，背腹观近梭形至近圆柱形，壁稍厚 (厚约 0.5 μm)，浅褐黄色，表面光滑。缘生囊状体 18～37 (48) × 4.5～8 μm，棒状腹鼓形至腹鼓形，顶端钝尖或具长喙，薄壁。侧生囊状体 30～58 × 7.5～15 μm，梭状腹鼓形，顶端常具长喙，薄壁。菌盖表皮厚约 200 μm，毛皮型，由直径 5.5～7.5 μm 的丝状菌丝组成；末端细胞近柱形，顶端有时钝尖或囊状体状，(20) 25～65 (72) × 4.5～8 (9) μm。菌柄表皮厚约 90 μm，子实层状排列，由近圆柱状、浅褐色至黄褐色的菌丝组成；末端细胞 17～33 × 7～9.5 μm，柄生囊状体 20～30 × 6.5～9 μm。菌柄菌髓由纵向排列、直径 6.5～13 μm 的菌丝组成。担子果各部位皆无锁状联合。

模式产地：日本。

生境：夏秋季单生或散生于壳斗科 (栎属、锥属、柯属等) 林下，有时杂有松属植物。

世界分布：日本和中国。

研究标本：广东：封开黑石顶，海拔 200 m，2012 年 9 月 11 日，李方 1043 (HKAS 77774)。云南：景洪大渡岗野生食用菌市场购买，产地海拔 1050 m，2014 年 7 月 9 日，吴刚 1290 (HKAS 89027)；昆明野生食用菌市场购买，产地海拔 1900 m，2010 年 6 月 14 日，吴刚 267 (HKAS 63498)；勐海南疆山，海拔 1300 m，2014 年 7 月 8 日，吴刚 1277 (HKAS 89014)；勐腊野生食用菌市场购买，产地海拔 800 m，2014 年 7 月 7 日，吴刚 1271 (HKAS 89008)。

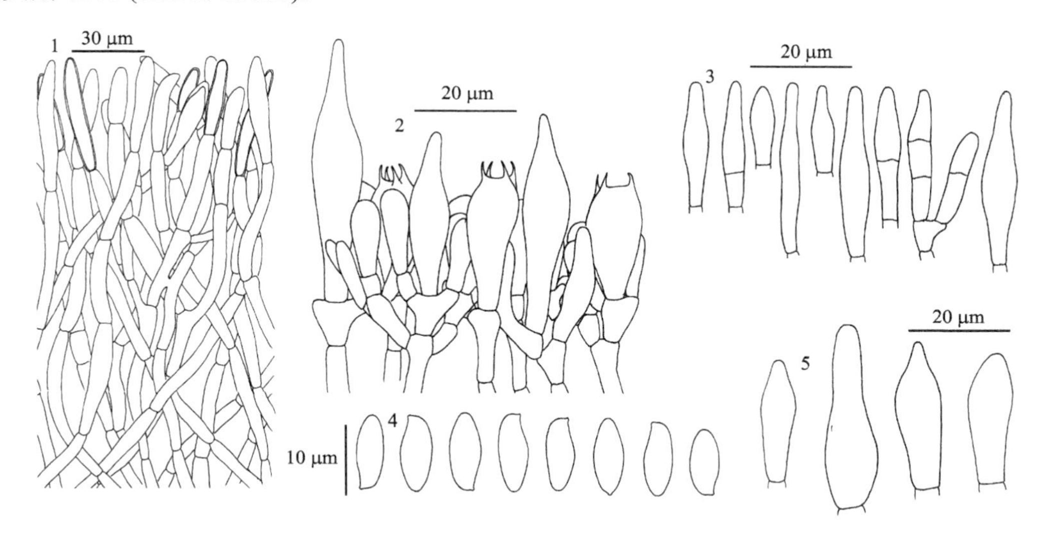

图 54　暗褐新牛肝菌 *Neoboletus obscureumbrinus* (Hongo) N.K. Zeng, H. Chai & Zhi Q. Liang (HKAS 89014)

1. 菌盖表皮结构；2. 担子和侧生囊状体；3. 缘生囊状体；4. 担孢子；5. 柄生囊状体

讨论：暗褐新牛肝菌的主要特征是：担子果较大、褐色，子实层体表面红褐色，菌肉受伤后缓慢变为蓝色，菌盖表皮菌丝毛皮型排列 (Chai *et al*., 2019)。

暗褐新牛肝菌最初由 Hongo (1968) 发表并置于牛肝菌属中。分子系统发育分析表明，该种应隶属于新牛肝菌属 (Chai *et al*., 2019)，并且它与华丽新牛肝菌有一定的亲缘关系，但后者的菌盖和菌柄菌肉受伤后迅速变为蓝色。

在形态上，绒柄新牛肝菌、锈柄新牛肝菌、茶褐新牛肝菌和 *B. erythropus* var. *novoguineensis* 与暗褐新牛肝菌相似，但锈柄新牛肝菌和绒柄新牛肝菌的担孢子较短，且菌柄基部被有浓密的发状绒毛。茶褐新牛肝菌的担子果较小，菌柄纤细且菌肉受伤迅速变为蓝色。*Boletus erythropus* var. *novoguineensis* 受伤也迅速变蓝色。

暗褐新牛肝菌可食。

红孔新牛肝菌　图版 VI-5；图 55

Neoboletus rubriporus (G. Wu & Zhu L. Yang) N.K. Zeng, H. Chai & Zhi Q. Liang, in Chai, Liang, Xue, Jiang, Luo, Wang, Wu, Tang, Chen, Hong & Zeng, MycoKeys 46: 90, 2019.

Sutorius rubriporus G. Wu & Zhu L. Yang, in Wu, Li, Zhu, Zhao, Han, Cui, Li, Xu & Yang, Fungal Divers. 81: 139, figs. 83a, b, 84, 2016.

菌盖直径 5～9 cm，半球形至扁平，幼时边缘内卷；表面褐红色、紫褐色、灰橘色、褐黄色至褐色，光滑，湿时胶黏；菌肉厚 8～12 mm，浅黄色至鲜黄色，受伤后迅速变为蓝色至暗蓝色。子实层体直生；表面血红色、红色至深红色；菌管长 3～10 mm，浅黄色、橘黄色至橘色，受伤后迅速变为蓝色至暗蓝色；管口直径 0.7～1 mm，近圆形至圆形。菌柄 6～13 × 1～2.3 cm，中生，近柱形至倒棒状；表面橙红色至红色，或褐橘色，受伤后迅速变为蓝色至暗蓝色；菌肉浅黄色，间杂有浅褐色色调，受伤后迅速变为蓝色至暗蓝色；基部菌丝奶白色，有时为浅褐色。

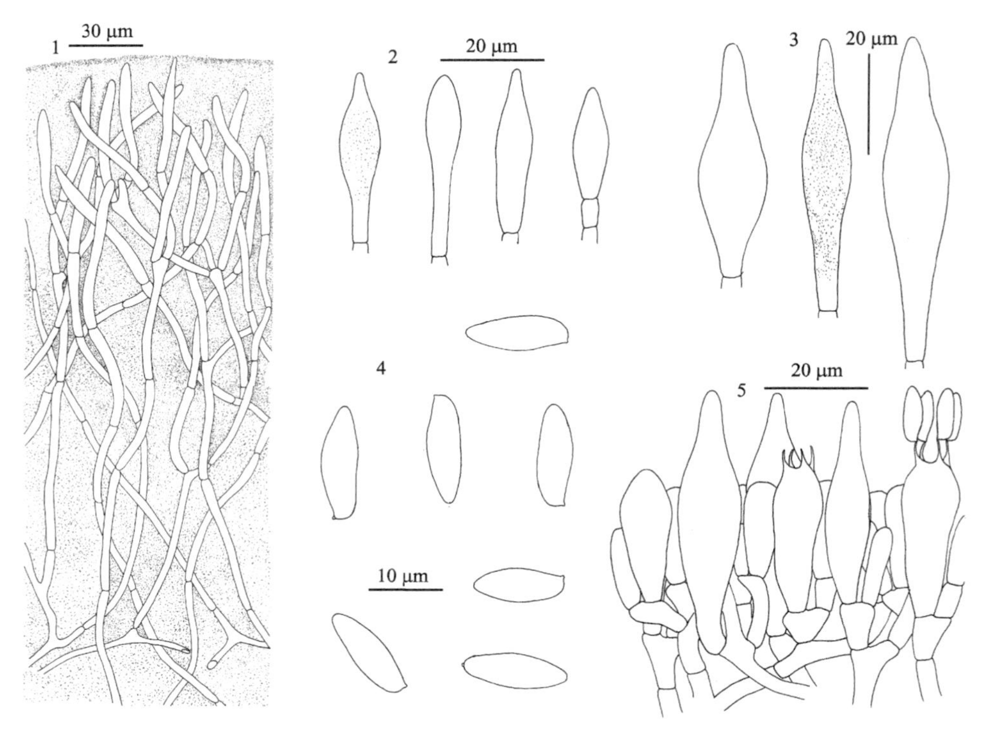

图 55　红孔新牛肝菌 *Neoboletus rubriporus* (G. Wu & Zhu L. Yang) N.K. Zeng, H. Chai & Zhi Q. Liang (HKAS 83026，模式)

1. 菌盖表皮结构；2. 缘生囊状体；3. 侧生囊状体；4. 担孢子；5. 担子和侧生囊状体

菌管菌髓牛肝菌型。担子 24～34 × 10～13 μm，棒状，具 4 孢梗，有时具褐黄色胞内色素。担孢子 (12) 12.5～16 (17) × 5～6 μm [Q = (2.18) 2.37～3.1 (3.28)，**Q** = 2.77 ± 0.22]，侧面观近梭形，不等边，上脐部常下陷，背腹观近梭形至近圆柱形，壁稍厚 (厚约 0.5 μm)，淡褐黄色，表面光滑。缘生囊状体 20～40 × 5.5～9 μm，梭形腹鼓状至棒状，顶端钝尖，常具褐黄色胞内色素，薄壁。侧生囊状体 34～60 × 8～14 μm，梭形腹鼓状至棒状，顶端钝尖，常具褐黄色胞内色素，薄壁。菌盖表皮厚约 300 μm，黏毛皮型，由直径 3～5 μm 的丝状菌丝组成；末端细胞近柱形，有时成囊状体状，32～68 × 3～5.5 μm。菌柄表皮厚约 100 μm，由子实层状排列的菌丝组成，末端细胞囊状体状，30～57 × 5.5～12 μm。菌柄菌髓由纵向排列、直径 3～8 μm 的菌丝组成。担子果各部位皆无锁状联合。

模式产地：中国（云南）。

生境：夏秋季生于亚高山地区的冷杉属或云杉属植物林中。

世界分布：中国（西南地区）。

研究标本：四川：马尔康梦笔山，海拔 3900 m，2007 年 7 月 30 日，葛再伟 1633 (HKAS 53719)；康定野生食用菌市场购买，产地海拔 2400 m，2010 年 8 月 18 日，吴刚 298 (HKAS 63529)。云南：香格里拉红山，海拔 4100 m，2008 年 8 月 22 日，冯邦 344 (HKAS 55455)；香格里拉碧沽天池，海拔 3750 m，2014 年 7 月 9 日，郝艳佳 1235 (HKAS 83026，模式)；香格里拉小中甸，海拔 3650 m，2014 年 7 月 11 日，赵宽 511 (HKAS 89174)；香格里拉小雪山，海拔 3900 m，2014 年 7 月 12 日，赵宽 518 (HKAS 89181)；同地同时，冯邦 1559 (HKAS 90210)；玉龙老君山，海拔 3500 m，2009 年 9 月 4 日，冯邦 784 (HKAS 57512)。

讨论：红孔新牛肝菌的特征在于其子实层体表面红色至血红色、菌肉受伤迅速变为蓝色和黏毛皮型排列的菌盖表皮菌丝（Wu *et al*., 2016b）。在形态和分子系统发育上，欧洲的 *N. luridiformis* 与红孔新牛肝菌非常近缘，但前者的菌盖表面不黏（Rauschert, 1987；Hansen and Knudsen, 1992）。

在形态上，最初发表于日本的 *B. fuscopunctatus* 与红孔新牛肝菌极为相似，但前者的担孢子较短（9.5～12.5 × 4～5.5 μm）(Hongo and Nagasawa, 1976)。此外，甘肃牛肝菌 (*Boletus gansuensis* Q.B. Eang et al.)、*B. bannaensis*、*B. generosus*、*Suillellus queletii* (Schulzer) Vizzini *et al.* 和 *Rub. dupainii* (Boud.) Kuan Zhao & Zhu L. Yang 也与红孔新牛肝菌相似，但它们的宿主均非冷杉属或云杉属植物（Alessio, 1985；Takahashi, 1988, 2007；Zervakis *et al.*, 2002；Wang *et al.*, 2003）。发表自我国西北地区的甘肃牛肝菌的担孢子（12～15.5 × 6～7 μm）较红孔新牛肝菌大；*B. bannaensis* 的菌盖表皮为毛皮型，担孢子（6.5～9 × 3.5～4 μm）较红孔新牛肝菌小（Takahashi, 2007)；*B. generosus* 的担孢子 (9.5～12 × 4.5～5.5 μm) 较红孔新牛肝菌的短，且菌柄具有明显的网纹（Takahashi, 1988)；*Rub. dupainii* 菌柄表面具明显网纹（Alessio, 1985)；*Suillellus queletii* 的菌盖表面不黏，且其菌柄基部菌肉酒红色（Alessio, 1985；Zervakis *et al.*, 2002）。

红孔新牛肝菌可食。

拟血红新牛肝菌　图版 VI-6；图 56

Neoboletus sanguineoides (G. Wu & Zhu L. Yang) N.K. Zeng, H. Chai & Zhi Q. Liang, in Chai, Liang, Xue, Jiang, Luo, Wang, Wu, Tang, Chen, Hong & Zeng, MycoKeys 46: 90, 2019.

Sutorius sanguineoides G. Wu & Zhu L. Yang, in Wu, Li, Zhu, Zhao, Han, Cui, Li, Xu & Yang, Fungal Divers. 81: 140, figs. 83c～e, 85, 2016.

菌盖直径 5～9 cm，凸镜形至平展，幼时边缘内卷；表面干燥，光滑至微绒质，深红色至褐红色，边缘色浅略带黄色色调；菌肉厚约 15 mm，浅黄色，受伤迅速变为暗蓝色。子实层体直生至稍弯生；表面红色、暗红色至褐红色，受伤后迅速变为蓝黑色；菌管长 6～10 mm，浅黄色至玉米黄色，受伤后迅速变为蓝色至暗蓝色；管口直径 0.3～0.8 mm，近圆形。菌柄 5～9 × 2～3 cm，中生，常倒棒状，少为近柱形；表面淡黄色至黄色，密被红色至暗红色细小的颗粒状鳞片，无网纹；菌肉浅黄色至黄色，受伤后迅速变为蓝色至暗蓝色；菌柄基部菌丝奶黄色至浅黄色。

菌管菌髓牛肝菌型。担子 30～60 × 10～14 μm，棒状，具 4 孢梗。担孢子 13.5～17 (21) × 5～7 μm [Q = (2.07) 2.19～2.97 (3.5)，**Q** = 2.56 ± 0.23]，侧面观近梭形，不等边，上脐部常下陷，背腹观近梭形，壁稍厚 (厚约 0.5 μm)，浅褐色至褐黄色，表面光滑。缘生囊状体 20～40 × 5～10 μm，梭形腹鼓状至棒状，顶端钝尖，偶具长喙，薄壁，常具褐黄色的胞内色素。侧生囊状体 45～65 × 7～11 μm，梭形腹鼓状，顶端常具长喙，薄壁。菌盖表皮厚约 300 μm，毛皮型，由直径 3.5～6 μm 的菌丝组成；末端细胞 44～130 × 5～11 μm，极少数壁加厚 (<1 μm)。菌柄表皮厚约 180 μm，子实层状，末端细胞 24～43 × 8.5～14.5 μm。菌柄菌髓由纵向排列、直径 5～13 μm 的菌丝组成。担子果各部位皆无锁状联合。

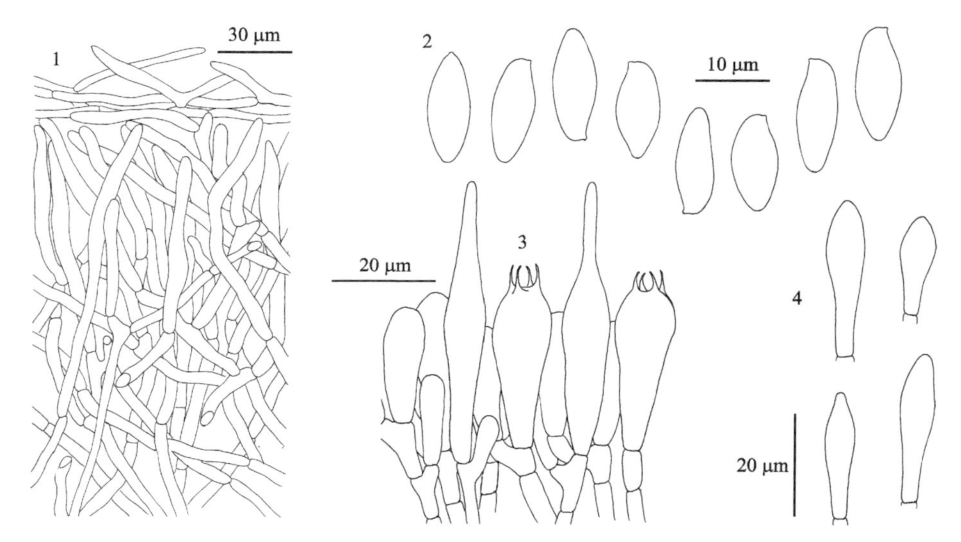

图 56　拟血红新牛肝菌 *Neoboletus sanguineoides* (G. Wu & Zhu L. Yang) N.K. Zeng, H. Chai & Zhi Q. Liang (HKAS 74733，模式)

1. 菌盖表皮结构；2. 担孢子；3. 担子和侧生囊状体；4. 缘生囊状体

模式产地：中国 (云南)。

生境：夏秋季散生于亚高山地区冷杉属或云杉属植物林中，有时混有栎属和杜鹃属 (*Rhododendron*) 植物。

世界分布：中国 (西南地区)。

研究标本：四川：康定野生食用菌市场购买，产地海拔 2400 m，2010 年 8 月 18 日，吴刚 299 (HKAS 63530)。云南：德钦，白马雪山，海拔 3700 m，2008 年 8 月 18 日，冯邦 329 (HKAS 55440)；香格里拉野生食用菌市场购买，产地海拔 3300 m，2011

年 7 月 25 日，吴刚 422 (HKAS 74733，模式)；同地同时，吴刚 427 (HKAS 74738)；玉龙老君山，海拔 3350 m，2009 年 9 月 3 日，吴刚 234 (HKAS 57766)。

讨论：拟血红新牛肝菌的特征在于其红色至褐红色的菌盖和子实层体表面，担子果受伤迅速变为蓝色，毛皮型排列的菌盖表皮菌丝和较大的担孢子 (Wu *et al.*, 2016b)。

分子系统发育分析显示，*N. luridiformis* 与该种有一定的亲缘关系，但 *N. luridiformis* 不同之处在于其褐色至暗褐色的菌盖，以及较窄的担孢子 (12～17 × 4～6 μm) (Alessio, 1985；Bessette *et al.*, 2000)。在形态上，红孔新牛肝菌、血红新牛肝菌和血红黄肉牛肝菌 (*But. ruber*) 与拟血红新牛肝菌相似。但是，红孔新牛肝菌具有胶黏的菌盖表皮，而血红新牛肝菌具有较小的担孢子 (10～14 × 5～6 μm)，菌盖表皮菌丝末端细胞囊状体状；血红黄肉牛肝菌的菌柄表面撕裂呈斑块状或蛇皮纹状，菌盖表皮为交织黏毛皮型 (臧穆, 1986；Wu *et al.*, 2020)。

拟血红新牛肝菌可食。

血红新牛肝菌 图版 VI-7；图 57

Neoboletus sanguineus (G. Wu & Zhu L. Yang) N.K. Zeng, H. Chai & Zhi Q. Liang, in Chai, Liang, Xue, Jiang, Luo, Wang, Wu, Tang, Chen, Hong & Zeng, MycoKeys 46: 90, 2019.

Sutorius sanguineus G. Wu & Zhu L. Yang, in Wu, Li, Zhu, Zhao, Han, Cui, Li, Xu & Yang, Fungal Divers. 81: 141, figs. 83f, g, 86, 2016.

菌盖直径 2～10 cm，凸镜形至平展，幼时边缘内卷；表面干燥，近光滑至微绒质，红色、鲜红色、血红色至褐红色，受伤后迅速变为暗蓝色；菌肉厚 15～20 mm，浅黄色，受伤后迅速变为蓝色至暗蓝色。子实层体直生至弯生；表面玫瑰红色、红色至深红色，有时略带黄色色调，受伤后迅速变暗蓝色；菌管长 10～13 mm，浅黄色至黄色，受伤后迅速变为蓝色至暗蓝色；管口直径 0.5～0.8 mm，近圆形。菌柄 4～14 × 1.5～3 cm，中生，近柱形至倒柱形；表面微被有细小的颗粒状鳞片，极少见网纹，顶端橙红色、红色至鲜红色，向基部渐变为暗红色至褐红色，受伤后迅速变为蓝色至暗蓝色；菌肉浅黄色至黄色，间杂有浅褐色，受伤后迅速变为蓝色至暗蓝色；菌柄基部菌丝淡黄色。

菌管菌髓牛肝菌型。担子 26～40 × 10～14 μm，棒状，具 4 孢梗。担孢子 10～14 (15) × 5～6 (7) μm [Q = (1.63) 1.7～2.5 (2.6)，**Q** = 2.14 ± 0.21]，侧面观近梭形，不等边，上脐部常下陷，背腹观近梭形，壁稍厚 (厚约 0.5 μm)，浅褐色至褐黄色，表面光滑。缘生囊状体 24～45 × 5～8 μm，梭形腹鼓状，顶端常具长喙，且具褐黄色胞内色素，薄壁。侧生囊状体 40～73 × 7～12 μm，梭形腹鼓状，顶端常具长喙，薄壁。菌盖表皮厚 250～300 μm，毛皮型至栅皮型，由直径 2.5～8 μm 的丝状菌丝组成；末端细胞近囊状体状，顶端钝尖，有时具长喙，43～105 × 9～15 μm。菌柄表皮厚 50～60 μm，子实层状，柄生囊状体 27～42 × 8～12 μm。菌柄菌髓由纵向排列、直径 4～22 μm 的菌丝组成，壁稍厚 (< 1 μm)。担子果各部位皆无锁状联合。

模式产地：中国 (云南)。

生境：夏秋季散生于亚高山冷杉林或云杉林中，有时生于高山栎林中。

世界分布：中国 (西南地区)。

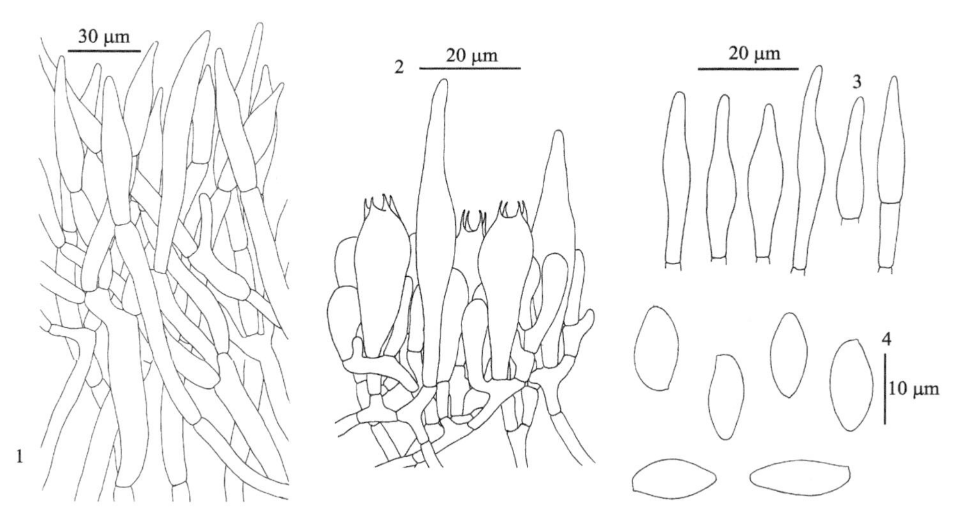

图 57　血红新牛肝菌 *Neoboletus sanguineus* (G. Wu & Zhu L. Yang) N.K. Zeng, H. Chai & Zhi Q. Liang (HKAS 80823，模式)

1. 菌盖表皮结构；2. 担子和侧生囊状体；3. 缘生囊状体；4. 担孢子

研究标本：云南：下关苍山，海拔 3500 m，2013 年 9 月 6 日，赵宽 424 (HKAS 80849)；同地，2010 年 8 月 12 日，冯邦 806 (HKAS 68587)；香格里拉，从城市去往碧沽天池的途中，海拔 3500 m，2013 年 9 月 2 日，赵宽 398 (HKAS 80823，模式)；香格里拉野生食用菌市场购买，产地海拔 3300 m，2011 年 7 月 25 日，吴刚 417 (HKAS 74728)。西藏：林芝鲁朗，海拔 3400 m，2014 年 8 月 1 日，冯邦 1675 (HKAS 90211)。

讨论：血红新牛肝菌的鉴别特征在于其担子果红色至褐红色，受伤后迅速变为蓝色，菌盖表皮毛皮型至栅皮型且末端细胞类似囊状体 (Wu *et al.*, 2016b)。

分子系统发育分析显示，拟血红新牛肝菌、茶褐新牛肝菌、红孔新牛肝菌、海南新牛肝菌和 *N. luridformis* 与该种有一定的亲缘关系。但拟血红新牛肝菌的担孢子较长 (13.5～17 × 5～7 μm)；红孔新牛肝菌和海南新牛肝菌的菌盖表皮为黏毛皮型且末端细胞纤细而非囊状体状；茶褐新牛肝菌和海南新牛肝菌的担孢子均较血红新牛肝菌的窄 (见相关物种描述)，且前两者分布于亚热带或热带的松林或阔叶林中，而非亚高山的暗针叶林，菌盖表面为褐色，常无红色色调。此外，在形态上，*B. fuscopunctatus*、*B. generosus* 和血红黄肉牛肝菌 (*But. ruber*) 与血红新牛肝菌相似。但 *B. fuscopunctatus* 的菌盖表面胶黏，表面褐色，菌柄密被暗红色至近黑色的鳞片 (Hongo and Nagasawa, 1976)；*B. generosus* 不同之处在于其柄表被有明显网纹，特别是菌柄上半部，担孢子较短 (10～14 × 4.5～5 μm)，且不分布于暗针叶林中 (Takahashi, 1988)。血红黄肉牛肝菌的菌柄表面撕裂呈蛇皮纹状，菌盖表皮为交织黏毛皮型 (臧穆, 1986；Wu *et al.*, 2020)。

血红新牛肝菌可食。

西藏新牛肝菌　图版 VI-8；图 58

Neoboletus thibetanus (Shu R. Wang & Yu Li) Zhu L. Yang, B. Feng & G. Wu, in Wu, Zhao, Li, Zeng, Feng, Halling & Yang, Fungal Divers. 81: 17, figs. 3o, 3p, 11, 2016.

Gastroboletus thibetanus Shu R. Wang & Yu Li, Mycotaxon 129: 80, figs. 1, 2, 2014.

Sutorius thibetanus (Shu R. Wang & Yu Li) G. Wu & Zhu L. Yang, in Wu, Li, Zhu, Zhao, Han, Cui, Li, Xu & Yang, Fungal Divers. 81: 145, 2016.

担子果腹菌状，半裸于地表，近球形，直径约 2 cm，具菌柄；表面具小凹坑或小穴，黄色，受伤后迅速变为蓝色，后变为浅灰色至橄榄色。外包被阙如。产孢结构 (孢体) 黄色至硫磺色，受伤后迅速变为蓝色，后缓慢褪成浅黄色至绿黄色，包含无数小腔；中轴明显。菌柄 1.2 × 0.2～0.3 cm，向下渐细，上半部淡灰色至橄榄色、黄色，基部黄色至红褐色；表面近光滑，但在菌柄顶端具有不明显的网纹；菌肉黄色至褐黄色，但柄基部菌肉黄褐色略带红色色调，受伤后迅速变为蓝色。

在孢体菌髓中，侧生菌髓和中央菌髓分化不明显，由直径 3～7 µm 的薄壁菌丝组成。担子 25～40 × 11.5～15 µm，棒状至宽棒状，具 4 孢梗，偶具 2 或 3 孢梗。担孢子 16～19 (20) × (9) 9.5～11 (11.5) µm [Q = 1.6～2.0，**Q** = 1.78 ± 0.13]，侧面观杏仁形，不等边，上脐部有时下陷，背腹观近梭形，表面光滑，壁稍加厚 (< 2 µm)，具有短的孢梗残余。类囊状体细胞 25～45 × 17～25 µm，宽椭圆形，薄壁，无色。菌柄菌髓主要由纵向排列、直径 3～7 µm 的菌丝组成。担子果各部位皆无锁状联合。

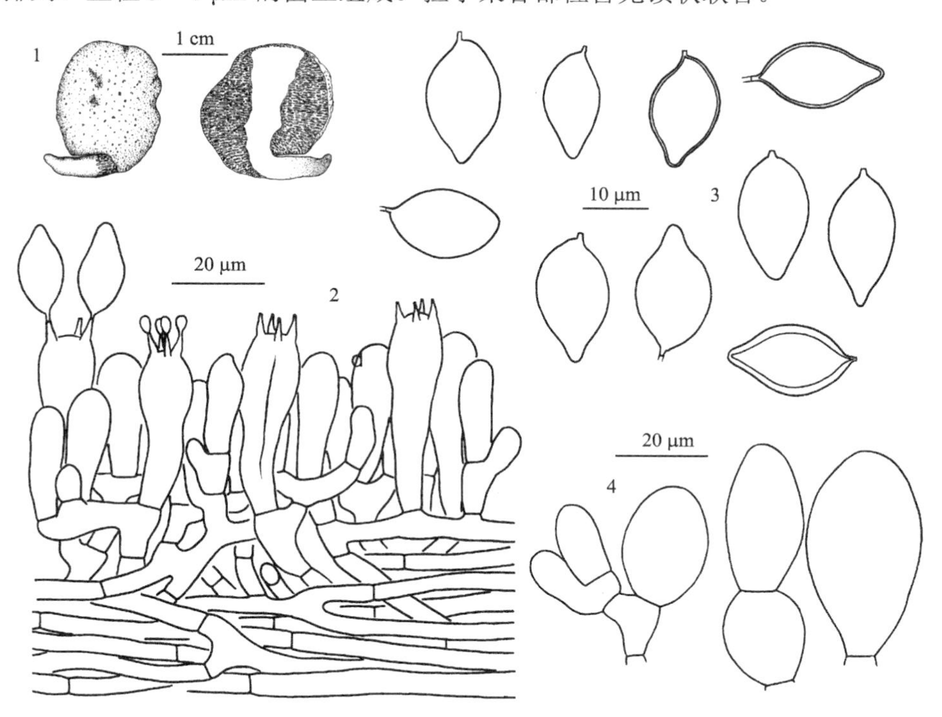

图 58　西藏新牛肝菌 *Neoboletus thibetanus* (Shu R. Wang & Yu Li) Zhu L. Yang, B. Feng & G. Wu (HKAS 57093)

1. 担子果；2. 子实层、亚子实层和菌髓结构；3. 担孢子；4. 类囊状体

模式产地：中国 (西藏)。

生境：夏秋季单生或散生于亚高山地区的冷杉林中，杂有桦木属和落叶松属植物。

世界分布：中国 (西南地区)。

研究标本：云南：香格里拉，海拔 3700 m，2013 年 9 月 2 日，冯邦 1494 (HKAS 82600)。

西藏：波密，海拔 3500 m，2009 年 6 月 22 日，冯邦 364 (HKAS 57093)。

讨论：西藏新牛肝菌最早由 Wang 等 (2014) 发表并置于腹牛肝菌属 (*Gastroboletus*)。分子系统发育分析表明，该种属于新牛肝菌属 (Chai *et al.*, 2019)。其鉴别特征在于担子果腹菌化，近球形，浅黄色，无包被，但有菌柄，菌肉黄色至硫磺色，受伤后迅速变为蓝色，担孢子杏仁形。在形态上，*Gymnogaster boletoides* J. W. Cribb、*G. turbinatus* (Snell) A.H. Sm. & Singer 和 *G. ruber* (Zeller) Cázares & Trappe 与西藏新牛肝菌相似。但 *Gg. boletoides* 的担子果顶端具有明显的红色区域 (菌盖) 且担孢子明显较小 (9.5～13 × 5.6～7 μm)，不分布于暗针叶林中 (Cribb, 1956)；*G. turbinatus* 具有明显的管状子实层体且担孢子较窄 (13.5～18 × 6.5～9.5 μm) (Smith and Singer, 1959)；*G. ruber* 的担子果为玫瑰色、褐红色至红褐色，担孢子更窄 (9～15 × 4～6 μm) (Zeller, 1939；Cázares and Trappe, 1991；Bessette *et al.*, 2000)。

在西藏新牛肝菌的小腔壁上，有时能看到类似囊状体的细胞，但与典型的囊状体有别，故在此称之为类囊状体。

根据采自云南西北部的标本，Lohwag (1937) 曾发表过一个腹菌的新种，即腹牛肝菌 *Gastroboletus boedijnii* Lohwag，并以该种作为腹牛肝菌属 (*Gastroboletus* Lohwag) 的模式种。尽管腹牛肝菌属这一名称已被后人广为使用 (Thiers, 1989；Cázares and Trappe, 1991；Nouhra *et al.*, 2002；臧穆, 2006；Wang *et al.*, 2014)，但由于该属模式种的特征并不清晰，其系统位置也不清楚，故该属的概念有待今后采集到模式种的标本后进一步界定。

绒柄新牛肝菌　图版 VI-9；图 59

Neoboletus tomentulosus (M. Zang, W.P. Liu & M.R. Hu) N.K. Zeng, H. Chai & Zhi Q. Liang, in Chai, Liang, Xue, Jiang, Luo, Wang, Wu, Tang, Chen, Hong & Zeng, MycoKeys 46: 79, figs. 6f～h, 2019.

Boletus tomentulosus M. Zang, W.P. Liu & M.R. Hu, in Zang, Hu & Liu, Acta Bot. Yunnanica 13: 150, 1991; Zang, Flora Fung. Sinicorum 22: 189, figs. 53-4～6, 2006.

Sutorius tomentulosus (M. Zang, W.P. Liu & M.R. Hu) G. Wu & Zhu L. Yang, in Wu, Li, Zhu, Zhao, Han, Cui, Li, Xu & Yang, Fungal Divers. 81: 142, figs. 83h～j, 87, 2016.

菌盖直径 1.5～7.5 μm，凸镜形至平展；表面干燥，微绒质，褐橘色、金褐色至黄褐色，受伤后迅速变为蓝黑色；菌肉厚 4～12 mm，浅黄色，受伤后迅速变为浅蓝色至暗蓝色。子实层体直生至弯生；表面浅褐色、褐橘色至橘红色，受伤后迅速变为暗蓝色；菌管长达 9 mm，香蕉黄色至暗橘色，受伤后迅速变为暗蓝色；管口直径 0.2～0.5 mm，近圆形至圆形。菌柄 4～7 × 0.6～1.5 cm，中生，近圆柱形至倒棒状；表面橘色、蜡黄色至秸秆黄色，近光滑或上半部被有不明显的同色细小颗粒状鳞片，受伤缓慢变为蓝色，老后菌柄下半部常具有毛发状红褐色至暗褐色纤毛；菌肉奶酪黄色，杂有浅褐黄色、浅黄色至褐色色调；基部菌丝褐色。

菌管菌髓牛肝菌型。担子 20～32 × 7.5～11 μm，棒状，具 4 孢梗，极少数具 2 或 3 孢梗。担孢子 8～11 (12.5) × 4～5 μm [Q = (1.78) 2～2.72 (2.88)，**Q** = 2.38 ± 0.20]，侧面观近梭形，不等边，上脐部常下陷，背腹观近梭形，浅褐黄色，表面光滑。缘生囊状体

18～27 × 5～8 μm，梭形腹鼓状，顶端常钝尖，薄壁，偶加厚 (< 1 μm)。侧生囊状体 22～39 × 8.5～11 μm，梭形腹鼓状，顶端常钝尖，薄壁。菌盖表皮厚约 150 μm，毛皮型，由直径 5～6 μm 的菌丝组成；末端细胞近柱形，顶端钝尖，偶见囊状体状，32～70 (80) × 5～8 μm。菌柄表皮厚 100～130 μm，子实层状，末端细胞棒状，14～26 × 5～9 μm。菌柄菌髓由纵向排列、直径 4～10 μm 的菌丝组成。担子果各部位皆无锁状联合。

模式产地：中国 (福建)。

生境：夏秋季散生于热带至亚热带的壳斗科 (栎属和柯属等) 林中。

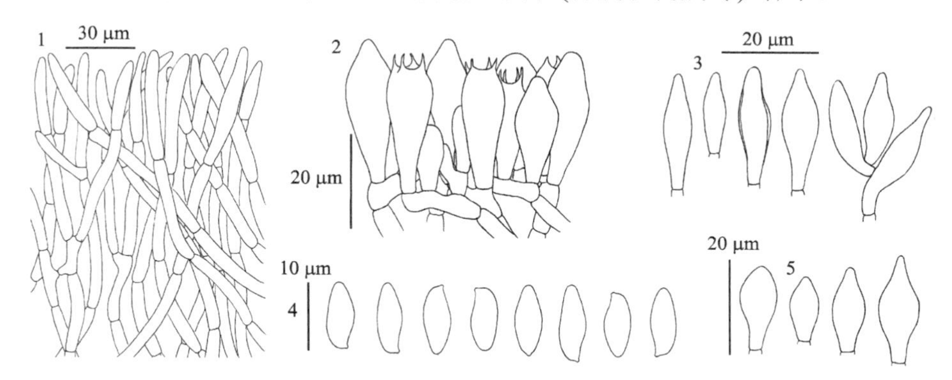

图 59　绒柄新牛肝菌 *Neoboletus tomentulosus* (M. Zang *et al.*) N.K. Zeng, H. Chai & Zhi Q. Liang (HKAS 77614)

1. 菌盖表皮结构；2. 担子和侧生囊状体；3. 缘生囊状体；4. 担孢子；5. 柄生囊状体

世界分布：中国 (东南、华南地区)。

研究标本：福建：宁化，海拔不详，1983 年 8 月 1 日，刘我鹏 113 (HKAS 18718，模式)；三明三元格氏栲国家森林公园，海拔 350 m，2007 年 8 月 26 日，李艳春 1024 (HKAS 53369)。广东：封开黑石顶，海拔 150 m，2012 年 5 月 22 日，李方 337 (HKAS 77614)；同地，2012 年 7 月 5 日，李方 628 (HKAS 77656)；同地，2012 年 7 月 14 日，李方 802 (HKAS 77703)

讨论：绒柄新牛肝菌的鉴别特征是：子实层体表面浅褐色、褐橘色至橘红色，菌柄橘色、蜡黄色至秸秆黄色，其下半部老后常具有毛发状纤毛，担子果受伤后迅速变为蓝色，菌盖表皮毛皮型，末端细胞纤细，侧生囊状体短 (臧穆等, 1991；Chai *et al.*, 2019)。

该种最早由臧穆等 (1991) 发表并置于牛肝菌属中，但分子系统发育分析发现，该物种应属于新牛肝菌属 (Chai *et al.*, 2019)，且与锈柄新牛肝菌和海南新牛肝菌有一定亲缘关系 (Wu *et al.*, 2016a)，三者子实层体表面都为褐色，菌肉受伤后都迅速变暗蓝色。但后二者的菌盖表面胶黏，囊状体较长。此外，锈柄新牛肝菌菌柄表面鳞片密集且担孢子较短 (8～10 × 4～5 μm)。在形态上，茶褐新牛肝菌、*B. bannaensis*、*B. erythropus* var. *novoguineensis*、*B. kumaeus* var. *rubricollum*、*B. reayi* 和 *B. vermiculosus* 与绒柄新牛肝菌相似。但茶褐新牛肝菌的菌柄表面鳞片密集，且担孢子较长 (Chiu, 1948；Wu *et al.*, 2016b)；*B. bannaensis* 的子实层体表面幼时为浅黄色，老后成深红色，菌肉受伤后缓慢变为淡蓝色，且担孢子较小 (6.5～9 × 3.5～4 μm) (Takahashi, 2007)；*B. erythropus* var. *novoguineensis* 的菌柄密被红色鳞片，担孢子较长 (9.5～15 × 4～5.5 μm) (Hongo, 1973)；*B. kumaeus* var. *rubricollum* 和 *B. reayi* 的担孢子较大，且 *B. kumaeus* var. *rubricollum* 的菌柄顶端暗红色，表面具纵向条纹或近网纹结构 (Corner, 1972)；*B. vermiculosus* 的担孢子 (11～15 × 4～5.5 μm) 和囊状体均较长 (Smith and Thiers, 1971；Bessette *et al.*, 2000)。

有毒新牛肝菌 图版 VI-10～11；图 60

Neoboletus venenatus (Nagas.) G. Wu & Zhu L. Yang, in Wu, Zhao, Li, Zeng, Feng, Fungal Divers. 81: 18, figs. 3q, r, 12, 2016.

Boletus venenatus Nagas., Rep. Tottori Mycol. Inst. 33: 2, figs. 1～8, 1996 ["1995"]; Li, Li, Yang, Bau & Dai, Atlas Chin. Macrofung. Res., 1092, fig. 1604, 2015.

Sutorius venenatus (Nagas.) G. Wu & Zhu L. Yang, in Wu, Li, Zhu, Zhao, Han, Cui, Li, Xu & Yang, Fungal Divers. 81: 145, 2016.

菌盖直径 7～26 cm，半球形至凸镜形，幼时边缘内卷；表面干燥，微绒质，灰黄色、黄褐色或橄榄褐色；菌肉厚 20～30 mm，淡黄色至浅黄色，受伤后缓慢变为浅蓝色。子实层体弯生；表面浅黄色至黄褐色，受伤后迅速变为蓝色；菌管长 8～20 mm，幼时浅黄色，老后呈黄褐色至橄榄黄色，受伤后缓慢变浅蓝色至暗蓝色；管口直径 0.5～1 mm，近圆形。菌柄 10～15 × 2～4.5 cm，中生，近柱形至倒棒状，顶端奶黄色至浅黄色，向下变为黄褐色至褐色；表面被有麦麸状鳞片，有时顶端具网纹；菌肉淡黄色至浅黄色，受伤后缓慢变为淡蓝色；基部菌丝奶油色至淡黄色。

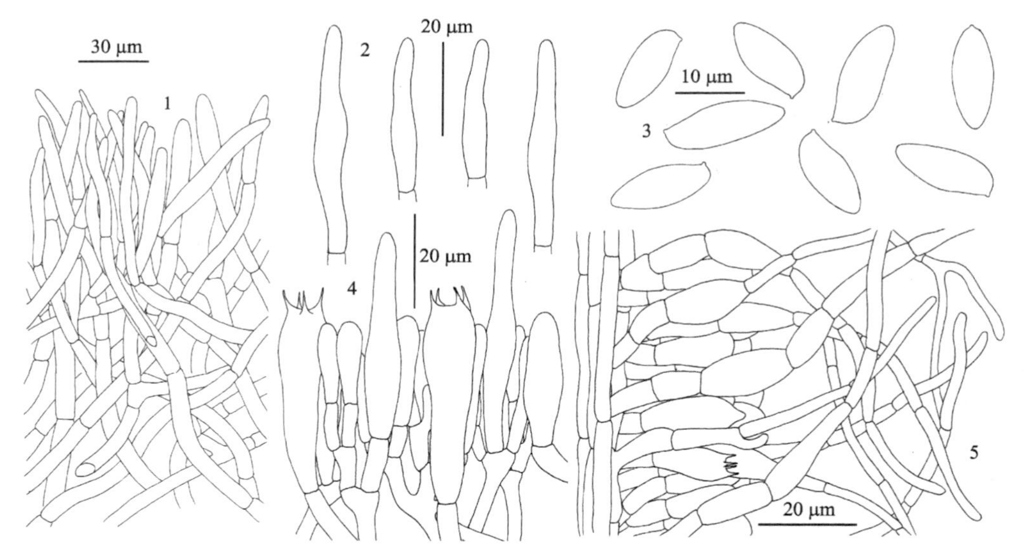

图 60 有毒新牛肝菌 *Neoboletus venenatus* (Nagas.) G. Wu & Zhu L. Yang (1、3 据 HKAS 57489；2、4、5 据 HKAS 51703)

1. 菌盖表皮结构；2. 缘生囊状体；3. 担孢子；4. 担子和侧生囊状体；5. 菌柄表皮结构

菌管菌髓牛肝菌型。担子 30～65 × 8～15 μm，棒状，具 4 孢梗，有时具 2 孢梗。担孢子 (12) 12.5～17 (18) × (4.8) 5～6.5 (7) μm [Q = (1.9) 2.17～2.98 (3.4), **Q** = 2.53 ± 0.24]，侧面观近梭形，不等边，上脐部常下陷，背腹观近梭形，浅褐黄色，表面光滑。缘生囊状体 20～51 × 4～7.5 μm，长梭形腹鼓状，薄壁。侧生囊状体 37～72 × 6～12 μm，

梭形腹鼓状至长梭形腹鼓状，薄壁。菌盖表皮厚约 200 μm，毛皮型至交织毛皮型，由直径 5～8 μm 的菌丝组成；末端细胞近柱形，有时顶端钝尖或呈棒状，40～85 × 5～9 μm。菌柄表皮厚 90～110 μm，分两层，外层由直径 3～4 μm 的松散交织的菌丝组成，而内层呈子实层状，由直径 30～35 μm 的棒状细胞组成。菌柄菌髓由纵向排列、直径 3.5～7 μm 的菌丝组成。担子果各部位皆无锁状联合。

模式产地：日本。

生境：夏秋季散生于亚高山的暗针叶林中 (云杉属或冷杉属植物等)。

世界分布：日本和中国 (西南地区)。

研究标本：四川：康定野生食用菌市场购买，产地海拔 2500 m，2010 年 8 月 18 日，吴刚 304、305 和 306 (分别为 HKAS 63535、HKAS 63536 和 HKAS 63537)；同地，2006 年 8 月 26 日，杨祝良 4892 (HKAS 51703)。云南：玉龙老君山，海拔 3100 m，2009 年 9 月 2 日，冯邦 760 (HKAS 57489)。

讨论：有毒新牛肝菌最早由 Nagasawa (1996) 发表于日本，当时被置于牛肝菌属中。但分子系统发育分析表明，该种应隶属于新牛肝菌属 (Chai *et al*., 2019)，且与黄孔新牛肝菌近缘。二者的区别见黄孔新牛肝菌的讨论部分。

有毒新牛肝菌有毒，误食会导致恶心、连续呕吐、腹泻和腹痛等严重肠胃综合征 (Nagasawa, 1996；Matsuura *et al*., 2007)，在我国西南亚高山地区常常引发中毒事件 (陈作红等, 2016)，就是混杂于其他可食牛肝菌中的干品也会导致中毒。

新牛肝菌属附录

中华新牛肝菌

Neoboletus sinensis (T.H. Li & M. Zang) Gelardi, Simonini & Vizzini, in Vizzini, Index Fungorum 192: 1, 2014.

Xerocomus sinensis T.H. Li & M. Zang, in Zang, Li & Petersen, Mycotaxon 80: 486, figs. 1-11～15, 2001; Zang, Flora Fung. Sinicorum 44: 109, figs. 33-4～6, 2013.

Boletus sinensis (T.H. Li & M. Zang) Q.B. Wang & T.H. Li, in Lei, Zhou & Wang, Mycosystema 28: 57, 2009.

讨论：中华新牛肝菌 *Neoboletus sinensis* 最初置于绒盖牛肝菌属，名为 *Xerocomus sinensis* T.H. Li & M. Zang (Zang *et al*., 2001)。Lei 等 (2009) 根据其红色至红褐色的子实层体这一特征将其移到当时的牛肝菌属黄肉牛肝菌组 (*Boletus* sect. *Luridi*)，后来 Vizzini (2014e) 将其转隶于新牛肝菌属，但并没有提供什么证据。该种模式标本曾保存于 GDGM，但可能已丢失，待今后重采加以描述。为便于检索，特将该种列入我国新牛肝菌属分种检索表中。

小绒盖牛肝菌属 **Parvixerocomus** G. Wu & Zhu L. Yang

in Wu, Zhao, Li, Zeng, Feng, Halling & Yang, Fungal Divers. 81: 11, 2016.

担子果小型，伞状，肉质。菌盖凸镜形至平展，微绒质；表面干燥，常有红色色调；

菌肉浅黄色至黄色，受伤后迅速变为蓝色。子实层体直生至延生，由密集的菌管组成，菌管与管口近同色，浅黄色至黄色，受伤后迅速变为蓝色；管口多角形至近圆形，常为复孔状。菌柄中生，浅褐色、褐红色至红褐色；表面常被鳞片；基部菌丝奶酪黄色至灰黄色；菌环阙如。

菌管菌髓多为牛肝菌型，中央菌髓由排列较紧密的菌丝组成，侧生菌髓由排列较疏松的菌丝组成。亚子实层由不膨大的菌丝组成。担子棒状，具 4 孢梗。担孢子近卵形至近椭圆形，淡黄色至淡褐黄色，表面光滑。侧生囊状体和缘生囊状体常见，腹鼓状至棒状，顶端具钝尖或长喙，薄壁。菌盖表皮由念珠状排列的细胞组成，末端细胞囊状。担子果各部位皆无锁状联合。

模式种：小绒盖牛肝菌 *Parvixerocomus pseudoaokii* G. Wu *et al.*。

生境与分布：夏秋季生于林中地上，主要与壳斗科等植物形成外生菌根关系，现知分布于中国和日本。

全世界报道的物种约 3 种，中国有 2 种分布。本卷记载 2 种。

小绒盖牛肝菌属分种检索表

1. 担孢子较短 (7～8.5 × 4～5 μm) ················ 小绒盖牛肝菌 ***Px. pseudoaokii***
1. 担孢子较长 (9～10 × 4.5～5 μm) ················ 青木氏小绒盖牛肝菌 ***Px. aokii***

青木氏小绒盖牛肝菌　图版 VI-12；图 61

Parvixerocomus aokii (Hongo) G. Wu, N.K. Zeng & Zhu L. Yang, in Wu, Zhao, Li, Zeng, Feng, Halling & Yang, Fungal Divers. 81: 12, figs. 2i, j, 8, 2016.

Boletus aokii Hongo, Trans. Mycol. Soc. Japan 25: 283, figs. 2-1～6, 1984a; Zang, Flora Fung. Sinicorum 22: 93, figs. 28-6～9, 2006; Li, Li, Yang, Bau & Dai, Atlas Chin. Macrofung. Res., 1077, fig. 1579, 2015.

菌盖直径 1.5～2 cm，半球形至平展；表面干燥，微绒质，橙红色、鲜红色至红色；表面很少龟裂；菌肉厚 2～4 mm，淡黄色至浅黄色，受伤后迅速变为暗蓝色至黑蓝色。子实层体直生至延生；表面浅黄色至黄色，受伤后迅速变为蓝色至暗蓝色；菌管长约 2 mm，浅黄色至黄色，受伤后变为蓝色；管口直径 0.5～1 mm，不规则多角形至近圆形。菌柄约 1.5 × 0.2 cm，中生，圆柱形至近圆柱形；表面橙红色至胡萝卜红色，被不明显的纤丝状鳞片，受伤后变为蓝色；菌肉淡黄色至浅黄色，受伤后变为蓝色；基部菌丝浅黄色。

菌管菌髓牛肝菌型。担子 32～42 × 8～11 μm，棒状，具 4 孢梗。担孢子 9～10 (11) × (4) 4.5～5 μm [Q = (1.20) 1.40～2.00，**Q** = 1.67 ± 0.18]，侧面观梭形，不等边，上脐部下陷不明显，背腹观近梭形，褐黄色，表面光滑。缘生囊状体 35～57 × 7～12 μm，腹鼓状至棒状，顶端钝尖，很少具长喙，薄壁。侧生囊状体 50～62 × 9～11 μm，腹鼓状至宽梭形，顶端具钝尖，薄壁。菌盖表皮由念珠状至近念珠状的细胞组成，末端细胞囊状，23～50 × 7～10 μm。担子果各部位皆无锁状联合。

模式产地：日本。

生境：夏季散生于亚热带至热带壳斗科植物林下地上。

世界分布：日本和中国 (华南地区)。

研究标本：海南：万宁铜铁岭，海拔 50 m，2008 年 8 月 23 日，曾念开 3 (HKAS 59812)。

讨论：青木氏小绒盖牛肝菌最初由 Hongo (1984a) 描述于日本，并被置于牛肝菌属 (*Boletus*) 中，但分子系统学证据证明它与小绒盖牛肝菌 (*Px. pseudoaokii*) 一起代表了一个新的属级分类单元 (Wu *et al*., 2014, 2016a)，二者间的差异主要在于担孢子大小。

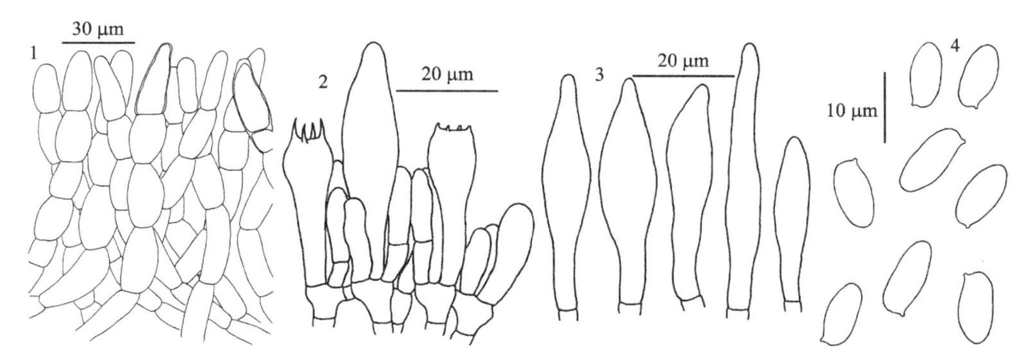

图 61　青木氏小绒盖牛肝菌 *Parvixerocomus aokii* (Hongo) G. Wu, N.K. Zeng & Zhu L. Yang (HKAS 59812)

1. 菌盖表皮结构；2. 担子和侧生囊状体；3. 缘生囊状体；4. 担孢子

小绒盖牛肝菌　图版 VII-1；图 62

Parvixerocomus pseudoaokii G. Wu, Kuan Zhao & Zhu L. Yang, in Wu, Zhao, Li, Zeng, Feng, Halling & Yang, Fungal Divers. 81: 11, figs. 2g, h, 7, 2016.

菌盖直径 0.8～3 cm，半球形至平展，菌盖边缘有时内卷；表面干燥，微绒质，黄红色、灰红色至玫瑰红色；菌肉厚 2～4 mm，淡黄色至浅黄色，受伤后变浅蓝色至蓝色。子实层体直生至延生；表面淡黄色至浅黄色，受伤后变为蓝色；菌管长 0.7～2.5 mm，与管口颜色相同，受伤后变为淡蓝色至蓝色；管口直径 0.5～1 mm，不规则多角形。菌柄 1～2 × 0.15～0.2 cm，中生，圆柱形至近圆柱形，近红宝石色或金红色至褐红色，受伤后变为蓝色；表面常被细颗粒状鳞片；菌肉淡黄色至浅黄色，受伤后变为蓝色。菌柄基部菌丝奶酪色至浅黄色。

菌管菌髓介于牛肝菌型和褶孔牛肝菌型之间。担子 20～35 × 9～12 μm，棒状，具 4 孢梗，稀具 2 孢梗。担孢子 7～8.5 (9) × 4～5 (5.5) μm [Q = (1.4) 1.47～1.89 (2)，**Q** = 1.66 ± 0.11]，侧面观梭形，不等边，上脐部下陷不明显，背腹观长椭圆形，褐黄色，表面光滑。缘生囊状体 23～52 × 6～10 μm，腹鼓状至棒状，顶端钝尖，很少具长喙，薄壁。侧生囊状体 30～65 × 8～15 μm，腹鼓状至宽梭形，顶端具长喙，薄壁。菌盖表皮厚达 100 μm，由念珠状排列的细胞组成，细胞直径 7～16 μm，末端细胞囊状 (18～41 × 8～17 μm)。菌柄表皮厚 20～40 μm，由子实层状排列的细胞 (33～44 × 6.5～20 μm) 组成。菌柄菌髓由纵向排列的、直径 9～15 μm 的菌丝组成。担子果各部位皆无锁状联合。

模式产地：中国 (广东)。

生境：夏季散生于壳斗科 (柯属、锥属和栎属等) 林下或壳斗科与松科 (马尾松) 等植物的混交林下。

世界分布：中国 (华南、华中和西南地区)。

研究标本：江西：龙南九连山国家级自然保护区，海拔 450 m，2012 年 6 月 12 日，吴刚 860 (HKAS 77032)。广东：广州白云山，海拔 200 m，2013 年 5 月 28 日，吴刚 1106 (HKAS 80480，模式)；同地同时，赵宽 227 (HKAS 80652)；广州火炉山，海拔 100 m，2013 年 5 月 30 日，赵宽 237 (HKAS 80662)。云南：景洪大渡岗，海拔 1450 m，2006 年 7 月 14 日，李艳春 537 (HKAS 50291)；同地，2007 年 7 月 23 日，李艳春 946 (HKAS 52633)。

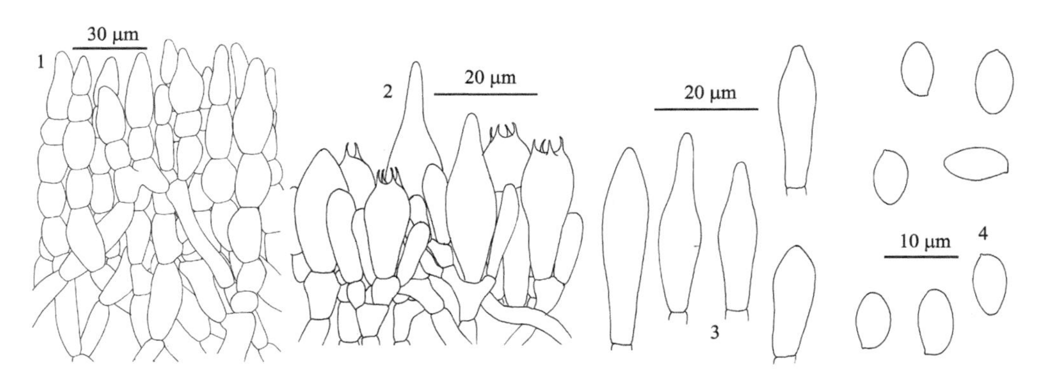

图 62　小绒盖牛肝菌 *Parvixerocomus pseudoaokii* G. Wu, Kuan Zhao & Zhu L. Yang (HKAS 80480，模式)

1. 菌盖表皮结构；2. 担子和侧生囊状体；3. 缘生囊状体；4. 担孢子

讨论：小绒盖牛肝菌的主要特征是：担子果小型，具红色色调，受伤后变为蓝色，菌盖表皮由念珠状排列的细胞组成，担孢子光滑 (Wu *et al.*, 2016b)。在分子系统发育和形态上，其与青木氏小绒盖牛肝菌极其相近，但后者的担孢子比小绒盖牛肝菌的更长 (9～12.5 × 4～5 μm) (Hongo, 1984a)。

在形态上，*X. parvulus* Hongo 和 *B. pseudoparvulus* C.S. Bi 与小绒盖牛肝菌相似，但 *X. parvulus* 具有较宽的担孢子 (7.5～11 × 5～6.5 μm) 和较长的侧生囊状体 (70～89×12～15 μm) (Hongo, 1963)，而 *B. pseudoparvulus* 的子实体受伤后变为紫红色，孢子明显较窄 (6.6～10 × 3～3.3 μm) (毕志树等, 1982)。

褶孔牛肝菌属 **Phylloporus** Quél.

Fl. Mycol. France: 409, 1888.

担子果小型至大型，伞状，肉质。菌盖凸镜形至平展，中央平展或下陷，不黏；表面黄褐色、褐色、红褐色、浅红色；菌肉白色、奶油色至浅黄色，有时呈煤烟色，受伤后变为蓝色、红色或不变色。子实层体延生，菌褶状，黄色，受伤后不变色或变为蓝色。菌柄中生；表面浅黄色、黄褐色、褐色或红褐色；基部菌丝黄色或白色；菌肉白色、奶油色至浅黄色，有时呈煤烟色，受伤变为蓝色、红色或不变色；菌环阙如。

菌褶菌髓褶孔牛肝菌型，菌髓中央菌丝与两侧菌丝之间无明显界线。担子棒状，通常具 4 孢梗。担孢子近梭形至椭圆形，橄榄褐色至黄褐色，在光学显微镜下光滑，但在扫描电镜下可见杆菌状纹饰。侧生囊状体和缘生囊状体常见，近梭形、梭形、棒状或近棒状，壁薄、稍微增厚 (≤ 1 μm) 或明显增厚 (≥ 2 μm)。菌盖表皮毛皮型至栅皮型，由膨大或不膨大的菌丝组成。担子果各部位皆无锁状联合。

模式种：褶孔牛肝菌 *Phylloporus pelletieri* (Lév.) Quél.。

生境与分布：夏秋季生于林中地上，与壳斗科、松科等植物形成外生菌根关系，主要分布于世界热带、亚热带地区 (Zeng *et al.*, 2013)。

全世界报道的物种约 90 种。本卷记载 13 种。

褶孔牛肝菌属分种检索表

1. 菌柄基部菌丝黄色 ······ 2
1. 菌柄基部菌丝白色 ······ 5
  2. 菌盖表面褐色至暗褐色，不具红色色调 ······ 3
  2. 菌盖表面浅红色至红褐色，具明显的红色色调 ······ 4
3. 菌柄表面具浅红色鳞片；菌褶受伤不变色 ······ **潞西褶孔牛肝菌 *P. luxiensis***
3. 菌柄表面具黄色或黄褐色鳞片；菌褶受伤变为蓝色 ······ **褐盖褶孔牛肝菌 *P. brunneiceps***
  4. 菌盖直径 4.5～11 cm；菌柄直径 0.3～1.5 cm；生于冷杉、云杉林下 ······ **鳞盖褶孔牛肝菌 *P. imbricatus***
  4. 菌盖直径 4～6.5 cm；菌柄直径 0.4～0.7 cm；生于热带、亚热带的壳斗科植物林下 ······ **云南褶孔牛肝菌 *P. yunnanensis***
5. 囊状体薄壁或稍有增厚 (厚度 ≤ 1 μm) ······ 6
5. 囊状体厚壁 (厚度 ≥ 2 μm) ······ **厚囊褶孔牛肝菌 *P. pachycystidiatus***
  6. 菌盖和菌柄的菌肉颜色浅 (白色、黄白色或浅黄色)；担孢子较长 (长度常 ≥ 7 μm) ······ 7
  6. 菌盖和菌柄的菌肉颜色深 (煤烟色)；担孢子较短 (长度常 ≤7 μm) ······ **小孢褶孔牛肝菌 *P. parvisporus***
7. 菌盖较大 (直径可达 7 cm)；菌盖和菌柄的菌肉或菌褶受伤后变为蓝色，然后变为红色，最后变为黑色 ······ 8
7. 菌盖较小 (直径一般小于 7 cm)；菌盖和菌柄的菌肉受伤不变色 ······ 9
  8. 担孢子 7～10 × 4～5 μm, 表面具杆菌状纹饰 (在扫描电镜下可见)；侧生囊状体薄壁 (厚度仅达 1 μm) ······ **变红褶孔牛肝菌 *P. rufescens***
  8. 担孢子 10～14 × 4.5～5.5 μm，表面光滑；侧生囊状体壁厚 (厚度达 2 μm) ······ **红果褶孔牛肝菌 *P. rubiginosus***
9. 菌盖较大 (直径一般可达 5 cm)；菌盖表面无白色的细小鳞片；菌盖和菌柄的菌肉及菌褶受伤变蓝色 ······ 10
9. 菌盖较小 (直径一般小于 3 cm)；菌盖表面被有白色细小鳞片；菌肉和菌褶受伤不变色 ······ **粉被褶孔牛肝菌 *P. pruinatus***
  10. 菌盖表面浅红色至红褐色，无斑纹；菌柄具浅红褐色、褐红色至浅红色的鳞片；菌盖表面和菌柄表面具明显的红色色调 ······ 11
  10. 菌盖表面褐色至深褐色，有深色斑纹；菌柄表面被有柠檬黄色、褐黄色至褐色鳞片；菌盖表面和菌柄表面均无红色色调 ······ **斑盖褶孔牛肝菌 *P. maculatus***
11. 菌盖表皮由膨大的菌丝组成，菌丝直径可达 20 μm ······ 12
11. 菌盖表皮由不膨大的菌丝组成，菌丝直径通常小于 12 μm ······ **红鳞褶孔牛肝菌 *P. rubrosquamosus***
  12. 侧生囊状体较窄 (宽仅达 15 μm)；菌盖表皮的末端细胞较窄 (直径仅达 11 μm) ······ **淡红褶孔牛肝菌 *P. rubeolus***
  12. 侧生囊状体较宽 (宽可达 22 μm)；菌盖表皮的末端细胞较粗 (直径可达 16 μm) ······ **美丽褶孔牛肝菌 *P. bellus***

美丽褶孔牛肝菌 图版 VII-2；图 63

Phylloporus bellus (Massee) Corner, Nova Hedwigia 20: 798, pl. 2b, 1971; Zeng, Tang, Li, Bau, Zhu, Zhao & Yang, Fungal Divers. 58: 79, figs. 2a, b, 3a, 4, 2013; Li, Li, Yang, Bau & Dai, Atlas Chin. Macrofung. Res., 1112, fig. 1638, 2015.

Flammula bella Massee, Bull. Misc. Inf., Kew: 74, 1914.

菌盖直径 4～6 cm，扁半球形，老后平展至中部稍下陷；菌盖表面黄褐色至红褐色，具绒毛状鳞片，不黏；菌盖边缘稍内卷；菌肉浅黄色，受伤后不变色。子实层体延生，菌褶状；菌褶宽达 0.5 cm，较稀，横脉常见，黄色，受伤后变为蓝色，但之后又缓慢恢复为黄色；小菌褶多，与菌褶同色。菌柄 3～7 × 0.5～0.7 cm，中生，近圆柱形，上半部分有时具有纵纹，被浅黄色细小鳞片，下半部分被有浅红褐色鳞片；菌肉浅黄色，受伤不变色；基部菌丝白色；菌环阙如。气味不明显。

菌褶菌髓褶孔牛肝菌型。担子 38～49 × 8～10，棒状，具 4 孢梗；孢梗长 4～5 μm。担孢子 (8) 9～12 (13) × 4～5 (5.5) μm [Q = (1.78) 2.00～2.75 (3.13)，**Q** = 2.36 ± 0.23]，侧面观梭形，不等边，上脐部常下陷，背腹观近圆柱形，壁稍厚 (< 1 μm)，在 KOH 溶液中橄榄褐色至黄褐色，在光学显微镜下光滑，在扫描电镜下表面可见杆菌状纹饰。缘生囊状体 40～67 × 10～17 μm，丰富，近梭形或近棒状，在 KOH 溶液中无色至浅黄色。侧生囊状体 60～127 × 11～22 μm，丰富，梭形或近梭形，细胞壁稍微增厚 (约 1 μm)，在 KOH 溶液中无色至浅黄色。菌盖表皮栅皮型，由直径 6～20 μm、在 KOH 溶液中无色至浅黄色的菌丝组成；末端细胞 14～50 × 8～16 μm，棒状或近圆柱形，顶端钝。菌盖髓部由直径 6～17 μm、不规则排列的菌丝组成。菌柄表皮栅皮型，由细胞壁薄至稍微增厚 (厚约 1 μm) 的菌丝组成；末端细胞 30～95 × 7～21 μm，棒状或近梭形。菌柄菌髓由平行的菌丝构成，菌丝直径 5～17 μm，壁薄或增厚达约 1 μm。担子果各部位皆无锁状联合。

模式产地：新加坡。

生境：夏秋季单生于松属与柯属植物组成的混交林中地上。

世界分布：巴布亚新几内亚、菲律宾、韩国、马来西亚、日本、新加坡和中国 (华南和西南地区)。

研究标本：海南：陵水吊罗山，李泰辉 (GDGM 11848)。云南：南涧无量山，海拔 2230 m，2009 年 7 月 28 日，唐丽萍 984 (HKAS 56941)；盈江铜壁关，海拔 2170 m，2009 年 7 月 17 日，唐丽萍 806 (HKAS 56763)；盈江，海拔 1700 m，2003 年 7 月 17 日，杨祝良 3731 (HKAS 42850)。

讨论：美丽褶孔牛肝菌的主要特征是：菌盖表面黄褐色至红褐色、具绒毛状鳞片，菌褶受伤后变为蓝色，菌柄浅黄色至浅红褐色且基部菌丝为白色，菌盖表皮由膨大的菌丝组成 (Zeng *et al.*, 2013)。

在我国，美丽褶孔牛肝菌可能曾被误定为原描述于北美洲的红黄褶孔牛肝菌 [*P. rhodoxanthus* (Schwein.) Bres.]，但是后者的菌褶受伤不变色，菌柄黄色且基部菌丝为黄色，菌柄菌肉受伤变为肉桂色 (Neves and Halling, 2010)。

美丽褶孔牛肝菌原描述于新加坡 (Massee, 1914；Corner, 1971)。但是，该种在美国、墨西哥和哥斯达黎加等国也有报道 (Singer and Gómez, 1984；Neves and Halling, 2010)。

美洲地区报道的“美丽褶孔牛肝菌”，其子实层体受伤变绿色，担孢子较窄，菌盖表皮菌丝不膨大 (Singer and Gómez, 1984；Neves and Halling, 2010)，形态与真正的美丽褶孔牛肝菌有所不同。

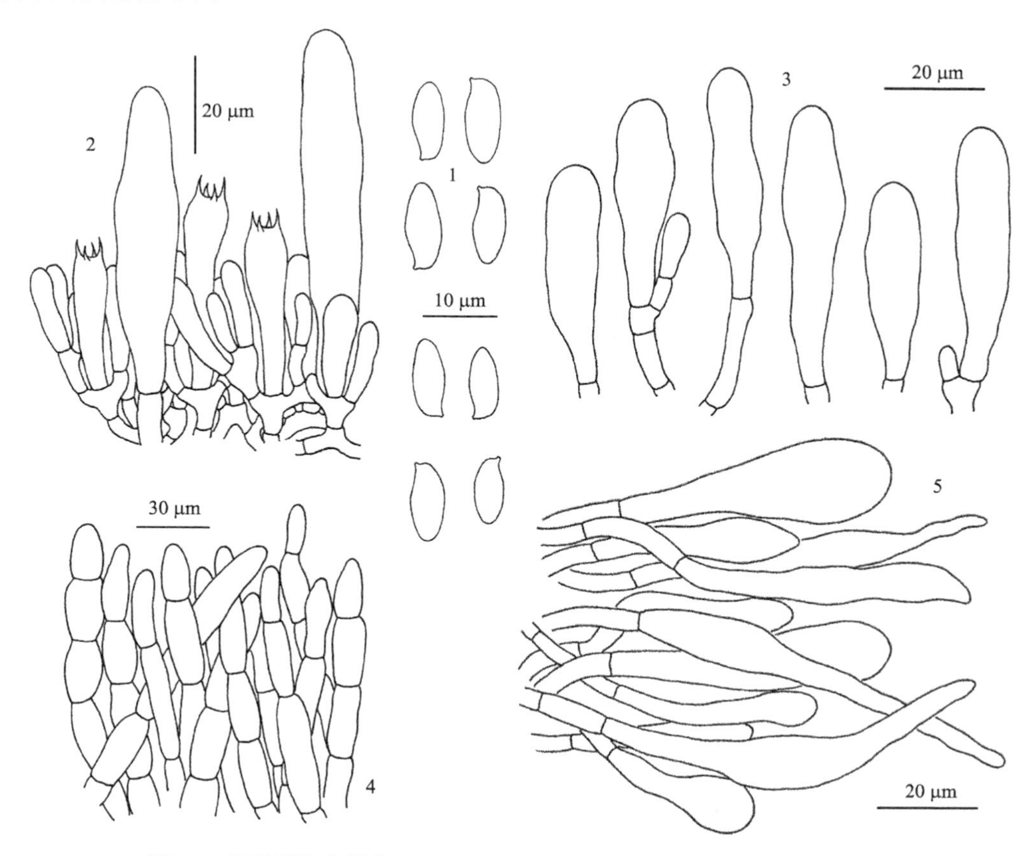

图 63　美丽褶孔牛肝菌 *Phylloporus bellus* (Massee) Corner (HKAS 56763)

1. 担孢子；2. 担子和侧生囊状体；3. 缘生囊状体；4. 菌盖表皮结构；5. 菌柄表皮结构

褐盖褶孔牛肝菌　图版 VII-3；图 64

Phylloporus brunneiceps N.K. Zeng, Zhu L. Yang & L.P. Tang, in Zeng, Tang, Li, Bau, Zhu, Zhao & Yang, Fungal Divers. 58: 82, figs. 2c, 3b, 5, 2013; Li, Li, Yang, Bau & Dai, Atlas Chin. Macrofung. Res., 1112, fig. 1639, 2015.

菌盖直径 4～5 cm，中部通常稍下陷，但不呈漏斗状；菌盖表面褐色至深褐色，具绒毛状鳞片，老后稍开裂，不黏；菌盖边缘稍内卷；菌肉奶油色，受伤不变色。子实层体延生，菌褶状；菌褶宽达 0.5 cm，较稀，横脉常见，黄色，受伤后变为蓝色，但之后又缓慢恢复为黄色；小菌褶多。菌柄 3～4 × 0.4～0.6 cm，中生，近圆柱形，被黄色至黄褐色细小鳞片；上半部分有时具纵纹；菌肉奶油色，受伤不变色；基部菌丝黄色；菌环阙如。

菌褶菌髓褶孔牛肝菌型，由直径 4～20 μm、细胞壁薄至稍微增厚 (1 μm) 的菌丝组成。担子 32～43 × 8～10 μm，棒状，具 4 孢梗；孢梗长 4～5 μm。担孢子(9) 10～12 (14) × 4～4.5 (5) μm [Q = (2.00) 2.25～3.00 (3.50)，**Q** = 2.62 ± 0.23]，侧面观梭形，不等

边，上脐部常下陷，背腹观近圆柱形，壁稍厚 (< 1 μm)，在 KOH 溶液中橄榄褐色至黄褐色，在光学显微镜下光滑，但在扫描电镜下可见杆菌状纹饰。缘生囊状体 30～52 × 10～14 μm，近棒状至棒状，细胞壁薄至稍增厚 (约 1 μm)，在 KOH 溶液中无色至浅黄色。侧生囊状体 66～103 × 10～17 μm，丰富，梭形至近梭形，细胞壁薄至稍增厚 (约 1 μm)，在 KOH 溶液中无色至浅黄色。菌盖表皮栅皮型，由直径 4～11 (16) μm、细胞壁薄至稍微增厚 (约 1 μm)、在 KOH 溶液中浅黄色至黄褐色的菌丝组成；末端细胞 15～66 × 4～11 (14) μm，窄棒状或近圆柱形，顶端钝。菌盖髓部菌丝直径 4～18 μm，细胞壁薄至稍微增厚 (约 1 μm)，在 KOH 溶液中无色至浅黄色。菌柄表皮栅皮型，由细胞壁薄至稍微增厚 (约 1 μm) 的菌丝组成；末端细胞 22～57 × 6～14 μm，棒状。菌柄菌髓由平行的菌丝构成，菌丝直径 5～16 μm，细胞壁薄至稍微增厚 (约 1 μm)，在 KOH 溶液中无色至浅黄色。担子果各部位皆无锁状联合。

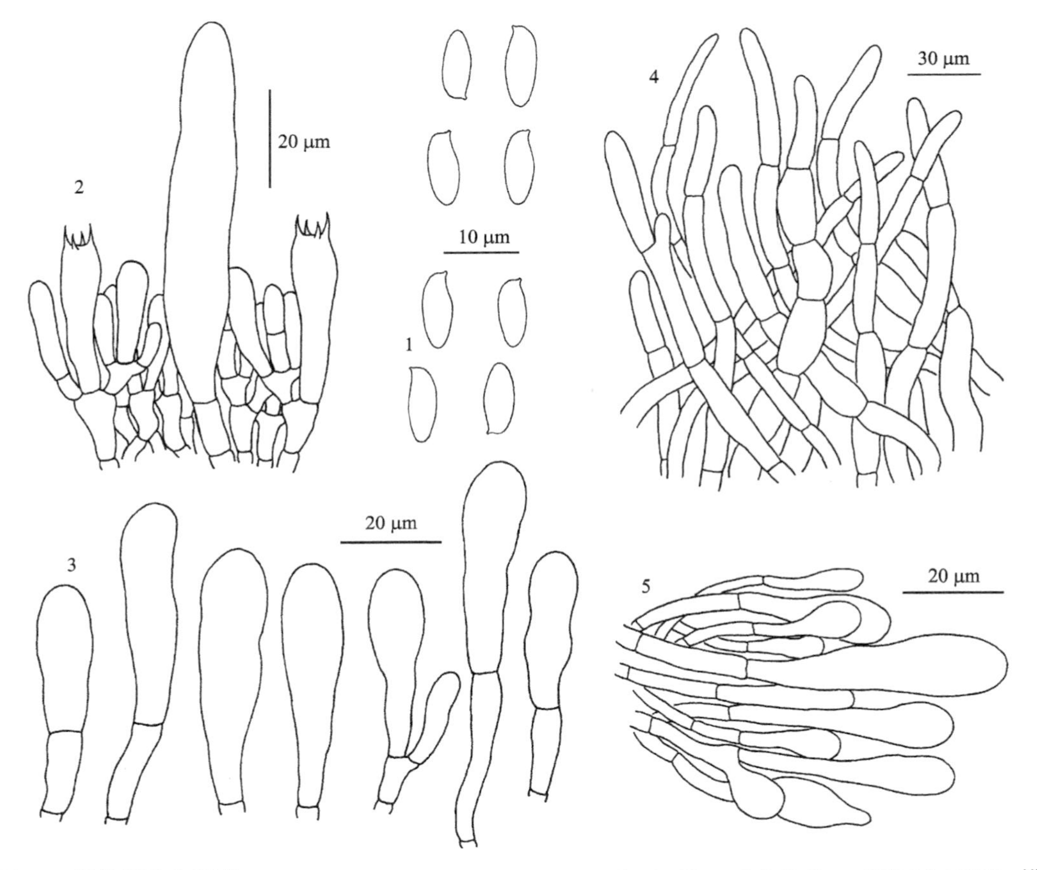

图 64　褐盖褶孔牛肝菌 *Phylloporus brunneiceps* N.K. Zeng, Zhu L. Yang & L.P. Tang (HKAS 56903，模式)

1. 担孢子；2. 担子和侧生囊状体；3. 缘生囊状体；4. 菌盖表皮结构；5. 菌柄表皮结构

模式产地：中国（云南）。

生境：夏秋季单生于松属与柯属植物组成的混交林中地上。

世界分布：中国（西南地区）。

研究标本：重庆：南充马嘴，海拔 990 m，2009 年 7 月 1 日，肖波 7339-7344 (HKAS 59726)；金佛山，海拔 1200 m，2009 年 7 月 6 日，肖波 7984-7986 (HKAS 59727)。贵州：遵义道真，海拔 1200 m，2010 年 7 月 28 日，时晓菲 396 (HKAS 59728)。云南：昌宁，海拔 2020 m，2009 年 7 月 25 日，唐丽萍 946 (HKAS 56903，模式)；同地，海拔 2020 m，2009 年 7 月 25 日，李艳春 1804 (HKAS 59551)。

讨论：褐盖褶孔牛肝菌的主要特征是：菌盖中央凹陷，菌盖表面褐色至深褐色，菌褶受伤后变为蓝色，菌柄及其基部菌丝黄色，菌盖表皮菌丝不膨大 (Zeng *et al.*, 2013)。

原描述于越南的 *P. sulcatus* (Pat.) E.-J. Gilbert 和原描述于我国云南的潞西褶孔牛肝菌 (*P. luxiensis* M. Zang) 与褐盖褶孔牛肝菌非常相似。但是，*P. sulcatus* 的菌褶受伤不变色，担孢子较宽 [10.5～12.5 (13) × (4.5) 5～5.5 (6) μm]，囊状体较窄 (Patouillard, 1909；Perreau and Joly, 1964；Corner, 1971；Zeng *et al.*, 2011)；潞西褶孔牛肝菌的菌柄具有红色色调，且菌褶受伤不变色 (Zeng *et al.*, 2011)。

鳞盖褶孔牛肝菌　图版 VII-4；图 65

Phylloporus imbricatus N.K. Zeng, Zhu L. Yang & L.P. Tang, in Zeng, Tang, Li, Bau, Zhu, Zhao & Yang, Fungal Divers. 58: 84, figs. 2d, 2e, 3c, 6, 2013; Li, Li, Yang, Bau & Dai, Atlas Chin. Macrofung. Res., 1113, fig. 1640, 2015.

菌盖直径 4.5～11 cm，平展，老后中部稍下陷；菌盖表面黄褐色、褐色、深褐色至褐红色，具绒毛状鳞片，不黏，老后菌盖表面开裂呈鳞片状，且鳞片常上翘；成熟后菌盖边缘稍上翘；菌肉厚 3～6 mm，奶油色，受伤不变色。子实层体延生，菌褶状；菌褶宽达 14 mm，较稀，横脉常见，黄色，受伤后变为蓝色，但之后又缓慢恢复为黄色；小菌褶多。菌柄 5～10 × 0.3～1.5 cm，中生，近圆柱形，实心；菌柄黄褐色、褐色至褐红色，上半部通常具纵纹；菌肉奶油色，受伤不变色；基部菌丝黄色；菌环阙如。

菌褶菌髓褶孔牛肝菌型。担子 34～52 × 8～10 μm，棒状，具 4 孢梗；孢梗长 4～6 μm。担孢子(9) 10～13 (14.5) × 4～5 μm [Q = (2.00) 2.11～2.90 (3.50)，**Q** = 2.46 ± 0.26]，侧面观梭形，不等边，上脐部常下陷，背腹观近圆柱形，壁稍厚 (< 1 μm)，在 KOH 溶液中橄榄褐色至黄褐色，在光学显微镜下光滑，但在扫描电镜下可见杆菌状纹饰，拟糊精质。缘生囊状体 27～58 × 8～16 μm，近棒状、棒状或近梭形，细胞壁薄至稍微增厚 (约 1 μm)，在 KOH 溶液中无色、浅黄色至浅黄褐色。侧生囊状体 50～76 × 9～17 μm，梭形或近梭形，细胞壁薄至稍微增厚 (约 1 μm)，在 KOH 溶液中无色至浅黄色。菌盖表皮栅皮型，由直径 5～23 μm，细胞壁薄至稍微增厚 (约 1 μm)，在 KOH 溶液中无色、浅黄褐色至黄褐色的菌丝组成；末端细胞 18～57 × 6～10 μm，棒状或近圆柱形，顶端钝。菌盖髓部菌丝直径 6～14 μm，细胞壁薄至稍微增厚 (约 1 μm)。菌柄表皮栅皮型，由细胞壁薄至稍微增厚 (约 1 μm)、在 KOH 溶液中无色至浅黄色的菌丝组成；末端细胞 20～57 × 7～16 μm，近梭形、窄棒状或宽棒状。菌柄菌髓由平行的菌丝组成，菌丝直径 4～17 μm，圆柱形，细胞壁薄至稍微增厚 (约 1 μm)，在 KOH 溶液中无色至浅黄色。担子果各部位皆无锁状联合。

模式产地：中国 (云南)。

生境：夏季单生于海拔 3000～4100 m 的冷杉属或云杉属植物林下。

世界分布：中国 (西南地区)。

研究标本：四川：稻城，海拔 3600 m，1984 年 8 月 11 日，袁明生 944 (HKAS 15323)；木里，海拔 3350 m，1983 年 8 月 27 日，陈可可 861 (HKAS 13963)；西昌，海拔 4100 m，1981 年 8 月 3 日，王立松 937 (HKAS 7866)。云南：玉龙高山植物园，2009 年 8 月 27 日，蔡箐 151 (HKAS 58816)；玉龙老君山，海拔 3400 m，2001 年 7 月 26 日，杨祝良 3091 (HKAS 38268)；同地，2009 年 9 月 2 日，吴刚 230 (HKAS 57762)；玉龙石头乡，海拔 3400 m，2007 年 8 月 23 日，唐丽萍 264、266、267 和 268 (分别为 HKAS 53307、HKAS 53309、HKAS 53310 和 HKAS 53311)；同地，2007 年 8 月 23 日，唐丽萍 266 (HKAS 53309)；玉龙天文台附近，海拔 3230 m，2008 年 7 月 20 日，唐丽萍 391 (HKAS 54622)；玉龙玉龙雪山，海拔 3200 m，2008 年 7 月 21 日，唐丽萍 416 (HKAS 54647，主模)；玉龙，海拔 3100 m，1986 年 9 月 8 日，臧穆 10846 (HKAS 17896)；香格里拉哈巴雪山自然保护区，海拔 3100 m，2007 年 8 月 14 日，唐丽萍 628、629 和 630 (分别为 HKAS 54859、HKAS 54860 和 HKAS 54861)；香格里拉，海拔 3700 m，1986 年 7 月 29 日，臧穆 10590 (HKAS 17609)。

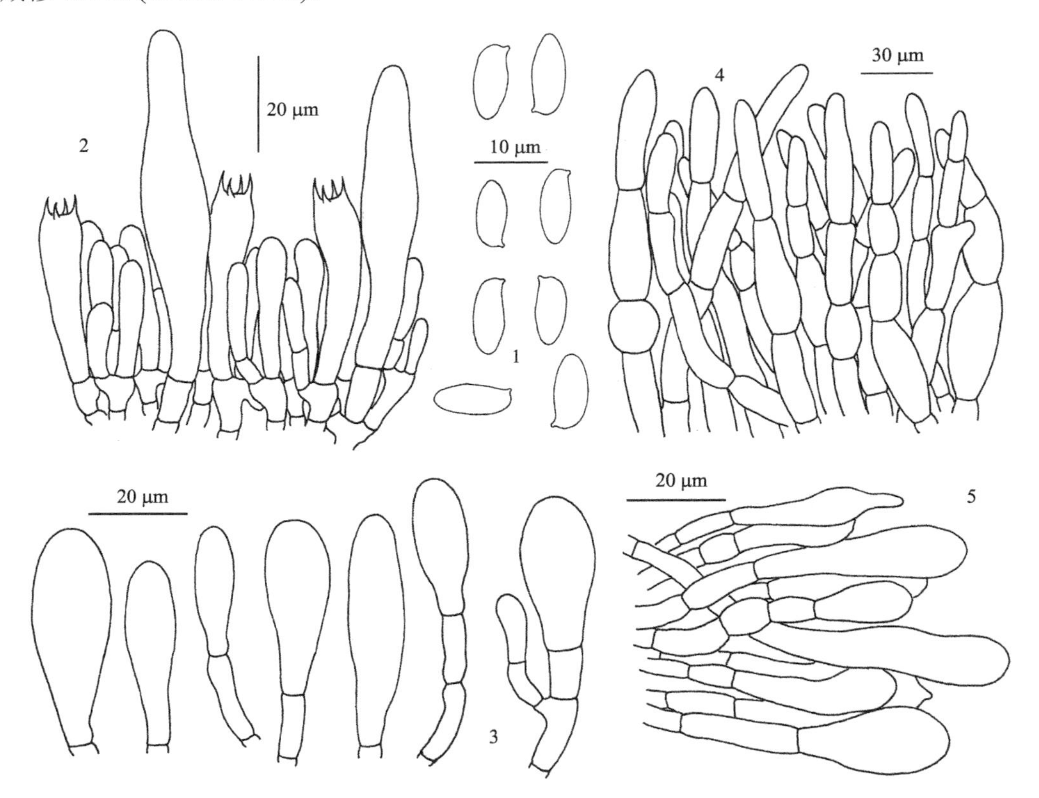

图 65　鳞盖褶孔牛肝菌 *Phylloporus imbricatus* N.K. Zeng, Zhu L. Yang & L.P. Tang (HKAS 54647，模式)

1. 担孢子；2. 担子和侧生囊状体；3. 缘生囊状体；4. 菌盖表皮结构；5. 菌柄表皮结构

讨论：鳞盖褶孔牛肝菌的主要特征是：担子果大型，菌盖表面黄褐色、褐色、深褐色至褐红色，菌盖表面老后常开裂并形成反翘的鳞片，菌褶受伤变为蓝色，菌肉受伤不变色，菌柄黄褐色、褐色至褐红色且基部菌丝黄色，菌盖表皮菌丝膨大，生于冷杉、云杉林下 (Zeng *et al*., 2013)。

过去，鳞盖褶孔牛肝菌在我国常被误定为片孔褶孔牛肝菌 [*P. foliiporus* (Murrill) Singer]、东方褶孔牛肝菌 (*P. orientalis* Corner)、红黄褶孔牛肝菌或硫磺褶孔牛肝菌 [*P. sulphureus* (Berk.) Singer]。但是，片孔褶孔牛肝菌原描述于北美洲，菌肉受伤都变为蓝色，囊状体近顶端具蜜黄色物质 (Neves and Halling, 2010)；东方褶孔牛肝菌原描述于马来西亚，担子果大，菌肉受伤后变为蓝色，担孢子大 [13～16.5 × 5～5.5 (6) μm] (Corner, 1971)；红黄褶孔牛肝菌原描述于北美洲，菌褶受伤不变色，菌柄黄色，且菌柄菌肉受伤变为肉桂色；硫磺褶孔牛肝菌原描述于印度，菌盖表面硫磺色至橙色，菌褶宽且排列稀疏，担孢子较窄 (9～12.5 × 3.5～4.5 μm) (Berkeley, 1851；Singer, 1951；Manjula, 1983)。

鳞盖褶孔牛肝菌酷似云南褶孔牛肝菌 (*P. yunnanensis* N.K. Zeng *et al*.)，但前者的担子果通常较大，老后菌盖表面常形成反翘鳞片，生长在高海拔地区 (海拔 3000～4100 m) 的冷杉或云杉林下，而云南褶孔牛肝菌通常生于热带、亚热带壳斗科植物林中。

潞西褶孔牛肝菌　图版 VII-5；图 66

Phylloporus luxiensis M. Zang, in Zang & Zeng, Acta Microbiol. Sinica 18: 283, pl. 2-1～4, 1978; Li, Li, Yang, Bau & Dai, Atlas Chin. Macrofung. Res., 1113, fig. 1641, 2015.

菌盖直径 (2) 4～8 cm，凸镜形，老后平展且中央下陷，但不形成深漏斗状；菌盖表面褐色、肉桂褐色至灰褐色，具绒毛状鳞片，不黏；菌盖边缘内卷；菌肉白色，受伤不变色。子实层体延生，菌褶状；菌褶宽达 0.6 cm，较稀，偶具横脉，黄色、暗黄色至赭黄色，受伤不变色；小菌褶多，渐狭，与菌褶同色。菌柄 2～6 × 0.3～1 cm，中生，向下渐细，有时基部稍稍膨大 (达 1.4 cm)，实心；柄表干，上半部具菌褶延伸形成的纵脉，并被有细小的、红褐色或紫红色的鳞片，下半部则被有黄褐色、褐色至灰褐色的鳞片；菌肉白色，受伤不变色；基部菌丝黄色；菌环阙如。气味不明显。

菌褶菌髓褶孔牛肝菌型。担子 33～44 × 9～10 μm，具 4 孢梗，棒状，在 KOH 溶液中无色至浅黄色；孢梗长 4～5 μm。担孢子 (8) 9.5～12.5 (14) × (4) 4.5～5 (5.5) μm [Q = (1.60) 1.90～2.70 (3.11)，**Q** = 2.21 ± 0.25]，侧面观梭形，不等边，上脐部常下陷，背腹观近圆柱形，壁稍厚 (< 1 μm)，在 KOH 溶液中浅黄褐色至黄褐色，在光学显微镜下光滑，但在扫描电镜下可见杆菌状纹饰，拟糊精质。缘生囊状体 36～65 × 10～19 μm，丰富，近梭形至近棒状，细胞壁稍微增厚 (约 1 μm)，在 KOH 溶液中无色至浅黄色。侧生囊状体 42～105 × 10～19 μm，丰富，梭形至近梭形，细胞壁薄至稍微增厚 (约 1 μm)，在 KOH 溶液中无色至浅黄色。菌盖表皮栅皮型，由直径 5～13 μm、细胞壁薄至稍微增厚 (1 μm)、在 KOH 溶液中浅黄色且外壁常具同色物质的菌丝组成；末端细胞 20～62 × 5～12 μm，棒状或近圆柱形，顶端钝或稍锐。菌盖髓部菌丝呈交织状，直径 4～12 μm，细胞壁薄，在 KOH 溶液中无色至浅黄色。菌柄表皮栅皮型，由细胞壁薄至稍微增厚 (约 1 μm)、在 KOH 溶液中无色至浅黄色的菌丝组成；末端细胞 28～50 × 8～18 μm，棒状或近梭形。菌柄菌髓由平行的菌丝构成，菌丝直径 4～10 μm，圆柱形，细胞壁薄至稍微增厚 (约 0.5 μm)，在 KOH 溶液中无色至浅黄色。担子果各部位皆无锁状联合。

模式产地：中国 (云南)。

生境：夏秋季单生于壳斗科植物林下。

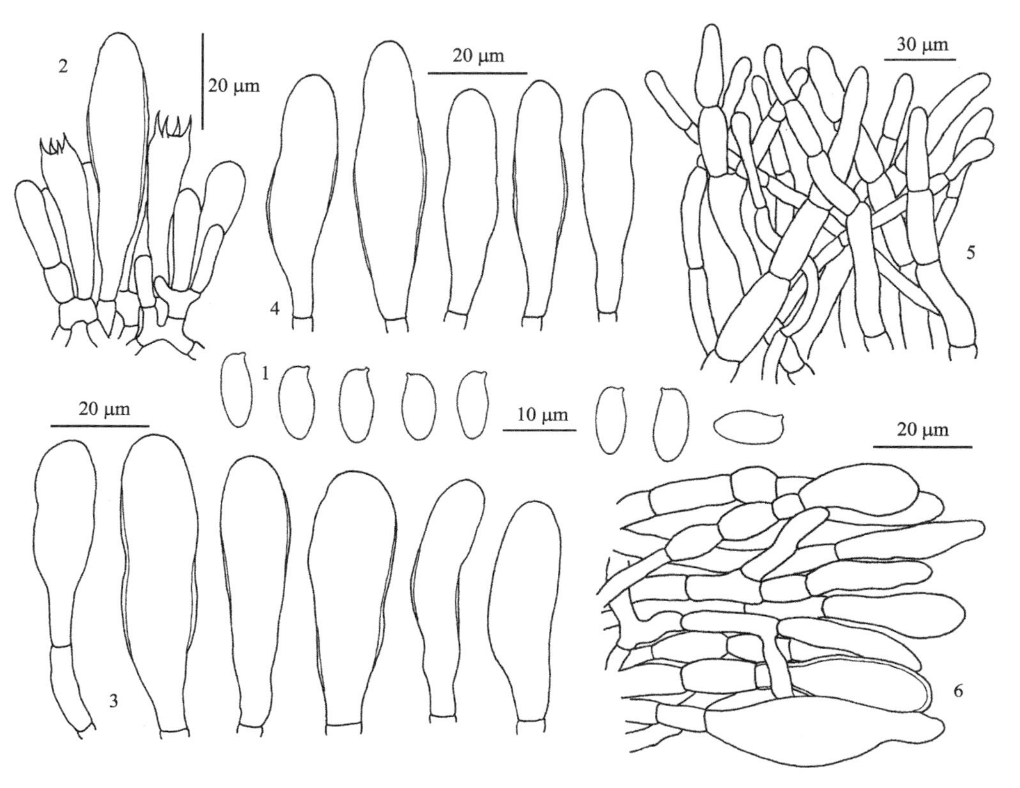

图 66 潞西褶孔牛肝菌 *Phylloporus luxiensis* M. Zang (HKAS 57036)

1. 担孢子；2. 担子和侧生囊状体；3. 缘生囊状体；4.侧生囊状体；5. 菌盖表皮结构；6. 菌柄表皮结构

世界分布：中国 (西南地区)。

研究标本：云南：楚雄野生食用菌市场购买，产地海拔不详，2007 年 8 月 26 日，杨祝良 4925 (HKAS 52242)；芒市 (潞西) 下东，1977 年 7 月 3 日，黎兴江-HK 2919 (HKAS 40150，模式)；南华野生食用菌市场购买，产地海拔不详，2009 年 8 月 2 日，唐丽萍 1079 和 1080 (HKAS 57036 和 HKAS 57037)；同地，野生食用菌市场购买，产地海拔不详，2009 年 8 月 3 日，唐丽萍 1091 (HKAS 57048)。

讨论：潞西褶孔牛肝菌的主要特征是：菌盖表面褐色、肉桂褐色至灰褐色，柄表红褐色、黄褐色、褐色至灰褐色，菌褶和菌肉受伤均不变色，菌盖表皮由不膨大的菌丝构成 (臧穆和曾孝濂, 1978；Zeng *et al.,* 2013)。

臧穆和曾孝濂 (1978) 记载潞西褶孔牛肝菌的囊状体外表面具有疣状结构。但是，在对模式标本重新研究之后，Zeng 等 (2011) 并未观察到这一特征。潞西褶孔牛肝菌最早描述于云南潞西县，“潞西县”现已更名为“芒市”。

原描述于越南的 *P. sulcatus* 与潞西褶孔牛肝菌非常相似，但前者具有较宽的担孢子 (10.5～12.5 × 5～5.5 μm)，较窄的侧生囊状体 (55～70 × 9～12 μm)，以及不具有红色色调的菌柄表面 (Patouillard, 1909; Perreau and Joly, 1964; Corner, 1971; Zeng *et al.*, 2011)。

潞西褶孔牛肝菌可食。

斑盖褶孔牛肝菌　图版 VII-6；图 67

Phylloporus maculatus N.K. Zeng, Zhu L. Yang & L.P. Tang, in Zeng, Tang, Li, Bau, Zhu, Zhao & Yang, Fungal Divers. 58: 86, figs. 2f, 3d, 7, 2013; Li, Li, Yang, Bau & Dai, Atlas Chin. Macrofung. Res., 1114, fig. 1642, 2015.

菌盖直径 2～5 cm，凸镜形，老后平展且中央稍下陷；菌盖表面被褐色、深褐色的鳞片以及深色 (肉桂褐色) 斑纹，不黏；菌肉奶油色，受伤不变色。子实层体延生，菌褶状；菌褶宽达 0.8 cm，较稀，横脉常见，柠檬黄色，受伤后变为蓝色，但之后又缓慢恢复为黄色；小菌褶多。菌柄 2.5～4 × 0.5～0.6 cm，中生，近圆柱形，实心；表面上半部柠檬黄色，下半部褐黄色，被细小褐色鳞片；菌肉奶油色，受伤不变色；基部菌丝白色；菌环阙如。

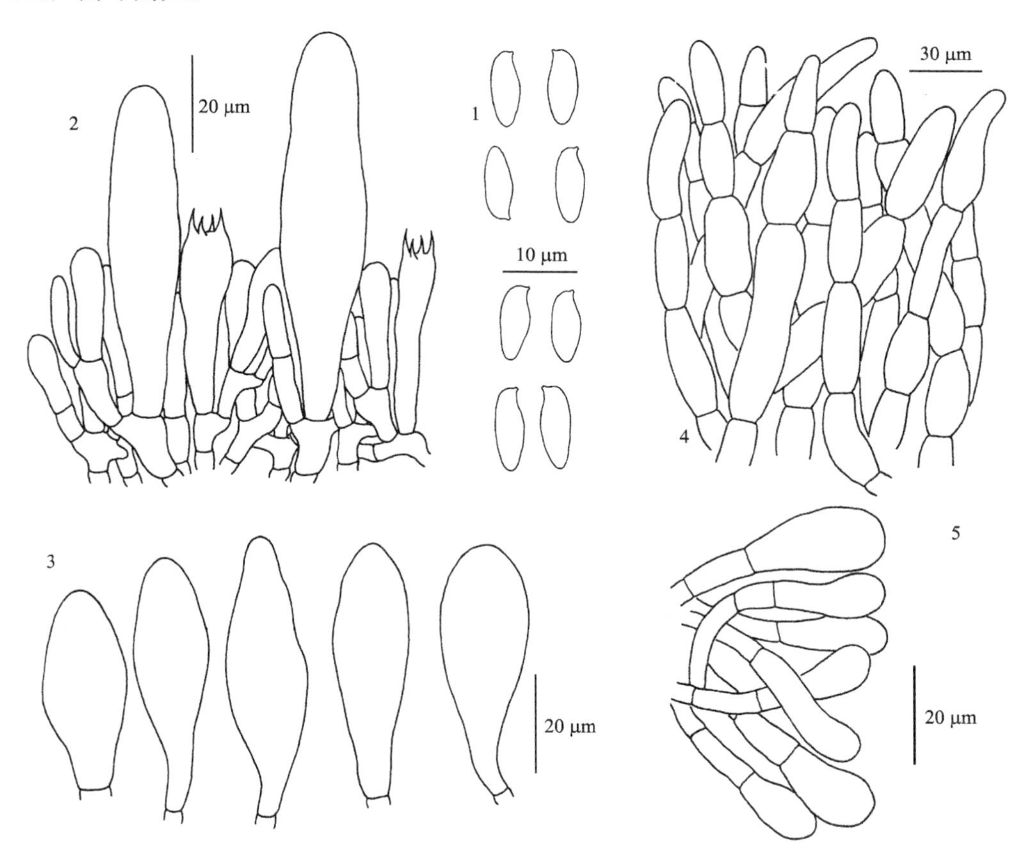

图 67　斑盖褶孔牛肝菌 *Phylloporus maculatus* N.K. Zeng, Zhu L. Yang & L.P. Tang (HKAS 56683，模式)

1. 担孢子；2. 担子和侧生囊状体；3. 缘生囊状体；4. 菌盖表皮结构；5. 菌柄表皮结构

菌褶菌髓褶孔牛肝菌型。担子 41～59 × 8～11 μm，棒状，具 4 孢梗；孢梗长 4～6 μm。担孢子(9) 10～12 × (3.5) 4～4.5 (5) μm [Q = (2.38) 2.44～3.00，**Q** = 2.66 ± 0.19]，侧面观梭形，不等边，上脐部常下陷，背腹观近圆柱形，壁稍厚 (< 1 μm)，在 KOH 溶液中橄

榄褐色至黄褐色，在光学显微镜下光滑，但在扫描电镜下可见杆菌状纹饰，拟糊精质。缘生囊状体 40～60 × 12～18 μm，丰富，近梭形或近棒状，细胞壁薄至稍微增厚 (1 μm)，在 KOH 溶液中无色至浅黄色。侧生囊状体 52～120 × 12～20 μm，丰富，梭形或近梭形，细胞壁薄至稍微增厚 (1 μm)，在 KOH 溶液中无色至浅黄色。菌盖表皮栅皮型，由直径 8～25 μm、细胞壁薄至稍微增厚 (1 μm)、在 KOH 溶液中浅黄色至黄褐色的菌丝组成；末端细胞 30～70 × 11～17 μm，窄棒状或近圆柱形，顶端钝。菌盖髓部菌丝直径 5～16 μm，细胞壁薄至稍微增厚 (1 μm)。菌柄表皮栅皮状，由细胞壁薄至稍微增厚 (1 μm) 的菌丝组成；末端细胞 18～32 × 9～16 μm，棒状。菌柄菌髓由平行的菌丝构成，菌丝直径 4～15 μm，细胞壁薄至稍微增厚 (1 μm)。担子果各部位皆无锁状联合。

模式产地：中国 (云南)。

生境：夏秋季单生于柯属植物林下。

世界分布：中国 (西南地区)。

研究标本：云南：腾冲曲石，海拔 2100 m，2009 年 7 月 4 日，杨祝良 5260 (HKAS 56683，模式)；盈江铜壁关，海拔 2170 m，2009 年 7 月 17 日，赵琪 161 (HKAS 59730)。

讨论：斑盖褶孔牛肝菌的主要特征是：菌盖褐色至深褐色，被有深色斑纹，菌褶受伤后变为蓝色，菌柄黄色且表面被有细小的鳞片，基部菌丝白色，菌盖表皮由膨大的菌丝构成 (Zeng *et al*., 2013)。

斑盖褶孔牛肝菌与原描述于越南的 *P. sulcatus* 都具有褐色的菌盖和黄色的菌柄，但 *P. sulcatus* 不同于斑盖褶孔牛肝菌的特征在于菌褶受伤不变色，担孢子较宽 [10.5～12.5 (13) × (4.5) 5～5.5 (6) μm]，且侧生囊状体较窄 (Patouillard, 1909; Perreau and Joly, 1964; Corner, 1971; Zeng *et al*., 2011)。

厚囊褶孔牛肝菌　图版 VII-7；图 68

Phylloporus pachycystidiatus N.K. Zeng, Zhu L. Yang & L.P. Tang, in Zeng, Tang, Li, Bau, Zhu, Zhao & Yang, Fungal Divers. 58: 87, figs. 2g, 3e, 8, 2013; Li, Li, Yang, Bau & Dai, Atlas Chin. Macrofung. Res., 1114, fig. 1643, 2015.

菌盖直径 3～5 cm，凸镜形至平展，老后中部稍下陷；菌盖表面密被黄褐色至红褐色鳞片，老后龟裂状，不黏；菌盖边缘幼时内卷，之后上翘；菌肉奶油色，受伤不变色(有时在靠近子实层体附近的菌肉受伤后稍稍变为蓝色)。子实层体延生，菌褶状；菌褶宽达 0.6 cm，较稀，横脉常见，黄色，受伤后变为蓝色 (有时变蓝非常强烈和迅速)；小菌褶多。菌柄 2～3.5 × 0.3～0.6 cm，中生，近圆柱形，实心；菌柄表面密被黄褐色至红褐色鳞片；菌柄上半部有时具纵纹；菌肉奶油色，受伤不变色；基部菌丝白色；菌环阙如。

菌褶菌髓褶孔牛肝菌型。担子 25～44 × 9～13 μm，棒状，具 4 孢梗；孢梗长 4～5 μm。担孢子(10) 11～14 (15) × (4) 4.5～5 (5.5) μm [Q = (2.17) 2.30～2.90 (3.22)，**Q** = 2.61 ± 0.20]，侧面观梭形，不等边，上脐部常下陷，背腹观近圆柱形，壁稍厚 (< 1 μm)，在 KOH 溶液中橄榄褐色至黄褐色，在光学显微镜下光滑，但在扫描电镜下可见杆菌状纹饰，拟糊精质。缘生囊状体 65～100 × 11～19 μm，丰富，近梭形、近棒状或棒状，细胞壁稍微增厚 (1 μm)，在 KOH 溶液中无色至浅黄色。侧生囊状体 110～153 × 11～

20 μm，丰富，梭形至近梭形，细胞壁增厚 (2～4 μm)，在 KOH 溶液中无色至浅黄色。菌盖表皮栅皮型，由直立、交织状、直径 6～15 (20) μm 的菌丝组成，菌丝细胞壁薄至稍微增厚 (1 μm)，在 KOH 溶液中无色、浅黄色至黄褐色；末端细胞 30～60 × 8～15 μm，窄棒状或近圆柱形，顶端钝。菌盖髓部菌丝直径 5～13 μm。菌柄表皮栅皮型，由无色至浅黄色的菌丝组成；末端细胞 18～56 × 8～13 μm，棒状。菌柄菌髓由平行的菌丝构成，菌丝直径 4～18 μm，圆柱形，细胞壁薄至稍微增厚 (1 μm)，在 KOH 溶液中无色至浅黄色。担子果各部位皆无锁状联合。

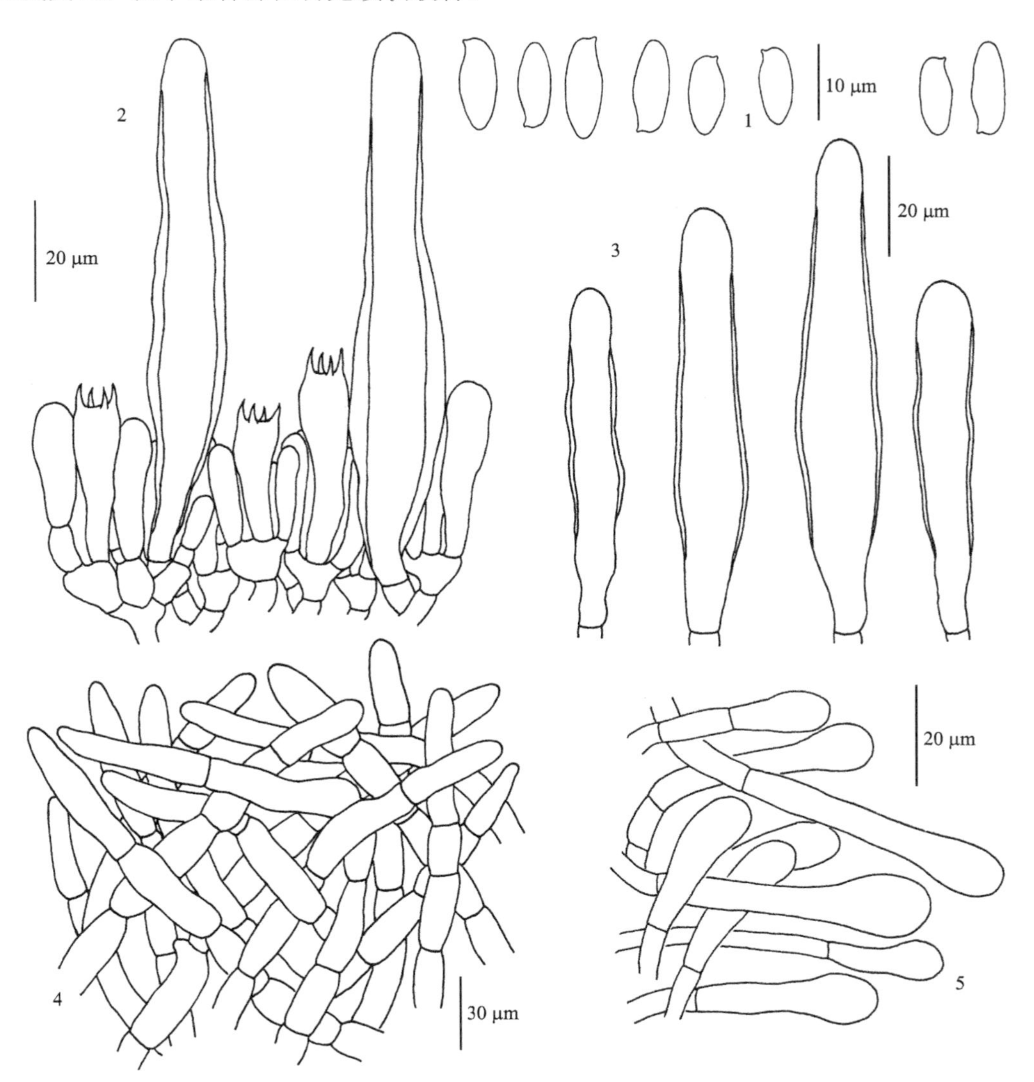

图 68　厚囊褶孔牛肝菌 *Phylloporus pachycystidiatus* N.K. Zeng, Zhu L. Yang & L.P. Tang (HKAS 54540，模式)

1. 担孢子；2. 担子和侧生囊状体；3. 缘生囊状体；4. 菌盖表皮结构；5. 菌柄表皮结构

模式产地：中国 (云南)。

生境：夏秋季单生或散生于柯属植物林下。

世界分布：中国（华南和西南地区）。

研究标本：海南：五指山，海拔 1320 m，2009 年 8 月 2 日，曾念开 428 (HKAS 59724)。云南：景东哀牢山，海拔 2400 m，2008 年 7 月 14 日，唐丽萍 309 (HKAS 54540，模式) 和 310 (HKAS 54541)；同地，海拔 2380 m，2008 年 7 月 15 日，唐丽萍 327 (HKAS 54558) 和 329 (HKAS 54560)。

讨论：厚囊褶孔牛肝菌的主要特征是：菌盖黄褐色至红褐色，菌柄黄褐色至红褐色，基部菌丝白色，菌褶受伤变为蓝色（有时很明显），菌肉受伤不变色或偶见受伤后变为蓝色，侧生囊状体细胞壁加厚 (2～4 μm)，菌盖表皮由不膨大的菌丝组成 (Zeng *et al*., 2013)。

原描述于哥斯达黎加的 *P. centroamericanus* Singer & L. D. Gómez、泰国的红果褶孔牛肝菌 (*P. rubiginosus* M.A. Neves & Halling) 及马来西亚的 *P. tunicatus* Corner 均有厚壁的囊状体 (Corner, 1971；Gómez and Singer, 1984；Neves and Halling, 2010；Neves *et al*., 2012)。但是，*P. centroamericanus* 的担子果小，菌肉受伤不变色或偶尔变为蓝绿色，囊状体的外壁有附属物 (Gómez and Singer, 1984)；红果褶孔牛肝菌的菌褶和菌肉受伤先变蓝绿色，再变红色，最后变黑色，囊状体壁的厚度仅达 2 μm (Neves *et al*., 2012；Zhang *et al*., 2019)；*P. tunicatus* 的担子果特别小，菌盖深褐色，囊状体基部膨大呈近球形，且菌盖表皮的菌丝通常较宽（可达 30 μm）(Corner, 1971)。

小孢褶孔牛肝菌　图版 VII-8；图 69

Phylloporus parvisporus Corner, Nova Hedwigia 20: 811, fig. 2a, pl. 7b, 1971; Zeng, Tang, Li, Bau, Zhu, Zhao & Yang, Fungal Diversity 58: 89, figs. 2h, i, 3f, 9, 2013.

菌盖直径 2～3 cm，平展，老后中部稍稍下陷；菌盖表面褐色、暗褐色至橄榄褐色，具绒毛状鳞片，不黏；菌盖边缘内卷；菌肉浅煤烟色或浅黑色，受伤不变色。子实层体延生，菌褶状；菌褶宽达 0.5 cm，较稀，横脉常见，黄色，受伤不变色；小菌褶多。菌柄 1～2.5 × 0.2～0.3 cm，中生，近圆柱形，实心；表面黄褐色、褐色或橄榄色；菌肉浅煤烟色或浅黑色，受伤不变色；基部菌丝白色；菌环阙如。

菌褶菌髓褶孔牛肝菌型。担子 30～36 × 8～10 μm，棒状，具 4 孢梗；孢梗长 4～6 μm。担孢子 6～7.5 (8) × (4) 4.5～5 (5.5) μm [Q = 1.20～1.56 (1.63)，**Q** = 1.43 ± 0.11]，侧面观椭圆形，稀宽椭圆形，不等边，上脐部稀下陷，背腹观椭圆形，壁稍厚 (< 1 μm)，在 KOH 溶液中橄榄褐色至黄褐色，在光学显微镜下光滑，但在扫描电镜下可见杆菌状纹饰，拟糊精质。缘生囊状体 66～104 × 12～17 μm，丰富，近棒状、近梭形或梭形，细胞壁薄，在 KOH 溶液中无色至浅黄色。侧生囊状体 98～126 × 15～19 μm，丰富，梭形或近梭形，薄壁，在 KOH 溶液中无色至浅黄色。菌盖表皮栅皮型，由直径 6～17 μm、细胞壁薄至稍微增厚 (1 μm)、在 KOH 溶液中无色至浅黄色的菌丝组成；末端细胞 29～65 × 9～14 μm，窄棒状或近圆柱形，顶端钝。菌盖髓部菌丝直径 6～15 μm，细胞壁薄至稍微增厚 (1 μm)，在 KOH 溶液中无色至浅黄色。菌柄表皮栅皮型，由细胞壁稍微增厚 (1 μm) 的菌丝组成；末端细胞 22～40 × 5～10 μm，棒状。菌柄菌髓由平行的菌丝构成，菌丝直径 3～14 μm，圆柱形，细胞壁薄至稍微增厚 (1 μm)，在 KOH 溶液中无色至浅黄色。担子果各部位皆无锁状联合。

模式产地：新加坡。

生境：夏秋季单生或群生于柯属植物林下。

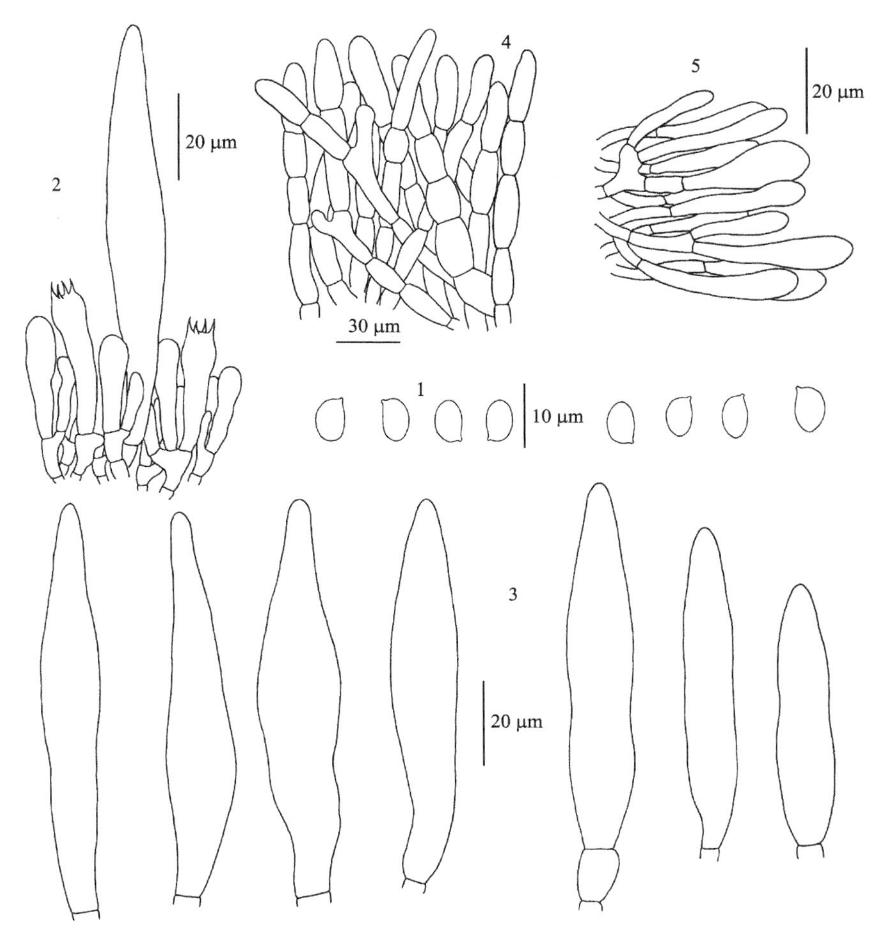

图 69 小孢褶孔牛肝菌 *Phylloporus parvisporus* Corner (HKAS 54768)

1. 担孢子；2. 担子和侧生囊状体；3. 缘生囊状体；4. 菌盖表皮结构；5. 菌柄表皮结构

世界分布：新加坡和中国 (东南和西南地区)。

研究标本：福建：漳平天台国家森林公园，海拔 360 m，2009 年 8 月 28 日，曾念开 598 (HKAS 56725)。云南：景洪大渡岗，海拔 1300 m，2008 年 7 月 31 日，唐丽萍 537 (HKAS 54768)。

讨论：小孢褶孔牛肝菌的主要特征是：菌盖和菌柄具有橄榄色色调，菌肉煤烟色，菌褶和菌肉受伤均不变色，担孢子小，椭圆形至宽椭圆形 (Corner, 1971)。

小孢褶孔牛肝菌酷似原描述于泰国的 *P. infuscatus* M. A. Neves & Halling，两者的菌盖都具有橄榄色色调，菌肉煤烟色，担孢子小。但是后者的菌褶受伤变为蓝色，担孢子更窄 (6.3～7.7 × 3.5～4.2 μm)，且囊状体短 (Neves *et al.*, 2012)。*Phylloporus cingulatus* Corner 和 *P. coccineus* Corner，这两个原描述于新加坡的种也都具有小的担孢子。但是，*P. cingulatus* 具有倒陀螺状的菌盖，且菌盖表面具有红色色调，菌褶近菌柄处形成纹孔，菌柄近顶端处具有一蓝绿色菌环区；*P. coccineus* 具橙红色的担子果，受伤变为蓝色的菌褶和菌肉，以及较宽的担孢子 (7.5～9 × 6.5～7.5 μm) (Corner, 1971)。

粉被褶孔牛肝菌 图版 VII-9；图 70

Phylloporus pruinatus Kuan Zhao & N.K. Zeng, in Zhao, Zeng, Han, Gao, Liu, Wu, Wang & Gu, Phytotaxa 372: 217, figs. 2～4, 2018.

菌盖直径 2～3 cm，较平展，中央稍凹陷；菌盖表面绒质、柔软，黄褐色至红褐色，被白色粉霜状鳞片，不黏；菌盖边缘略内卷；菌肉厚 5～10 mm，乳白色，受伤后不变色。子实层体延生，菌褶状；菌褶宽约 3 mm，较稀，鲜黄色至金黄色，受伤后不变色；小菌褶多。菌柄 2～3 × 0.2～0.3 cm，中生，近圆柱形，实心；表面淡黄色，被有黄褐色至红褐色小鳞片，中下部尤甚；菌肉淡黄色，受伤后不变色；基部菌丝白色。气味不明显。

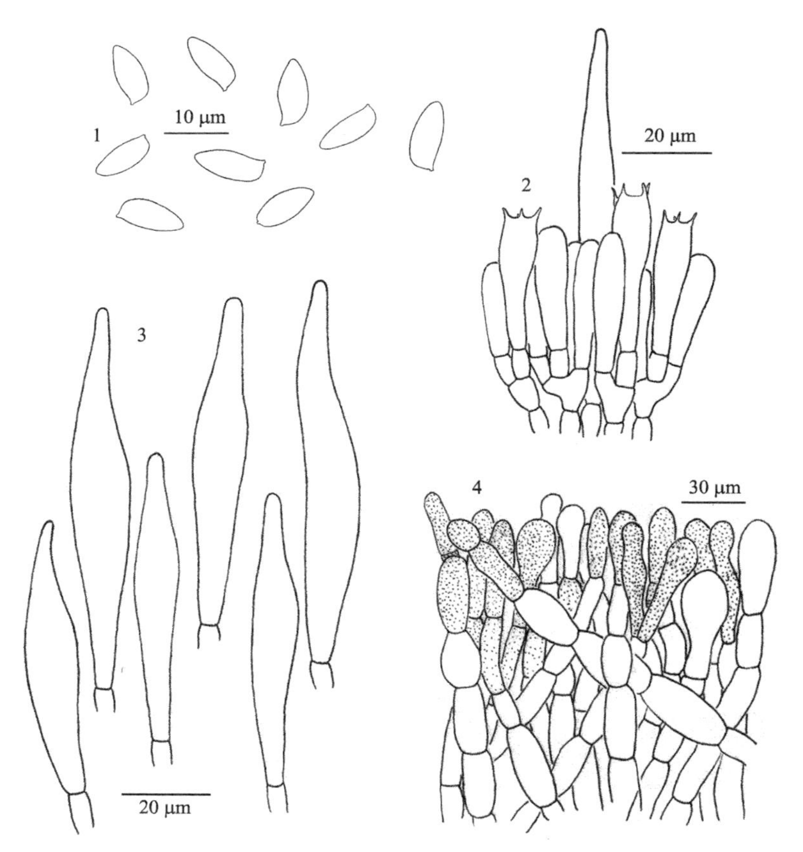

图 70 粉被褶孔牛肝菌 *Phylloporus pruinatus* Kuan Zhao & N.K. Zeng (1～3 据 HKAS 101929， 模式；4 据 HKAS 74687)

1. 担孢子；2. 担子和侧生囊状体；3. 缘生囊状体；4. 菌盖表皮结构

菌褶菌髓褶孔牛肝菌型。担子 35～52 × 7～10 μm，棒状，多具 4 孢梗，有时具 2 孢梗。担孢子 8～11 (13) × 3.5～5 μm [Q =2.00～2.57 (2.86)，**Q** = 2.23 ± 0.15]，侧面观梭形，不等边，上脐部往往下陷，背腹观近梭形至近圆柱形，壁稍厚 (< 1 μm)，在 KOH 溶液中橄榄褐色至黄褐色，在光学显微镜下光滑，在扫描电镜下可见杆菌状纹饰。缘生

囊状体 50～130 × 9～15 μm，近梭形、长披针形或细长棒状。侧生囊状体 70～100 × 13～17 μm，形状与缘生囊状体相似。菌盖表皮栅皮型，由直径 5～9 (12) μm 的薄壁菌丝组成；末端细胞 (17) 28～50 (62) × 13～17 μm，膨大为椭球形。菌柄菌髓由平行排列、直径 3.5～9 (12) μm 的菌丝组成。担子果各部位皆无锁状联合。

模式产地：中国 (安徽)。

生境：散生于松科与壳斗科植物混交林下。

世界分布：中国 (华东和西南地区)。

研究标本：安徽：黄山云谷寺，海拔 600 m，2017 年 7 月 18 日，赵宽 950 (HKAS 101929，模式)。云南：大理永平，海拔 2000 m，2009 年 7 月 31 日，唐丽萍 1043 (HKAS 74687)。

讨论：粉被褶孔牛肝菌的主要特征是：担子果很小，菌盖黄褐色至红褐色，被白色粉霜状鳞片，菌肉白色，受伤不变色，菌柄基部菌丝白色，菌盖表皮由稍稍膨大的菌丝构成 (Zhao *et al*., 2018)。

粉被褶孔牛肝菌和潞西褶孔牛肝菌的菌盖均为褐色且子实体各部位受伤后均不变色，但后者子实体较大 (4～8 cm)，且基部菌丝为黄色 (Zeng *et al*., 2011)。同时，粉被褶孔牛肝菌和 *P. brunneolus* Corner 在子实体大小、菌盖颜色以及孢子大小等方面较为相似，但后者的菌褶较密且菌肉受伤后变红 (Corner, 1971)。

淡红褶孔牛肝菌　图版 VII-10；图 71

Phylloporus rubeolus N.K. Zeng, Zhu L. Yang & L.P. Tang, in Zeng, Tang, Li, Bau, Zhu, Zhao & Yang, Fungal Divers. 58: 91, figs. 2j, 3g, 10, 2013; Li, Li, Yang, Bau & Dai, Atlas Chin. Macrofung. Res., 1115, fig. 1644, 2015.

菌盖直径 2.4～7 cm，凸镜形，老后平展且中部稍稍下陷；菌盖表面浅红色，具绒毛状鳞片，不黏；菌盖边缘稍内卷；菌肉奶油色，受伤不变色。子实层体延生，菌褶状；菌褶宽达 0.8 cm，较稀，偶具横脉，黄色，受伤后变为蓝色，但之后又缓慢恢复黄色；小菌褶多。菌柄 3～6 × 0.4～1 cm，中生，近圆柱形，实心；表面褐色至红褐色；菌肉奶油色，受伤不变色；基部菌丝白色；菌环阙如。

菌褶菌髓褶孔牛肝菌型。担子 31～42 × 8～10 μm，棒状，具 4 孢梗；孢梗长 4～5 μm。担孢子 (8.5) 9～12 × (3.5) 4～5 μm [Q = (2.00) 2.11～2.75 (3.43), **Q** = 2.48 ± 0.23]，侧面观梭形，不等边，上脐部常下陷，背腹观近圆柱形，壁稍厚 (< 1 μm)，在 KOH 溶液中橄榄褐色至黄褐色，在光学显微镜下光滑，但在扫描电镜下可见杆菌状纹饰，拟糊精质。缘生囊状体 35～57 × 9～17 μm，丰富，近梭形至近棒状，细胞壁薄至稍微增厚 (1 μm)，在 KOH 溶液中无色至浅黄色。侧生囊状体 52～130 × 10～15 μm，丰富，梭形或近梭形，细胞壁薄至稍微增厚 (约 1 μm)，在 KOH 溶液中无色至浅黄色。菌盖表皮栅皮型，由直径 6～25 μm、细胞壁薄至稍微增厚 (约 1 μm) 的菌丝组成；末端细胞 25～60 × 7～11 μm，窄棒状或近圆柱形，顶端锐。菌盖髓部菌丝宽 6～18 μm，细胞壁稍微增厚 (约 1 μm)。菌柄表皮栅皮状，由细胞壁薄至稍微增厚 (约 1 μm) 的菌丝组成；末端细胞 20～55 × 7～20 μm，棒状。菌柄菌髓由平行的菌丝构成，菌丝直径 4～18 μm，圆柱形，细胞壁薄至稍微增厚 (约 1 μm)，在 KOH 溶液中无色至浅黄色。担子

果各部位皆无锁状联合。

模式产地：中国 (云南)。

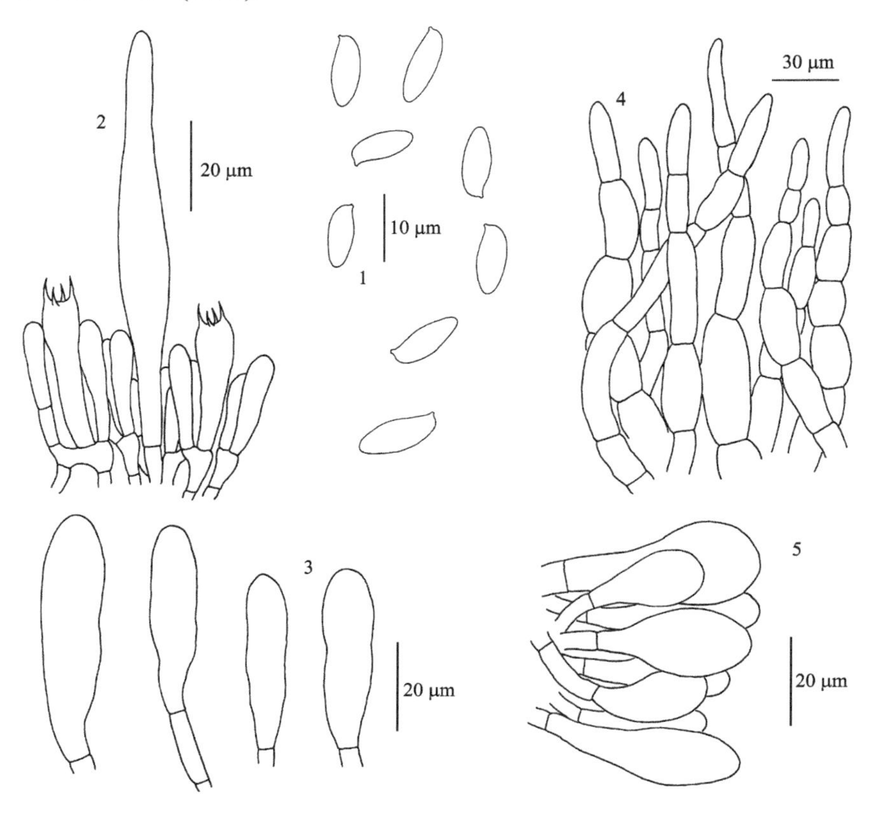

图 71　淡红褶孔牛肝菌 *Phylloporus rubeolus* N.K. Zeng, Zhu L. Yang & L.P. Tang (HKAS 52573，模式)

1. 担孢子；2. 担子和侧生囊状体；3. 缘生囊状体；4. 菌盖表皮结构；5. 菌柄表皮结构

生境：夏秋季单生于柯属植物林下。

世界分布：中国 (西南地区)。

研究标本：云南：景东哀牢山，海拔 2400 m，2008 年 7 月 14 日，唐丽萍 304、306 和 312 (分别为 HKAS 54535、HKAS 54537 和 HKAS 54543)；同地，海拔 1450 m，2010 年 7 月 18 日，李艳春 888 (HKAS 52573，模式)。

讨论：淡红褶孔牛肝菌的主要特征是：菌盖浅红色，菌柄褐色至褐红色，菌柄基部菌丝白色，菌褶受伤后变为蓝色，担孢子在扫描电镜下可见杆菌状纹饰，囊状体较窄，菌盖表皮由膨大的菌丝组成且末端细胞由下至上逐渐变细 (Zeng *et al.*, 2013)。

原描述于哥斯达黎加的 *P. alborufus* M. A. Neves & Halling、泰国的红果褶孔牛肝菌 (*P. rubiginosus*) 和马来西亚的 *P. rubriceps* Corner 与淡红褶孔牛肝菌具有同样颜色的担子果。但是，*P. alborufus* 的担孢子较窄，在扫描电镜下担孢子表面光滑至具皱褶 (Neves and Halling, 2010)；红果褶孔牛肝菌的菌褶和菌肉受伤先变蓝绿色，再变红色，最后变黑色，囊状体壁增厚 (1～2 μm) (Neves *et al.*, 2012；Zhang *et al.*, 2019)；*P. rubriceps* 有较长的担孢子，较宽的囊状体 (宽可达 30 μm)，菌盖表皮菌丝末端细胞由下至上逐渐变粗 (Corner, 1971)。

红果褶孔牛肝菌 图版 VII-11；图 72

Phylloporus rubiginosus M.A. Neves & Halling, in Neves, Binder, Halling, Hibbett & Soytong, Fungal Divers. 55: 118, figs. 1, 7, 2012; Zhang *et al.*, Guizhou Science 37 (2): 3, figs. 2～4, 2019.

菌盖直径 3.6～9 cm，中央稍凹陷；菌盖表面棕红色至淡红色，幼时覆盖有浓密的绒毛，老后形成小鳞片，不黏；菌盖边缘通常向上翘起；菌肉厚 2～12 mm，浅黄色，受伤后先轻微变为蓝绿色，后缓慢变为红色，最后变为黑色。子实层体延生，菌褶状；菌褶宽达 8 mm，近稀疏，横脉常见，幼时浅红色，后黄色，受伤后先轻微变为蓝绿色，后缓慢变为红色，最后变为黑色。菌柄 2.7～8 × 0.3～1.5 cm，中生，近圆柱形，实心；表面密被红褐色至浅红色鳞片，上部通常有纵棱；菌肉浅黄色至浅褐色，受伤后先轻微变为蓝绿色，后缓慢变为红色，最后变为黑色；基部菌丝白色；菌环阙如。

菌褶菌髓褶孔牛肝菌型。担子 20～34 × 5～10 μm，棒状，有时细胞壁增厚至 2 μm，在 KOH 溶液中无色至浅黄色，具 4 孢梗；孢梗长 4～6 μm。担孢子(9) 10～14 (15) × 4.5～5.5 μm [Q = (2) 2.22～2.89 (3)，**Q** = 2.56 ± 0.22]，侧面观梭形，不等边，上脐部常下陷，背腹观近圆柱形，壁稍厚 (0.5 μm)，在 KOH 溶液中橄榄褐色至浅黄褐色，光滑。缘生囊状体 25～92 × 8～17 μm，近棒状或棒状，细胞壁稍微增厚至 1 μm，在 KOH 溶液中无色、浅黄色至浅黄褐色，表面无附属物。侧生囊状体 73～112 × 10～20 μm，梭形或近梭形，细胞壁可增厚至 2 μm，在 KOH 溶液中无色，表面无附属物。菌盖表皮厚约 200 μm，毛皮型，由直径 4～18 μm、无色、浅黄褐色至黄褐色的菌丝组成；顶端细胞 10～60 × 5～14 μm，窄棒状或近圆柱形，先端圆钝。菌盖髓部由细胞壁薄至稍微增厚 (1 μm) 的菌丝组成，直径 4～18 μm，在 KOH 溶液中无色至浅黄色。菌柄表皮子实层状，由细胞壁稍微增厚 (1 μm) 的菌丝组成；顶端细胞 17～58 × 4～15 μm，近纺锤形、窄或宽棒状。菌柄髓部由平行排列的菌丝组成，菌丝直径 4～18 μm，圆柱形，细胞壁薄至稍微增厚 (1 μm)，在 KOH 溶液中无色至浅黄色。担子果各部位皆无锁状联合。

模式产地：泰国。

生境：单生或散生于壳斗科或马尾松林下。

世界分布：泰国和中国 (东南和华南地区)。

研究标本：福建：漳平天台山，海拔 350 m，2009 年 8 月 28 日，曾念开 589 (FHMU 2482)；漳平福祉阁公园，海拔 300 m，2013 年 7 月 24 日，曾念开 1267 (FHMU 824)。海南：乐东鹦哥岭，海拔 560 m，2017 年 7 月 30 日，曾念开 3175 (FHMU 2136)。

讨论：红果褶孔牛肝菌的主要特征是：子实体较大，菌盖棕红色至淡红色，子实层体表面和菌肉受伤后先轻微变为蓝绿色，再变为红色，最后变为黑色，菌柄表面被红褐色至浅红色鳞片，基部菌丝白色，担孢子光滑，侧生囊状体壁的厚度可达 2 μm，菌盖表皮毛皮型，菌丝不膨大，生于壳斗科、龙脑香属或松属植物林下 (Neves *et al.*, 2012)。

红果褶孔牛肝菌最早描述于泰国 (Neves *et al.*, 2012)。在原始文献中，记录该种子实层体表面和菌肉受伤都变蓝色，菌褶不具横脉，菌柄基部菌丝黄色 (Neves *et al.*, 2012)。采于中国的标本与原始描述基本符合。然而，我们在野外标本采集时观察到此种子实层体表面和菌肉受伤会先轻微变为蓝色，再缓慢变为红色，最后变为黑色，菌褶之间常常具有横脉，菌柄基部菌丝白色 (Zhang *et al.*, 2019)。另外，Neves 等 (2012) 描述红果褶孔牛肝菌生长在锥属和龙脑香属植物林中，Zhang 等 (2019) 发现该种除了生长在壳斗科植物林下外，也生长在马尾松林下。

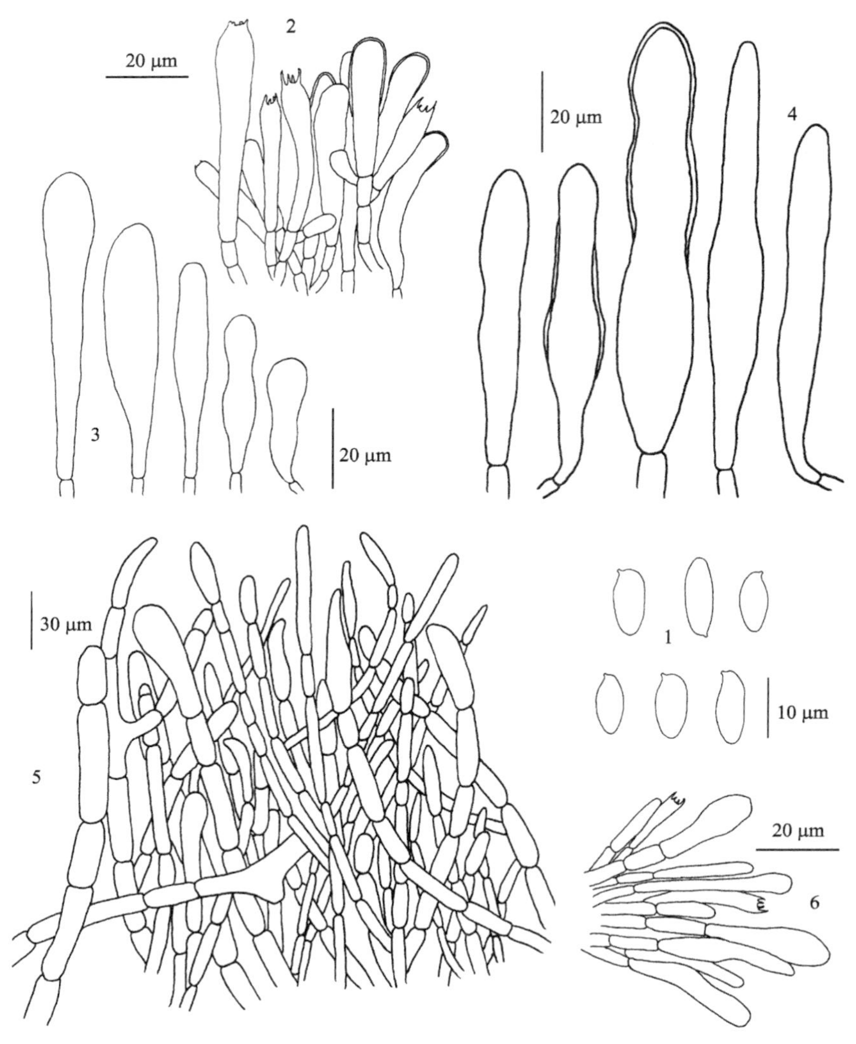

图 72　红果褶孔牛肝菌 *Phylloporus rubiginosus* M.A. Neves & Halling (FHMU 824)

1. 担孢子；2. 担子；3. 缘生囊状体；4. 侧生囊状体；5. 菌盖表皮结构；6. 菌柄鳞片结构

褶孔牛肝菌属孢子常常有杆菌状纹饰 (Neves and Halling, 2010；Zeng *et al*., 2013；Hosen and Li, 2015, 2017；Zhao *et al*., 2018)。Neves 等 (2012) 在红果褶孔牛肝菌的孢子表面上没有观察到杆菌状纹饰，进一步的研究证实该种的孢子是光滑的 (Zhang *et al*., 2019)。

红鳞褶孔牛肝菌　图版 VII-12；图 73

Phylloporus rubrosquamosus N.K. Zeng, Zhu L. Yang & L.P. Tang, in Zeng, Tang, Li, Bau, Zhu, Zhao & Yang, Fungal Divers. 58: 92, figs. 2k, 3h, 11, 2013; Li, Li, Yang, Bau & Dai, Atlas Chin. Macrofung. Res., 1115, fig. 1645, 2015.

菌盖直径 4.5～6 cm，凸镜形，老后平展且中部稍稍下陷；菌盖表面褐黄色，被浅红色至褐红色鳞片，不黏；菌盖边缘内卷；菌肉奶油色，受伤后不变色。子实层体菌褶状，下延；菌褶宽达 0.8 cm，较稀，横脉常见，黄色，受伤后轻微变为蓝色；小菌褶多。菌柄 5～8 × 0.6～0.7 cm，中生，近圆柱形，实心；表面褐黄色，被黄褐色至浅红色的鳞片；菌肉奶油色，受伤不变色；基部菌丝白色；菌环阙如。

菌褶菌髓褶孔牛肝菌型。担子 30～50 × 8～11 μm，棒状，具 4 孢梗；孢梗长 4～6 μm。担孢子 (10) 11～12.5 (13) × 4.5～5 μm [Q = (2.20) 2.30～2.67 (2.78)，**Q** = 2.48 ± 0.15]，侧面观梭形，不等边，上脐部常下陷，背腹观近圆柱形，壁稍厚 (< 1 μm)，在 KOH 溶液中橄榄褐色至黄褐色，在光学显微镜下光滑，但在扫描电镜下可见杆菌状纹饰，拟糊精质。缘生囊状体 39～54 × 13～16 μm，丰富，近棒状或棒状，细胞壁薄至稍微增厚 (约 1 μm)，在 KOH 溶液中无色至浅黄色。侧生囊状体 65～103 × 11～17 μm，丰富，梭形或近梭形，细胞壁薄至稍微增厚 (约 1 μm)，在 KOH 溶液中无色至浅黄色。菌盖表皮 (鳞片) 栅皮型，由直径 4～12 μm、在 KOH 溶液中浅黄色至黄褐色的薄壁菌丝组成；末端细胞 40～77 × 4～10 μm，窄棒状或近圆柱形，顶部钝。菌盖髓部菌丝直径 5～22 μm，细胞壁薄，在 KOH 溶液中无色至浅黄色。菌柄表皮类栅栏状，由细胞壁薄至稍微增厚 (约 1 μm)、在 KOH 溶液中无色至浅黄色的菌丝组成；末端细胞 26～43 × 6～10 μm，棒状。菌柄菌髓由平行的菌丝构成，菌丝直径 3～24 μm，圆柱形，细胞壁薄至稍微增厚 (约 1 μm)。担子果各部位皆无锁状联合。

模式产地：中国 (云南)。

生境：夏秋季单生于柯属植物林下。

世界分布：中国 (西南地区)。

研究标本：云南：景东哀牢山，海拔 2380 m，2008 年 7 月 15 日，唐丽萍 328 (HKAS 54559，模式)；同地，海拔 2400 m，2008 年 7 月 14 日，唐丽萍 311 (HKAS 54542)。西藏：墨脱，1982 年 11 月 13 日，苏永革 1212 (HKAS 16020)。

讨论：红鳞褶孔牛肝菌的主要特征是：菌盖表面被有浅红色至褐红色的鳞片，菌褶受伤变为蓝色但菌肉受伤不变色，菌柄褐黄色至褐红色，基部菌丝白色 (Zeng *et al*., 2013)。

褐盖褶孔牛肝菌、*P. coccineus*、*P. flavidulus* Corner、*P. incarnatus* Corner、潞西褶孔牛肝菌、*P. ochraceobrunneus* Corner、东方褶孔牛肝菌和 *P. phaeosporus* Corner 均描述于热带亚洲，且和红鳞褶孔牛肝菌一样，菌盖表皮均由不膨大的菌丝组成。但是，褐盖褶孔牛肝菌的菌盖褐色至深褐色，菌柄无浅红色色调，基部菌丝黄色；*P. coccineus* 的担子果橙红色，菌肉受伤变为蓝绿色，担孢子较小 [7.5～9 (10) × 6.5～7.5 (8) μm] (Corner, 1971)；*P. flavidulus* 的担子果浅黄色，囊状体较窄，且担孢子较宽 (9～11 × 4.7～5.7 μm) (Corner, 1971)；*P. incarnatus* 的菌盖浅粉色，菌柄浅黄色，担孢子较短 [9～11(12) × 4.3～5.3 μm] (Corner, 1971)；潞西褶孔牛肝菌的菌盖褐色、肉桂褐色至灰褐色，菌褶受伤不变色，菌柄基部菌丝黄色 (臧穆和曾孝濂, 1978；Zeng *et al*., 2011)；*P. ochraceobrunneus* 菌褶受伤不变色，担孢子较长 (11～15 × 4～4.7 μm)，缘生囊状体的顶部呈窄的线状结构 (Corner, 1971)；东方褶孔牛肝菌的担子果大型，菌肉受伤后变为蓝色，担孢子较长 [13～16.5 × 5～5.5 (6) μm] (Corner, 1971)；*P. phaeosporus* 的菌盖表面浅粉褐色，菌柄浅黄色至浅绿色，担孢子较长（11～14 × 4.5～5.5 μm）(Corner, 1971)。

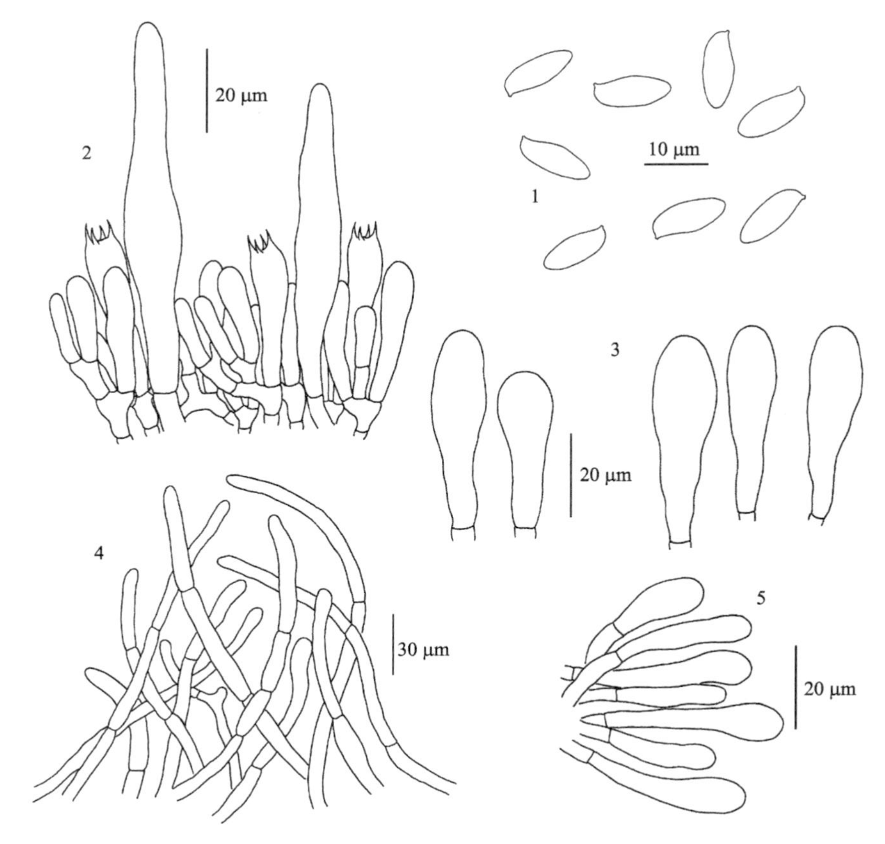

图 73 红鳞褶孔牛肝菌 *Phylloporus rubrosquamosus* N.K. Zeng, Zhu L. Yang & L.P. Tang (HKAS 54559，模式)

1. 担孢子；2. 担子和侧生囊状体；3. 缘生囊状体；4. 菌盖表皮结构；5. 菌柄表皮结构

过去，红鳞褶孔牛肝菌在我国曾被误定为原描述于印度的硫磺褶孔牛肝菌（*P. sulphureus*），但后者的菌盖硫磺色至橙色，菌褶非常稀疏，担孢子较窄（9～12.5 × 3.5～4.5 μm）(Berkeley, 1851；Singer, 1951；Manjula, 1983)。

变红褶孔牛肝菌　图版 VIII-1；图 74

Phylloporus rufescens Corner, Nova Hedwigia 20: 814, fig. 2d, pl. 7c, pl. 8, 1971; Zeng, Tang, Li, Bau, Zhu, Zhao & Yang, Fungal Diversity 58: 94, figs. 2l, m, 3i, 12, 2013.

菌盖直径 7～13 cm，凸镜形，老后平展且中部稍下陷；菌盖表面浅褐色至红褐色，具绒毛状鳞片，不黏；菌盖边缘稍内卷；菌肉厚 29～32 mm，污白色，受伤后迅速变为蓝色，然后变为红色，最后变为黑色。子实层体延生，菌褶状；菌褶宽达 10 mm，密，横脉常见，在近菌柄处多少形成网状结构，黄色，受伤后变为蓝色；小菌褶多。菌柄 5～7 × 1～3 cm，中生，近圆柱形，实心；表面与菌盖表面同色；菌肉污白色，受伤后迅速变为蓝色，然后变为红色，最后变为黑色；基部菌丝白色；菌环阙如。气味和味道不明显。

菌褶菌髓褶孔牛肝菌型。担子 30～40 × 7～9 μm，棒状，具 4 孢梗；孢梗长 4～5 μm。担孢子 7～10 (11) × 4～5 μm [Q = (1.56) 1.78～2.50，**Q** = 2.04 ± 0.24]，侧面观梭形，不等边，上脐部常下陷，背腹观长椭圆形至近圆柱形，壁稍厚 (< 1 μm)，在 KOH 溶液中橄榄褐色至黄褐色，在光学显微镜下光滑，但在扫描电镜下可见杆菌状纹饰，拟糊精质。缘生囊状体 32～87 × 11～17 μm，丰富，近梭形、近棒状或棒状，细胞壁薄至稍微增厚 (约 1 μm)，在 KOH 溶液中黄褐色。侧生囊状体丰富，与缘生囊状体相似。菌盖表皮栅皮型，由直径 4～16 μm、在 KOH 溶液中浅黄色至黄褐色的菌丝组成，菌丝外壁有时附有黄褐色颗粒物；末端细胞 28～70 × 7～15 μm，窄棒状或近圆柱形，顶端钝。菌盖髓部菌丝直径 5～13 μm，在 KOH 溶液中无色至浅黄色。菌柄表皮栅皮型，由细胞壁薄至稍微增厚 (约 1 μm)、在 KOH 溶液中无色至浅黄色的菌丝组成；末端细胞 20～40 × 8～12 μm，棒状或近梭形。菌柄菌髓由直径 5～15 μm 的平行菌丝构成，细胞壁薄至稍微增厚 (约 0.5 μm)，在 KOH 溶液中无色至浅黄色。担子果各部位皆无锁状联合。

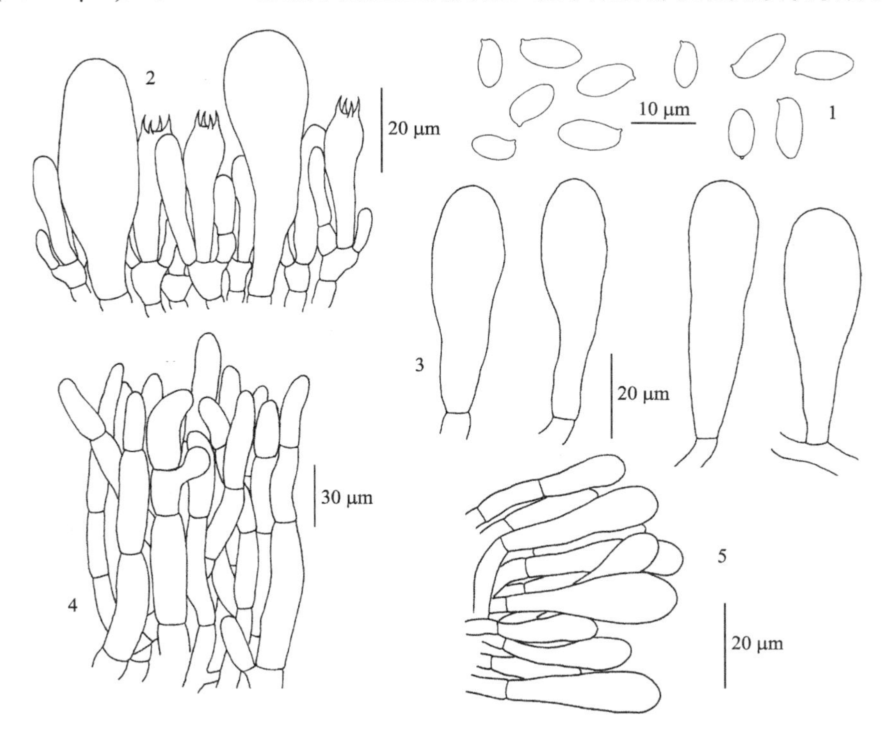

图 74　变红褶孔牛肝菌 *Phylloporus rufescens* Corner (HKAS 59722)

1. 担孢子；2. 担子和侧生囊状体；3. 缘生囊状体；4. 菌盖表皮结构；5. 菌柄表皮结构

模式产地：新加坡。

生境：夏秋季单生或群生于柯属植物林下。

世界分布：新加坡和中国 (华南地区)。

研究标本：海南：万宁铜铁岭，海拔 260 m，2009 年 4 月 29 日，曾念开 67 (HKAS 59722)；同地，海拔 270 m，2009 年 4 月 30 日，曾念开 79 (HKAS 59723)。

讨论：变红褶孔牛肝菌的主要特征是：担子果大型，菌盖表面浅褐色至红褐色，菌褶密，基部菌丝白色，担孢子较短，菌肉受伤后先变为蓝色，再变为红色，最后变为

黑色 (Corner, 1971)。

变红褶孔牛肝菌与原描述于北美洲的红黄褶孔牛肝菌很相似，但是后者菌褶和菌肉受伤均不变色，担孢子较长，基部菌丝黄色 (Neves and Halling, 2010)。原描述于东南亚的 *P. bogoriensis* Corner、*P. brunneolus* Corner、*P. stenosporus* Corner 和变红褶孔牛肝菌均有菌褶受伤变蓝和菌肉受伤变红的特征 (Corner, 1971)。但 *P. bogoriensis* 的菌肉受伤后先变红色，再变为黑色，担孢子较长 [9～11.5 (12.5) × 4～4.7 (5) μm] (Corner, 1971)；*P. brunneolus* 的担子果小型，菌肉受伤后仅变为红色，担孢子较长 (10～12 × 4.5～5 μm) (Corner, 1971)；*P. stenosporus* 的担子果小型，菌肉受伤后仅变为红色，担孢子很窄 [9.5～11.5 (12.5) × 3.7～4.2 μm] (Corner, 1974)。

云南褶孔牛肝菌　图版 VIII-2；图 75

Phylloporus yunnanensis N.K. Zeng, Zhu L. Yang & L.P. Tang, in Zeng, Tang, Li, Bau, Zhu, Zhao & Yang, Fungal Divers. 58: 95, figs. 2n, 2o, 3j, 13, 2013; Li, Li, Yang, Bau & Dai, Atlas Chin. Macrofung. Res., 1115, fig. 1646, 2015.

菌盖直径 4～6.5 cm，平展，中部通常下陷；菌盖表面黄褐色至红褐色，具绒毛状鳞片，常开裂呈鳞片状，不黏；菌盖边缘内卷；菌肉奶油色，受伤不变色。子实层体延生，菌褶状；菌褶宽达 0.5 cm，较稀，偶具横脉，黄色，受伤后变为蓝色，之后缓慢恢复为黄色；小菌褶多。菌柄 3～7 × 0.4～0.7 cm，中生，近圆柱形，实心；表面黄褐色至红褐色；菌肉奶油色，受伤不变色；基部菌丝黄色；菌环阙如。

菌褶菌髓褶孔牛肝菌型。担子 31～42 × 8～9 μm，棒状，具 4 孢梗；孢梗长 5～6 μm。担孢子(9) 10～12 × (3.5) 4～4.5 (5) μm [Q = (2.38) 2.44～3.00，**Q** = 2.66 ± 0.19]，侧面观梭形，不等边，上脐部常下陷，背腹观近圆柱形，壁稍厚 (< 1 μm)，在 KOH 溶液中橄榄褐色至黄褐色，在光学显微镜下光滑，但在扫描电镜下可见杆菌状纹饰，拟糊精质。缘生囊状体 52～76 × 14～23 μm，近梭形或近棒状，顶部的细胞壁有时强烈增厚 (厚可达 8 μm)，在 KOH 溶液中无色、浅黄色至黄褐色。侧生囊状体 77～107 × 12～21 μm，丰富，梭形、近梭形或近棒状，细胞壁薄至稍微增厚 (约 1 μm)，在 KOH 溶液中无色、浅黄色至黄褐色。菌盖表皮栅皮型，由直径 6～23 μm，细胞壁薄至稍微增厚 (约 1 μm)，在 KOH 溶液中无色、浅黄色至黄褐色的菌丝组成；末端细胞 35～64 × 7～15 μm，窄棒状或近圆柱形，顶端钝。菌盖髓部菌丝直径 6～18 μm。菌柄表皮栅皮型，由细胞壁薄至稍微增厚 (约 1 μm) 的菌丝组成；末端细胞 14～43 × 8～27 μm，棒状，偶近梭形。菌柄菌髓由平行的菌丝构成，菌丝直径 5～20 μm，圆柱形，细胞壁薄至稍微增厚 (1 μm)，在 KOH 溶液中无色至浅黄色。担子果各部位皆无锁状联合。

模式产地：中国 (云南)。

生境：夏秋季单生于热带、亚热带的柯属植物林下。

世界分布：中国 (西南地区)。

研究标本：四川：威远，海拔 500 m，1985 年 7 月 12 日，袁明生 1033 (HKAS 15861)。云南：昌宁，海拔 2020 m，2009 年 7 月 25 日，蔡箐 6 (HKAS 58673)；同地，2009 年 7 月 25 日，赵琪 294 (HKAS 59731)；贡山独龙江乡，海拔 2200 m，1982 年 8 月 30 日，张大成 563 (HKAS 10800)；景东哀牢山，海拔 2400 m，2008 年 7 月 14 日，唐丽萍 308-2

(HKAS 59734)；昆明筇竹寺附近，海拔 2100 m，2007 年 8 月 8 日，杨祝良 4908 (HKAS 52225)；南华马鞍山，2009 年 8 月 3 日，赵琪 468 (HKAS 58931)；盈江铜壁关，海拔 1940 m，2009 年 7 月 18 日，唐丽萍 839 (HKAS 56796)；同地，海拔 2170 m，2009 年 7 月 17 日，李艳春 1665 (HKAS 59412)；同地，2009 年 7 月 17 日，赵琪 157 (HKAS 59729)；同地，海拔 1450 m，2010 年 7 月 14 日，李艳春 842 (HKAS 52527)；永平龙门，海拔 2090 m，2009 年 7 月 31 日，唐丽萍 1042 (HKAS 56999，模式)；同地，海拔 2340 m，2009 年 8 月 1 日，唐丽萍 1067 (HKAS 57024)；同地，2009 年 8 月 1 日，李艳春 1933 (HKAS 59681)；同地，2009 年 8 月 1 日，赵琪 442 (HKAS 59733)。

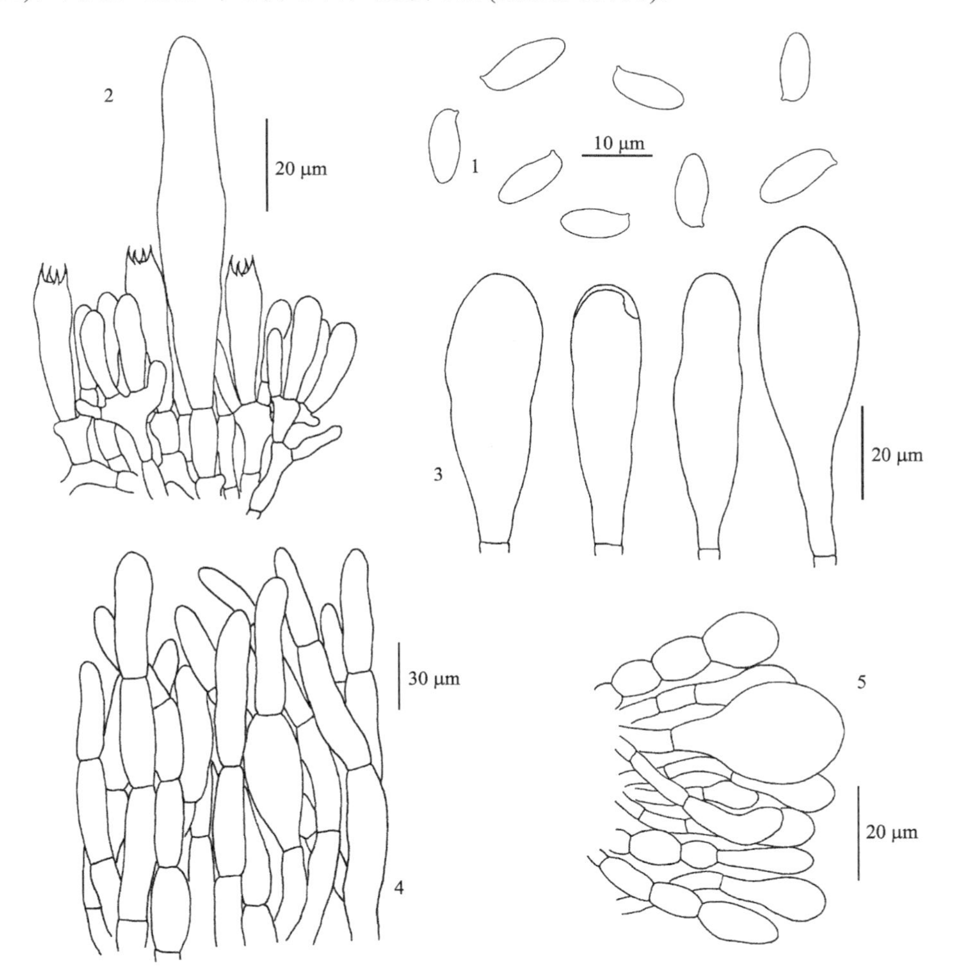

图 75　云南褶孔牛肝菌 *Phylloporus yunnanensis* N.K. Zeng, Zhu L. Yang & L.P. Tang (HKAS 56999，模式)

1. 担孢子；2. 担子和侧生囊状体；3. 缘生囊状体；4. 菌盖表皮结构；5. 菌柄表皮结构

讨论：云南褶孔牛肝菌在云南中部和南部是一个极其常见的种，其主要特征是：菌盖黄褐色至红褐色，菌褶受伤变为蓝色，菌肉受伤不变色，菌柄黄褐色至红褐色，基部菌丝黄色，生于热带、亚热带的壳斗科植物林中 (Zeng *et al*., 2013)。

云南褶孔牛肝菌与鳞盖褶孔牛肝菌在形态上非常相似，二者的区别见鳞盖褶孔牛肝菌名下的讨论。过去，云南褶孔牛肝菌可能被误定为原描述于北美洲的红黄褶孔牛肝菌，但是后者的菌褶受伤不变色，菌柄黄色，菌柄菌肉受伤变为肉桂色 (Neves and Halling, 2010)。

红孢牛肝菌属 **Porphyrellus** E.-J. Gilbert

Les Bolets: 75, 1931.

担子果小型至大型，伞状，肉质。菌盖半球形至扁平，有时中央凸起，湿时稍黏；菌盖表面具绒毛至近平滑；菌肉白色，受伤后不变色，或有的变为蓝色，有的变为红色。子实层体弯生，有时直生，由密集的菌管组成，幼时白色，成熟后灰粉色或黑粉色，受伤后不变色，或变为蓝色，或变为红色。菌柄中生；表面具暗色调，被同色绒毛状鳞片或近光滑；基部菌丝白色；菌肉白色至奶油色，受伤后不变色或变色；菌环阙如。孢子印暗粉红色、酒红色至淡紫色。

菌管菌髓牛肝菌型，中央菌髓由排列较紧密的菌丝组成，侧生菌髓由排列较疏松的胶质菌丝组成。亚子实层由不膨大的菌丝组成。担子棒状，一般具 4 孢梗。担孢子梭形至近梭形，有时长椭圆形，近无色、淡粉红色至淡橄榄褐色，表面平滑。侧生囊状体和缘生囊状体常见。菌盖表皮栅皮型或念珠型。担子果各部位皆无锁状联合。

模式种：红孢牛肝菌 *Porphyrellus porphyrosporus* (Fr. & Hök) E.-J. Gilbert。

生境与分布：夏秋季生于林中地上，与壳斗科、松科等植物形成外生菌根关系，现知分布于亚洲、北美洲、欧洲及大洋洲 (Smith and Thiers, 1971；Corner, 1972；Wolfe, 1979a；Singer, 1986；李泰辉和宋斌, 2003)。

全世界报道的物种约 20 种。本卷记载 4 种。

红孢牛肝菌属分种检索表

1\. 菌盖表皮栅皮型，由相互缠绕的丝状菌丝组成，末端细胞棒状或圆柱状 ······························ 2
1\. 菌盖表皮念珠型，由近球形的细胞组成，末端细胞梨形或近梭形 ·· 3
  2\. 菌盖黑褐色至红褐色或浅褐色；菌肉受伤后变为蓝色，然后缓慢变为浅红褐色或褐色 ··········
  ·· 红孢牛肝菌 ***Pr. porphyrosporus***
  2\. 菌盖淡红褐色至灰褐色或烟褐色；菌肉受伤后变为蓝色，之后不变为黑色 ··························
  ·· 蓝绿红孢牛肝菌 ***Pr. cyaneotinctus***
3\. 菌盖红褐色至烟褐色或橄榄紫色；菌柄顶端具一蓝色环区；侧生囊状体较大(58～74 × 15～19 μm)
  ·· 东方烟色红孢牛肝菌 ***Pr. orientifumosipes***
3\. 菌盖红褐色至紫褐色或栗褐色至橙褐色；菌柄顶端无蓝色环区；侧生囊状体较小(35～50 × 6～9 μm)
  ·· 栗色红孢牛肝菌 ***Pr. castaneus***

栗色红孢牛肝菌　图版 VIII-3；图 76

Porphyrellus castaneus Yan C. Li & Zhu L. Yang, in Wu, Li, Zhu, Zhao, Han, Cui, Li, Xu & Yang, Fungal Divers. 81: 108, figs. 53m～o, 59, 2016.

菌盖直径 2～5 cm，扁半球形至半球形；表面具微绒毛，成熟后常龟裂，初期常为紫褐色至红褐色，后期变为浅褐色、淡红褐色至栗褐色或橙褐色，不黏，边缘颜色较浅；

菌肉白色至灰白色，受伤后局部变为蓝色。子实层体弯生；表面幼嫩时白色至淡粉色，成熟后浅粉色至粉褐色；菌管长达 10 mm，粉色至污粉色，受伤后变为蓝色；管口直径 1～2 mm，近圆形至多角形。菌柄 2～7 × 0.2～0.8 cm，圆柱形至棒状；表面近光滑或被纤维状鳞片；菌肉白色至灰白色，受伤后局部变为蓝色；菌柄基部菌丝白色。菌肉味道柔和。

菌管菌髓牛肝菌型。担子 28～35 × 8～12 μm，棒状，具 4 孢梗。担孢子 (8) 9～11 (12) × (3.5) 4～5 μm [Q = (1.78) 2～2.63 (2.86)，**Q** = 2.3 ± 0.21]，侧面观梭形，不等边，上脐部时常下陷，背腹观近圆柱形，在 KOH 溶液中橄榄褐色至黄褐色，光滑，壁略厚 (厚 0.5～1 μm)。侧生囊状体 (35～50 × 6～9 μm) 和缘生囊状体 (39～68 × 10～18 μm) 棒状近梭形、腹鼓形，薄壁，在 KOH 溶液中透明无色或浅黄色，在梅氏试剂中黄色或黄褐色。菌盖表皮念珠型，由黄色至黄褐色或暗褐色的圆形、椭圆形至不规则形的链状膨大细胞组成，直径 12～21 μm，顶端细胞圆柱形至梨形，直径 10～19 μm。柄生囊状体与侧生囊状体及缘生囊状体相似，顶部较窄。担子果各部位皆无锁状联合。

模式产地：中国 (云南)。

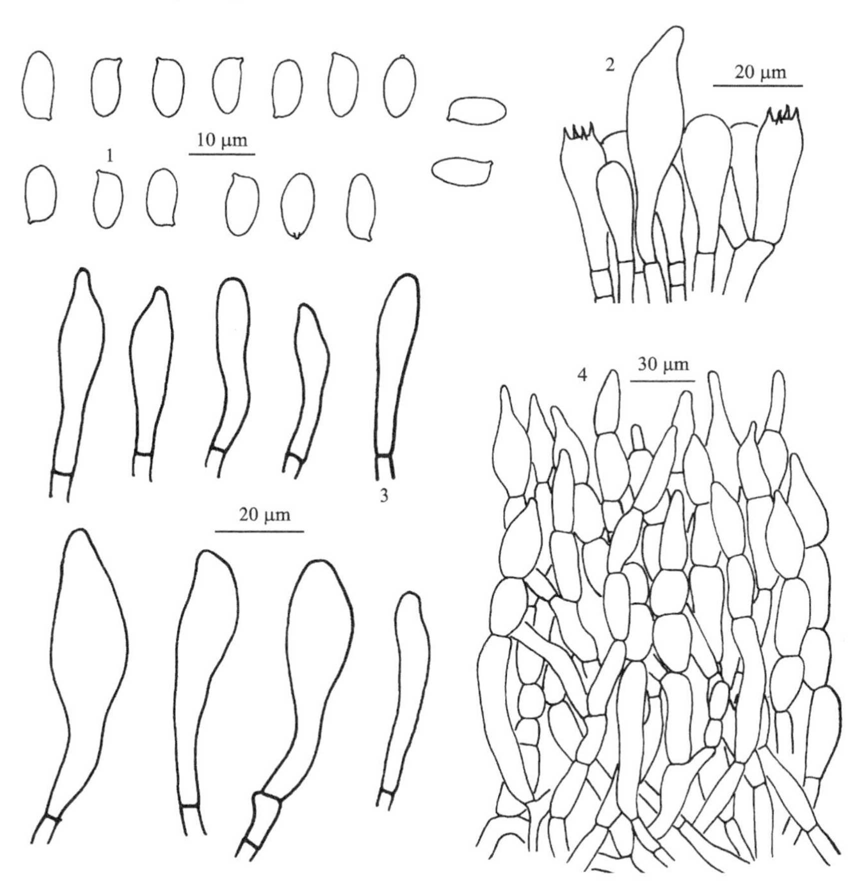

图 76　栗色红孢牛肝菌 *Porphyrellus castaneus* Yan C. Li & Zhu L. Yang (HKAS 52554，模式)

1. 担孢子；2. 担子和侧生囊状体；3. 侧生囊状体和缘生囊状体；4. 菌盖表皮结构

生境：夏秋季单生或散生于壳斗科植物林下。

世界分布：中国（西南地区）。

研究标本：云南：景东哀牢山，海拔 2400 m，2006 年 7 月 21 日，杨祝良 4694 (HKAS 50491)；同地，2007 年 7 月 17 日，李艳春 869 (HKAS 52554，模式)；曲靖师宗，海拔 1800 m，2010 年 8 月 7 日，冯邦 794 (HKAS 68575)；腾冲高黎贡山，海拔 2100 m，2010 年 8 月 11 日，唐丽萍 1256 (HKAS 63076)。

讨论：栗色红孢牛肝菌与东方烟色红孢牛肝菌 (*Pr. orientifumosipes* Yan C. Li & Zhu L. Yang) 具有相似的担孢子大小、菌盖表皮结构和受伤后变为蓝色的特征，而且在分子系统发育研究中二者亦形成关系较近的姐妹类群。然而，东方烟色红孢牛肝菌具有浅红褐色至紫橄榄色或烟褐色的菌盖和较大的侧生囊状体 (58～74 × 15～19 μm)，而且在其菌柄顶端往往具有一个蓝色环区，这些特征可以将二者很好地区分开 (Wu *et al.*, 2016a)。

蓝绿红孢牛肝菌　图版 VIII-4；图 77

Porphyrellus cyaneotinctus (A.H. Sm. & Thiers) Singer, Beih Nova Hedwigia 102: 64, 1991.

Tylopilus cyaneotinctus A.H. Sm. & Thiers, Mycologia 60 (4): 952, 1968.

菌盖直径 4～8 cm，近半球形至平展；表面干燥，淡红褐色至灰褐色或烟褐色，中央颜色稍暗；菌肉白色至灰白色，受伤后缓慢变为蓝色，再变为黑色。子实层体直生至弯生；表面浅粉色至淡褐粉色，受伤后变为蓝色；菌管长达 18 mm，粉色至污粉色；管口直径 0.3～1 mm，近圆形至多角形。菌柄 4～7 × 0.8～1.5 cm，棒状至圆柱形，有时向下渐变细；表面与菌盖同色，被同色粉末状至糠皮状鳞片，受伤后缓慢变为蓝色；菌肉白色至灰白色，受伤后变为蓝色；基部菌丝白色，受伤后变为蓝色。菌肉味道柔和。

菌管菌髓牛肝菌型。担子 28～40 × 9～15 μm，棒状，具 4 孢梗。担孢子 10.5～12.5 (15.5) × 4～5.5 (6.5) μm (Q = 2.09～2.5 (2.75)，**Q** = 2.36 ± 0.15)，侧面观近梭形至近圆柱形，不等边，上脐部常下陷，背腹观圆柱形，在 KOH 溶液中橄榄褐色至黄褐色，光滑，壁略厚（厚 0.5～1 μm）。侧生囊状体及缘生囊状体 42～82 × 11～20 μm，近梭形至腹鼓形，顶端渐尖，薄壁，在 KOH 溶液中透明无色或浅黄色，在梅氏试剂中黄色或黄褐色。菌盖表皮栅皮型，由近直立的黄色至黄褐色或暗褐色的菌丝组成，直径 6～17 μm。柄生囊状体与侧生囊状体和缘生囊状体相似，向顶端变细。担子果各部位皆无锁状联合。

模式产地：美国。

生境：夏秋季单生或散生于锥属与柯属植物林下。

世界分布：美国和中国（华中地区）。

研究标本：河南：商城县黄柏山，海拔 200 m，2013 年 6 月 29 日，郝艳佳 903 (HKAS 80183)。湖北：云县樱桃沟，海拔 200 m，2013 年 7 月 1 日，郝艳佳 912 (HKAS 80192)。

讨论：蓝绿红孢牛肝菌原初被认为是粉孢牛肝菌属的物种描述自北美 (Smith and Thiers 1968)。该种的主要特征是菌盖淡红褐色至灰褐色或烟灰色，菌肉受伤后不规则变蓝色，子实层体表面淡粉色至淡褐粉色，受伤后变蓝色，菌盖表皮菌丝栅皮型。Singer 等人 (1991) 依据子实体和孢子印的颜色，将该种归入红孢牛肝菌属中。我们的分子系统发育研究结果亦表明该种隶属于红孢牛肝菌属。

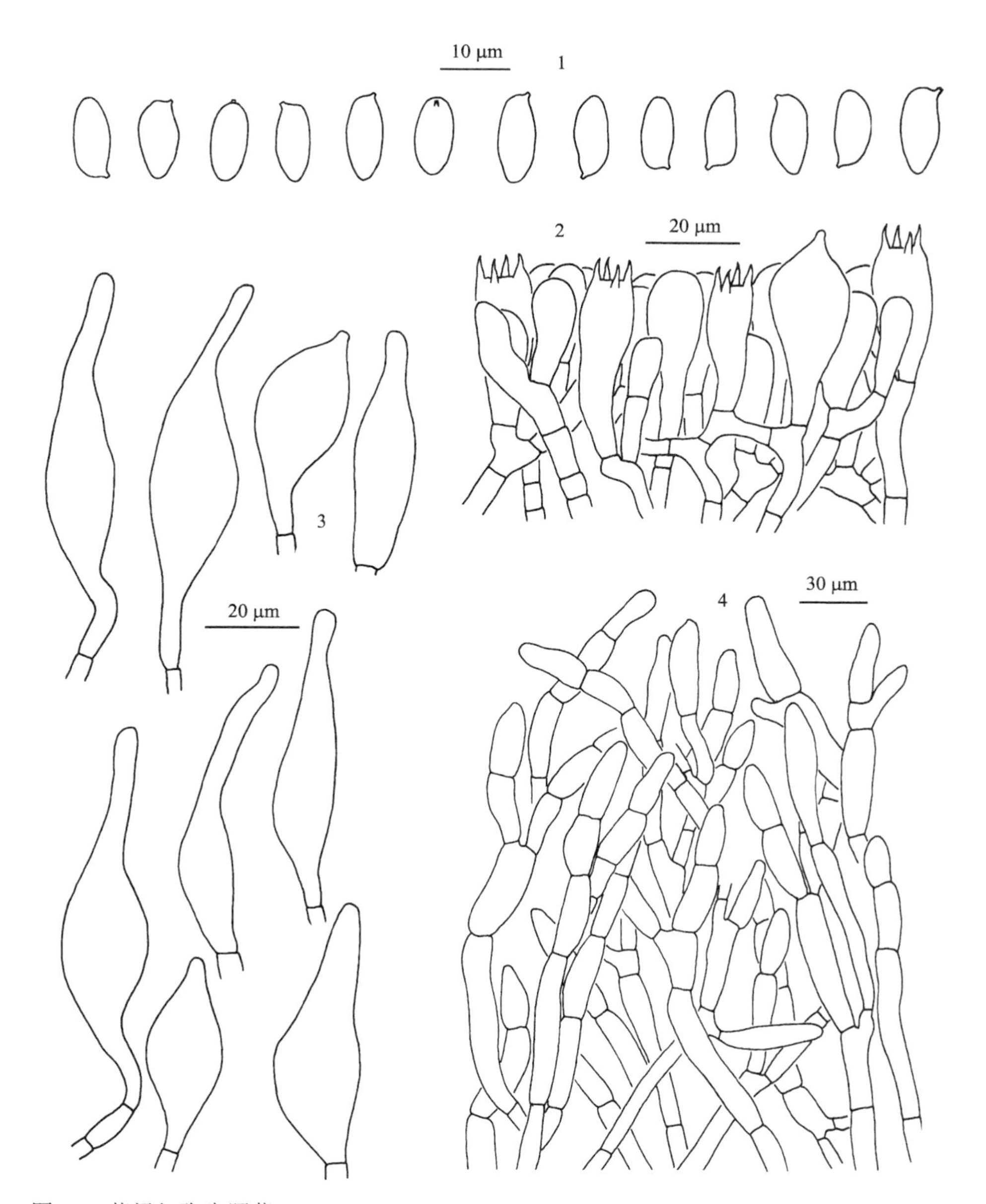

图 77　蓝绿红孢牛肝菌 *Porphyrellus cyaneotinctus* (A.H. Sm. & Thiers) Singer (HKAS 80183)

1. 担孢子；2. 担子和侧生囊状体；3. 侧生囊状体和缘生囊状体；4. 菌盖表皮结构

东方烟色红孢牛肝菌　图版 VIII-5；图 78

Porphyrellus orientifumosipes Yan C. Li & Zhu L. Yang, in Wu, Li, Zhu, Zhao, Han, Cui, Li, Xu & Yang, Fungal Divers. 81: 109, figs. 60a, b, 61, 2016.

菌盖直径 2～5 cm，扁半球形至平展，有时中央稍凸起；表面不平滑，常龟裂，初期常为黑褐色至褐色，后期变为浅红褐色至浅褐色，不黏；菌肉白色至灰白色，受伤后局部变为蓝色。子实层体弯生；表面浅粉色至粉色带褐色色调，受伤后变为蓝色；菌管长达 20 mm，粉色至污粉色；管口直径 1～2 mm，近圆形至多角形。菌柄 2～7 × 0.2～0.8 cm，棒状至圆柱形；表面浅褐色至浅红褐色或褐色，光滑或具有与菌柄同色的纤维状鳞片，顶端具一个蓝色环区；菌肉白色至污白色，向下具有浅红褐色色调，受伤后局部变为蓝色；基部菌丝白色。菌肉味道柔和。

菌管菌髓牛肝菌型。担子 30～40 × 9～12 μm，棒状，具 4 孢梗。担孢子 9～11 × 4.5～5.5 μm [Q = (1.8) 1.9～2.33，**Q** = 2.11 ± 0.18]，侧面观近梭形至近圆柱形，不等边，上脐部常下陷，背腹观长椭圆形至近圆柱形；在 KOH 溶液中橄榄褐色至黄褐色，光滑，壁略厚 (厚 0.5～1 μm)。侧生囊状体及缘生囊状体 58～74 × 15～19 μm，近梭形至腹鼓形，薄壁，在 KOH 溶液中透明无色至浅黄色，在梅氏试剂中黄色或黄褐色。菌盖表皮念珠型，由 3～5 个黄色至黄褐色或暗褐色的圆形至椭圆形或不规则的细胞组成，直径 12～21 μm，顶端细胞梨形或近梭形。柄生囊状体与侧生囊状体及缘生囊状体相似。担子果各部位皆无锁状联合。

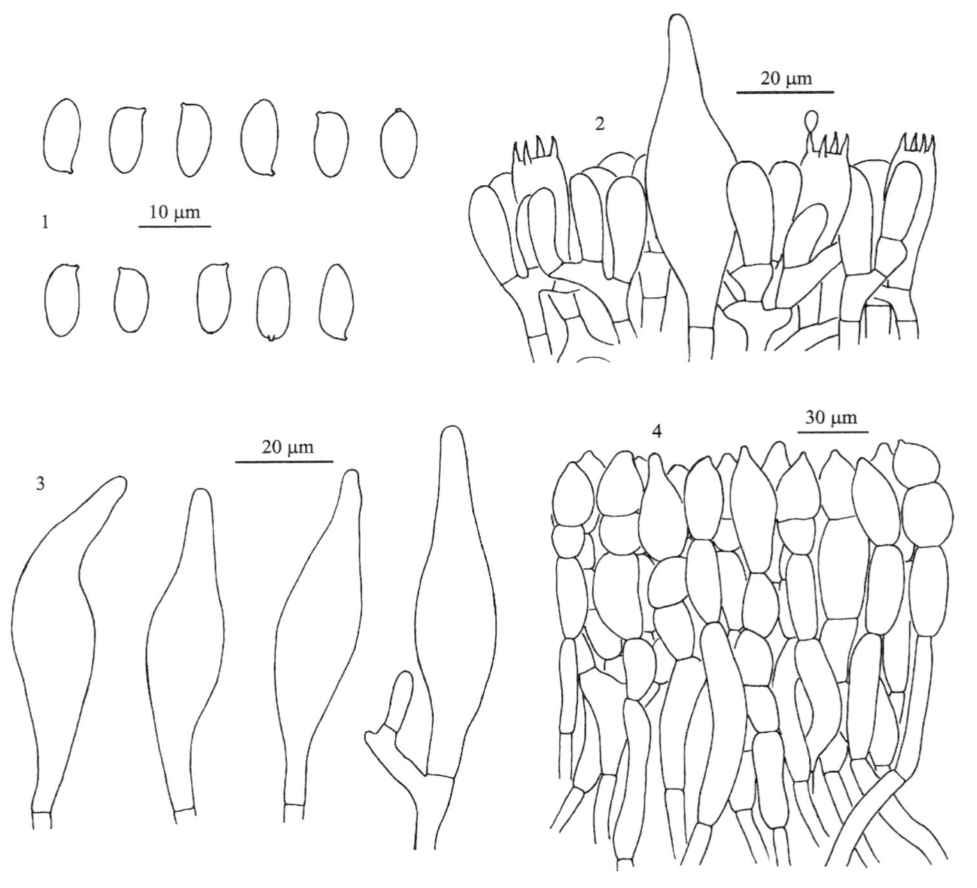

图 78　东方烟色红孢牛肝菌 *Porphyrellus orientifumosipes* Yan C. Li & Zhu L. Yang (HKAS 53372，模式)

1. 担孢子；2. 担子和侧生囊状体；3. 侧生囊状体和缘生囊状体；4. 菌盖表皮结构

模式产地：中国 (福建)。

生境：夏秋季单生或散生于壳斗科柯属和锥属植物林下。

世界分布：中国 (东南和西南地区)。

研究标本：福建：三明三元格氏栲国家森林公园，海拔 260 m，2007 年 8 月 26 日，李艳春 1027 (HKAS 53372，模式)；同地同时，李艳春 1035 (HKAS 53380)。云南：南华，2011 年 8 月 18 日，吴刚 763 (HKAS 75078)。

讨论：东方烟色红孢牛肝菌与描述于北美洲的烟色红孢牛肝菌 [*Pr. fumosipes* (Peck) Snell] 和 *Porphyrellus cyaneotinctus* Smith & Thiers 在形态上极为相似 (Wu *et al.*, 2016a)。然而，烟色红孢牛肝菌具有橄榄褐色的菌盖，白色至黄褐色的子实层体，较大的担孢子 (12～18 × 4～7 μm)，较小的侧生囊状体及缘生囊状体 (33～42 × 9～13 μm) (Smith and Thiers, 1971；Wolfe and Petersen, 1978)。*Porphyrellus cyaneotinctus* 成熟后具有黄褐色子实层体，菌盖表皮菌丝直径 5～9 μm (Smith and Thiers, 1971)。

红孢牛肝菌　图版 VIII-6；图 79

Porphyrellus porphyrosporus (Fr. & Hök) E.-J. Gilbert, Les Bolets: 99, 1931; Li, Li, Yang, Bau & Dai, Atlas Chin. Macrofung. Res., 1117, fig. 1648, 2015.

Boletus porphyrosporus Fr. & Hök, in Fries & Hök, Boleti Fung. Gen. Ill.: 13, 1835.

菌盖直径 5～8 cm，半球形至扁半球形；表面初期常为黑褐色至浅红褐色，后期变为浅褐色至灰褐色，具微绒毛，不黏；菌肉白色至灰白色，受伤后局部变为蓝色，然后缓慢变为红褐色或锈褐色。子实层体弯生；表面黑粉色至灰粉色，受伤后变为蓝色，然后缓慢变为锈褐色；菌管长达 2 cm，粉色至污粉色；管口直径 0.5～1 mm，近圆形至多角形。菌柄 6～10 × 1～2.5 cm，棒状至圆柱形；表面浅褐色至浅红褐色或褐色，近光滑；菌肉白色至灰白色，受伤后局部先变为蓝色，再变为浅红褐色或锈褐色；基部菌丝白色。菌肉味道柔和。

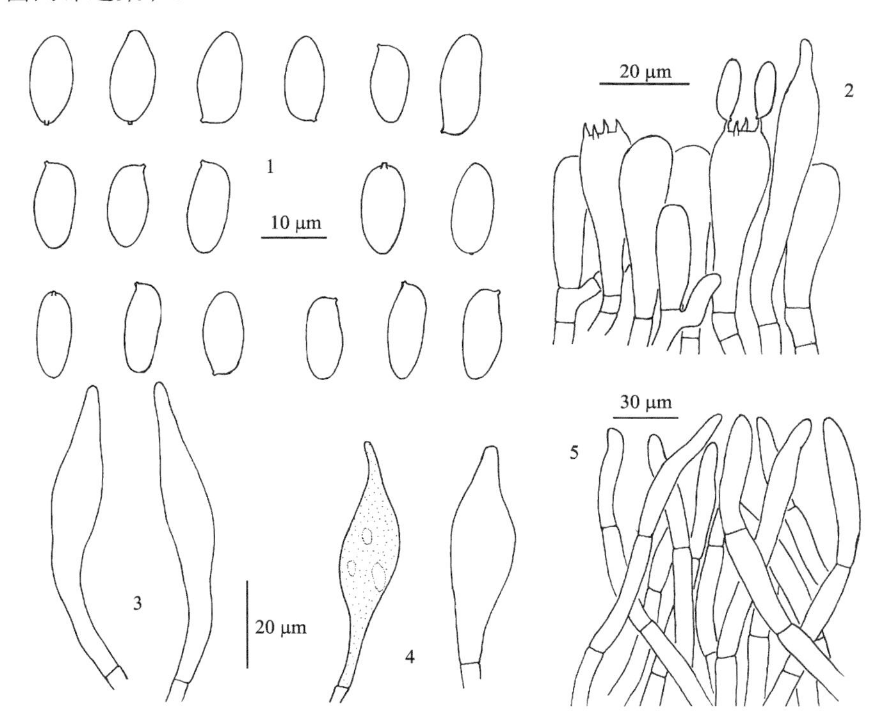

图 79　红孢牛肝菌 *Porphyrellus porphyrosporus* (Fr. & Hök) E.-J. Gilbert (HKAS 48585)

1. 担孢子；2. 担子和侧生囊状体；3. 侧生囊状体；4. 缘生囊状体；5. 菌盖表皮结构

菌管菌髓牛肝菌型。担子 30～50 × 11～14 μm，棒状，具 4 孢梗。担孢子 12～18 × 5.5～6.5 μm [Q = (1.8) 2.0～2.75 (3.1)，**Q** = 2.35 ± 0.26]，侧面观近梭形至近圆柱形，不等边，上脐部有时下陷，背腹观近圆柱形，壁稍厚 (< 1 μm)，在 KOH 溶液中橄榄褐色至黄褐色，光滑，壁略厚 (厚 0.5～1 μm)。侧生囊状体及缘生囊状体 40～56 × 10～15 μm，近梭形至腹鼓形，薄壁，在 KOH 溶液中透明无色至浅黄色，在梅氏试剂中黄色或黄褐色。菌盖表皮栅皮型，由直立的黄色至黄褐色或暗褐色的菌丝组成，直径 8～14 μm。柄生囊状体与侧生囊状体及缘生囊状体相似。担子果各部位皆无锁状联合。

模式产地：欧洲 (瑞典)。

生境：夏秋季单生或散生于云杉和冷杉植物林下。

世界分布：北美洲、欧洲和亚洲 (东亚)。

研究标本：四川：白玉麻绒，海拔 4000 m，2006 年 8 月 23 日，葛再伟 1388 (HKAS 50974)；九龙至康定方向约 38 km 处，海拔不详，2005 年 7 月 22 日，葛再伟 582 (HKAS 49077)；石渠洛须至深布卡哑口方向 18 km 处，海拔不详，2005 年 7 月 30 日，葛再伟 687 (HKAS 49182)。云南：剑川老君山，海拔 3750 m，2005 年 7 月 31 日，杨祝良 4482 (HKAS 48648)；香格里拉碧塔海，海拔 3200 m，2005 年 8 月 7 日，李艳春 352 (HKAS 48585)；香格里拉碧沽天池，海拔 3900 m，2000 年 8 月 20 日，杨祝良 2956 (HKAS 36570)。

讨论：红孢牛肝菌的主要特征是担子果呈深黑褐色，受伤后变为蓝色，然后缓慢变为浅红褐色或锈褐色。该种与东方烟色红孢牛肝菌在形态上极为相似，但二者在担孢子大小和菌盖表皮结构上有较大差别 (Wu *et al.*, 2016a)。

拟南方牛肝菌属 **Pseudoaustroboletus** Yan C. Li & Zhu L. Yang in Li, Li, Zeng, Cui & Yang, Mycol. Prog. 13: 1209, 2014.

担子果小型至大型，伞状，肉质。菌盖扁半球形至平展；表面具放射状排列的纤维状鳞片，老时具绒毛状鳞片，不黏；菌肉白色至米色，受伤不变色。子实层体弯生；表面幼时近白色至淡粉色，成熟后粉色或污粉色，受伤后不变色或留有淡褐色色斑。菌柄中生；菌环阙如；表面白色至乳白色，碰触后局部变为灰褐色或锈褐色，具明显凸起的网纹；菌肉白色至灰白色，受伤后不变色；基部菌丝白色。孢子印淡粉色、粉色至淡紫色。

菌管菌髓牛肝菌型，中央菌髓由排列较紧密的菌丝组成，侧生菌髓由排列较疏松的胶质菌丝组成。亚子实层由不膨大的菌丝组成。担子棒状，具 4 孢梗，稀具 2 孢梗。担孢子梭形至近梭形，有时近圆柱形，近无色、淡粉色至淡红褐色，表面平滑。侧生囊状体和缘生囊状体常见。菌盖表皮毛皮型，由直立至近直立的菌丝组成。担子果各部位皆无锁状联合。

模式种：拟南方牛肝菌 *Pseudoaustroboletus valens* (Corner) Yan C. Li & Zhu L. Yang。

生境与分布：夏秋季生于林中地上，与壳斗科植物形成外生菌根关系。现知分布于东亚、东南亚的热带、亚热带地区 (Li *et al.*, 2014a)。

分子系统发育研究结果表明，拟南方牛肝菌属为疣柄牛肝菌亚科(Leccinoideae) 的成员，但它与哪些类群有较近的亲缘关系尚不清楚 (Li *et al.*, 2014a；Wu *et al.*, 2016a)。全世界报道的该属物种 1 种和 1 变种。本卷记载 1 种。

拟南方牛肝菌　图版 VIII-7；图 80

Pseudoaustroboletus valens (Corner) Yan C. Li & Zhu L. Yang, in Li, Li, Zeng, Cui & Yang, Mycol. Prog. 13: 1211, figs. 3, 4, 6a～f, 2014; Li, Li, Yang, Bau & Dai, Atlas Chin. Macrofung. Res., 1138, fig. 1678, 2015.

Boletus valens Corner, *Boletus* in Malaysia: 161, 1972.

Tylopilus valens (Corner) Hongo & Nagas., Rep. Tottori Mycol. Inst. 14: 87, fig. 2, 1976.

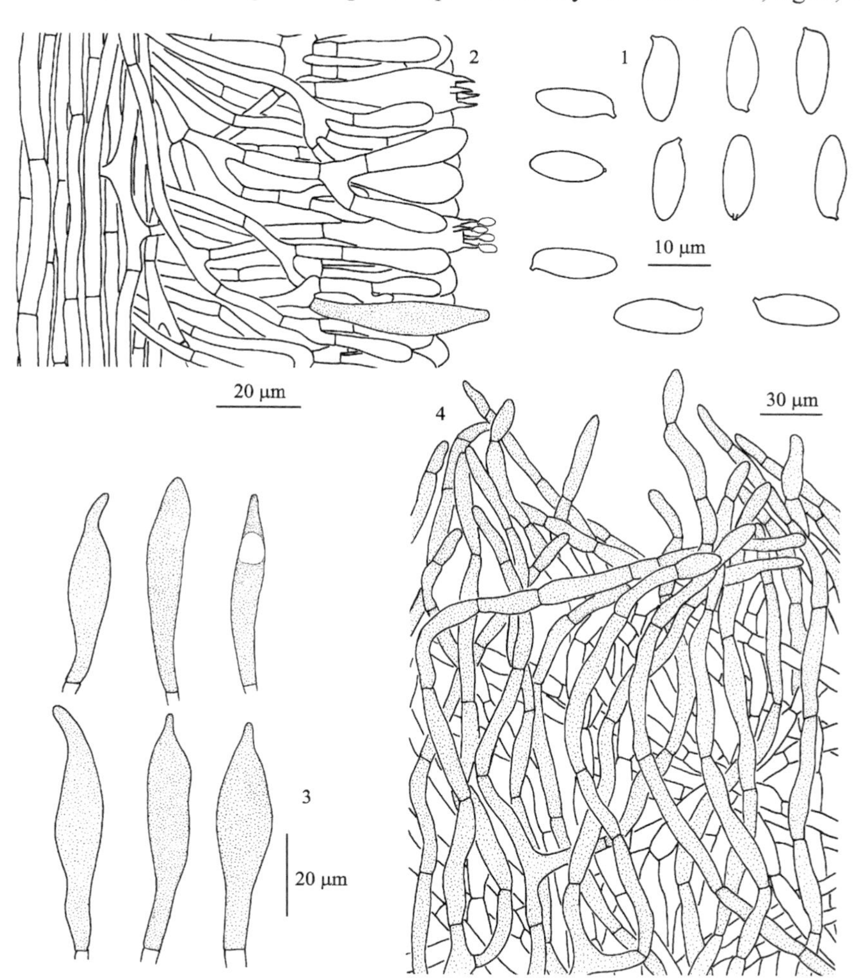

图 80　拟南方牛肝菌 *Pseudoaustroboletus valens* (Corner) Yan C. Li & Zhu L. Yang (HKAS 52603)

1. 担孢子；2. 担子和侧生囊状体；3. 侧生囊状体和缘生囊状体；4. 菌盖表皮结构

菌盖直径 5～8 cm，扁半球形至平展；表面初期常为黑褐色至铅灰色，后期变为灰色至浅灰色，具放射状排列的纤维状鳞片，不黏；菌肉白色至灰白色，受伤后不变色。子实层体弯生；表面淡粉色至粉色；菌管长达 15 mm，淡粉色至污粉色；管口直径 0.3～

1 mm，近圆形至多角形。菌柄 9～12 × 1.5～2.5 cm，近圆柱形，向下渐粗，乳白色至白色，碰触后变灰褐色或锈褐色，具有明显凸起的同色网纹；菌肉白色至灰白色，受伤后不变色；菌柄基部菌丝白色。菌肉味道微酸。

菌管菌髓牛肝菌型。担子 30～40 × 9～14 μm，棒状，具 4 孢梗，稀具 2 孢梗。担孢子 11.5～16 × 4～6 μm [Q = (2.18) 2.33～3.18 (3.50)，**Q** = 2.69 ± 0.21]，侧面观梭形至近圆柱形，不等边，上脐部常下陷，背腹观近圆柱形，在 KOH 溶液中橄榄褐色至黄褐色，光滑。侧生囊状体及缘生囊状体 22～62 × 6.5～10 μm，近梭形、披针形至腹鼓形，薄壁，在 KOH 溶液中浅黄色至橄榄褐色，在梅氏试剂中黄色或黄褐色。菌盖表皮毛皮型，由直立至近直立的、黄色至黄褐色相互缠绕的、直径 5～10.5 μm 的菌丝组成。柄生囊状体与侧生囊状体及缘生囊状体相似，向顶端变细。担子果各部位皆无锁状联合。

模式产地：马来西亚

生境：夏秋季单生或散生于壳斗科植物林下。

世界分布：马来西亚、日本、新加坡和中国 (华中、东南、华南和西南地区)。

研究标本：湖南：宜章莽山国家森林公园，海拔 1800 m，2007 年 9 月 2 日，李艳春 1062 (HKAS 53407)。福建：漳平新桥，海拔 350 m，2009 年 9 月 3 日，曾念开 670 (HKAS 82641)。海南：琼中黎母山，海拔 750 m，2009 年 5 月 6 日，曾念开 120 (HKAS 59835)。云南：景洪大渡岗，海拔 1400 m，2007 年 7 月 21 日，李艳春 915 (HKAS 52603)。

讨论：拟南方牛肝菌的主要特征是：菌盖灰紫色或铅灰色至灰褐色；子实层体表面淡粉色；菌柄粗壮，白色，具明显凸起的网纹；菌肉微酸 (Corner, 1972)。该种与描述于马来西亚的褐红粉孢牛肝菌 [*T. brunneirubens* (Corner) Watling & E. Turnbulland] 在菌柄纹饰和菌盖颜色上近似，但后者的菌肉受伤后变红色，菌盖表皮菌丝较窄 (4.5～7.5 μm)，担孢子较小 (8.5～12.5 × 3.5～4.5 μm)。

网柄牛肝菌属 **Retiboletus** Manfr. Binder & Bresinsky

Feddes Repert. 113: 36, 2002.

担子果小型至大型，伞状，肉质。菌盖半球形至扁平；菌盖表面常被暗紫色、黄褐色、褐色、灰褐色、橄榄褐色、黑褐色或灰黑色的绒毛状鳞片，不黏；菌肉白色或黄色，受伤后不变色或变为褐色、橙褐色。子实层体直生至弯生，由密集的菌管组成；表面灰白色、黄色或紫色，受伤后不变色或变为褐色。菌柄中生；表面灰白色、黄色或黄褐色，多具网纹，稀无网纹；网纹黄色、灰褐色、黑褐色或灰黑色；菌肉白色、黄色或浅紫色，受伤后不变色或变为褐色；基部菌丝黄色或白色；菌环阙如。有些物种担子果中含有网柄牛肝菌素或网柄牛肝菌内酯 (retipolides)。

菌管菌髓牛肝菌型，中央菌髓由排列较紧密的菌丝组成，侧生菌髓由排列较疏松的胶质菌丝组成。担子棒状，通常具 4 孢梗。担孢子近梭形至椭圆形，橄榄褐色至黄褐色，表面平滑。缘生囊状体和侧生囊状体常见，近梭形或梭形，薄壁，内部常充满黄褐色物质。菌盖表皮栅皮型或有时近平伏型，由不膨大的菌丝组成。担子果各部位皆无锁状联合。

模式种：网柄牛肝菌 *Retiboletus ornatipes* (Peck) Manfr. Binder & Bresinsky。

生境与分布：夏秋季生于由壳斗科等植物组成的林中地上，现知分布于亚洲、大洋洲、北美洲和中美洲 (Zeng *et al.*, 2016)。

全世界报道的物种约 15 种。本卷记载 9 种。

网柄牛肝菌属分种检索表

1. 子实层体黄色、亮黄色或浅黄褐色；菌柄黄色、橙黄色；菌柄基部菌丝黄色至黄褐色 ⋯⋯⋯⋯ 2
1. 子实层体白色至灰白色；菌柄黑色至浅灰色或灰黑色；菌柄基部菌丝白色至灰白色 ⋯⋯⋯⋯ 4
2. 菌盖浅灰褐色至褐色，无橄榄色色调；菌盖菌肉白色至灰白色 ⋯⋯⋯⋯⋯⋯⋯⋯ 中华灰网柄牛肝菌 ***Ret. sinogriseus***
2. 菌盖橄榄褐色至黄褐色；菌盖菌肉黄色至浅黄色 ⋯⋯⋯⋯ 3
3. 子实体中等至大型；菌盖直径达 15 cm；担孢子 9～13 × 4～5 μm；侧生囊状体与缘生囊状体 30～60 × 6～10 μm，分布在温带地区 ⋯⋯⋯⋯ 考夫曼网柄牛肝菌 ***Ret. kauffmanii***
3. 子实体小型至中等；菌盖直径达 8 cm；担孢子较小 (8～11 × 3.5～4 μm)；侧生囊状体与缘生囊状体直径较窄 (20～46 × 4.5～7 μm)；分布在热带地区 ⋯⋯⋯⋯ 中华网柄牛肝菌 ***Ret. sinensis***
4. 菌柄菌肉白色至灰白色，具橄榄色色调 ⋯⋯⋯⋯ 5
4. 菌柄菌肉白色至灰白色，无橄榄色色调 ⋯⋯⋯⋯ 6
5. 子实层幼时白色，成熟后具明显的粉紫色色调；担孢子 9～11 × 4～5 μm ⋯⋯⋯⋯⋯⋯⋯⋯ 张飞网柄牛肝菌 ***Ret. zhangfeii***
5. 子实层白色至灰白色，成熟后无粉紫色色调；担孢子相对较小 (8～10.5 × 3.5～4 μm) ⋯⋯⋯⋯⋯⋯⋯⋯ 黑灰网柄牛肝菌 ***Ret. nigrogriseus***
6. 菌盖表皮菌丝栅皮型且菌丝较宽 (直径达 15 μm)；分布于亚热带或热带地区 ⋯⋯⋯⋯ 7
6. 菌盖表皮菌丝毛皮型且菌丝较窄 (直径达 8 μm)；分布于亚热带至温带地区 ⋯⋯⋯⋯⋯⋯⋯⋯ 暗褐网柄牛肝菌 ***Ret. fuscus***
7. 菌盖具有明显的褐色色调；分布于热带地区 ⋯⋯⋯⋯ 8
7. 菌盖黑色至浅黑色，无褐色色调；分布于亚热带地区 ⋯⋯⋯⋯ 黑网柄牛肝菌 ***Ret. ater***
8. 菌盖褐色至浅黑褐色；菌柄整体表面具明显网纹；担孢子较短 (9.5～11 × 4～4.5 μm)；担子较小 (23～29 × 8～10 μm)；侧生囊状体较小 (40～60 × 9～11 μm) ⋯⋯⋯⋯⋯⋯⋯⋯ 厚皮网柄牛肝菌 ***Ret. pseudogriseus***
8. 菌盖浅褐色至浅灰褐色；菌柄表面网纹不明显且仅在菌柄上部；担孢子较长 (10～12.5 × 4.5～5 μm)；担子较大 (35～40 × 10～12 μm)；侧生囊状体较大 (50～80 × 9～14.5 μm) ⋯⋯⋯⋯⋯⋯⋯⋯ 褐网柄牛肝菌 ***Ret. brunneolus***

黑网柄牛肝菌　图版 VIII-8；图 81

Retiboletus ater Yan C. Li & T. Bau, in Liu, Li & Bau, MycoKeys 67: 37, figs. 2a～c, 3, 2020.

菌盖直径 3～5 cm，半球形至扁平；表面被绒毛状鳞片，不黏，黑色至浅黑色，边缘颜色稍浅；菌肉乳白色至灰白色，受伤后不变色。子实层体直生至稍弯生，初期白色，成熟后浅黄色；菌管长达 11 mm；管口直径 0.3～1 mm，多角形，触后呈淡黄褐色。菌柄 4～6 × 0.8～1.2 cm，棒状，弯曲，菌柄上部 1/3 的区域具有明显网纹；表面浅黑色至灰色，具浅黄褐色色调；菌柄上部菌肉白色至灰白色，下部淡黄色，受伤后不变色；菌柄基部菌丝白色，受伤后不变色。菌肉味道柔和。

菌管菌髓牛肝菌型。担子 26～38 × 6～10 μm，棒状，具 4 孢梗。担孢子 7～11 × 3～5 μm (Q = 1.89～3.67，**Q** = 2.52 ± 0.42)，侧面观梭形至近梭形，不等边，上脐部常下陷，

背腹观长椭圆形至长梭形，在 KOH 溶液中浅褐色至浅黄褐色，在梅氏试剂中橄榄褐色至褐色，光滑，壁略厚 (约 0.5 μm)。缘生囊状体 26～55 × 6～10 μm，近梭形，上部较细，薄壁，在 KOH 溶液中透明，在梅氏试剂中黄色或黄褐色。侧生囊状体与缘生囊状体相似。菌盖表皮栅皮型，由褐色至黑褐色、直径 5～15 μm 的菌丝组成。菌柄鳞片 (柄表囊状体) 形态与侧生囊状体及缘生囊状体相似。担子果各部位皆无锁状联合。

模式产地：中国 (云南)。

生境：夏秋季节单生或散生于壳斗科植物林中。

世界分布：中国 (西南地区)。

研究标本：云南：景东哀牢山，海拔 2500 m，2008 年 7 月 14 日，李艳春 1215 (HKAS 56069，模式)；同地同时，李艳春 1224 (HKAS 56078)。

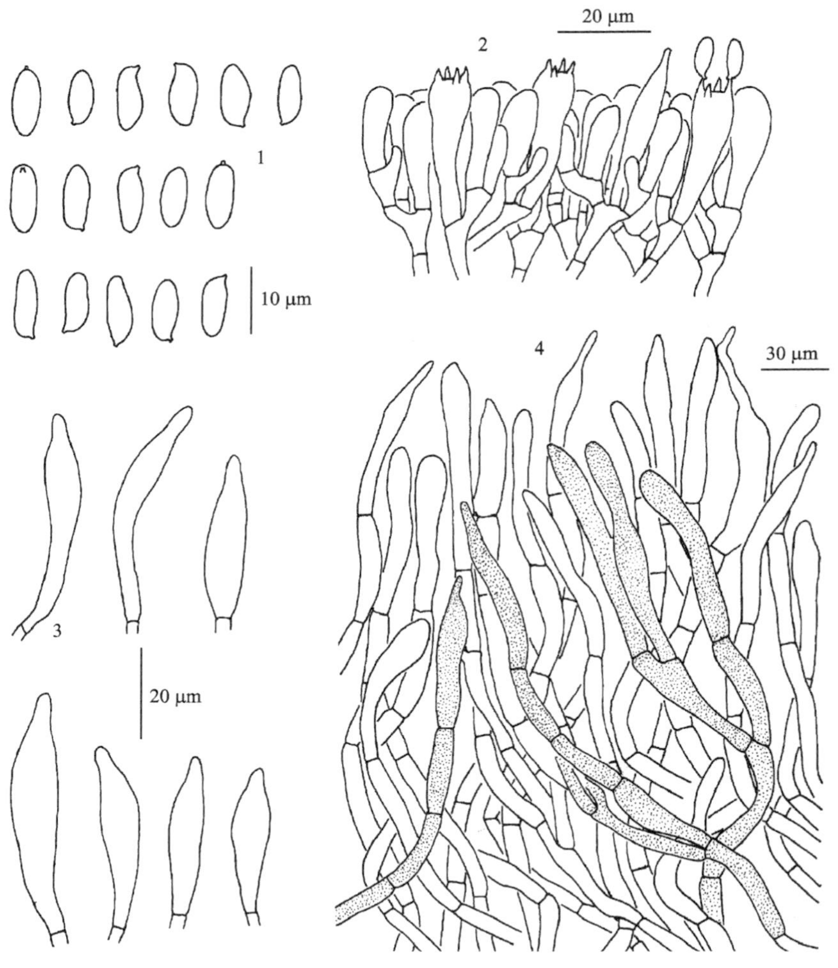

图 81　黑网柄牛肝菌 *Retiboletus ater* Yan C. Li & T. Bau (HKAS 56069，模式)

1. 担孢子；2. 担子和侧生囊状体；3. 侧生囊状体和缘生囊状体；4. 菌盖表皮结构

讨论：黑网柄牛肝菌的主要特征是：菌盖黑色至浅黑色，子实层体白色至浅黄色，菌柄上部 1/3 的区域具有明显网纹，菌肉受伤后不变色，菌柄基部菌肉具浅黄色色调 (Liu *et al.*, 2020)。黑网柄牛肝菌近似暗褐网柄牛肝菌和黑灰网柄牛肝菌。但暗褐网柄牛肝菌整个菌柄均具有明显网纹，担孢子较长（9～12 × 3.5～4.5 μm），菌盖表皮菌丝较窄（直径 4～8 μm）(Zeng *et al.*, 2016)。黑灰网柄牛肝菌整个菌柄亦具有明显网纹，菌柄菌肉白色至橄榄色，菌盖表皮菌丝稍窄（直径 4～10 μm）(Zeng *et al.*, 2018)。

褐网柄牛肝菌　图版 VIII-9；图 82

Retiboletus brunneolus Yan C. Li & Zhu L. Yang, The Boletes of China: Tylopilus s.l.: 213, figs. 18.2, 18.3, 2021.

菌盖直径 3.5～6 cm，扁半球形至扁平；表面被绒毛状鳞片，不黏，浅褐色至灰褐色，边缘颜色稍浅；菌肉白色至灰白色，受伤后不变色。子实层体直生至稍弯生，初期白色，成熟后灰白色；菌管长达 10 mm；管口直径 0.3～0.5 mm，多角形，触后呈淡褐色。菌柄 4～8 × 0.6～1 cm，近圆柱形，向上变细，顶端白色至奶油色或淡黄色，中下部灰色至灰褐色，菌柄网纹不明显且仅在菌柄上部；表面被同色颗粒状小鳞片；菌柄基部菌丝白色，受伤后不变色；菌柄上部菌肉白色至灰白色，下部淡黄色，受伤后不变色。菌肉味道柔和。

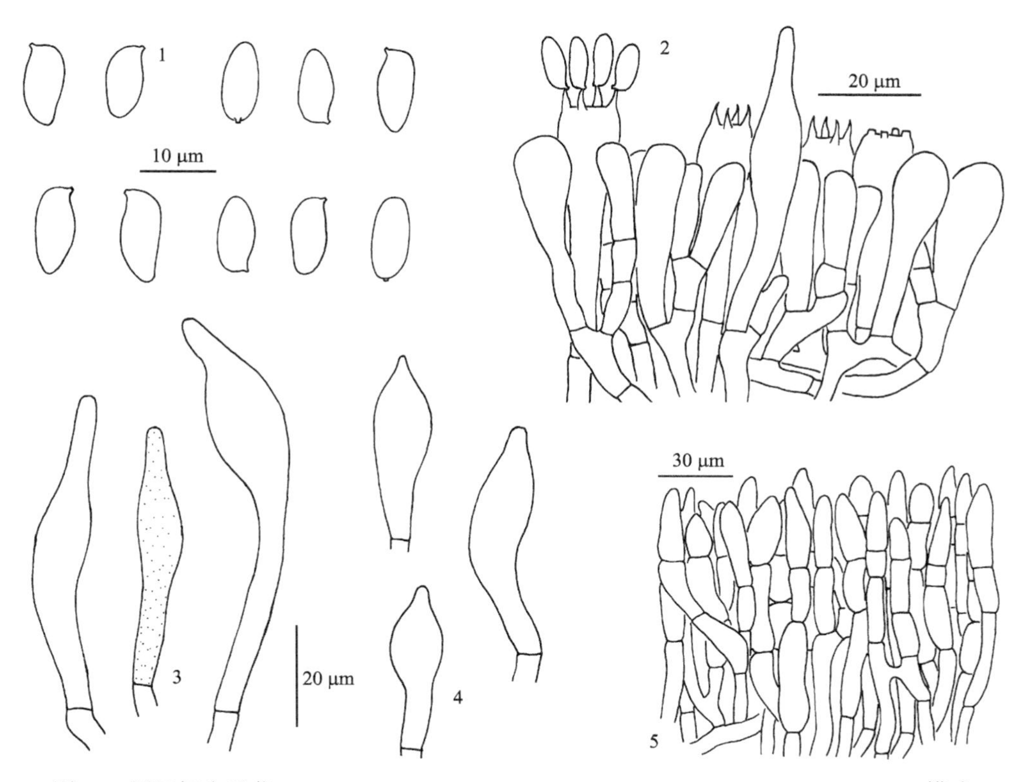

图 82　褐网柄牛肝菌 *Retiboletus brunneolus* Yan C. Li & Zhu L. Yang (HKAS 52680，模式)

1. 担孢子；2. 担子和侧生囊状体；3. 侧生囊状体；4. 缘生囊状体；5. 菌盖表皮结构

菌管菌髓牛肝菌型。担子 35～40 × 10～12 μm，棒状，具 4 孢梗，偶具 2 孢梗。担孢子 10～12.5 ×4.5～5 μm (Q = 2.0～2.5，**Q** = 2.21 ± 0.16)，侧面观梭形至近梭形，不等边，上脐部常下陷，背腹观长椭圆形至近圆柱形，在 KOH 溶液中无色至浅橄榄色，在梅氏试剂中黄色至黄褐色，光滑，壁略厚（约 0.5 μm）。缘生囊状体 30～40 × 9～11 μm，近梭形至腹鼓状，上部较细，薄壁，在 KOH 溶液中透明，在梅氏试剂中黄色或黄褐色。侧生囊状体与缘生囊状体相似，但较大 (50～80 × 9～14.5 μm)。菌盖表皮栅皮型，由黄色至淡黄色、直径 5～15 μm 的菌丝组成。柄生囊状体与侧生囊状体及缘生囊状体相似。担子果各部位皆无锁状联合。

模式产地：中国 (福建)。

生境：夏秋季节单生或散生于壳斗科植物林中。

世界分布：中国 (东南地区)。

研究标本：福建：三明三元格氏栲国家森林公园，海拔 260 m，2007 年 8 月 24 日，李艳春 993 (HKAS 52680，模式)。

讨论：褐网柄牛肝菌的主要特征是：菌盖菌肉白色至灰白色，受伤后不变色；菌柄表面无网纹，上部菌肉白色，向下为淡黄色，受伤后不变色 (Li and Yang, 2021)。

褐网柄牛肝菌酷似灰褐牛肝菌，但后者菌柄具有明显的网纹。在网柄牛肝菌属中，褐网柄牛肝菌是目前已知唯一菌柄网纹不明显的种类。

暗褐网柄牛肝菌　图版 VIII-10；图 83

别名：黑牛肝

Retiboletus fuscus (Hongo) N.K. Zeng & Zhu L. Yang, in Zeng, Liang, Wu, Li & Yang, Mycologia 108: 365, figs. 3a～c, 4, 2016.

Boletus griseus var. *fuscus* Hongo, J. Jap. Bot. 49: 301, figs. 4-4～7, 1974a.

菌盖直径 5～8 cm，近半球形至凸镜形，有时平展；表面密被绒毛，灰褐色至灰黑色，不黏；菌盖边缘下弯；菌肉厚 10～20 mm，白色，受伤后常变为浅褐色。子实层体直生至稍弯生；管口多角形，直径 0.3～1 mm，灰白色至浅黄色，受伤后变为褐色；菌管长 6～12 mm，灰白色，受伤后变为浅褐色。菌柄 4～11 × 1～4 cm，中生，近圆柱形，实心；表面灰白色，被灰褐色至灰黑色网纹；菌肉白色，下部有时浅黄色，受伤后变为浅褐色；基部菌丝白色；菌环阙如。气味不明显。

菌管菌髓牛肝菌型。担子 21～30 × 7～8 μm，棒状，具 4 孢梗；孢梗长 4～5 μm。担孢子 (8.5) 9～12 (13) × 3.5～4 (4.5) μm [Q = (2.13) 2.25～3.43 (3.57)，**Q** = 2.77 ± 0.35]，侧面观梭形至近圆柱形，不等边，上脐部常下陷，背腹观圆柱形，壁稍微增厚 (厚约 0.5 μm)，在 KOH 溶液中橄榄褐色至黄褐色，光滑。缘生囊状体 32～40 × 6～10 μm，近梭形或梭形，细胞壁薄，内充满黄褐色物质。侧生囊状体 38～45 × 6～8 μm，丰富，梭形或近梭形，细胞壁薄，内充满黄褐色物质。菌盖表皮厚 100～120 μm，栅皮型，由直径 4～8 μm，在 KOH 溶液中无色、浅黄褐色至黄褐色的菌丝组成；顶端细胞 (30～52 × 6～8 μm) 窄棒状或近圆柱形，先端圆钝。菌盖髓部由直径为 3～8 μm 的菌丝组成。菌柄表皮子实层状，顶端细胞 (15～30 × 5～7 μm) 棍棒状或近梭形，有时有担子 (30～35 × 7～8 μm)。菌柄髓部由直径 4～10 μm、细胞壁薄至稍微增厚 (约 1 μm) 的菌丝组成。担子果各部位皆无锁状联合。

模式产地：日本。

生境：夏秋季单生或群生于壳斗科植物林下。

世界分布：日本和中国 (西南地区)。

研究标本：四川：西昌螺髻山，海拔不详，2012年7月28日，郭婷498 (HKAS 76190)。云南：兰坪河西，海拔不详，2010年8月16日，朱学泰184 (HKAS 68360)；昆明野生食用菌市场购买，产地海拔不详，2013年7月24日，KM 90 (HKAS 83946)；鹤庆，海拔不详，2010年8月22日，吴刚358 (HKAS 63590)；腾冲，海拔不详，2009年7月20日，李艳春1713 (HKAS 59460)；宁洱，海拔不详，2008年8月1日，冯邦274 (HKAS 55385)。

讨论：暗褐网柄牛肝菌的主要特征是：菌盖和菌柄网纹灰褐色至灰黑色，菌柄基部菌丝白色，菌肉白色 (Zeng *et al.*, 2016)。

在我国，暗褐网柄牛肝菌曾被误定为原描述于北美洲的灰网柄牛肝菌 [*Ret. griseus* (Frost) Manfr. Binder & Bresinsky]。但是，后者的菌盖为灰褐色，菌柄基部黄色，仅分布于北美洲至中美洲 (Smith and Thiers, 1971；Ortiz-Santana *et al.*, 2007)。暗褐网柄牛肝菌也酷似厚皮网柄牛肝菌 (*Ret. pseudogriseus* N.K. Zeng & Zhu L. Yang)，但后者菌柄纤细，担孢子较宽 (9.5～11 × 4～4.5 μm)，且菌盖表皮更厚 (Zeng *et al.*, 2016)。

暗褐网柄牛肝菌可食，在云南民间俗称“黑牛肝”(王向华等, 2004)。

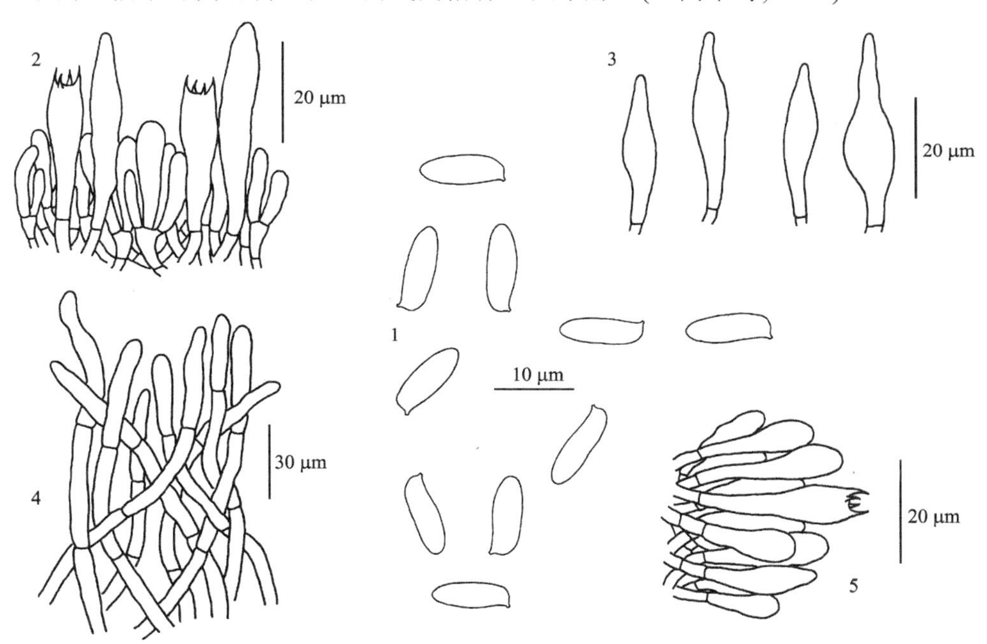

图83　暗褐网柄牛肝菌 *Retiboletus fuscus* (Hongo) N.K. Zeng & Zhu L. Yang (HKAS 83946)

1. 担孢子；2. 担子和侧生囊状体；3. 缘生囊状体；4. 菌盖表皮结构；5. 菌柄表皮结构

考夫曼网柄牛肝菌　图版 VIII-11；图 84

别名：黄牛肝

Retiboletus kauffmanii (Lohwag) N.K. Zeng & Zhu L. Yang, in Zeng, Liang, Wu, Li & Yang, Mycologia 108: 365, figs. 3d～g, 5, 6, 2016.

Boletus kauffmanii Lohwag [as “*kauffmani*”], in Handel-Mazzetti, Symb. Sinicae (Wien) 2: 57, 1937; Zang, Flora Fung. Sinicorum 22: 125, figs. 34-5～7, 2006; Li, Li, Yang, Bau & Dai, Atlas Chin. Macrofung. Res., 1081, figs. 1586-1, 2, 2015.

菌盖直径 5～15 cm，近半球形至平展；表面黄褐色至灰褐色，密被绒毛，不黏；菌盖边缘下弯；菌肉厚 15～26 mm，浅黄色至黄色，受伤后不变色。子实层体直生至稍弯生；管口多角形，直径 0.5～2 mm，黄色，受伤后变为褐色；菌管长 5～9 mm，浅黄色，受伤后变为浅褐色。菌柄 6～12 × 0.6～2.8 cm，中生，近圆柱形，实心；表面浅黄色至褐黄色，被粗网纹；网纹褐黑色，但顶端通常黄色；菌肉黄色，受伤后不变色；菌环阙如；基部菌丝黄色。气味不明显。

菌管菌髓牛肝菌型。担子 23～32 × 8～10 μm，棒状，具 4 孢梗；孢梗长 4～5 μm。担孢子 (8.5) 9～13 (15) × (3.5) 4～5 (5.5) μm [Q = (1.73) 2.00～3.00 (3.33)，**Q** = 2.43 ± 0.28]，侧面观梭形至近圆柱形，不等边，上脐部常下陷，背腹观长圆柱形至近圆柱形，壁稍厚 (厚约 0.5 μm)，在 KOH 溶液中橄榄褐色至黄褐色，光滑。缘生囊状体 30～45 × 6～8 μm，丰富，近梭形或梭形，细胞壁薄，内充满黄褐色至褐色物质。侧生囊状体 39～60 × 7～10 μm，丰富，梭形或近梭形，细胞壁薄，内充满黄褐色物质。菌盖表皮厚 100～120 μm，栅皮型，由直径 4～10 μm、在 KOH 溶液中黄褐色至褐色的菌丝组成；顶端细胞 20～74 × 5～10 μm，窄棒状或近圆柱形，先端圆钝。菌盖髓部由直径为 5～14 μm、细胞壁稍微增厚 (0.5 μm) 的菌丝组成。菌柄表皮子实层状，顶端细胞 (13～45 × 6～9 μm) 窄棒状、宽棒状、梭形或近梭形，在 KOH 溶液中呈黄褐色至浅褐色，其间夹杂有少数担子 (20～37 × 8～10 μm)。菌柄髓部由直径 5～14 μm 的菌丝组成。担子果各部位皆无锁状联合。

模式产地：中国 (云南)。

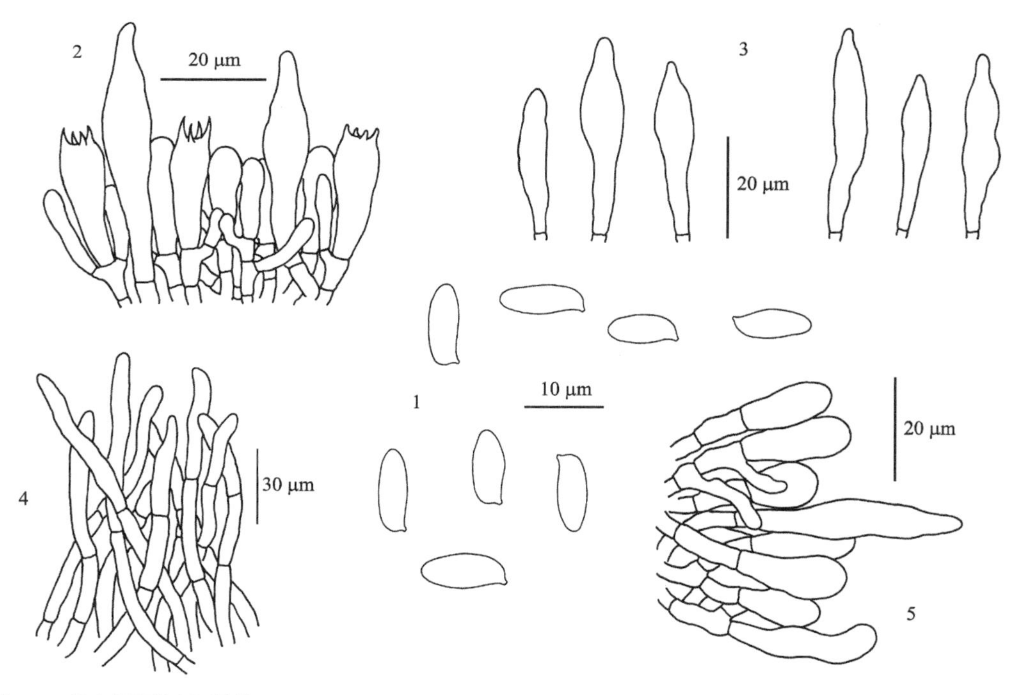

图 84　考夫曼网柄牛肝菌 *Retiboletus kauffmanii* (Lohwag) N.K. Zeng & Zhu L. Yang (1、3、4 据 HKAS 76418；2、5 据 WU 12947，模式)

1. 担孢子；2. 担子和侧生囊状体；3. 缘生囊状体和侧生囊状体；4. 菌盖表皮结构；5. 菌柄表皮结构

生境：夏秋季单生或散生于栎属、云南松林下，或壳斗科植物与云南松组成的混交林中。

世界分布：中国（西南地区）。

研究标本：四川：西昌螺髻山，海拔 2100 m，1992 年 7 月 19 日，孙佩琼 1845 和 1845B (分别为 HKAS 25650 和 HKAS 25651)。云南：昆明筇竹寺附近，海拔 2100 m，2012 年 9 月 6 日，郝艳佳 760 (HKAS 76418)；兰坪通甸，海拔不详，2010 年 8 月 13 日，冯邦 809 (HKAS 68590)；普洱红旗水库附近，海拔 1450 m，1991 年 8 月 3 日，杨祝良 1378 (HKAS 23751)；腾冲马站，海拔 2080 m，2010 年 8 月 14 日，郝艳佳 264 (HKAS 69248)；维西，海拔 3200 m，郑文康 8376 (HKAS 12063)；玉龙雪松村，海拔约 2900 m，1916 年 9 月底至 10 月初，采集人姓名不详 1903 (WU 12947，模式)；玉龙古城区至永胜的路边，海拔 2600 m，2010 年 8 月 21 日，吴刚 352 (HKAS 63584，附加模式)；玉龙九河乡，海拔 1750 m，2010 年 8 月 20 日，吴刚 317 (HKAS 63548)；祥云米甸，海拔不详，2009 年 7 月 9 日，曾念开 273 (HKAS 83947) 和曾念开 274 (HKAS 83948)。

讨论：考夫曼网柄牛肝菌的主要特征是：担子果大型，菌柄黄色至黄褐色，菌柄基部菌丝黄色，菌肉黄色，囊状体梭形或近梭形、较窄，担孢子较宽 (Zeng *et al.*, 2016)。

在我国，考夫曼网柄牛肝菌曾被误定为原描述于北美洲的网柄牛肝菌 (*Ret. ornatipes*) 或粉网柄牛肝菌 [*Ret. retipes* (Berk. & M. A. Curtis) Manfr. Binder & Bresinsky]。但是，网柄牛肝菌和粉网柄牛肝菌的担孢子均较窄，囊状体均较宽，分布于北美洲至中美洲 (Bessette *et al.*, 2000；Zeng *et al.*, 2016)。中华网柄牛肝菌 (*Ret. sinensis* N.K. Zeng & Zhu L. Yang)、*Ret. flavoniger* (Halling *et al.*) Manfr. Binder & Halling 与考夫曼网柄牛肝菌也非常相似，但中华网柄牛肝菌的担子果较小，侧生囊状体较短、较宽，担孢子较小 (8～10 × 3.5～4 μm) (Zeng *et al.*, 2016)；*Ret. flavoniger* 的菌盖幼时黑色，菌肉受伤变为橙褐色，仅分布于中美洲 (Halling and Mueller, 1999)。

黑灰网柄牛肝菌　图版 VIII-12；图 85

Retiboletus nigrogriseus N.K. Zeng, S. Jiang & Zhi Q. Liang, in Zeng, Chai, Jiang, Xue, Wang, Hong & Liang, Phytotaxa 367: 48, figs. 3a～f, 4, 2018.

菌盖直径 3～6.5 cm，近半球形至平展；表面密覆绒毛，幼时黑色，老后灰色、灰褐色，不黏；菌盖边缘下弯；菌肉厚 5～15 mm，白色，受伤后变浅褐色至煤烟色。子实层体直生至稍弯生；管口近圆形至圆形，直径约 0.3 mm，白色至灰白色，受伤后变浅褐色至煤烟色；菌管长 4～5 mm，灰白色，受伤后变为浅褐色至煤烟色。菌柄 4.5～6 × 1～2.5 cm，中生，近圆柱形，基部有时膨大，实心；表面灰白色，从顶部至近基部被粗网纹；网纹黑色；菌肉白色，有时带有橄榄色色调，受伤后变浅褐色至煤烟色；基部菌丝白色；菌环阙如。气味不明显。

菌管菌髓牛肝菌型。担子 26～31 × 6～9 μm，棒状，具 4 孢梗；孢梗长 4～5 μm。担孢子 8～10 (10.5) × 3.5～4 (4.5) μm [Q = 2.00～2.57 (2.63)，**Q** = 2.27 ± 0.18]，侧面观梭形，不等边，上脐部常下陷，背腹观圆柱形至近圆柱形，壁稍厚 (厚约 0.5 μm)，在 KOH 溶液中橄榄褐色至黄褐色，光滑。缘生囊状体 26～38 × 5～6 μm，丰富，近梭形或梭形，细胞壁薄至稍微增厚 (0.5 μm)，内部充满浅黄褐色物质。侧生囊状体 31～37 ×

6～10 μm，梭形或近梭形，细胞壁薄至稍微增厚 (0.5 μm)，内部充满浅褐色、褐色至深褐色物质。菌盖表皮厚约 150 μm，平伏型，由直径 (3) 5～10 μm，细胞壁薄至稍微增厚 (0.5 μm)，在 KOH 溶液中浅黄色、浅褐色至黑褐色的菌丝组成；顶端细胞 (20～48 × 5～9 μm) 近梭形，有时棒状或近圆柱形，先端圆钝。菌盖髓部由直径为 4～10 μm 的菌丝组成。菌柄表皮子实层状，顶端细胞 (16～30 × 5～10 μm) 棒状或近梭形，在 KOH 溶液中浅黄色、褐色至黑褐色。菌柄髓部由直径 4～8 μm 的菌丝组成。担子果各部位皆无锁状联合。

模式产地：中国 (海南)。

生境：夏秋季单生于壳斗科植物林下。

世界分布：泰国和中国 (华南地区)。

研究标本：海南：琼中鹦哥岭，海拔 800 m，2009 年 7 月 28 日，曾念开 369 (FHMU 213)；乐东鹦哥岭，海拔 560 m，2017 年 6 月 5 日，曾念开 3084 (FHMU 2045)；同地，海拔 420 m，2017 年 6 月 4 日，蒋帅 66 (FHMU 2800，模式)。

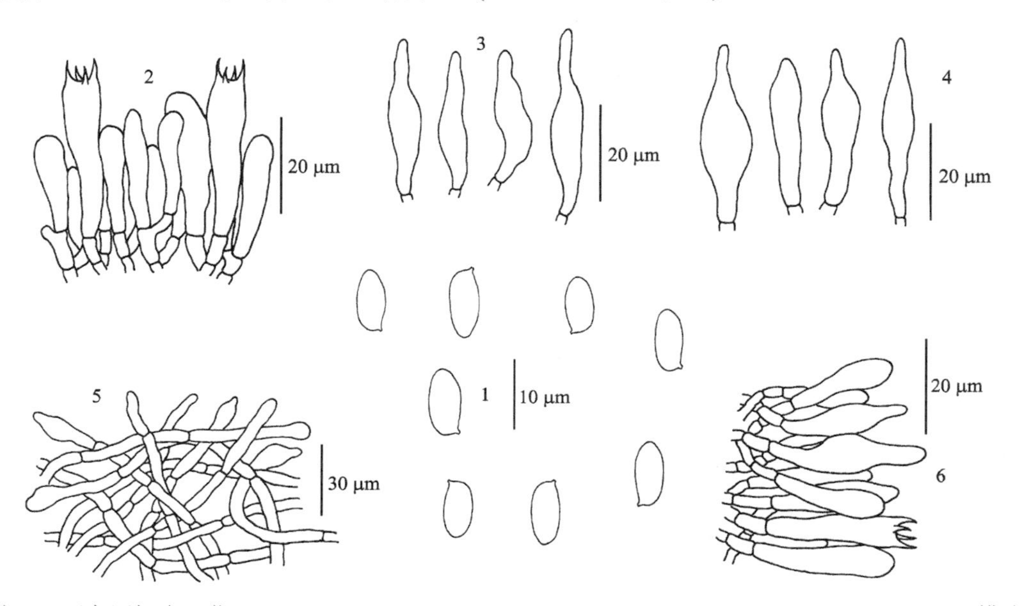

图 85 黑灰网柄牛肝菌 *Retiboletus nigrogriseus* N.K. Zeng, S. Jiang & Zhi Q. Liang (FHMU 2800，模式)

1. 担孢子；2. 担子；3. 缘生囊状体；4. 侧生囊状体；5. 菌盖表皮结构；6. 菌柄表皮结构

讨论：黑灰网柄牛肝菌的主要特征是：菌盖幼时黑色，老后灰色、灰褐色，菌肉、菌管及管口受伤变为浅褐色至煤烟色，菌柄网纹黑色，基部菌丝白色，菌盖表皮近平伏型 (Zeng *et al.*, 2018)。

描述于新几内亚的黑紫网柄牛肝菌 [*Ret. nigerrimus* (R. Heim) Manfr. Binder & Bresinsky] 与黑灰网柄牛肝菌相似，但是前者的菌盖具有明显的蓝色色调，菌盖菌肉柠檬黄色，菌柄基部的菌肉橙色且受伤不变色，担孢子较大 (11.5～14.5 × 3.6～4.6 μm) (Heim, 1963; Zeng *et al.*, 2018)；描述于我国亚热带地区的张飞网柄牛肝菌 (*Ret. zhangfeii* N.K. Zeng & Zhu L. Yang) 也酷似黑灰网柄牛肝菌，但是前者的菌盖具有明显的紫色色调，菌管表面老时淡紫色至紫色，担孢子较大 (9～11 × 4～5 μm) (Zeng *et al.*, 2016, 2018)。

厚皮网柄牛肝菌 图版 IX-1；图 86

Retiboletus pseudogriseus N.K. Zeng & Zhu L. Yang, in Zeng, Liang, Wu, Li & Yang, Mycologia 108: 370, figs. 3h～j, 7, 2016.

菌盖直径 5.5～9 cm，近半球形至平展；表面灰白色，被褐色至黑褐色鳞片，不黏；菌盖边缘下弯；菌肉厚 10～12 mm，白色，受伤后变褐色。子实层体直生至稍弯生；管口多角形，直径 0.5～1 mm，灰白色，受伤后变为褐色；菌管长 4～8 mm，灰白色，受伤后变为褐色。菌柄 6～7 × 1～1.5 cm，中生，近圆柱形，实心；表面灰白色，被黑褐色网纹；菌肉白色，受伤后变褐色；基部菌丝白色；菌环阙如。气味不明显。

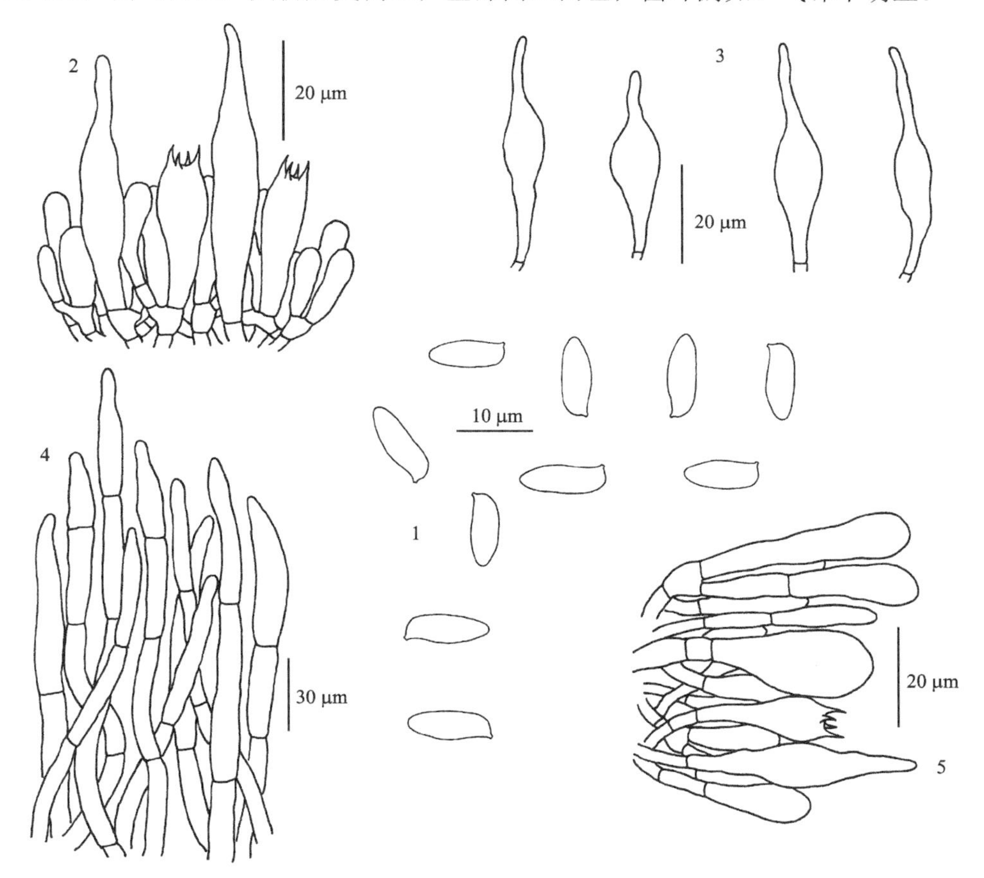

图 86 厚皮网柄牛肝菌 *Retiboletus pseudogriseus* N.K. Zeng & Zhu L. Yang (HKAS 83950，模式)

1. 担孢子；2. 担子和侧生囊状体；3. 缘生囊状体；4. 菌盖表皮结构；5. 菌柄表皮结构

菌管菌髓牛肝菌型。担子 23～29 × 8～10 μm，棒状，具 4 孢梗；孢梗长 4～5 μm。担孢子 (9) 9.5～11 (12) × 4～4.5 μm [Q = (2.25) 2.38～2.75 (3.00)，**Q** = 2.57 ± 0.15]，侧面观梭形至近圆柱形，不等边，上脐部常下陷，背腹观圆柱形至近圆柱形，壁稍厚 (厚约 0.5 μm)，在 KOH 溶液中橄榄褐色至黄褐色，光滑。缘生囊状体 36～50 × 7～11 μm，丰富，近梭形或梭形，细胞壁薄，内部充满黄褐色物质。侧生囊状体 40～60 × 9～11 μm，丰富，梭形或近梭形，细胞壁薄，内充满黄褐色物质。菌盖表皮厚约 260 μm，栅皮型，由直径 4～13 μm，在 KOH 溶液中浅黄褐色、黄褐色至褐色的菌丝组成；顶端细胞 (30～

85 × 4～13 μm) 窄棒状或近圆柱形，先端圆钝。菌盖髓部由直径为 2～10 μm 的菌丝组成。菌柄表皮子实层状，顶端细胞 (17～44 × 5～14 μm) 窄棒状、宽棒状、梭形或近梭形，在 KOH 溶液中浅黄褐色至黄褐色，其间夹杂有担子 (25～35 × 8～9 μm)。菌柄髓部由直径 5～12 μm 的菌丝组成。担子果各部位皆无锁状联合。

模式产地：中国 (福建)。

生境：夏秋季单生于壳斗科植物林下。

世界分布：中国 (东南地区)。

研究标本：福建：漳平新桥，海拔 360 m，2009 年 8 月 31 日，曾念开 597 (HKAS 83949)；同地，2009 年 9 月 3 日，曾念开 668 (HKAS 83950，模式)。

讨论：在我国，厚皮网柄牛肝菌曾被误定为原描述于北美洲的灰网柄牛肝菌 (*Ret. griseus*)。但是，灰网柄牛肝菌的菌盖表皮较薄，菌柄基部黄色，担孢子较窄 (9～12 × 3.5～4 μm)，仅分布于北美洲和中美洲 (Smith and Thiers, 1971；Bessette *et al.*, 2000；Ortiz-Santana *et al.*, 2007)。厚皮网柄牛肝菌和暗褐网柄牛肝菌也非常相似，二者的区别特征见暗褐网柄牛肝菌名下的讨论。

中华网柄牛肝菌　图版 IX-2；图 87

Retiboletus sinensis N.K. Zeng & Zhu L. Yang, in Zeng, Liang, Wu, Li & Yang, Mycologia 108: 374, figs. 3k～o, 8, 2016.

菌盖直径 3～8 cm，近半球形至平展；表面密被绒毛，橄榄褐色、黄褐色、灰褐色至褐色，不黏；菌盖边缘下弯；菌肉厚 4～26 mm，浅黄色至黄色，受伤后变黄褐色。子实层体直生或稍弯生；管口多角形，直径 0.3～1.5 mm，黄色，受伤后缓慢变为黄褐色；菌管长 2～11 mm，浅黄色，受伤后变为褐色。菌柄 4.7～11 × 0.7～2 cm，中生，近圆柱形，实心；表面黄色至褐黄色，被粗网纹；网纹黄色，老后变为浅褐色至褐色；菌肉黄色，受伤后变黄褐色；基部菌丝黄色；菌环阙如。气味不明显。

菌管菌髓牛肝菌型。担子 27～39 × 8～9 μm，棒状，具 4 孢梗；孢梗长 4～5 μm。担孢子 8～10 (11) × (3) 3.5～4 (4.5) μm [Q = (2.00) 2.25～2.86 (3.14)，**Q** = 2.45 ± 0.19]，侧面观梭形至近圆柱形，不等边，上脐部常下陷，背腹观圆柱形至近圆柱形，壁稍厚 (厚约 0.5 μm)，在 KOH 溶液中橄榄褐色至黄褐色，光滑。缘生囊状体 20～37 × 4.5～7 μm，丰富，近梭形或梭形，细胞壁薄，内部充满褐黄色至黄褐色物质。侧生囊状体 30～46 × 5～6 μm，丰富，梭形或近梭形，细胞壁薄，内部充满褐黄色至黄褐色物质。菌盖表皮厚 100～130 μm，栅皮型，由直径 4～8 μm，在 KOH 溶液中无色、浅黄色至黄褐色的菌丝组成；顶端细胞 34～67 × 5～8 μm，窄棒状或近圆柱形，先端圆钝。菌盖髓部由直径为 3～10 μm 的菌丝组成。菌柄表皮子实层状，顶端细胞 (18～45 × 3～8 μm) 窄棒状、宽棒状、梭形或近梭形，在 KOH 溶液中浅黄褐色至黄褐色。菌柄髓部由直径 5～11 μm 的菌丝组成。担子果各部位皆无锁状联合。

模式产地：中国 (福建)。

生境：夏秋季单生或散生于壳斗科植物林下。

世界分布：中国 (东南和华南地区)。

研究标本：福建：漳平天台国家森林公园，海拔 360 m，2009 年 8 月 28 日，曾念开 586 (HKAS 83951)；漳平新桥，海拔 360 m，2009 年 9 月 1 日，曾念开 650 (HKAS 83952)；同地，2009 年 9 月 3 日，曾念开 671 (HKAS 83953) 和曾念开 672 (HKAS 83954)；同地，2013 年 7 月 25 日，曾念开 1278 (HKAS 83955)；同地，2013 年 7 月 27 日，曾念开 1289 (HKAS 83956，模式) 和 1299 (HKAS 83957)；同地，2013 年 7 月 30 日，曾念开 1326 (HKAS 83958)；同地，2013 年 8 月 18 日，曾念开 1435 (HKAS 83959)。海南：昌江霸王岭国家级自然保护区，海拔 680 m，2009 年 8 月 23 日，曾念开 569 (HKAS 59832)。台湾：南投日月潭，海拔不详，2000 年 8 月 17 日，陈建名 2512 (HKAS 37403)。

讨论：原描述于北美洲的网柄牛肝菌和粉网柄牛肝菌酷似中华网柄牛肝菌。但是，网柄牛肝菌和粉网柄牛肝菌均具有较大的担子果，稍长的担孢子 (9～13 × 3～4 μm)，更宽的囊状体 (38～65 × 69～15 μm)，二者都仅分布于北美洲至中美洲 (Smith and Thiers, 1971；Bessette *et al.*, 2000；Ortiz-Santana *et al.*, 2007)。*Retiboletus flavoniger*、考夫曼网柄牛肝菌 (*Ret. kauffmanii*) 也和中华网柄牛肝菌有很多相同的特征。但是，*Ret. flavoniger* 未成熟时菌盖黑色，菌柄下部黑色，菌肉受伤变为橙褐色，担孢子更大 (10.5～13.3 × 4.2～5.6 μm)，仅分布于中美洲 (Halling and Mueller, 1999)。考夫曼网柄牛肝菌和中华网柄牛肝菌的区别特征见考夫曼网柄牛肝菌名下的讨论。

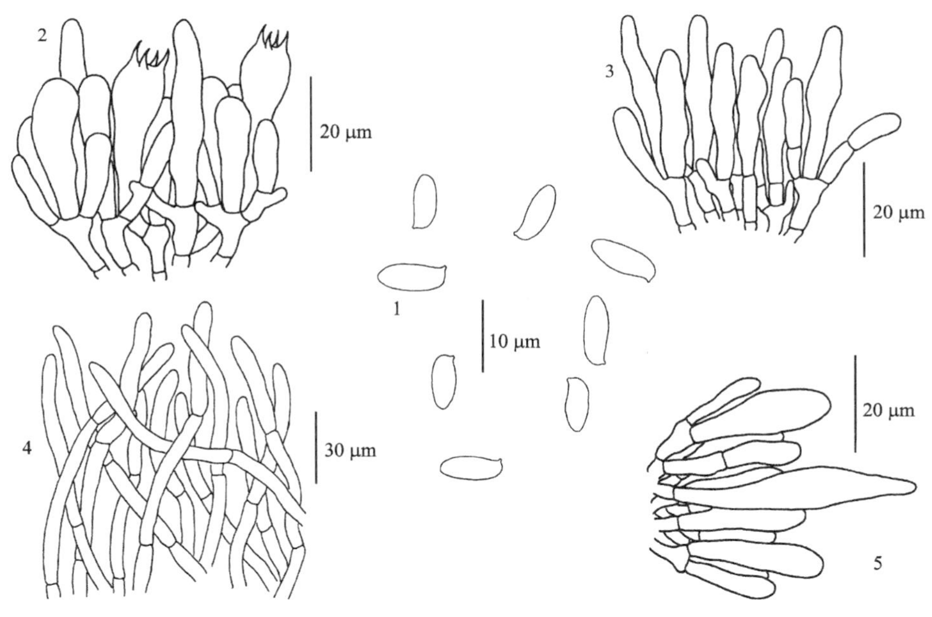

图 87　中华网柄牛肝菌 *Retiboletus sinensis* N.K. Zeng & Zhu L. Yang (HKAS 83956，模式)
1. 担孢子；2. 担子和侧生囊状体；3. 缘生囊状体；4. 菌盖表皮结构；5. 菌柄表皮结构

中华灰网柄牛肝菌　图版 IX-3～4；图 88

Retiboletus sinogriseus Yan C. Li & T. Bau, in Liu, Li & Bau, MycoKeys 67: 40, figs. 2d～f, 4, 2020.

菌盖直径 6～7.2 cm，近半球形至扁平，有时中间凸起；表面被绒毛状鳞片，不黏，灰褐色至褐色，边缘颜色稍浅，老后稍开裂；菌肉白色至乳白色，受伤后不变色。子实层体直生至稍弯生，黄色至灰黄色；菌管长达 14 mm；管口直径 0.3～1 mm，多角形，受伤后不变色。菌柄 6～8 × 1.1～1.5 cm，近圆柱形，顶端黄色，向下渐变为黑黄色；菌柄表面具同色网纹；菌柄上部菌肉白色至灰白色，下部淡黄色，受伤后不变色；菌柄基部菌丝黄色，受伤后不变色。菌肉味道柔和。

菌管菌髓牛肝菌型。担子 21～27 × 9～11 μm，棒状，具 4 孢梗。担孢子 9～14 × 3～5.5 μm (Q = 2.5～3.25，**Q** = 2.88 ± 0.32)，侧面观梭形至近梭形，不等边，上脐部常下陷，背腹观长椭圆形至近纺锤形，在 KOH 溶液中无色至浅黄色，在梅氏试剂中橄榄褐色至黄褐色，光滑，壁略厚 (约 0.5 μm)。缘生囊状体 35～56 × 7～12 μm，近梭形，壁薄，在 KOH 溶液中浅黄褐色至褐色，在梅氏试剂中黄褐色至浅褐色。侧生囊状体与缘生囊状体相似。菌盖表皮平伏型，由无色至淡黄褐色、直径 4～9 μm 的菌丝组成。菌柄鳞片 (柄表囊状体) 形态与侧生囊状体及缘生囊状体相似。担子果各部位皆无锁状联合。

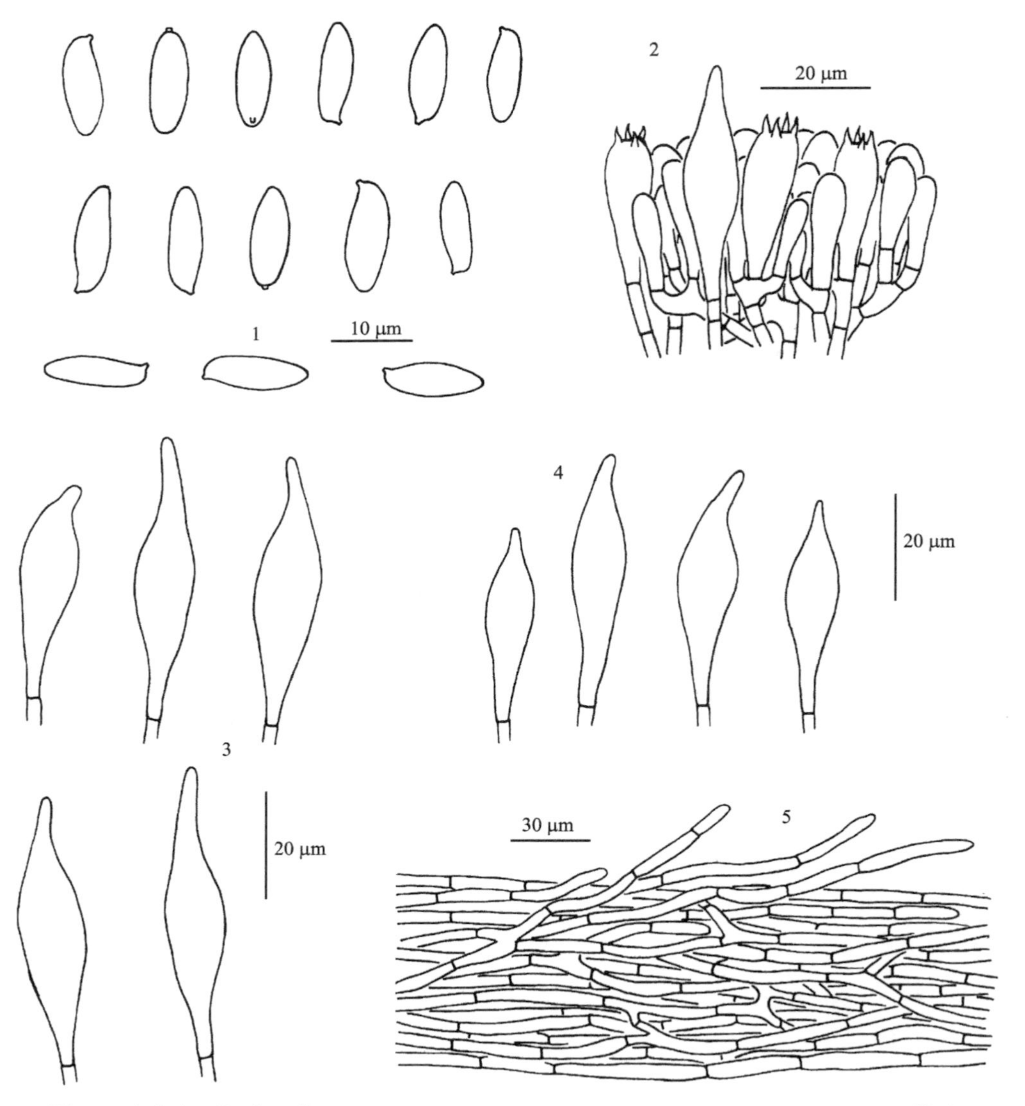

图 88 中华灰网柄牛肝菌 *Retiboletus sinogriseus* Yan C. Li & T. Bau (HKAS 91288，模式)

1. 担孢子；2. 担子和侧生囊状体；3. 侧生囊状体；4. 缘生囊状体；5. 菌盖表皮结构

模式产地：中国 (辽宁)。

生境：夏秋季节单生或散生于壳斗科植物林中。

世界分布：中国 (东北地区)。

研究标本：辽宁：鞍山千山风景区，海拔 400 m，2015 年 8 月 25 日，李静 260 (HKAS 91288，模式)；同地同时，李静 258 (HKAS 91286)。

讨论：中华灰网柄牛肝菌的主要特征是：菌盖灰褐色至褐色，子实层体黄色至灰黄色，菌柄顶端黄色至黑黄色，整个菌柄表面具明显网纹 (Liu *et al.*, 2020)。该种与描述自北美洲的灰网柄牛肝菌在外观上相似，而且分子系统发育分析的结果显示二者具有较近的亲缘关系。然而灰网柄牛肝菌的子实层白色至苍白色，菌盖表皮为栅皮型且菌丝较宽 (直径达 17 μm)，菌柄 1/3～2/3 的区域具有网纹 (Singer, 1947；Smith and Thiers, 1971；Ortiz-Santana *et al.*, 2007；Liu *et al.*, 2020)。

张飞网柄牛肝菌 图版 IX-5；图 89

Retiboletus zhangfeii N.K. Zeng & Zhu L. Yang, in Zeng, Liang, Wu, Li & Yang, Mycologia 108: 376, figs. p～t, 9, 2016.

菌盖直径 5～10 cm，幼时近半球形，老后凸镜形至平展；表面密被绒毛，幼时暗紫色，老后灰褐色、褐色至褐黑色，不黏；菌盖边缘下弯；菌肉厚 8～13 mm，灰白色，受伤后变褐色至黑褐色。子实层体直生或稍弯生；管口多角形，直径 0.5～1 mm，幼时灰白色，老后浅紫色至紫色，受伤后变为褐色至深褐色；菌管长 4～8 mm，幼时灰白色，老后浅紫色，受伤后变为褐色或深褐色。菌柄 5～12 × 1～2.5 cm，中生，近圆柱形，实心；表面干，灰白色，被粗网纹；网纹褐黑色，有时带有紫色色调；菌肉浅紫色，但在近菌盖表皮处灰白色，受伤后变褐色或黑褐色；基部菌丝白色；菌环阙如。气味不明显。

菌管菌髓牛肝菌型。担子 23～33 × 8～10 μm，棒状，具 4 孢梗；孢梗长 3～5 μm。担孢子 (8) 9～11 (12) × (3.5) 4～5 μm [Q = (1.80) 2.00～2.75 (3.14)，**Q** = 2.39 ± 0.22]，侧面观梭形至近圆柱形，不等边，上脐部常下陷，背腹观圆柱形至近圆柱形，壁稍厚 (厚约 0.5 μm)，在 KOH 溶液中橄榄褐色至黄褐色，光滑。缘生囊状体 30～40 × 7～11 μm，丰富，近梭形或梭形，细胞壁薄至稍微增厚 (1 μm)，内部充满黄褐色物质。侧生囊状体 34～50 × 9～12 μm，丰富，梭形或近梭形，细胞壁薄至稍微增厚 (0.5 μm)，内部充满黄褐色至褐色物质。菌盖表皮厚 100～130 μm，平伏型，由直径 4～7 (10) μm，在 KOH 溶液中呈浅褐色、褐色至深褐色的菌丝组成；顶端细胞 27～65 × 4～8 μm，窄棒状或近圆柱形，先端圆钝。菌盖髓部由直径为 3～9 μm 的菌丝组成。菌柄表皮子实层状，顶端细胞 (15～41 × 5～10 μm) 窄棒状、宽棒状、梭形或近梭形，在 KOH 溶液中无色、黄褐色至褐色。菌柄髓部由直径 3～8 μm 的菌丝组成。担子果各部位皆无锁状联合。

模式产地：中国 (福建)。

生境：夏秋季群生于壳斗科植物林下。

世界分布：中国 (华中、东南和西南地区)。

研究标本：湖南：宜章莽山国家森林公园，海拔 1800 m，2007 年 9 月 3 日，李艳春 1073 (HKAS 53418)；同地同时，李艳春 1075 (HKAS 53420)。福建：漳平新桥，海拔 360 m，2013 年 7 月 27 日，曾念开 1298 (HKAS 83960)；同地，2013 年 7 月 28 日，曾念开 1311 (HKAS 83961)；同地，2013 年 8 月 3 日，曾念开 1369 (HKAS 83962，模式)；同地，2013 年 8 月 4 日，曾念开 1381 (HKAS 83963)。云南：楚雄野生食用菌市场购买，产地海拔不详，2007 年 8 月 25 日，杨祝良 4917 (HKAS 52234)；南华野生食用菌市场购买，产地海拔不详，2009 年 8 月 2 日，李艳春 1951 (HKAS 59699)。

讨论：张飞网柄牛肝菌的主要特征是：菌盖幼时暗紫色，老后灰褐色、褐色至褐黑色，菌盖菌肉灰白色，菌柄菌肉灰白色至浅紫色，菌盖表皮平伏型 (Zeng *et al*., 2016)。

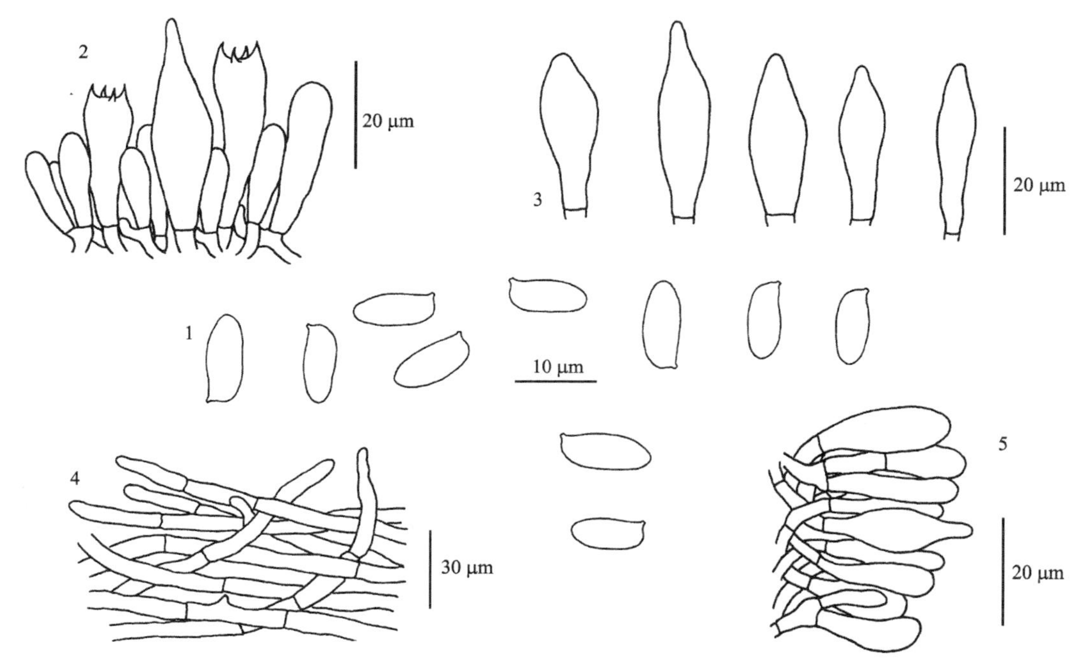

图 89　张飞网柄牛肝菌 *Retiboletus zhangfeii* N.K. Zeng & Zhu L. Yang (HKAS 83962，模式)

1. 担孢子；2. 担子和侧生囊状体；3. 缘生囊状体；4. 菌盖表皮结构；5. 菌柄表皮结构

描述于新几内亚的黑紫网柄牛肝菌 [*Ret. nigerrimus* (R. Heim) Manfr. Binder & Bresinsky] 与张飞网柄牛肝菌非常相似，但是前者的菌盖具有明显的蓝色色调，菌盖菌肉柠檬黄色，菌柄基部的菌肉橙色且受伤不变色，担孢子较大 (11.5～14.5 × 3.6～4.6 μm) (Heim, 1963)。

红孔牛肝菌属 **Rubroboletus** Kuan Zhao & Zhu L. Yang in Zhao, Wu & Yang, Phytotaxa 188: 67, 2014.

担子果中等至大型，伞状，肉质。菌盖扁半球形至平展，有时中央凸起；表面灰白色、粉色、鲜红色至暗红色，湿时稍黏，干时有光泽；菌肉白色、淡黄色至柠檬黄色，受伤后迅速变为蓝色。子实层体弯生；表面血红色、暗红色或黄褐色，受伤后迅速变为蓝色或深蓝色。菌柄中生；菌环阙如；表面被有红色至暗红色网纹或疣点；菌肉白色、奶油色至淡黄色、金黄色，受伤后迅速变为蓝色；基部菌丝污白色。孢子印污橄榄色、土褐色至锈褐色。

菌管菌髓牛肝菌型，中央菌髓由排列较紧密的菌丝组成，侧生菌髓由排列较疏松的胶质菌丝组成。亚子实层由不膨大的菌丝组成。担子棒状，具 4 孢梗，稀具 2 孢梗。担孢子梭形或近梭形，有时卵形，淡橄榄褐色至黄褐色，表面平滑、无纹饰。侧生囊状体和缘生囊状体常见，窄棒状、腹鼓形至近梭形，薄壁，无色；缘生囊状体内有时具红色色素。菌盖表皮交织黏毛皮型至交织毛皮型。担子果各部位皆无锁状联合。

模式种：红孔牛肝菌 *Rubroboletus sinicus* (W.F. Chiu) Kuan Zhao & Zhu L. Yang。

生境与分布：夏秋季生于林中地上，与壳斗科 (高山栎等)、松科 (云南松、马尾松等) 等植物形成外生菌根关系，现知分布于北温带和亚热带 (Chiu, 1948；裘维蕃，1957；Zhao *et al.*, 2014a；Zhao and Shao, 2017)。

全世界报道的该属物种共约 15 种。本卷记载中国产 3 种。

红孔牛肝菌属分种检索表

1. 菌盖表面光滑，干燥时有光泽，潮湿时极黏；菌柄表面常无网纹 ······································ 2
1. 菌盖表面绒状，干燥时无光泽，潮湿时稍黏；菌柄表面整体被有网纹 ····· **红孔牛肝菌 *Rub. sinicus***
   2. 孢子常近梭形，上脐部明显下陷，宽度较窄 (直径 5～6 μm)；菌肉有香味；常分布于亚高山的高山栎林中 ·· **可食红孔牛肝菌 *Rub. esculentus***
   2. 孢子卵形，上脐部几乎不下陷，宽度较宽 (直径 6～6.5 μm)；菌肉无特殊气味；常分布于较低海拔的松林中 ·· **宽孢红孔牛肝菌 *Rub. latisporus***

可食红孔牛肝菌　图版 IX-6；图 90

Rubroboletus esculentus Kuan Zhao, Hui M. Shao & Zhu L. Yang, in Zhao & Shao, Phytotaxa 303: 246, figs. 2, 3, 2017.

菌盖直径 7～12 cm，扁半球形至平展，鲜红色、血红色至暗红色，湿时极黏，干燥时有光泽，受伤后颜色加深；菌肉厚 20～25 (30) mm，亮黄色至金黄色，受伤后迅速变为蓝色。子实层体弯生；表面血红色至棕红色，受伤后迅速变为蓝色；管口多角形，2～3 个/mm；菌管长 15～20 mm，黄色至橄榄绿色，受伤后迅速变为深蓝色。菌柄较粗壮，9～12 (15) × 2～4 (5) cm，基部常膨大；表面黄色，被橘红色至棕红色粉粒，受伤后变为蓝色；菌肉亮黄色至金黄色，但基部锈红色，受伤后迅速变为蓝色；基部菌丝白色。菌肉有菌香味，味道柔和。

菌管菌髓牛肝菌型。担子 22～42 × 9.5～14 μm，棒状，具 4 孢梗，有时具 2 孢梗。担孢子 12～15 (16) × 5～6 (6.5) μm [Q = (2.17) 2.25～2.73 (2.80)，**Q** = 2.46 ± 0.18]，侧面观梭形至近圆柱形，不等边，上脐部常下陷，背腹观圆柱形至近圆柱形，壁稍厚 (厚约 0.5 μm)。缘生囊状体 50～68 × 6～10 μm，腹鼓形，顶端渐尖，薄壁，在 KOH 溶液中透明无色。侧生囊状体 56～82 (105) × 7～10 μm，形状与侧生囊状体近似。菌盖表皮厚 150～200 μm，交织黏毛皮型，包埋于胶质层之中，菌丝直径 3～5 μm。菌柄表皮菌丝直径 3～4 μm，末端细胞膨大呈棒状、椭球状，30～50 × 10～14 μm。担子果各部位皆无锁状联合。

模式产地：中国 (四川)。

生境：夏秋季单生或散生于海拔 3000 m 以上的高山栎 (*Quercus semicarpifolia*)

林下。

世界分布：中国 (西南地区)。

研究标本：四川：小金，海拔 3350 m，2016 年 8 月 16 日，赵宽 893 (HKAS 96782，模式)；同地同时，邵慧敏 F1 (HKAS 96783)；都江堰野生食用菌市场购买，产地海拔不详，2016 年 7 月 25 日，邵慧敏 F2 (HKAS 96784)。云南：玉龙古城区，海拔不详，2010 年 8 月 18 日，冯邦 898 (HKAS 68679)。

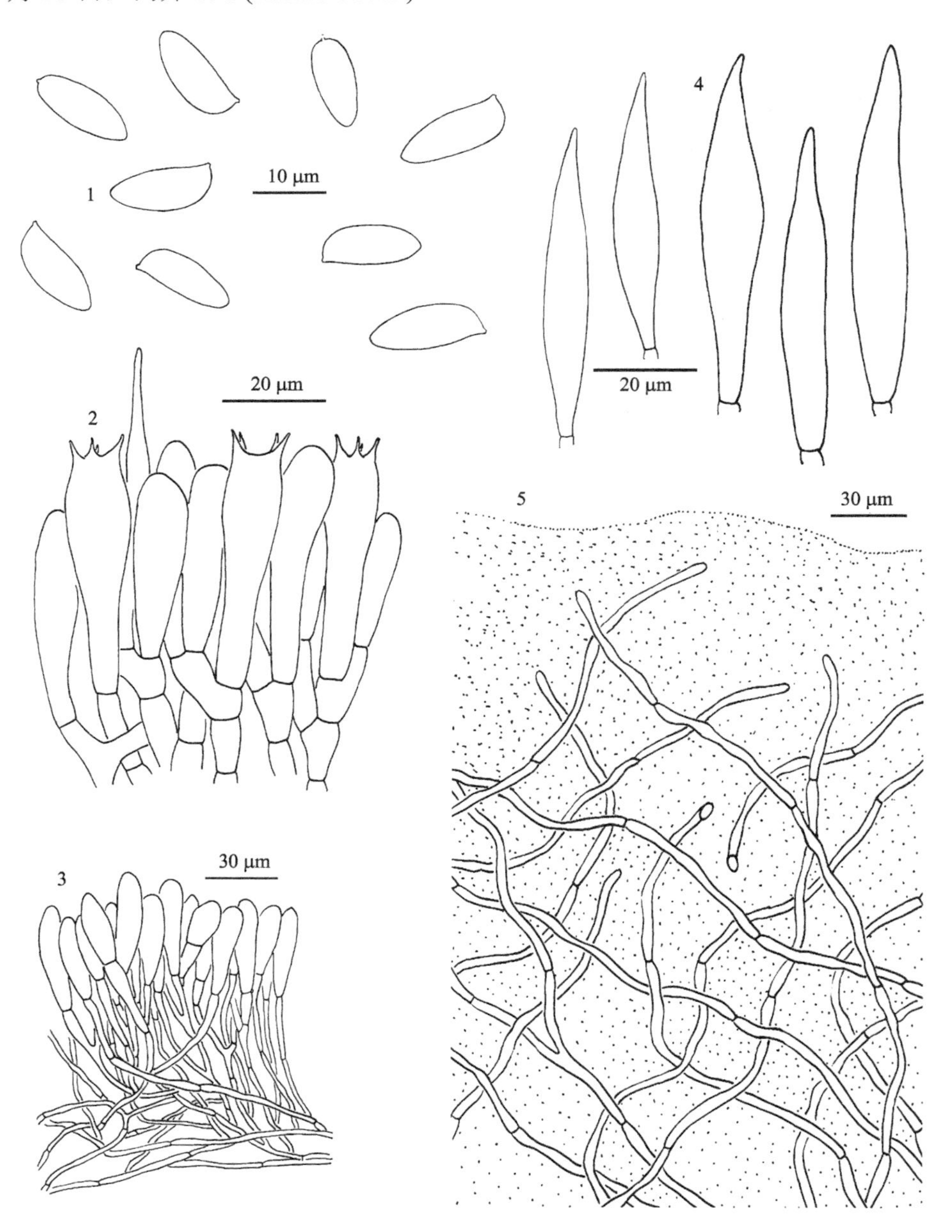

图 90　可食红孔牛肝菌 *Rubroboletus esculentus* Kuan Zhao, Hui M. Shao & Zhu L. Yang (HKAS 96782，模式)

1. 担孢子；2. 担子和侧生囊状体；3. 菌柄表皮结构；4. 侧生囊状体和缘生囊状体；5. 菌盖表皮结构

讨论：可食红孔牛肝菌的主要特征是：菌盖鲜红色，湿润时极黏，子实层体表面血红色至棕红色，菌柄表面被有橘红色至棕红色粉粒，菌香浓郁，生于高山栎林下 (Zhao and Shao, 2017)。

该种与宽孢红孔牛肝菌在形态上较为接近，但是后者的菌柄上有鲜红色至暗红色的疣点，孢子为卵形，菌香味不明显 (Zhao *et al.*, 2014a；Zhao and Shao, 2017)。

在四川省都江堰市和阿坝藏族羌族自治州的野生食用菌市场上，可食红孔牛肝菌较为常见，深受当地群众喜爱，被称为“大红菌”。

宽孢红孔牛肝菌　图版 IX-7；图 91

Rubroboletus latisporus Kuan Zhao & Zhu L. Yang, in Zhao, Wu &Yang, Phytotaxa 188: 68, figs. 3, 4, 2014; Li, Li, Yang, Bau & Dai, Atlas Chin. Macrofung. Res., 1122, fig. 1655-1, 2, 2015.

菌盖直径 7～10 cm，近半圆形至平展；表面血红色，受伤后变深蓝色，湿时极黏，干时有光泽；菌肉厚 10～15 mm，白色至奶油色，受伤后迅速变为蓝色，然后缓慢恢复为本色。子实层体弯生；表面幼时橘红色，成熟后变为黄色、黄褐色，受伤后迅速变为蓝色；菌管长达 10 mm，黄色至橄榄绿色，受伤后迅速变为蓝色；管口直径约 0.5 mm，多角形。菌柄 8～10 × 2～2.5 cm，近圆柱形，较粗壮，由上至下渐粗，本底黄色，仅顶端有同色网纹；表面被有不规则排列的深红色至棕红色疣点；菌肉淡黄色，受伤后迅速变为蓝色，后逐渐恢复为本色；基部菌丝白色。菌肉无特殊气味和味道。

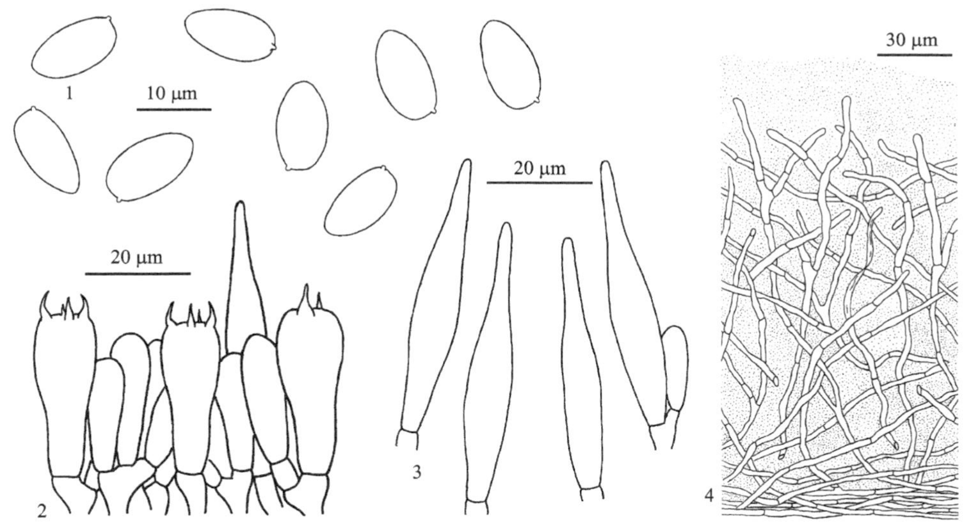

图 91　宽孢红孔牛肝菌 *Rubroboletus latisporus* Kuan Zhao & Zhu L. Yang (HKAS 80358，模式)

1. 担孢子；2. 担子和侧生囊状体；3. 侧生囊状体和缘生囊状体；4. 菌盖表皮结构

菌管菌髓牛肝菌型。担子 24～39 × 8～12 μm，棒状，具 4 孢梗，稀具 2 孢梗。担孢子 (9.5) 11～13 (14) × 6～6.5 (7) μm [Q = (1.83) 1.91～2.15 (2.17)，**Q** = 2.02 ± 0.06]，侧面观卵形至近卵形，不等边，上脐部多数不下陷，背腹观长椭圆形，壁稍厚 (厚约 0.5 μm)，在 KOH 溶液中近无色至淡橄榄色，在梅氏试剂中黄色至黄褐色，光滑。侧生囊状体及缘生囊状体 39～62 × 6～10 μm，近梭形、烧瓶状或窄烧瓶状，顶端渐尖，壁薄，在 KOH 溶液中透明。菌盖表皮交织黏毛皮型，菌丝直径 3.5～5 μm，包埋于胶质层中。菌柄菌髓由纵向排列的菌丝组成。担子果各部位皆无锁状联合。

模式产地：中国 (重庆)。

生境：夏秋季单生或散生于马尾松林下或松属与壳斗科植物混交林下。

世界分布：中国 (西南地区)。

研究标本：重庆：巫山，海拔 950 m，2013 年 7 月 5 日，韩利红 128 (HKAS 80358，模式)。云南：路南石林圭山，海拔 2200 m，2010 年 8 月 8 日，吴刚 286 (HKAS 63517)。

讨论：宽孢红孔牛肝菌的主要鉴别特征为：菌盖湿时极黏，菌柄上有棕红色疣点，且孢子较宽 (直径大于 6 μm)。该种与可食红孔牛肝菌形态上较为接近，但是后者菌香浓郁，且孢子为卵形 (Zhao *et al.*, 2014a；Zhao and Shao, 2017)。

红孔牛肝菌　图版 IX-8；图 92

Rubroboletus sinicus (W.F. Chiu) Kuan Zhao & Zhu L. Yang, in Zhao, Wu & Yang, Phytotaxa 188: 70, figs. 5, 6, 2014.

Boletus sinicus W.F. Chiu, Mycologia 40: 220, 1948; Li, Li, Yang, Bau & Dai, Atlas Chin. Macrofung. Res., 1089, fig. 1598, 2015.

Tylopilus sinicus (W.F. Chiu) F.L. Tai, Syll. Fung. Sinicorum: 758, 1979.

菌盖直径 6～11 cm，初呈半球状，后期近平展；表面粉红色、玫红色至棕红色，常被有淡灰色至淡褐色纤维丝状鳞片，不黏；菌盖边缘波状；菌肉近白色，厚 8～15 mm，受伤后变为墨蓝色。子实层体直生至弯生；表面橘红色至血红色，受伤后变为墨蓝色；管口圆形，排列较密，直径不足 0.5 mm；菌管长 4～6 mm，柠檬黄色至淡绿黄色，受伤后变为蓝色。菌柄 6～9 × 1～3 cm，坚实，近圆柱状，基部稍膨大；表面橘黄色至金黄色，被玫红色、鲜红色至暗红色明显网纹；菌肉白色或略发黄，受伤后迅速变为蓝色；基部菌丝污白色。无特殊气味和味道。

菌管菌髓牛肝菌型。担子 20～28 × 7～12 μm，棒状，具 4 孢梗，有时 2 孢梗。担孢子 (8) 9～10.5 × 3.5～5 μm [Q = (1.90) 2.00～2.71 (2.85)，**Q** = 2.27 ± 0.24]，侧面观梭形至近卵形，不等边，上脐部有时下陷，背腹观近卵形，壁稍厚 (厚约 0.5 μm)，在 KOH 溶液中近无色。管缘和侧生囊状体 34～60 × 6～10 μm，披针形至窄烧瓶状，在 KOH 溶液中近无色。菌盖表皮交织毛皮型，菌丝直径 3～5 μm，透明，薄壁。担子果各部位皆无锁状联合。

模式产地：中国 (云南)。

生境：夏秋季单生或散生于高山松林下或针阔混交林中。

世界分布：中国 (西南地区)。

研究标本：云南：德钦哈巴雪山，海拔 3600 m，2008 年 8 月 13 日，李艳春 1464 (HKAS 56304)；昆明茨坝野生食用菌市场购买，产地海拔不详，吴刚 255 (HKAS 63486)；兰坪通甸，海拔不详，2010 年 8 月 15 日，冯邦 839 (HKAS 68620)。

讨论：红孔牛肝菌与可食红孔牛肝菌 (*Rub. esculentus*) 在形态上较接近，但红孔牛肝菌的菌盖上有一层棕红色鳞片，且菌柄上有明显的红色网纹 (Chiu, 1948；裘维蕃, 1957)。

红孔牛肝菌可食。

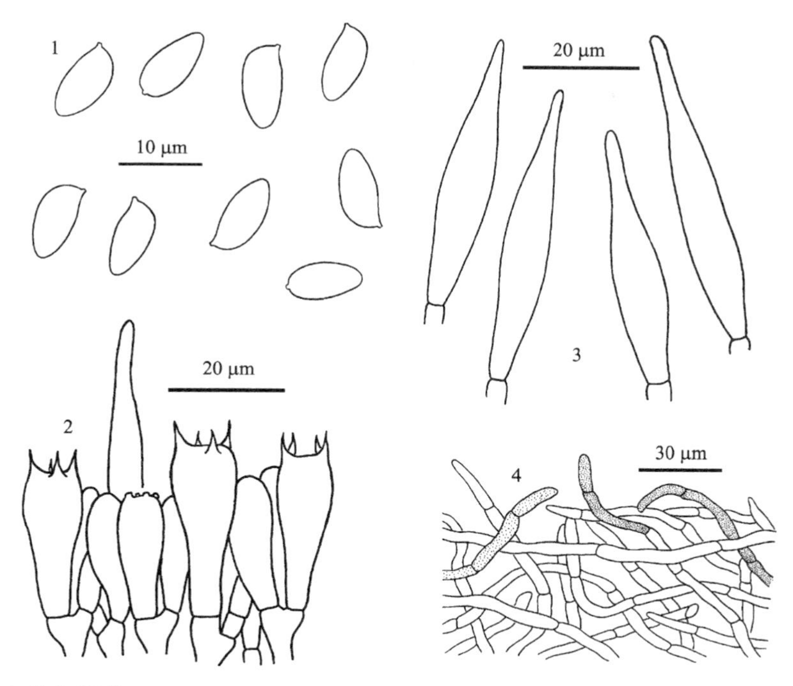

图 92　红孔牛肝菌 *Rubroboletus sinicus* (W.F. Chiu) Kuan Zhao & Zhu L. Yang (HKAS 56304)

1. 担孢子；2. 担子和侧生囊状体；3. 侧生囊状体和缘生囊状体；4. 菌盖表皮结构

皱盖牛肝菌属 **Rugiboletus** G. Wu & Zhu L. Yang in Wu, Zhao, Li, Zeng, Feng, Halling & Yang, Fungal Divers. 81: 12, 2016.

担子果中等至大型，伞状，肉质。菌盖半球形、凸镜形至平展；表面干燥，常有皱纹；边缘常内卷或具悬垂菌幕；菌肉淡黄色、浅黄色至黄色，受伤不变色或缓慢变为淡蓝色。子实层体直生至稍弯生，浅黄色至黄色或者褐色、红褐色至黄褐色，受伤后不变色或迅速变为蓝色至暗蓝色，由密集的菌管组成；菌管灰黄色至淡褐黄色，受伤后不变色或迅速变为蓝色至暗蓝色；管口圆形至近圆形。菌柄中生；表面常被颗粒状鳞片；基部菌丝白色至淡黄色；菌肉奶油色至淡黄色，受伤后不变色或缓慢变为蓝色；菌环阙如。

菌管菌髓牛肝菌型，中央菌髓由排列较紧密的菌丝组成，侧生菌髓由排列较疏松的胶质菌丝组成。亚子实层由不膨大的菌丝组成。担子棒状至窄棒状，具 4 孢梗。担孢子梭形，浅褐黄色，表面光滑。侧生囊状体和缘生囊状体常见，梭形腹鼓状，薄壁。菌盖表皮黏栅皮型至交织黏毛皮型。担子果各部位皆无锁状联合。

模式种：皱盖牛肝菌 *Rugiboletus extremiorientalis* (Lar. N. Vassiljeva) G. Wu & Zhu L. Yang。

生境与分布：夏秋季生于林中地上，与壳斗科、松科等植物形成外生菌根关系，现知分布于亚洲。

全世界目前报道的物种 2 种，中国有 2 种。本卷记载 2 种。

皱盖牛肝菌属分种检索表

1. 担子果生于亚高山地区，常与冷杉或云杉等暗针叶林树种形成共生关系；子实层体表面褐色、黄褐色至红褐色，受伤后变蓝色 ······································· **褐孔皱盖牛肝菌 *Rug. brunneiporus***
1. 担子果主要生于低海拔地区，常与松属或壳斗科植物形成共生关系；子实层体表面浅黄色至黄色，受伤后一般不变色 ······································· **皱盖牛肝菌 *Rug. extremiorientalis***

褐孔皱盖牛肝菌 图版 IX-9～10；图 93

Rugiboletus brunneiporus G. Wu & Zhu L. Yang, in Wu, Zhao, Li, Zeng, Feng, Halling & Yang, Fungal Divers. 81: 13, figs. 2k, 2l, 9, 2016.

菌盖直径 10～20 cm，半球形至阔凸镜形；表面土黄色、褐黄色、黄褐色至红褐色，有皱纹 (幼时皱纹更明显)，湿时黏滑；边缘内卷或悬垂；菌肉厚 25 mm，浅黄色至黄色，受伤后变暗蓝色 (特别是靠近子实层体附近的区域)。子实层体直生，有时弯生；表面褐黄色、红褐色至紫褐色，受伤后迅速变为暗蓝色；菌管长 10～15 mm，黄色至橄榄黄色，受伤后迅速变为暗蓝色；管口直径约 0.4 mm，近圆形。菌柄 12～22 × 2～4 cm，近柱形至倒棒状，黄色至橙黄色；表面常被近黑色的细颗粒状鳞片；菌肉淡黄色、浅黄色至黄色，夹杂有褐色色斑，受伤迅速变为暗蓝色；基部菌丝奶酪黄色至浅黄色。菌肉味道柔和。

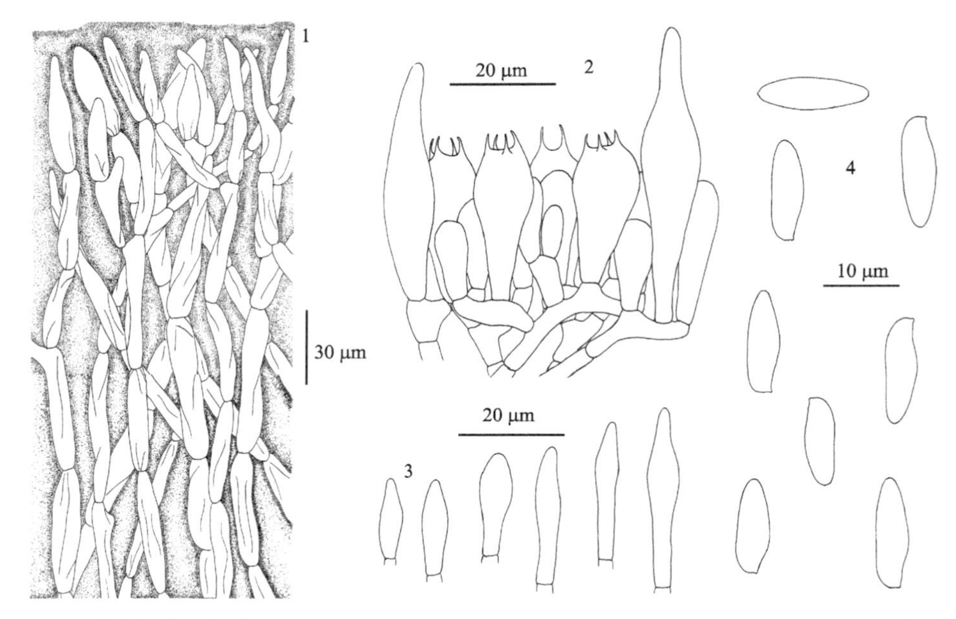

图 93 褐孔皱盖牛肝菌 *Rugiboletus brunneiporus* G. Wu & Zhu L. Yang (HKAS 83209，模式)

1. 菌盖表皮结构；2. 担子和侧生囊状体；3. 缘生囊状体；4. 担孢子

菌管菌髓牛肝菌型。担子 20～42 × 8～13 μm，宽棒状、棒状至长棒状，具 4 孢梗，有时具 2 孢梗。担孢子 12～15 × 4～5.5 (6) μm [Q = (2.18) 2.60～3.33 (3.75)，**Q** = 2.96 ± 0.19]，侧面观近梭形至圆柱形，不等边，上脐部常下陷，背腹观近梭形至近圆柱形，壁稍厚 (厚约 0.5 μm)，浅黄色至浅褐黄色，表面光滑。缘生囊状体 16～35 × 4～7 μm，梭腹鼓状或棒状，顶端常变窄，薄壁。侧生囊状体 30～50 × 6～12 μm，宽梭腹鼓状至腹鼓状，顶端常具长喙，薄壁。菌盖表皮黏栅皮型，由直径 4～9 μm 的菌丝组成；末端细胞近柱形至囊状体状，顶端有时变窄，18～82 × 3 ～13 μm。菌柄表皮厚 80～100 μm，由褐黄色至浅褐色的菌丝组成；柄生囊状体 18～37.5 × 6～11 μm；柄表担子 19～38 × 6～8 μm。菌柄菌髓由纵向排列的、直径 5～7.5 μm 的厚壁菌丝 (厚约 1 μm) 组成。担子果各部位皆无锁状联合。

模式产地：中国 (西藏)。

生境：夏季单生或散生于亚高山由冷杉属或云杉属植物组成的林中，或生于冷杉、云杉和高山栎等组成的混交林中。

世界分布：印度和中国 (西南地区)。

研究标本：云南：下关苍山，海拔 3500 m，2010 年 8 月 12 日，冯邦 805 (HKAS 68586)；德钦白马雪山，海拔 4200 m，2008 年 8 月 18 日，李艳春 1519 (HKAS 56359)；香格里拉野生食用菌市场购买，产地海拔 3300 m，2011 年 7 月 25 日，吴刚 419 (HKAS 74730)；香格里拉小雪山，海拔 3900 m，2014 年 8 月 9 日，冯邦 1719 (HAKS 83210)。西藏：波密，海拔 2700 m，2014 年 7 月 3 日，郝艳佳 1218 (HKAS 83009)；林芝鲁朗，海拔 3300 m，2014 年 8 月 1 日，冯邦 1676 (HKAS 83209，模式)。

讨论：褐孔皱盖牛肝菌形态上与皱盖牛肝菌 (*Rug. extremiorientalis*) 极其相似，在分子系统发育上，二者互为姐妹种，故有些学者曾一度把前者鉴定为后者。但褐孔皱盖牛肝菌子实层体表面呈褐色至红褐色，且其仅分布于亚高山，这与皱盖牛肝菌不同 (Wu *et al*., 2016b)。

就菌盖皱纹而言，褐孔皱盖牛肝菌还与原初发表于北美洲的 *Hemileccinum hortonii* (A.H. Sm. & Thiers) M. Kuo & B. Ortiz 和 *Leccinellum rugosiceps* (Peck) C. Hahn 相似，但后二者管口颜色均不为褐色，且 *Hemileccinum hortonii* 担孢子较窄 (12～15 × 3.5～4.5 μm)，而 *Leccinellum rugosiceps* 受伤变为红色，而非蓝色 (Smith and Thiers, 1971)。

褐孔皱盖牛肝菌可食。

皱盖牛肝菌　图版 IX-11；图 94

别名：黄癞头

Rugiboletus extremiorientalis (Lj. N. Vassiljeva) G. Wu & Zhu L. Yang, in Wu, Zhao, Li, Zeng, Feng, Halling & Yang, Fungal Divers. 81: 15, figs. 2m, n, 10, 2016.

Krombholzia extremiorientalis Lj. N. Vassiljeva, Notul. Syst. Sect. Cryptog. Inst. Bot. Acad. Sci. USSR. 6: 191, 1950.

Leccinum extremiorientale (Lar. N. Vassiljeva) Singer, Agaric. Mod. Tax., Edn 2 (Weinheim): 744, 1962 (nom. invalid); Zang, Flora Fung. Sinicorum 44: 51, figs. 15-1～3, 2013.

菌盖直径 8～11 cm，半球形至阔凸镜形；表面褐黄色、黄褐色至褐色，湿时黏滑，常有皱纹 (幼时皱纹更明显)，老后常龟裂；边缘内卷或悬垂；菌肉厚约 20 mm，淡黄色至浅黄色，受伤后不变色。子实层体直生；表面淡黄色，受伤后不变色；菌管长 15～20 mm，淡黄色，受伤后不变色；管口直径约 0.4 mm，近圆形。菌柄约 9 × 2 cm，近圆柱形至圆柱形；表面淡黄色，常被同色或褐黄色的颗粒状或纤丝状鳞片；菌肉淡黄色至浅黄色，并夹杂有褐色色斑，受伤不变色；基部菌丝奶油色。菌肉味道柔和。

菌管菌髓牛肝菌型。担子 21～36 × 8.5～14 μm，棒状至宽棒状，具 4 孢梗，有时具 1～2 孢梗。担孢子 11～13 × 4～5 (5.5) μm [Q = (2.18) 2.45～3.17 (3.25)，**Q** = 2.81 ± 0.19]，侧面观近梭形至圆柱形，不等边，上脐部常下陷，背腹观近梭形至近圆柱形，壁稍厚 (厚约 0.5 μm)，浅黄色至浅褐黄色，表面光滑。缘生囊状体 22～35 × 5～8 μm，腹鼓状梭形或棒状，顶端常变窄，薄壁。侧生囊状体 20～60 × 7～13 μm，宽腹鼓状梭形至腹鼓状，顶端有时变窄，薄壁。菌盖表皮交织黏毛皮型至黏栅皮型，由直径 3～6 μm 的菌丝组成；末端细胞近柱形，顶端有时变窄，或呈囊状体状，26～64 × 3～11 μm。菌柄表皮厚 60～90 μm，由浅黄褐色至浅褐色的菌丝组成，末端细胞 19～38 × 6～8 μm。菌柄菌髓由纵向排列、直径 5～10 μm 的薄壁菌丝 (厚<1 μm) 组成。担子果各部位皆无锁状联合。

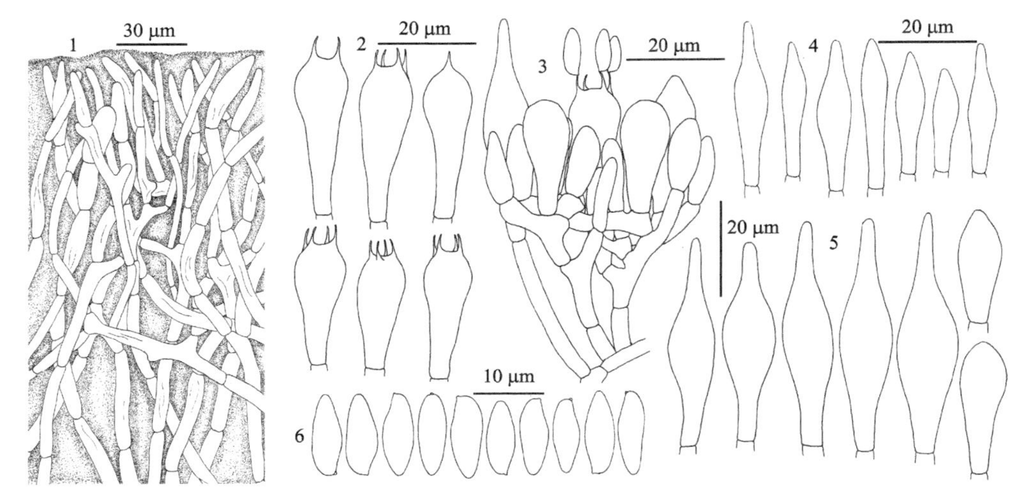

图 94　皱盖牛肝菌 *Rugiboletus extremiorientalis* (Lj. N. Vassiljeva) G. Wu & Zhu L. Yang (HKAS 67814)

1. 菌盖表皮结构；2. 担子；3. 担子和侧生囊状体；4. 缘生囊状体；5. 侧生囊状体；6. 担孢子

模式产地：俄罗斯 (远东地区)。

生境：夏季单生或散生于松属 (云南松、高山松等) 或壳斗科 (栎属、锥属或柯属) 植物林中或二者组成的针阔混交林中。

世界分布：俄罗斯远东地区、韩国、尼泊尔、日本、泰国、越南和中国 (华中和西南地区)。

研究标本：河南：内乡桃花源，海拔 350 m，2010 年 7 月 31 日，时晓菲 412 (HKAS 76663)。云南：昆明野生食用菌市场购买，产地海拔 1900 m，2010 年 8 月 10 日，吴刚 292 (HKAS 63523)；鹤庆羊龙潭，海拔 2200 m，2010 年 8 月 22 日，吴刚 359 (HKAS 63591)；贡山丙中洛，海拔 1600 m，2010 年 8 月 2 日，蔡箐 252 (HKAS 67814)；贡山丹当公园，海拔 1900 m，2011 年 7 月 31 日，吴刚 459 (HKAS 74770)。

讨论：皱盖牛肝菌最初发表于俄罗斯远东地区，最初置于 *Krombholzia* 中(Vassiljeva, 1950)，后被移至疣柄牛肝菌属 (*Leccinum* Gray) (Singer, 1962)。但是，皱盖牛肝菌受伤不变色，子实层体表面为淡黄色，这些与疣柄牛肝菌属的物种特征并不一致。分子系统发育分析表明，皱盖牛肝菌与疣柄牛肝菌属相距甚远，且代表一新的属级支系，故建立了皱盖牛肝菌属 (Wu *et al.*, 2014, 2016a)。

皱盖牛肝菌可食。在云南，由于其黄色的菌盖明显皱瘢，故常被称为“黄癞头”。

异色牛肝菌属 **Sutorius** Halling, Nuhn & N.A. Fechner in Halling, Nuhn, Fechner, Osmundson, Soytong, Aroroa, Hibbett & Binder, Mycologia 104: 955, 2012.

担子果中等至大型，牛肝菌状或伞状，肉质。菌盖半球形、凸镜形至平展；菌盖表面微绒质至绒质，干燥；菌肉白色至奶油色，受伤后不变色或变浅红色。子实层体弯生；表面粉红色、铅紫色、浅褐色、褐色至红褐色，受伤后通常不变色；菌管管口多角形。菌柄中生；表面常被鳞片，受伤后不变色或变浅红色；菌肉受伤后不变色或变浅红色；菌环阙如。孢子印红褐色。

菌管菌髓牛肝菌型，中央菌髓由排列较紧密的菌丝组成，侧生菌髓由排列较疏松的胶质菌丝组成。亚子实层由不膨大的菌丝组成。担子棒状，常具 4 孢梗。担孢子梭形，浅褐黄色至黄褐色，表面光滑。侧生囊状体和缘生囊状体常见，梭形腹鼓状，有时为棒状，薄壁。菌盖表皮毛皮型至交织毛皮型。担子果各部位皆无锁状联合。

模式种：异色牛肝菌 *Sutorius eximius* (Peck) Halling *et al.*。

生境与分布：夏秋季生于林中地上，与壳斗科、松科等植物形成外生菌根关系，现知分布于世界各地。

全世界目前报道的物种约 3 种，中国有 2 种。本卷记载 2 种。

异色牛肝菌属分种检索表

1\. 菌柄表面和菌肉受伤皆不变色；担孢子较大 (14～18 × 4～5.5 μm) …… **高山异色牛肝菌 *S. alpinus***
1\. 菌柄表面和菌肉受伤变浅红色；担孢子较小 (9～12 × 3.5～4.5 μm)……**淡红异色牛肝菌 *S. subrufus***

高山异色牛肝菌　图版 IX-12；图 95

Sutorius *alpinus* Yan C. Li & Zhu L. Yang, The Boletes of China: Tylopilus s.l. (Singapore): 239, 2021.

菌盖直径 6～15 cm，扁半球形至扁平；菌盖表面紫褐色至黑红褐色或红褐色至铅紫色，被绒毛皮型细小鳞片，不黏；边缘颜色稍浅；菌肉白色至奶油色，受伤后不变色。子实层体弯生，初期白色至淡粉色，成熟后粉红色至灰紫色，触后呈淡褐色；菌管长达 15 mm；管口多角形，直径 0.3～1 mm。菌柄 3～12 × 0.8～3 cm，近圆柱形，向下变细，灰粉红色至粉褐色；表面被黑紫色至黑色疣状鳞片；菌肉白色至灰色，受伤后不变色；菌柄基部菌丝白色，受伤后不变色。菌肉味道柔和。

菌管菌髓牛肝菌型。担子 28～50 × 11～15 μm，棒状，具 4 孢梗。担孢子 (12) 14～18 × 4～5.5 (6.5) μm [Q = (2.23) 2.73～3.57 (3.75)，**Q** = 3.27 ± 0.35]，侧面观近梭形至圆柱形，不等边，上脐部常下陷，背腹观近梭形至近圆柱形，壁稍厚 (厚约 0.5 μm)，在

KOH 溶液中无色至浅橄榄色，在梅氏试剂中黄色至黄褐色，光滑。缘生囊状体 26～42 × 5.5～7.5 μm，近梭形至腹鼓状，壁薄，在 KOH 溶液中透明，在梅氏试剂中黄色或黄褐色。侧生囊状体 40～56 × 10～15 μm，近梭形至腹鼓状，上部较细，壁薄，在 KOH 溶液中透明，在梅氏试剂中黄色或黄褐色。菌盖表皮毛皮型至交织毛皮型，由黄色至淡黄色、直径 3～6 μm 的菌丝组成。柄生囊状体与侧生囊状体及缘生囊状体相似。担子果各部位皆无锁状联合。

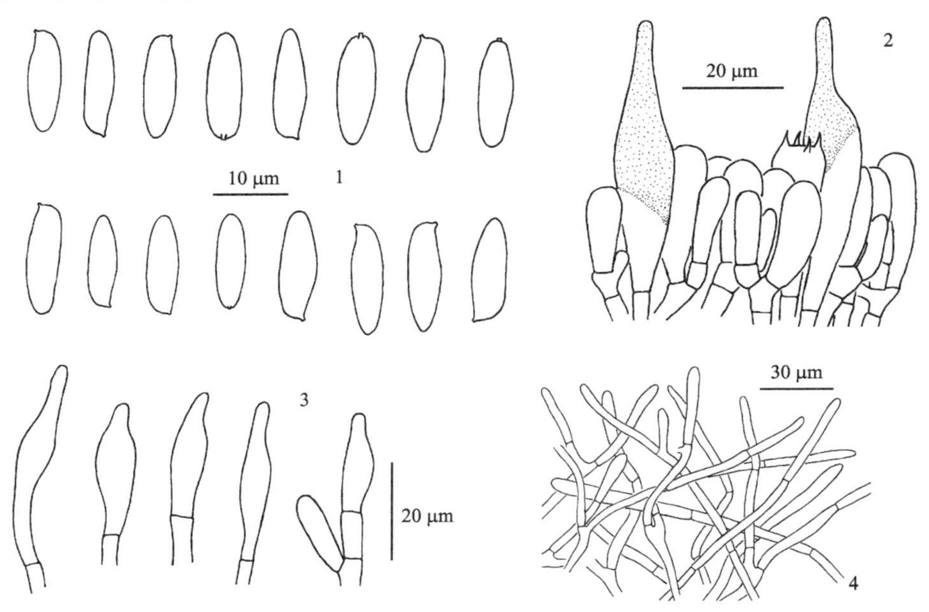

图 95　高山异色牛肝菌 *Sutorius alpinus* Yan C. Li & Zhu L. Yang (HKAS 50415)

1. 担孢子；2. 担子和侧生囊状体；3. 缘生囊状体；4. 菌盖表皮结构

模式产地：美国。

生境：夏秋季单生或散生于针阔混交林中。

世界分布：美国、日本和中国 (西南地区)。

研究标本：云南：鹤庆松桂，海拔 2250 m，2001 年 8 月 1 日，杨祝良 3137 (HKAS 38314)；鹤庆，海拔 3000 m，2006 年 7 月 28 日，李艳春 661 (HKAS 50415)；剑川老君山，海拔 2700 m，2005 年 8 月 2 日，李艳春 293 (HKAS 48526)；剑川石宝山，海拔 2600 m，2003 年 8 月 14 日，杨祝良 4021 (HKAS 43056)；昆明西山，海拔 2050 m，2007 年 8 月 10 日，李艳春 985 (HKAS 52672，模式)；曲靖，海拔不详，1998 年 7 月 12 日，王向华 358 (HKAS 32813)；嵩明野生食用菌市场购买，产地海拔不详，1997 年 9 月 13 日，王向华 99 (HKAS 31665)；同地，1998 年 6 月 29 日，王向华 293 (HKAS 32812)；武定狮子山，海拔 2400 m，2000 年 8 月 19 日，于富强 197 (HKAS 39093)；同地，2000 年 8 月 18 日，于富强 163 (HKAS 39094)；玉龙玉龙水库附近，海拔 3100 m，2006 年 7 月 29 日，李艳春 666 (HKAS 50420)。

讨论：高山异色牛肝菌的担孢子褐色至红褐色，菌柄表面的疣状鳞片从幼嫩到成熟的整个过程不发生颜色变化，菌肉受伤后不变色，担子果与松科植物形成共生关系。这些特征明显有别于典型的牛肝菌属、粉孢牛肝菌属及疣柄牛肝菌属的特征。因此，Halling

等 (2012a) 以该种为模式建立了异色牛肝菌属。

淡红异色牛肝菌 图版 X-1；图 96

Sutorius subrufus N.K. Zeng, H. Chai & S. Jiang, in Chai, Liang, Xue, Jiang, Luo, Wang, Wu, Tang, Chen, Hong & Zeng, MycoKeys 46: 80, figs. 6i～k, 13, 2019.

菌盖直径 5～10 cm，幼时近半球形至凸镜形，后平展；菌盖表面褐色至浅红褐色，覆有细小绒毛，不黏。菌肉厚约 16 mm，白色，受伤变为淡红色。子实层体弯生；表面浅褐色、褐色至红褐色，受伤不变色，或有时变为淡红色；菌管长约 10 mm，浅褐色至淡红褐色，受伤不变色，或有时变为淡红色；管口直径约 0.3 mm，角形。菌柄 6～10 × 1～2.2 cm，近圆柱形；表面灰白色 (有时基部呈黄褐色)，被淡红褐色至黑褐色鳞片，受伤后通常变为淡红色；菌肉白色，受伤后变为淡红色；菌柄基部菌丝白色。菌肉气味不明显。

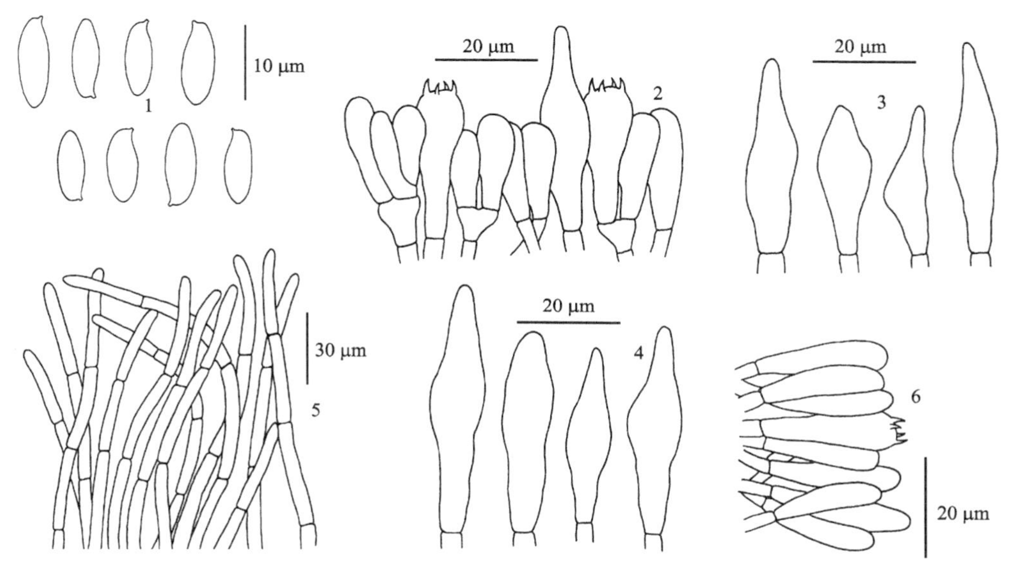

图 96 淡红异色牛肝菌 *Sutorius subrufus* N.K. Zeng, H. Chai & S. Jiang (FHMU 2004，模式)

1. 担孢子；2. 担子和侧生囊状体；3. 缘生囊状体；4. 侧生囊状体；5. 菌盖表皮结构；6. 菌柄表皮结构

菌管菌髓牛肝菌型。担子 18～30 × 6～9 μm，棒状，具 4 孢梗，孢梗长 2～3 μm。担孢子 (8) 9～12 (13.5) × 3.5～4.5 μm [Q = (2.25) 2.50～3.00 (3.29)，**Q** = 2.79 ± 0.21]，侧面观梭形，不等边，上脐部往往稍微下陷，背腹观长梭形至梭形，表面平滑，壁稍厚 (0.5 μm)，在 KOH 溶液中浅黄褐色至黄褐色。缘生囊状体 28～45 × 7～10 μm，纺锤形至近纺锤形，薄壁，在 KOH 溶液中浅黄色或近无色，表面无附属物。侧生囊状体 35～50 × 7～10 μm，纺锤形或近纺锤形，薄壁，在 KOH 溶液中浅黄色或近无色，表面无附属物。菌盖表皮毛皮型，厚 100～150 μm，由直径 3.5～6 μm、在 KOH 溶液中浅黄色的菌丝组成；顶端细胞 30～43 × 3.5～6 μm，棒状或近棒状，先端圆钝。菌盖髓部菌丝直径 4.5～10 μm，在 KOH 溶液中近无色。菌柄表皮厚 60～80 μm，子实层状，顶端细胞 22～28 × 4～9 μm，棒状或近纺锤形，在 KOH 溶液中无色，偶尔可见成熟的担子。菌柄髓部由纵向排列、近平行状、直径 4～8 μm 的菌丝组成。在担子果各部位皆无锁状联合。

模式产地：中国 (海南)。

生境：春夏季生于壳斗科植物组成的森林中。

世界分布：中国 (华南地区)。

研究标本：海南：琼中鹦哥岭，海拔 860 m，2017 年 5 月 29 日，曾念开 3043 (FHMU 2004，模式) 和曾念开 3045 (FHMU 2006)；乐东鹦哥岭，海拔 650 m，2017 年 7 月 27 日，曾念开 3140 (FHMU 2101)。

讨论：淡红异色牛肝菌的主要鉴别特征为：菌盖褐色至淡红褐色，菌柄表面和菌肉受伤均变为淡红色，担孢子较小，分布于我国热带 (Chai *et al.*, 2019)。

淡红异色牛肝菌酷似高山异色牛肝菌和 *S. australiensis* (Bougher & Thiers) Halling & N.A. Fechner。但是，高山异色牛肝菌的菌柄表面和菌肉受伤皆不变色，且具有较大的担孢子 (14～18 × 4～5.5 μm)；*S. australiensis* 也具有较长的担孢子 (12～15.5 × 3.5～5 μm)，但该种仅分布于澳大利亚，与桃金娘科和木麻黄科植物形成共生关系 (Halling *et al.*, 2012a)。

粉孢牛肝菌属 **Tylopilus** P. Karst.

Rev. Mycol. (Toulouse) 3 (9): 16, 1881.

担子果中等至大型，伞状，肉质。菌盖扁半球形至平展；表面近光滑或密被鳞片，不黏或湿时稍黏；菌肉白色、米色至淡黄色，受伤不变色或变为肉红色或锈红色，稀变为蓝色或蓝绿色，常味苦。子实层体直生至弯生，幼时近白色、粉红色、黏土状粉色或酒红色，成熟后粉红褐色至褐色，受伤后不变色或有淡褐色色斑，稀变为蓝绿色。菌柄中生；表面颜色多与菌盖颜色相近，受伤后不变色或变为锈褐色或肉红色，具有同色网纹或纤维状鳞片；菌肉白色至奶油色，受伤后不变色或变为肉红色或锈红色，稀变为蓝绿色，常味苦；基部菌丝多为白色至乳白色；菌环阙如。孢子印淡粉色、粉色、淡酒红色至淡紫色。

菌管菌髓牛肝菌型，中央菌髓由排列较紧密的菌丝组成，侧生菌髓由排列较疏松的胶质菌丝组成。亚子实层由不膨大的菌丝组成。担子棒状，多具 4 孢梗。担孢子梭形至近梭形，有时椭圆形，近无色、淡粉红色至淡橄榄褐色，表面平滑。侧生囊状体和缘生囊状体常见，窄棒状、腹鼓形至近梭形，薄壁，无色。菌盖表皮为毛皮型、黏毛皮型、交织黏毛皮型、平伏型、黏平伏型等。担子果各部位皆无锁状联合。

模式种：粉孢牛肝菌 *Tylopilus felleus* (Bull.) P. Karst.。

生境与分布：夏秋季生于林中地上，与壳斗科、松科等植物形成外生菌根关系，分布于世界各地。

过去，粉孢牛肝菌属的概念较广，凡是孢子印为粉红色或带粉红色色调的牛肝菌，几乎都置于粉孢牛肝菌属中。近年分子系统发育研究表明，广义粉孢牛肝菌属是多系的，需要进一步划分为不同的属 (Li and Yang, 2011；Li *et al.*, 2011, 2014a, 2014b；Wu *et al.*, 2014, 2016a)。本卷中使用的是狭义粉孢牛肝菌属的概念。

狭义粉孢牛肝菌属全球报道的物种约 50 种。本卷记载 14 种。

粉孢牛肝菌属分种检索表

1. 菌盖和菌柄菌肉受伤不变色或变为肉红色或锈红色 ·· 2
1. 菌盖和菌柄菌肉受伤变蓝绿色 ··· 蓝绿粉孢牛肝菌 ***T. virescens***
  2. 菌柄整个表面或上半部分具明显网纹 ··· 3
  2. 菌柄不具网纹或仅顶端具不明显网纹 ··· 6
3. 菌柄整个表面具明显网纹；菌盖颜色多样；分布较广 ··· 4
3. 菌柄上半部分具明显网纹；菌盖灰白色至灰褐色；在我国仅分布于北方 ······ 粉孢牛肝菌 ***T. felleus***
  4. 菌盖不具紫色或紫罗兰色色调；菌肉白色，受伤后变浅红褐色或锈褐色 ······························ 5
  4. 菌盖红褐色至浅紫褐色或浅褐色，具紫色色调；菌肉白色，受伤后不变色 ·························
  ·· 紫褐粉孢牛肝菌 ***T. violaceobrunneus***
5. 菌盖幼嫩时橄榄绿色至橄榄褐色，成熟后褐色或浅褐色；担孢子较大（13～14.5 × 4～5 μm)；分布于高山、亚高山地区 ·· 高山粉孢牛肝菌 ***T. alpinus***
5. 菌盖褐色至深褐色或栗褐色；担孢子较小（8.5～11 × 3.5～4.5 μm)；分布于热带、亚热带地区 ···· ·· 褐红粉孢牛肝菌 ***T. brunneirubens***
  6. 菌肉受伤后变浅红褐色或锈褐色 ·· 7
  6. 菌肉受伤后不变色 ··· 10
7. 菌盖表皮由念珠状排列的膨大细胞组成，直径达 16 μm ·· 8
7. 菌盖表皮由丝状菌丝组成，直径达 6.5 μm ··· 9
  8. 菌盖暗绿色至灰绿色或橄榄绿色；担孢子宽椭圆形至卵形（5.5～6.5 × 4～5 μm)；菌盖表皮由 1～2 个膨大的圆形或椭圆形的细胞组成 ··· 大津粉孢牛肝菌 ***T. otsuensis***
  8. 菌盖浅灰红色至紫褐色或浅红褐色；担孢子近梭形（10～13.5 × 4～4.5 μm)；菌盖表皮由 2～3 个稍微膨大的细胞组成 ·· 黑栗褐粉孢牛肝菌 ***T. atroviolaceobrunneus***
9. 菌盖暗红褐色至栗色或肉色，菌盖湿时稍黏；菌盖表皮为黏毛皮型，由近直立、相互缠绕的菌丝组成；侧生囊状体较大（55～72 × 7.5～14 μm) ··························· 肉色粉孢牛肝菌 ***T. argillaceus***
9. 菌盖深酒红色至紫褐色，菌盖湿时较黏；菌盖表皮为黏平伏型，由平伏、相互缠绕的菌丝组成；侧生囊状体较小（36～42 × 7～10 μm) ························· 类铅紫粉孢牛肝菌 ***T. plumbeoviolaceoides***
  10. 菌盖成熟后表面具粉色或紫色至酒红色色调 ··· 11
  10. 菌盖成熟后既无粉色色调，也无紫色或酒红色色调 ··· 13
11. 菌盖表皮由丝状菌丝组成，菌丝直径 4～7 μm；末端细胞菌丝状 ···································· 12
11. 菌盖表皮由较宽的菌丝组成，菌丝直径达 10 μm；末端细胞梨形、棒状或囊状（24～55 × 6～12 μm) ·· 黑紫粉孢牛肝菌 ***T. atripurpureus***
  12. 菌盖表面灰紫色或灰紫褐色；菌盖表皮为毛皮型；担孢子 8.5～10.5 × 3～4.5 μm；侧生囊状体较大（54～62 × 6.5～9.5 μm) ··························· 灰紫粉孢牛肝菌 ***T. griseipurpureus***
  12. 菌盖表面暗红褐色至栗色，无紫色色调；菌盖表皮为平伏型；担孢子 10～12 × 3.5～4.5 μm；侧生囊状体较小（30～46 × 8～10 μm) ························ 浅红粉孢牛肝菌 ***T. vinaceipallidus***
13. 菌盖表面褐色至土褐色，在幼嫩时具有粉紫色色调；子实层体幼嫩时粉色至粉紫色，成熟后粉色至灰粉色；担孢子梭形（8～9 × 3～4 μm) ······························ 新苦粉孢牛肝菌 ***T. neofelleus***
13. 菌盖表面橙红色至橙褐色，无紫色色调；子实层体幼嫩时白色至淡粉色，成熟后灰白色至浅粉色；担孢子卵形（6～8 × 4～4.5 μm) ··································· 黄盖粉孢牛肝菌 ***T. pseudoballoui***

高山粉孢牛肝菌　图版 X-2；图 97

Tylopilus alpinus Yan C. Li & Zhu L. Yang, in Wu, Li, Zhu, Zhao, Han, Cui, Li, Xu & Yang, Fungal Divers. 81: 150, figs. 90g, h, 93, 2016.

菌盖直径 4～18 cm，扁半球形至平展，有时中央凸起；表面初期常为橄榄色至橄榄褐色或橄榄绿色，后期变为橄榄褐色至褐色或浅褐色，边缘颜色较中央浅，被绒毡状鳞片，湿时稍黏；菌肉白色至浅灰色，受伤后变为灰红色或浅红色。子实层体弯生；表面幼时白色至淡粉色，成熟后粉色至污粉色，受伤后变为浅褐色或灰红色；菌管长 6～15 mm，粉色至污粉色，受伤后变浅褐色至橙褐色或灰红色；管口直径 0.3～0.5 mm，近圆形至多角形。菌柄 6～18 × 2～2.5 cm，棒状至圆柱形，向上渐变细；表面浅灰色至浅橙色，具网纹，但上半部分网纹更为明显，受伤后变为浅褐色或灰红色；菌肉白色至灰白色，受伤后变为浅褐色或灰红色；基部菌丝白色。菌肉味苦。

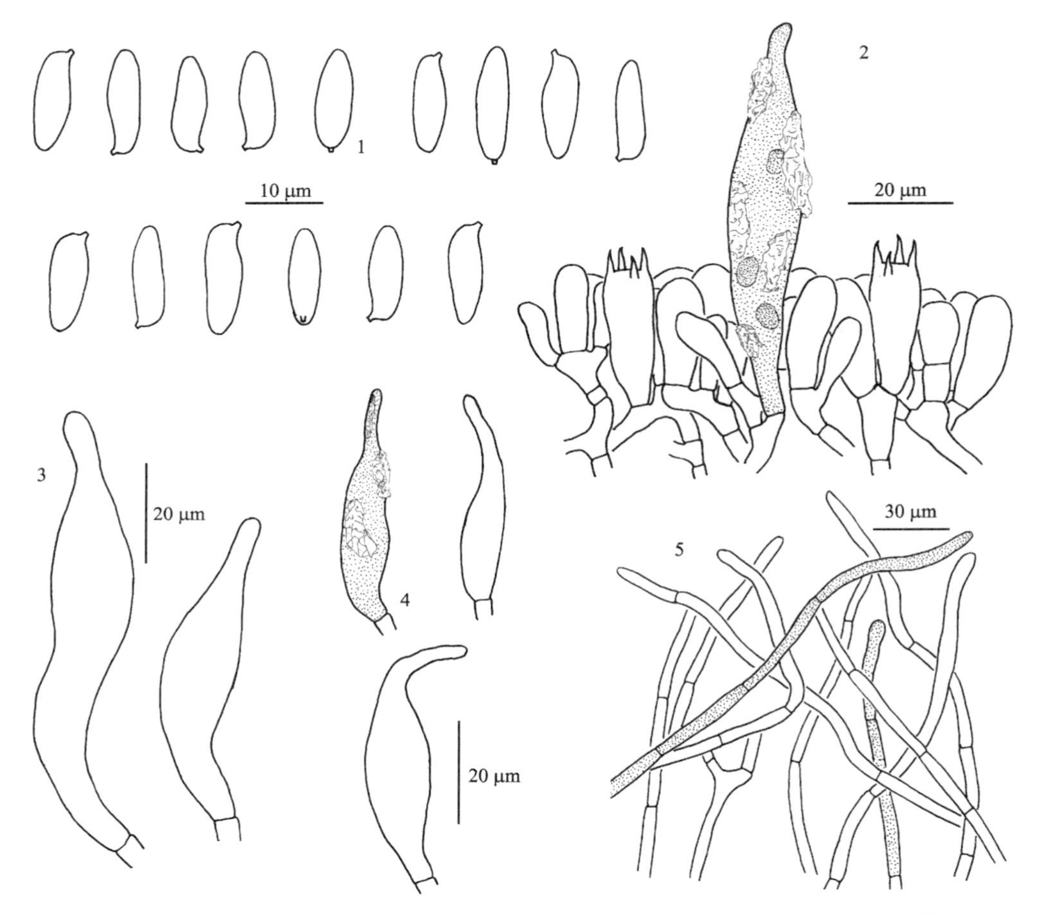

图 97　高山粉孢牛肝菌 *Tylopilus alpinus* Yan C. Li & Zhu L. Yang (HKAS 56369，模式)

1. 担孢子；2. 担子和侧生囊状体；3. 侧生囊状体；4. 缘生囊状体；5. 菌盖表皮结构

菌管菌髓牛肝菌型。担子 26～32 × 10～11 μm，棒状，具 4 孢梗。担孢子 13～15.5 × 4～5 μm (Q = 2.7～3.5，**Q** = 3.01 ± 0.22)，侧面观梭形，不等边，上脐部常下陷，背腹观近圆柱形，在 KOH 溶液中无色至浅黄色，光滑，壁稍厚 (厚 0.5～1 μm)。缘生囊状体 43～56 × 8～12.5 μm，近梭形至腹鼓形，顶端渐尖，薄壁，在 KOH 溶液中透明无色至淡黄色，在梅氏试剂中黄色或浅黄褐色。侧生囊状体较大(62～87 × 13～16 μm)，近梭形至腹鼓形，基部具长柄，薄壁，在 KOH 溶液中透明无色至淡黄色，在梅氏试剂中黄色或浅黄褐色。菌盖表皮毛皮型，由近直立、直径 3.5～7 μm 的菌丝组成，菌丝无色至淡黄色，有时具有黄色至黄褐色的胞外色素。柄生囊状体与侧生囊状体及缘生囊状体相似，向顶端变细。担子果各部位皆无锁状联合。

模式产地：中国 (云南)。

生境：夏秋季单生或散生于冷杉属和云杉属植物林中。

世界分布：中国 (西南地区)。

研究标本：云南：德钦白马雪山，海拔 3500 m，2008 年 8 月 18 日，冯邦 327 (HKAS 55438)；同地，2008 年 9 月 19 日，李艳春 1528-1 (HKAS 56369，模式)；同地，2008 年 9 月 6 日，田宵飞 385 (HKAS 90204)；香格里拉小中甸，海拔 3300 m，2014 年 8 月 21 日，赵琪 2198 (HKAS 87964)。

讨论：高山粉孢牛肝菌与 *T. rugulosoreticulatus* Hongo 具有相近的担孢子大小及菌柄纹饰。然而，*T. rugulosoreticulatus* 具有较小的担子果，较宽的菌盖表皮菌丝 (直径达 12.5 μm)，相对较小的侧生囊状体及缘生囊状体 (Hongo, 1979)。

肉色粉孢牛肝菌　图版 X-3；图 98

Tylopilus argillaceus Hongo, J. Jap. Bot. 60: 372, figs. 2-4～7, 1985; Wu, Li, Zhu, Zhao, Han, Cui, Li, Xu & Yang, Fungal Divers. 81: 152, figs. 90i, j, 94, 2016.

菌盖直径 4～8.5 cm，扁半球形至平展；菌盖表面深红褐色至栗褐色或肉色，边缘颜色稍浅，具有绒毡状鳞片，湿时稍黏；菌肉白色，受伤后变为淡红色或淡红褐色。子实层体弯生；表面幼嫩时白色至淡粉色，成熟后粉色至污粉色；菌管长 15～20 mm，粉色至污粉色，受伤后变为浅红色或浅红褐色；管口直径 0.3～0.5 mm，近圆形至多角形。菌柄 8～12 × 1.5～1.8 cm，棒状，向上渐变细，近光滑，有时具纤维状鳞片；表面红褐色至栗色或浅肉色；菌肉白色，受伤后变为浅红色或浅红褐色；菌柄基部菌丝白色。菌肉味苦。

菌管菌髓牛肝菌型。担子 20～29 × 8～11 μm，棒状，具 4 孢梗，有时具 2 孢梗。担孢子 7.5～10 × 3.5～5 μm (Q =1.88～2.57，**Q** = 2.13 ± 0.18)，侧面观梭形，不等边，上脐部常下陷，背腹观长椭圆形至近圆柱形，在 KOH 溶液中无色至浅黄色，光滑，壁略厚 (厚 0.5～1 μm)。缘生囊状体 34～55 × 8.5～11 μm，近梭形至腹鼓形，顶端渐尖，薄壁，在 KOH 溶液中透明无色至淡黄色，在梅氏试剂中黄色或浅黄褐色。侧生囊状体较大，55～72 × 7.5～14 μm，近梭形至腹鼓形，顶端渐尖，薄壁，在 KOH 溶液中透明无色至淡黄色，在梅氏试剂中黄色或浅黄褐色。菌盖表皮为黏毛皮型，由近直立、相互缠绕、直径 3～5.5 μm 的菌丝组成，菌丝无色至淡黄色，有时具有黄色至黄褐色的胞外色素。柄生囊状体与侧生囊状体及缘生囊状体相似，向顶端变细。担子果各部位皆无锁状联合。

模式产地：日本。

生境：夏秋季单生或散生于锥属和柯属植物林中。

世界分布：日本和中国 (华南地区)。

研究标本：广东：封开黑石顶，海拔 250 m，2012 年 6 月 26 日，李方 558 (HKAS 90186)；同地，2012 年 7 月 3 日，李方 565 (HKAS 90187)和李方 576 (HKAS 90188)；

同地，2012 年 7 月 4 日，李方 580 (HKAS 90189) 和李方 594 (HKAS 90190)；同地，2012 年 8 月 3 日，李方 773 (HKAS 90191) 和李方 778 (HKAS 90192)；同地，2012 年 8 月 14 日，李方 795 (HKAS 90193) 和李方 814 (HKAS 90201)。

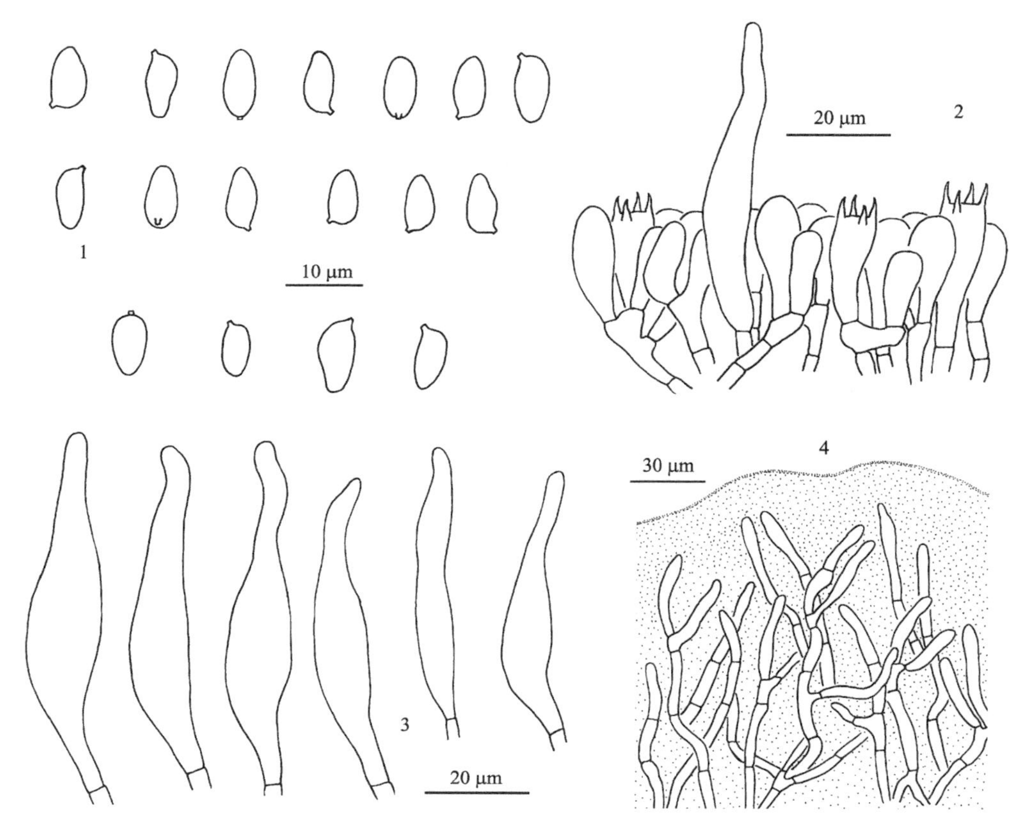

图 98　肉色粉孢牛肝菌 *Tylopilus argillaceus* Hongo (HKAS 90201)

1. 担孢子；2. 担子和侧生囊状体；3. 侧生囊状体和缘生囊状体；4. 菌盖表皮结构

讨论：肉色粉孢牛肝菌原初描述于日本 (Hongo, 1985)，与酒红粉孢牛肝菌[*T. vinaceipallidus* (Corner) Watling & E. Turnbull] 在外形上十分相近。但酒红粉孢牛肝菌担孢子较大 (10～12 × 3.5～4.5 μm)，菌肉受伤后不变色。分子系统发育分析表明，肉色粉孢牛肝菌与黑栗褐粉孢牛肝菌 (*T. atroviolaceobrunneus* Yan C. Li & Zhu L. Yang) 构成姐妹群，且具有较高的支持率，但黑栗褐粉孢牛肝菌的菌盖颜色浅灰红色至紫褐色或浅红褐色，担孢子较大 (10～14 × 4～5 μm)，菌盖表皮为栅皮型。

黑紫粉孢牛肝菌　图版 X-4；图 99

Tylopilus atripurpureus (Corner) E. Horak, Malayan Forest Records 51: 131, fig. 69, 2011; Wu, Li, Zhu, Zhao, Han, Cui, Li, Xu & Yang, Fungal Divers. 81: 153, figs. 90k～m, 95, 2016.

Boletus atripurpureus Corner, *Boletus* in Malaysia: 166, 1972.

菌盖直径 4～8 cm，扁半球形至平展；菌盖表面深紫色至黑紫色，边缘颜色稍浅，具有纤维状鳞片，湿时稍黏；菌肉白色至灰白色，受伤后不变色。子实层体直生，有时弯生，幼嫩时白色至淡粉色，成熟后粉色至污粉色；菌管长 5～10 mm，粉色至污粉色，受伤后不变色；管口直径 0.3～0.5 mm，近圆形至多角形。菌柄 6～11 × 1.1～1.8 cm，棒状至圆柱形，向下渐细；表面深紫色至黑紫色，但顶端及基部颜色稍浅，近光滑，有时具纤维状鳞片；基部菌丝白色；菌肉白色，受伤后不变色。菌肉味苦。

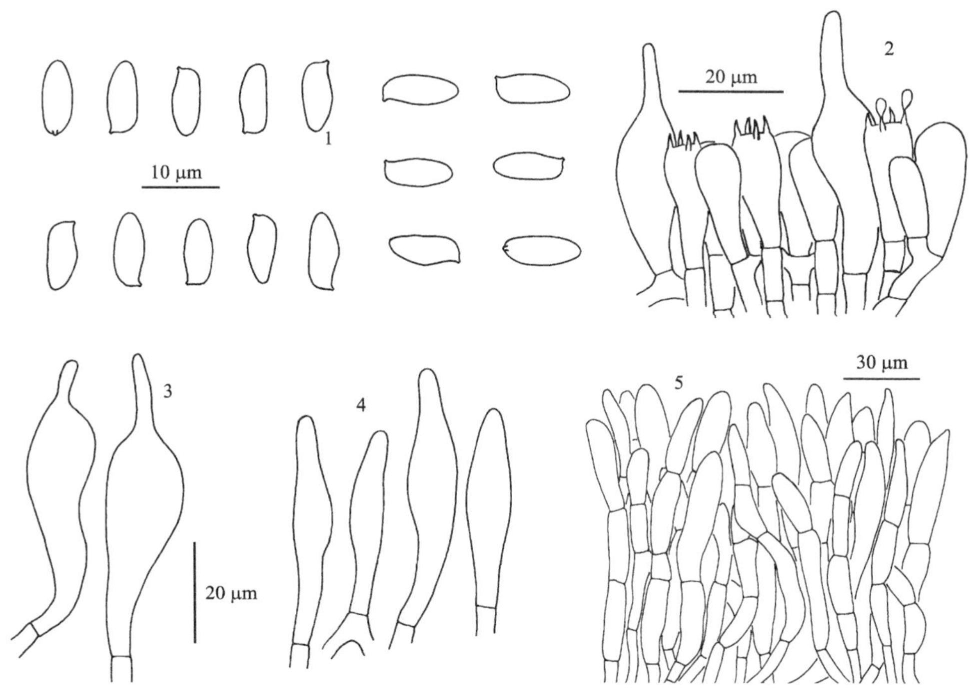

图 99　黑紫粉孢牛肝菌 *Tylopilus atripurpureus* (Corner) E. Horak (HKAS 50208)

1. 担孢子；2. 担子和侧生囊状体；3. 侧生囊状体；4. 缘生囊状体；5. 菌盖表皮结构

菌管菌髓牛肝菌型。担子 20～25 × 8～10 μm，棒状，具 4 孢梗，有时具 2 孢梗。担孢子 8～12 × 3.5～4 μm [Q = (2.0) 2.25～2.94 (3.14)，**Q** = 2.65 ± 0.19]，侧面观梭形，不等边，上脐部常下陷，背腹观近圆柱形，在 KOH 溶液中无色至浅黄色，光滑，壁略厚 (厚 0.5～1 μm)。缘生囊状体 30～51 × 6～9 μm，近梭形至腹鼓形，薄壁，在 KOH 溶液中透明无色至淡黄色，在梅氏试剂中黄色或浅黄褐色。侧生囊状体较大，45～60 × 12～14 μm，近梭形至腹鼓形，顶端锐尖，基部具长柄，薄壁，在 KOH 溶液中透明无色至淡黄色，在梅氏试剂中黄色或浅黄褐色。菌盖表皮栅皮型，由直立、相互缠绕的菌丝组成；菌丝直径 5～10 μm，无色至淡黄色，有时具有黄色至黄褐色的胞外色素；菌丝末端细胞梨形、棒状或囊状体形，24～55 × 6～12 μm。柄生囊状体与侧生囊状体及缘生囊状体相似，向顶端变细。担子果各部位皆无锁状联合。

模式产地：马来西亚。

生境：夏秋季单生或散生于锥属和柯属植物林中。

世界分布：马来西亚和中国 (西南地区)。

研究标本：云南：景洪大渡岗，海拔 1350 m，2007 年 7 月 7 日，李艳春 454 (HKAS

50208)；同地，2007 年 7 月 14 日，李艳春 525 和 543 (分别为 HKAS 50279 和 HKAS 50297)。

讨论：黑紫粉孢牛肝菌与描述于北美洲的 *T. violatinctus* T. J. Baroni & Both 在担子果颜色上极为相似，但 *T. violatinctus* 的菌盖表皮为平伏型，菌丝较窄 (直径约 5.5 μm) (Baroni and Both, 1998)。在 Wu 等 (2016a) 的分子系统发育分析中，黑紫粉孢牛肝菌与类铅紫粉孢牛肝菌 (*T. plumbeoviolaceoides* T.H. Li *et al.*) 关系密切。然而，后者具有相对较小的担孢子 (8.5～10.5 × 3～4 μm) 和强烈胶质化的菌盖表皮 (Li *et al.*, 2002)。

黑栗褐粉孢牛肝菌 图版 X-5；图 100

Tylopilus atroviolaceobrunneus Yan C. Li & Zhu L. Yang, in Wu, Li, Zhu, Zhao, Han, Cui, Li, Xu & Yang, Fungal Divers. 81: 153, figs. 90n, 90o, 96, 2016.

菌盖直径 5～10 cm，幼嫩时半球形至扁半球形，成熟后平展，边缘内卷；菌盖表面灰红褐色至紫褐色，中央黑色至深红褐色，边缘颜色稍浅，具有绒毡状鳞片，不黏；菌肉白色至乳白色，受伤后变为浅红色或浅红褐色。子实层体弯生；表面幼嫩时白色至淡粉色，成熟后粉色至污粉色，受伤后变为浅红色或浅红褐色；菌管长 6～8 mm，粉色至污粉色；管口直径 0.5～1 mm，近圆形至多角形。菌柄 6～12 × 1.2～2.1 cm，棒状至近圆柱形，向下渐变粗；表面灰红褐色至紫褐色，近光滑，有时具绒毛状鳞片；菌肉白色，受伤后变为浅红色或浅红褐色；基部菌丝白色。菌肉味苦。

菌管菌髓牛肝菌型。担子 23～28 × 7～8.5 μm，棒状，具 4 孢梗，有时具 2 孢梗。担孢子 10～14 × 4～5 μm (Q = 2.22～3.5，**Q** = 2.66 ± 0.28)，侧面观梭形，不等边，上脐部常下陷，背腹观近圆柱形，在 KOH 溶液中无色至浅黄色，光滑，壁略厚 (厚 0.5～1 μm)。缘生囊状体 17～40 × 4～5.5 μm，窄梭形至腹鼓形或披针形，薄壁，在 KOH 溶液中透明无色至淡黄色，在梅氏试剂中黄色或浅黄褐色。侧生囊状体较大，40～60 × 7.5～14 μm，近梭形至腹鼓形，薄壁，在 KOH 溶液中透明无色至淡黄色，在梅氏试剂中黄色或浅黄褐色。菌盖表皮栅皮型，由近直立的膨大细胞组成，细胞直径 3.5～10 μm，无色至淡黄色，有时具有黄色至黄褐色的胞外色素；末端细胞梨形、棒状或囊状体形，17～38 × 5～11μm。柄生囊状体与侧生囊状体及缘生囊状体相似，向顶端变细。担子果各部位皆无锁状联合。

模式产地：中国 (云南)。

生境：夏秋季单生或散生于锥属和柯属植物林中。

世界分布：中国 (西南地区)。

研究标本：云南：普洱，海拔 1200 m，2014 年 6 月 28 日，葛再伟 3514 (HKAS 84351，模式)；同地，2014 年 6 月 28 日，赵宽 443 (HKAS 89106)。

讨论：黑栗褐粉孢牛肝菌的担子果红褐色，菌肉受伤后变为红色，这与描述于马来西亚的褐红粉孢牛肝菌 [*T. brunneirubens* (Corner) Watling & E. Turnbulland] 和描述于日本的 *T. castanoides* Har. Takah.极为相似 (Corner, 1972；Takahashi, 2002)，但后二者的菌盖表皮菌丝均较窄，不具有膨大细胞。在 Wu 等 (2016a) 的分子系统发育研究中，该种与肉色粉孢牛肝菌 (*T. argillaceus*) 聚于一支且具有较高支持率，二者受伤后都变为红色，担孢子大小也相近。但是肉色粉孢牛肝菌的菌盖深红褐色至栗褐色或肉色，无紫色色调，菌盖表皮由近直立的、直径 3～5.5 μm 的菌丝组成 (详见本卷该种描述)。

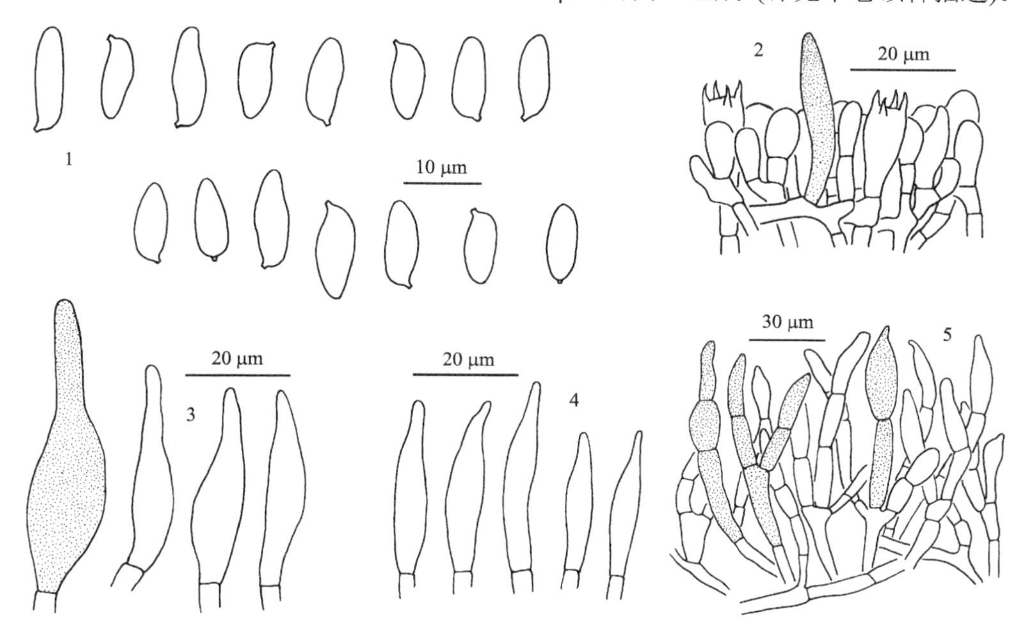

图 100　黑栗褐粉孢牛肝菌 *Tylopilus atroviolaceobrunneus* Yan C. Li & Zhu L. Yang (HKAS 84351，模式)

1. 担孢子；2. 担子和侧生囊状体；3. 侧生囊状体；4. 缘生囊状体；5. 菌盖表皮结构

褐红粉孢牛肝菌　图版 X-6；图 101

Tylopilus brunneirubens (Corner) Watling & E. Turnbull, Edinb. J. Bot. 51: 332, 1994; Wu, Li, Zhu, Zhao, Han, Cui, Li, Xu & Yang, Fungal Divers. 81: 154, figs. 97a, b, 98, 2016.

Boletus brunneirubens Corner, *Boletus* in Malaysia: 186, pl. 15-2, 1972.

菌盖直径 5～9 cm，扁半球形至平展；菌盖表面褐色至黑褐色或栗褐色，边缘浅褐色至浅黄褐色，具有绒毡状鳞片，成熟后龟裂，不黏；菌肉白色，受伤后变为浅红色或浅红褐色。子实层体弯生；表面幼嫩时白色至淡粉色，成熟后粉色至污粉色，受伤后变为浅红色或浅红褐色；菌管长 15～20 mm，粉色至污粉色；管口直径 0.5～1 mm，近圆形至多角形。菌柄 5～8 × 0.8～1.5 cm，棒状至圆柱形，向上渐变细，菌柄上部 1/3～2/3 的区域具有明显网纹；表面褐色至黑褐色，顶端白色或浅黄色，受伤后变为浅红色或浅红褐色；菌肉白色，受伤后变为浅红色或浅红褐色；菌柄基部菌丝白色。菌肉味苦。

菌管菌髓牛肝菌型。担子 20～28 × 7.5～9.5 μm，棒状，具 4 孢梗，有时具 2 孢梗。担孢子 8.5～12.5 × 3.5～4.5 μm [Q = 2.13～3.14 (3.57)，**Q** = 2.66 ± 0.26]，侧面观梭形，不等边，上脐部常下陷，背腹观近圆柱形至梭形，在 KOH 溶液中无色至浅黄色，光滑，壁略厚 (厚 0.5～1 μm)。缘生囊状体 45～70 × 11～17 μm，近梭形至腹鼓形，顶端渐尖，壁薄，在 KOH 溶液中透明无色至淡黄色，在梅氏试剂中黄色或浅黄褐色。侧生囊状体较大，55～72 × 7.5～14 μm，近梭形至腹鼓形，顶端渐尖，薄壁，在 KOH 溶液中透明无色至淡黄色，在梅氏试剂中黄色或浅黄褐色。菌盖表皮交织黏毛皮型，由近直立、相互缠绕的丝状菌丝组成，菌丝直径 4.5～7.5 μm，无色至淡黄色，有时具有黄色至黄褐色的胞外色素。柄生囊状体与侧生囊状体及缘生囊状体相似，向顶端变细，有的具分隔。担子果各部位皆无锁状联合。

模式产地：马来西亚。

生境：夏秋季单生或散生于壳斗科植物林中。

世界分布：马来西亚和中国 (东南和西南地区)。

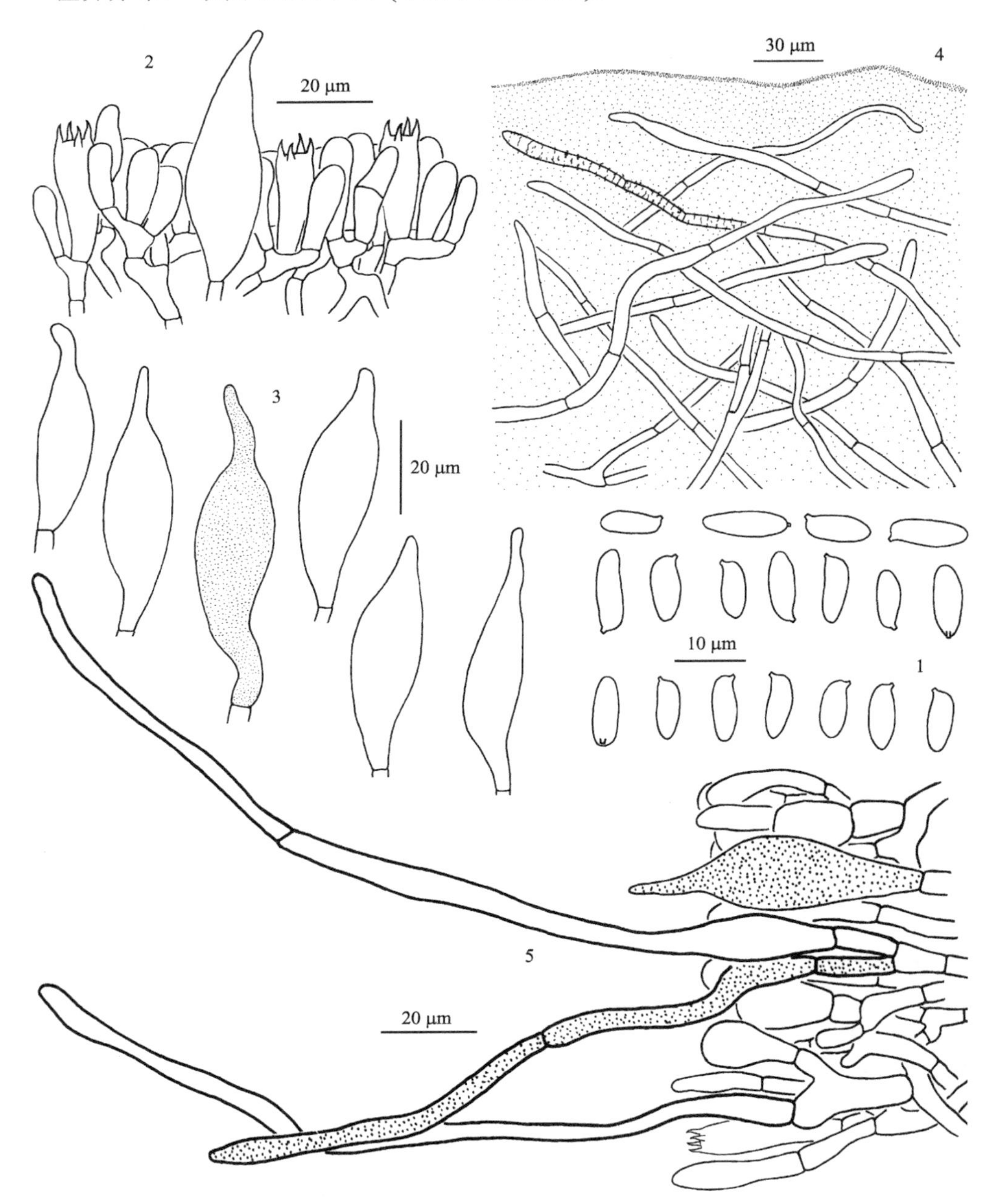

图 101 褐红粉孢牛肝菌 *Tylopilus brunneirubens* (Corner) Watling & E. Turnbull (HKAS 52609)

1. 担孢子；2. 担子和侧生囊状体；3. 侧生囊状体和缘生囊状体；4. 菌盖表皮结构；5. 菌柄表皮结构

研究标本：福建：三明三元格氏栲国家森林公园，海拔 260 m，2007 年 8 月 27 日，李艳春 1043 (HKAS 53388)。云南：景洪大渡岗，海拔 1350 m，2007 年 7 月 22 日，李艳春 922 (HKAS 52609)；麻栗坡新河村，海拔 1300 m，2014 年 8 月 3 日，韩利红 501 (HKAS 84797)；永平至保山 320 国道旁，海拔 2100 m，2009 年 7 月 30 日，李艳春 1916 (HKAS 59664)。

讨论：褐红粉孢牛肝菌与描述于日本的 *T. rugulosoreticulatus* 在菌盖颜色、菌肉受伤后变色情况、菌柄网纹形态和热带分布等方面极为相似。但 *T. rugulosoreticulatus* 具有较宽的菌盖表皮菌丝 (直径达 12.5 μm)，较大的担孢子(11～16 × 3.5～5 μm) (Hongo, 1979)。

褐红粉孢牛肝菌酷似 *T. argentatae* (Corner) E. Horak，且二者为同域分布，区别在于后者的担孢子较小 (7～9.5 × 3～3.5 μm)。由于担孢子的大小在不同环境中会有一定的变化，因此二者可能是同一个种。然而，作者未能从 *T. argentatae* 的模式标本中获得 DNA，且该种自描述后亦未发现其他标本。因此，二者的系统位置及分类处理还有待积累更多的标本后进行深入研究。

在 Wu 等 (2016a) 的分子系统发育分析中，褐红粉孢牛肝菌与高山粉孢牛肝菌聚在同一支上且得到了较高的支持率。然而，高山粉孢牛肝菌具有较大的担子果和担孢子，且分布于海拔较高的高山、亚高山地区。

粉孢牛肝菌　图版 X-7；图 102

Tylopilus felleus (Bull.) P. Karst., Rev. Mycol. (Toulouse) 3 (9): 16, 1881; Li, Li, Yang, Bau & Dai, Atlas Chin. Macrofung. Res., 1135, fig. 1674, 2015; Wu, Li, Zhu, Zhao, Han, Cui, Li, Xu & Yang, Fungal Divers. 81: 156, figs. 97c, d, 99, 2016.

Boletus felleus Bull., Herb. France 8: tab. 379, 1788.

菌盖直径 2.5～10 cm，近半球形至平展，干燥；表面灰白色至灰褐色，边缘颜色稍浅，光滑，不黏；菌肉白色，受伤后变为浅红色或浅红褐色。子实层体弯生；表面幼嫩时白色至淡粉色，成熟后粉色至污粉色，受伤后变为浅红色或浅红褐色；菌管长 5～10 mm，粉色至污粉色；管口直径 0.5～1 mm，近圆形至多角形。菌柄 2.5～10 × 0.5～4 cm，棒状，向上渐变细；表面淡褐色至褐色或深褐色，上半部或顶部具有明显网纹；菌肉白色至灰白色，受伤后不变色；基部菌丝白色。菌肉味苦。

菌管菌髓牛肝菌型。担子 20～38 × 8～11 μm，棒状，具 4 孢梗，有时具 2 孢梗。担孢子 14～17 × 4.5～5.5 μm [Q = (2.29) 2.50～3.50 (3.88)，**Q** = 3.05 ± 0.35]，侧面观梭形，不等边，上脐部常下陷，背腹观近圆柱形至近梭形，在 KOH 溶液中无色至浅黄色，光滑，壁略厚 (厚 0.5～1 μm)。侧生囊状体和缘生囊状体 50～70 × 10～18 μm，近梭形至腹鼓形，顶端渐尖，薄壁，在 KOH 溶液中透明无色至淡黄色，在梅氏试剂中黄色或浅黄褐色。菌盖表皮平伏型，由平伏至近平伏、相互缠绕、直径 5～10 μm 的菌丝组成，菌丝无色至淡黄色，有时具有黄色至黄褐色的胞外色素。柄生囊状体与侧生囊状体及缘生囊状体相似，向顶端变细。担子果各部位皆无锁状联合。

模式产地：欧洲 (法国)。

生境：夏秋季单生或散生于松属植物林中或松科与壳斗科的混交林中。

世界分布：北美洲、东亚和欧洲。

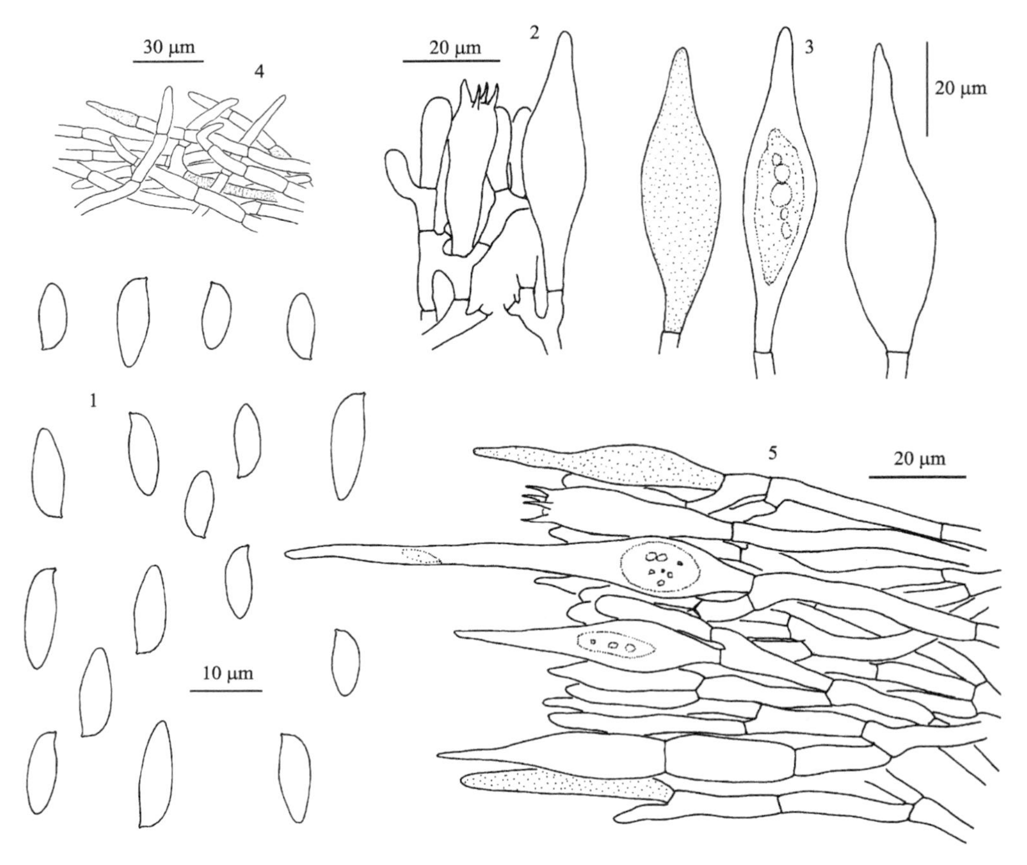

图 102　粉孢牛肝菌 *Tylopilus felleus* (Bull.) P. Karst. (HKAS 55832)

1. 担孢子；2. 担子和侧生囊状体；3. 侧生囊状体和缘生囊状体；4. 菌盖表皮结构；5. 菌柄表皮结构

研究标本：吉林：安图长白山，海拔 1000 m，2008 年 8 月 2 日，李艳春 1167 (HKAS 55832)；同地，2010 年 8 月 8 日，时晓菲 483 (HKAS 90203)。

讨论：粉孢牛肝菌最初描述于欧洲，一些文献中记载其在我国具有较广的分布范围。然而，对文献中所涉及的部分凭证标本研究后发现，被定名为粉孢牛肝菌的标本大多数属于新苦粉孢牛肝菌 (*T. neofelleus* Hongo)。在我国，粉孢牛肝菌仅见于北方地区。

粉孢牛肝菌味苦，有毒。

灰紫粉孢牛肝菌　图版 X-8；图 103

Tylopilus griseipurpureus (Corner) E. Horak, Malayan Forest Records 51: 132, fig. 70, 2011; Wu, Li, Zhu, Zhao, Han, Cui, Li, Xu & Yang, Fungal Divers. 81: 157, figs. 97e, f, 100, 2016.

Boletus griseipurpureus Corner, *Boletus* in Malaysia: 168, fig. 54, pl. 4-1, 1972.

菌盖直径 4～12 cm，扁半球形至平展；菌盖表面幼嫩时紫褐色至灰紫褐色，成熟后粉褐色至粉紫褐色，具绒毡状鳞片，成熟后近光滑，干燥；菌肉白色，受伤后不变色。子实层体弯生，幼时白色至淡粉色，成熟后粉色至污粉色，受伤后不变色；菌管长 3～5 mm，粉色至污粉色；管口直径 0.3～0.5 mm，近圆形至多角形。菌柄 4～7 × 0.8～

1.5 cm，棒状至圆柱状，向上渐变细，近光滑；表面白色，向下具有灰紫色至粉紫色色调；菌肉白色，受伤后不变色；基部菌丝白色。菌肉味道微苦。

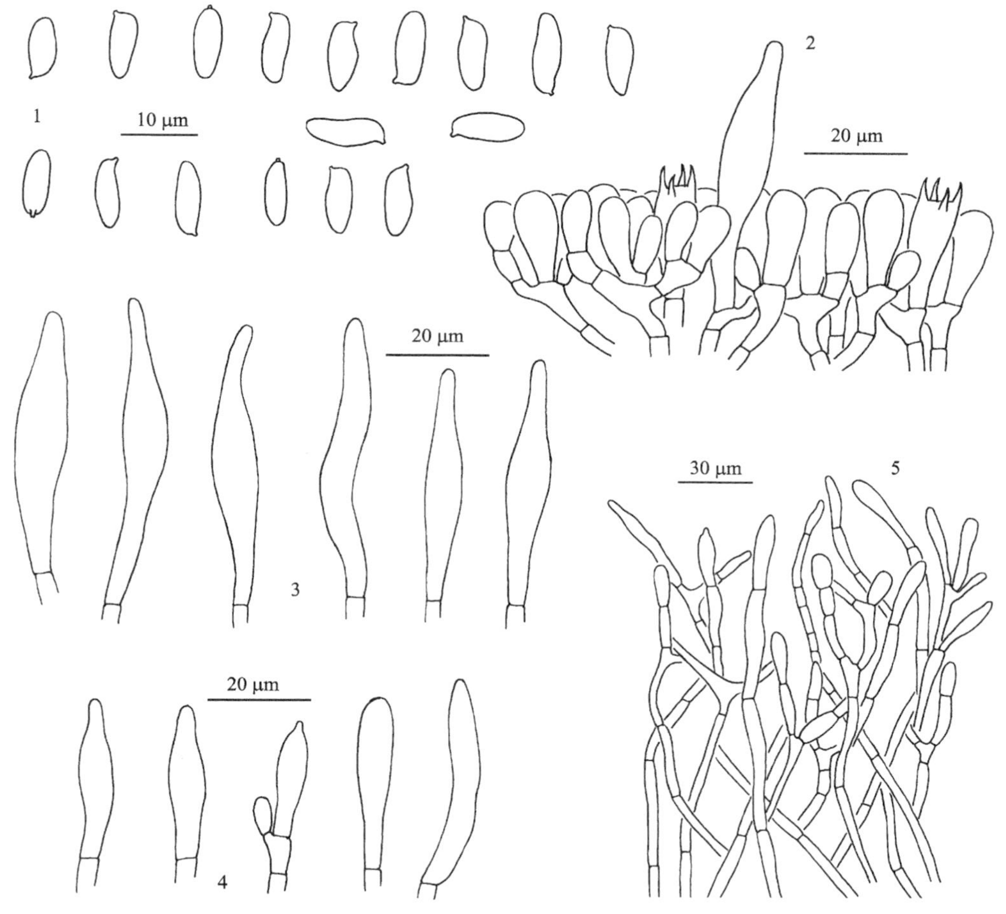

图 103　灰紫粉孢牛肝菌 *Tylopilus griseipurpureus* (Corner) E. Horak (HKAS 90199)

1. 担孢子；2. 担子和侧生囊状体；3. 侧生囊状体；4. 缘生囊状体；5. 菌盖表皮结构

菌管菌髓牛肝菌型。担子 18～25 × 7～11 μm，棒状，具 4 孢梗，有时具 2 孢梗。担孢子 8～11 × 3～4.5 μm (Q = 2.11～3.33，**Q** = 2.75 ± 0.26)，侧面观梭形，不等边，上脐部常下陷，背腹观近圆柱形，在 KOH 溶液中无色至浅黄色，光滑，壁略厚 (厚 0.5～1 μm)。缘生囊状体 24～33 × 6～7 μm，棒状或近梭形至腹鼓形，薄壁，在 KOH 溶液中透明无色至淡黄色，在梅氏试剂中黄色或浅黄褐色。侧生囊状体较大(54～62 × 6.5～9.5 μm)，近梭形至腹鼓形，基部细长，薄壁，在 KOH 溶液中透明无色至淡黄色，在梅氏试剂中黄色或浅黄褐色。菌盖表皮毛皮型，由近直立、相互缠绕的丝状菌丝组成，菌丝直径 4.5～7 μm，无色至淡黄色，有时具有黄色至黄褐色的胞外色素。担子果各部位皆无锁状联合。

模式产地：马来西亚。

生境：夏秋季单生或散生于热带、亚热带阔叶林中。

世界分布：马来西亚和中国 (华南地区)。

研究标本：海南：乐东尖峰岭，海拔 870 m，2009 年 8 月 6 日，曾念开 477 (HKAS 90199)；同地，2009 年 8 月 8 日，曾念开 493 (HKAS 90200)。

讨论：灰紫粉孢牛肝菌最初被 Corner (1972) 作为牛肝菌属的一个新种描述于马来西亚。Horak (2011) 依据其子实层体颜色将其转入粉孢牛肝菌属中。该种担子果灰紫色至粉紫色，菌肉白色，受伤后不变色，这些特征的组合易与粉孢牛肝菌属其他物种相区别。

新苦粉孢牛肝菌 图版 X-9；图 104

别名：闹马肝

Tylopilus neofelleus Hongo, J. Jap. Bot. 42: 154, fig. 2, 1967; Li, Li, Yang, Bau & Dai, Atlas Chin. Macrofung. Res., 1136, fig. 1675, 2015; Wu, Li, Zhu, Zhao, Han, Cui, Li, Xu & Yang, Fungal Divers. 81: 158, figs. 97g, h, 101, 2016.

Tylopilus microsporus S.Z. Fu, Q.B. Wang & Y.J. Yao, Mycotaxon 96: 42, figs. 1, 2, 2006.

菌盖直径 5～16 cm，扁半球形至平展；菌盖表面幼嫩时浅紫罗兰色至紫罗兰色，成熟后浅褐色至土褐色，具绒毡状鳞片，湿时稍黏；菌肉白色，受伤后不变色。子实层体弯生，幼嫩时白色至淡粉色，成熟后粉色至污粉色，受伤后不变色；菌管长 5～10 mm，粉色至污粉色；管口直径 0.2～0.5 mm，近圆形至多角形。菌柄 5～16 × 1.5～4 cm，棒状，向上渐变细；表面浅紫罗兰色至紫罗兰色，近光滑，有时顶端具不明显网纹；菌肉白色，受伤后不变色；基部菌丝白色。菌肉味苦。

菌管菌髓牛肝菌型。担子 20～30 × 7～9 μm，棒状，具 4 孢梗，有时具 2 孢梗。担孢子 8～10 × 3～4 μm (Q = 2.25～2.81，**Q** = 2.60 ± 0.17)，侧面观近梭形，不等边，上脐部常下陷，背腹观近圆柱形，在 KOH 溶液中无色至浅黄色，光滑，壁略厚 (厚 0.5～1 μm)。缘生囊状体 35～50 ×5～9 μm，窄梭形至披针形，壁薄，在 KOH 溶液中透明无色至淡黄色，在梅氏试剂中黄色或浅黄褐色。侧生囊状体较大，70～85 × 10～15 μm，近梭形至腹鼓形，顶端渐尖，壁薄，在 KOH 溶液中透明无色至淡黄色，在梅氏试剂中黄色或浅黄褐色。菌盖表皮为平伏型，由辐射状排列、直径 5～10 μm 的菌丝组成，菌丝无色至淡黄色，有时具有黄色至黄褐色的胞外色素。柄生囊状体与侧生囊状体及缘生囊状体相似，向顶端变细。担子果各部位皆无锁状联合。

模式产地：日本。

生境：夏秋季单生或散生于松科植物或松科与壳斗科植物的混交林中。

世界分布：日本、印度和中国 (华中和西南地区)。

研究标本：湖南：宜章莽山国家森林公园，海拔 1800 m，2005 年 8 月 2 日，张平 691 (HKAS 55829)；同地，2007 年 9 月 2 日，李艳春 1066 (HKAS 53411)。云南：景东哀牢山，海拔 2450 m，2006 年 7 月 19 日，李艳春 565 (HKAS 50319)；景洪大渡岗，海拔 1300 m，2007 年 7 月 21 日，李艳春 913 (HKAS 52600)；昆明和平村，海拔不详，2003 年 8 月 10 日，王庆彬 85 (HMAS 79720, *T. microsporus* 的模式)；泸水老窝，海拔 2100 m，2011 年 8 月 7 日，吴刚 539 (HKAS 74853)；腾冲光脚坡村，海拔 1900 m，2009 年 7 月 20 日，李艳春 1712 (HKAS 59459)；永平至保山途中，海拔 2080 m，2009 年 7 月 31 日，李艳春 1913 (HKAS 59661)。

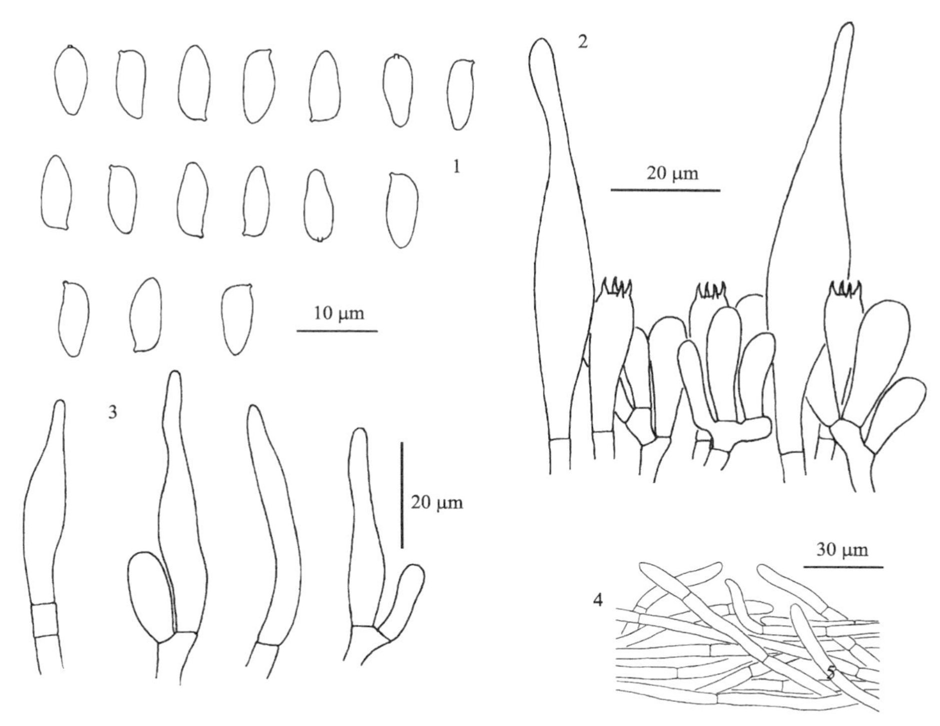

图 104　新苦粉孢牛肝菌 *Tylopilus neofelleus* Hongo (HKAS 53411)

1. 担孢子；2. 担子和侧生囊状体；3. 缘生囊状体；4. 菌盖表皮结构

讨论：新苦粉孢牛肝菌菌盖幼时浅紫罗兰色至紫罗兰色，与紫色粉孢牛肝菌[*T. plumbeoviolaceus* (Snell & E.A. Dick) Snell & E.A. Dick] 相似。然而，后者的颜色更暗，菌盖表皮由直立的、较宽的菌丝组成。Fu 等 (2006a) 发表了小孢粉孢牛肝菌 (*T. microsporus* S.Z. Fu *et al.*)，但 Gelardi 等 (2015a) 和 Wu 等 (2016a) 的分子系统发育分析表明，它与新苦粉孢牛肝菌实为同一物种。

新苦粉孢牛肝菌味苦，有毒。

大津粉孢牛肝菌　图版 X-10；图 105

Tylopilus otsuensis Hongo, Mem. Shiga Univ. 16: 60, figs. 15-4～6, 1966; Li, Li, Yang, Bau & Dai, Atlas Chin. Macrofung. Res., 1136, fig. 1676, 2015; Wu, Li, Zhu, Zhao, Han, Cui, Li, Xu & Yang, Fungal Divers. 81: 159, figs. 97i, j, 102, 2016.

菌盖直径 3.5～9.5 cm，扁半球形至平展；菌盖表面橄榄绿色至橄榄黄色，边缘颜色稍浅，具绒毡状鳞片，湿时稍黏；菌肉白色，受伤后变为浅红色或浅红褐色。子实层体弯生；表面幼嫩时白色至淡粉色，成熟后粉色至污粉色，受伤后变为浅红色或浅红褐色；菌管长 3～5 mm，粉色至污粉色；管口直径 0.3～0.5 mm，近圆形至多角形。菌柄 9.5～11 × 1～3 cm，棒状至近圆柱状，向下渐变细；表面橄榄绿色至橄榄黄色，顶端黄绿色，被粉末状鳞片；菌肉白色，受伤后变为浅红色或浅红褐色；基部菌丝白色。菌肉味苦。

菌管菌髓牛肝菌型。担子 18～25 × 6.5～9 μm，棒状，具 4 孢梗，有时具 2 孢梗。

担孢子 5.5～6.5 × 4～5 μm [Q = (1.0) 1.2～1.5 (1.63)，**Q** = 1.36 ± 0.11]，侧面观宽椭圆形、椭圆形，有时卵形，背腹观椭圆形，在 KOH 溶液中无色至浅黄色，光滑，壁略厚（厚 0.5～1 μm）。侧生囊状体和缘生囊状体 45～55 × 9～11 μm，近梭形至腹鼓形，薄壁，在 KOH 溶液中透明无色至淡黄色，在梅氏试剂中黄色或浅黄褐色。菌盖表皮念珠型，由直立的膨大细胞组成，细胞直径 5～16 μm，无色至淡黄色，有时具有黄色至黄褐色的胞外色素；顶端细胞梨状或囊状体状。柄生囊状体与侧生囊状体及缘生囊状体相似，向顶端变细。担子果各部位皆无锁状联合。

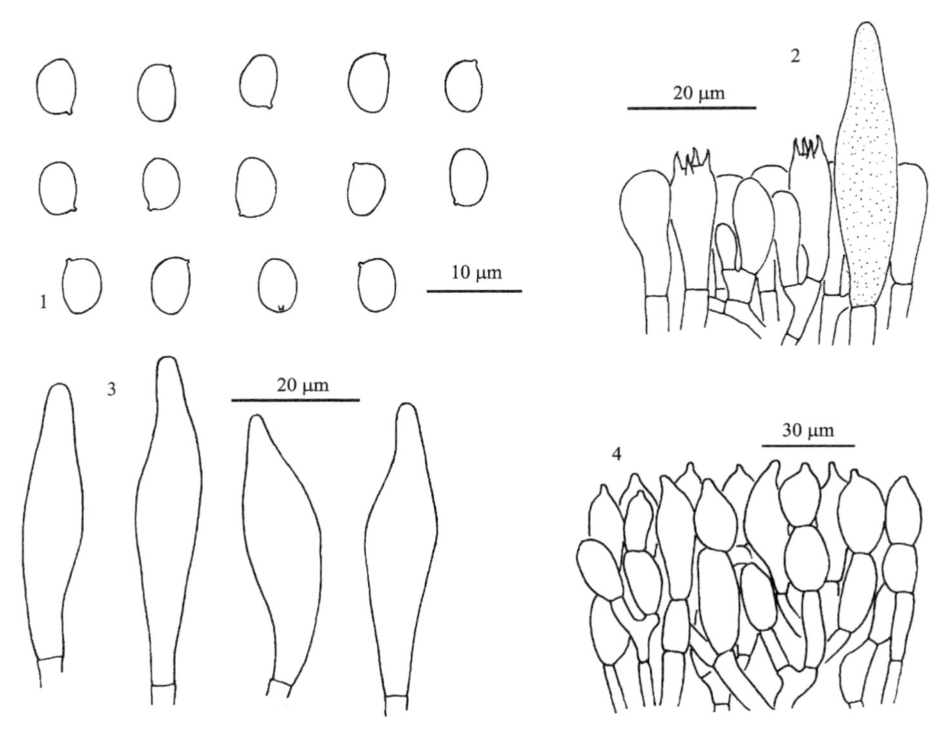

图 105　大津粉孢牛肝菌 *Tylopilus otsuensis* Hongo (HKAS 50212)

1. 担孢子；2. 担子和侧生囊状体；3. 侧生囊状体和缘生囊状体；4. 菌盖表皮结构

模式产地：日本。

生境：夏秋季单生或散生于壳斗科植物林中。

世界分布：马来西亚、日本和中国（华中和西南地区）。

研究标本：湖南：宜章莽山国家森林公园，海拔 1800 m，2007 年 9 月 2 日，李艳春 1056 (HKAS 53401)。云南：景洪大渡岗，海拔 1400 m，2006 年 7 月 7 日，李艳春 486 (HKAS 50212)；同地，2007 年 7 月 21 日，李艳春 916 (HKAS 52603)；景洪，海拔 600 m，2006 年 7 月 9 日，李艳春 458 (HKAS 50240)。

讨论：Corner (1972) 根据采自马来西亚的标本描述了牛肝菌属一新种，即 *B. olivaceirubens* Corner，其主要特征是：担子果橄榄绿色，子实层体粉色至污粉色，菌肉白色，受伤后逐渐变红褐色，担孢子椭圆形或卵形。上述特征与大津粉孢牛肝菌特征一致，因此 *B. olivaceirubens* 可能是大津粉孢牛肝菌的异名。二者是否确为同种，有待进一步研究。

类铅紫粉孢牛肝菌 图版 X-11；图 106

Tylopilus plumbeoviolaceoides T.H. Li, B. Song & Y.H. Shen, Mycosystema 21: 3, fig. 1, 2002; Li, Li, Yang, Bau & Dai, Atlas Chin. Macrofung. Res., 1137, figs. 1677-1～5, 2015; Wu, Li, Zhu, Zhao, Han, Cui, Li, Xu & Yang, Fungal Divers. 81: 161, 2016.

菌盖直径 5～14 cm，扁半球形至平展，湿时黏；菌盖表面深紫罗兰色至栗紫色，边缘颜色稍浅，具绒毡状鳞片；菌肉白色，受伤后变为浅粉色或浅紫色。子实层体弯生；表面幼嫩时白色至淡粉色，成熟后粉色至污粉色，受伤后变为浅红色或浅红褐色；菌管长 8～12 mm，粉色至污粉色；管口直径 0.3～0.5 mm，近圆形至多角形。菌柄 4～10 × 1～2 cm，棒状，向上渐变细；表面红褐色至栗色或浅肉色，具纤维状鳞片；菌肉白色，受伤后变为浅红色或浅红褐色；基部菌丝白色。菌肉味苦。

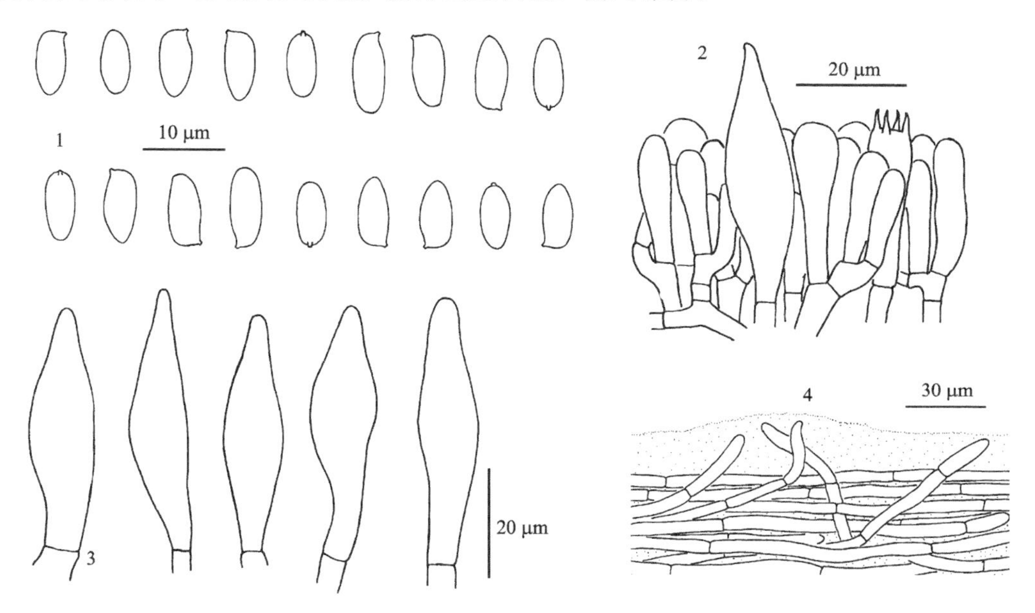

图 106 类铅紫粉孢牛肝菌 *Tylopilus plumbeoviolaceoides* T.H. Li, B. Song & Y.H. Shen (GDGM 20311)
1. 担孢子；2. 担子和侧生囊状体；3. 侧生囊状体和缘生囊状体；4. 菌盖表皮结构

菌管菌髓牛肝菌型。担子 18～22 × 7～9 μm，棒状，具 4 孢梗，有时具 2 孢梗。担孢子 7.5～12 × 3～4 μm (Q = 2～3.14，**Q** = 2.65 ± 0.18)，侧面观近梭形，不等边，上脐部常下陷，背腹观近圆柱形，在 KOH 溶液中无色至浅黄色，光滑，壁略厚 (厚 0.5～1 μm)。侧生囊状体和缘生囊状体 36～42 × 7～10 μm，近梭形至腹鼓形，顶端渐尖，薄壁，在 KOH 溶液中透明无色至淡黄色，在梅氏试剂中黄色或浅黄褐色。菌盖表皮黏平伏型，由平伏、相互缠绕、直径 4～10 μm 的菌丝组成，菌丝无色至淡黄色，有时具有黄色至黄褐色的胞外色素。柄生囊状体与侧生囊状体及缘生囊状体相似，向顶端变细。担子果各部位皆无锁状联合。

模式产地：中国 (广东)。

生境：夏秋季单生或散生于壳斗科植物林中。

世界分布：中国 (华南地区)。

研究标本：广东：广州北郊，海拔 200 m，2001 年 3 月 29 日，李泰辉 (GDGM 20311，模式)；广州天麓湖公园，海拔 300 m，2009 年 4 月 10 日，李泰辉和邓春英 (GDGM 26167)。

讨论：分子系统发育研究结果表明，类铅紫粉孢牛肝菌与异色粉孢牛肝菌 [*T. plumbeoviolaceus* (Snell & E.A. Dick) Snell & E.A. Dick] 共同聚于一支，有较近的亲缘关系。然而，异色粉孢牛肝菌受伤后不变色，担孢子较大 (9～14 × 3～5.5 μm) (Snell and Dick, 1941；Smith and Thiers, 1971；Li *et al.*, 2002；Wu *et al.*, 2016a)。

黄盖粉孢牛肝菌 图版 X-12；图 107

Tylopilus pseudoballoui D. Chakr., K. Das & Vizzini, in Chakraborty, Vizzini & Das, MycoKeys 33: 112, figs. 5, 6, 2018.

菌盖直径 5～9 cm，扁半球形至平展；菌盖表面初期常为橙红色至橙黄色，后期变为橙褐色至橙黄色，近光滑，湿时胶黏；菌肉白色至灰白色，受伤后不变色。子实层体直生，有时弯生；表面幼嫩时白色至淡粉色，成熟后淡黄色，受伤后变为淡褐色；菌管长 4～5 mm，污白色至淡黄色，受伤后变为淡褐色；管口直径 0.3～0.5 mm，近圆形至多角形。菌柄 7～9 × 1.2～1.6 cm，棒状，向上渐变细；表面橙黄色至橙红色，但顶端奶油色至白色，基部白色至橙黄色，近光滑或有时有不明显的纤维状鳞片；菌柄基部菌丝白色；菌肉淡黄色，受伤后不变色。菌肉味道柔和。

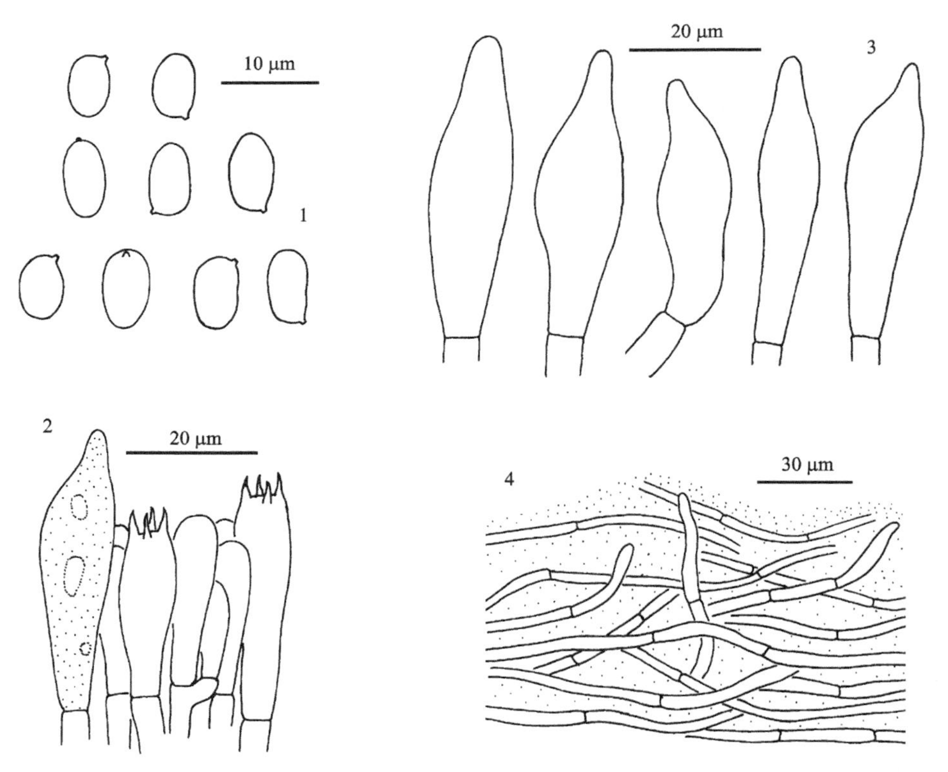

图 107 黄盖粉孢牛肝菌 *Tylopilus pseudoballoui* D. Chakr., K. Das & Vizzini (HKAS 51151)

1. 担孢子；2. 担子和侧生囊状体；3. 侧生囊状体和缘生囊状体；4. 菌盖表皮结构

菌管菌髓牛肝菌型。担子 20～35 × 7～9 μm，棒状，具 4 孢梗，有时具 2 孢梗。担孢子 6～8 × 4～5 μm (Q =1.5～1.95, **Q** = 1.73 ± 0.15)，侧面观长椭圆形至近卵形，稀近球形，上脐部稍下陷，背腹观长椭圆形，在 KOH 溶液中无色至浅黄色，光滑，壁略厚 (厚 0.5～1 μm)。侧生囊状体及缘生囊状体 30～45 × 8～12 μm，近梭形至腹鼓形，顶端渐尖，薄壁，在 KOH 溶液中透明无色至淡黄色，在梅氏试剂中黄色或浅黄褐色。菌盖表皮黏平伏型，由近平伏、相互缠绕、直径 3.5～5 μm 的菌丝组成，菌丝无色至淡黄色，有时具有黄色至黄褐色的胞外色素，末端细胞 20～35 × 4～5 μm，棒状。柄生囊状体与侧生囊状体及缘生囊状体相似，向顶端变细。担子果各部位皆无锁状联合。

模式产地：印度。

生境：夏秋季单生或散生于锥属和柯属植物林中。

世界分布：印度和中国 (西南地区)。

研究标本：云南：昆明筇竹寺，海拔 2100 m，2006 年 9 月 21 日，李艳春 714 (HKAS 51151)；昆明黑龙潭公园，海拔 1900 m，2000 年 9 月 6 日，于富强 387 和 388 (分别为 HKAS 38693 和 HKAS 39105)；同地，2000 年 7 月 27 日，于富强 41 (HKAS 39102)；武定狮子山，海拔 2400 m，2000 年 8 月 19 日，于富强 190 (HKAS 39103)。

讨论：在形态上，黄盖粉孢牛肝菌酷似描述于北美洲的玉红粉孢牛肝菌 [*T. balloui* (Peck) Singer]。但是，后者菌盖不黏，菌管白色至污白色，菌肉受伤后变粉褐色 (Smith and Thiers, 1971；Both, 1993)。分子系统发育分析表明，它们代表了不同的物种 (Halling *et al.*, 2008；Wu *et al.*, 2016a；Chakraborty *et al.*, 2018)。

浅红粉孢牛肝菌 图版 XI-1；图 108

Tylopilus vinaceipallidus (Corner) T.W. Henkel, Mycologia 91: 663, figs. 18～21, 1999; Wu, Li, Zhu, Zhao, Han, Cui, Li, Xu & Yang, Fungal Divers. 81: 162, figs. 97k～m, 103, 2016.

Boletus vinaceipallidus Corner, *Boletus* in Malaysia: 171, 1972.

菌盖直径 4.5～12.5 cm，扁半球形至平展；菌盖表面幼时深红褐色、葡萄酒红色或栗色，成熟后浅红褐色至栗色，边缘颜色稍浅，具绒毡状鳞片，湿时稍黏；菌肉白色，受伤后不变色。子实层体弯生；表面幼嫩时白色至淡粉色，成熟后粉色至污粉色，受伤后不变色；菌管长 6～15 mm，粉色至污粉色；管口直径 0.3～1 mm，近圆形至多角形。菌柄 6.5～8 × 1～2.5 cm，棒状至圆柱状；表面浅红褐色至栗色，近光滑，有时具粉末状鳞片；菌肉白色，受伤后不变色；基部菌丝白色。菌肉味苦。

菌管菌髓牛肝菌型。担子 25～50 × 7～13 μm，棒状，具 4 孢梗，有时具 2 孢梗。担孢子 (8) 10～12 (13.5) × 3.5～4.5 μm (Q = 2.51～3.17，**Q** = 2.78 ± 0.19)，侧面观梭形，不等边，上脐部常下陷，背腹观近圆柱形，在 KOH 溶液中无色至浅黄色，光滑，壁略厚 (厚 0.5～1 μm)。侧生囊状体和缘生囊状体 30～46 × 8～10 μm，近梭形至腹鼓形，薄壁，在 KOH 溶液中透明无色至淡黄色，在梅氏试剂中黄色或浅黄褐色。菌盖表皮平伏型，由平伏、相互缠绕、直径 4～6 μm 的菌丝组成，菌丝无色至淡黄色，有时具有黄色至黄褐色的胞外色素。柄生囊状体与侧生囊状体及缘生囊状体相似，向顶端变细。担子果各部位皆无锁状联合。

模式产地：马来西亚。

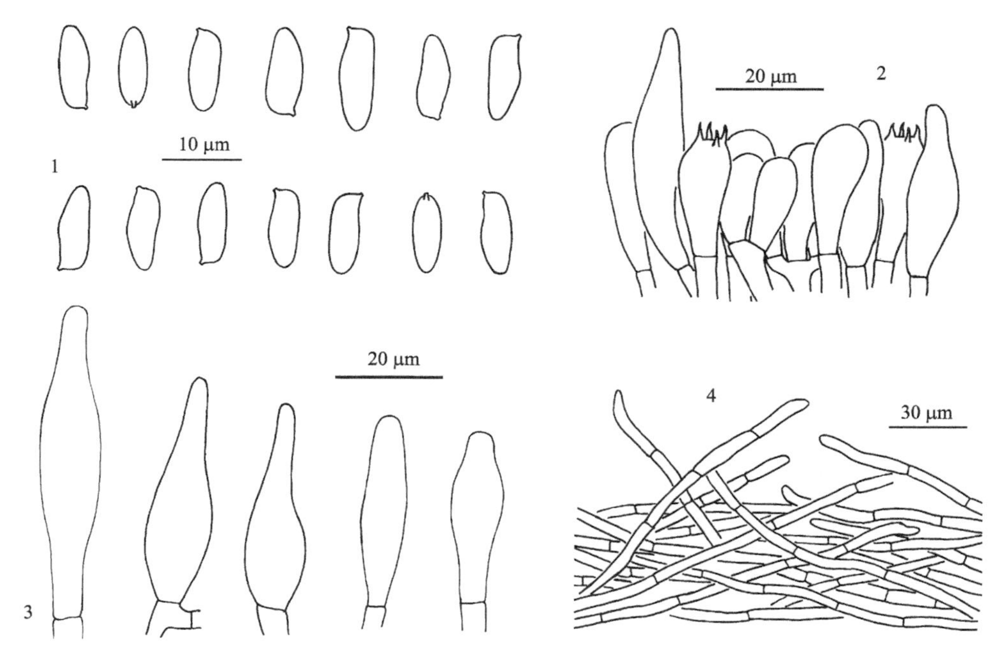

图 108　浅红粉孢牛肝菌 *Tylopilus vinaceipallidus* (Corner) T. W. Henkel (HKAS 50210)
1. 担孢子；2. 担子和侧生囊状体；3. 侧生囊状体和缘生囊状体；4. 菌盖表皮结构

生境：夏秋季单生或散生于锥属和柯属植物林中。

世界分布：马来西亚和中国 (华南和西南地区)。

研究标本：广东：封开黑石顶，海拔 250 m，2012 年 5 月 23 日，李芳 353 (HKAS 90184)。云南：景洪大渡岗，海拔 1400 m，2006 年 7 月 7 日，李艳春 456 (HKAS 50210)；勐腊勐仑，海拔 600 m，2000 年 7 月 9 日，李艳春 476 (HKAS 50230)。

讨论：浅红粉孢牛肝菌具有深红褐色、葡萄酒红色或栗色的菌盖，酷似 *T. vinosobrunneus* Hongo。然而，后者的菌盖表皮由较宽、直立的菌丝组成，直径达 12 μm (Hongo and Nagasawa, 1976)。分子系统发育分析结果表明，浅红粉孢牛肝菌与 *T. badiceps* (Peck) Smith & Thiers 具有较近缘的关系 (Wu *et al.*, 2016a)，而且二者在菌盖颜色上也极为相似。但是，*T. badiceps* 具有相对较小的担孢子 (8～10 × 3.5～4.5 μm) 和栅状菌盖表皮结构 (Smith and Thiers, 1971)。

紫褐粉孢牛肝菌　图版 XI-2；图 109

Tylopilus violaceobrunneus Yan C. Li & Zhu L. Yang, in Wu, Li, Zhu, Zhao, Han, Cui, Li, Xu & Yang, Fungal Divers. 81: 163, figs. 90n, o, 104, 2016.

菌盖直径 4～8 cm，扁半球形至平展；菌盖表面紫红褐色至紫褐色，边缘颜色较深，成熟后褐色或浅褐色但具紫罗兰色色调，具有绒毡状鳞片，湿时稍黏；菌肉白色，受伤后不变色。子实层体弯生；表面嫩时白色至淡粉色，成熟后粉色至污粉色，受伤后不变色；菌管长 10～15 mm，粉色至污粉色；管口直径 0.3～0.5 mm，近圆形至多角形。菌柄 6～8 × 1.5～2.5 cm，棒状至圆柱状；表面紫红褐色至紫褐色，受伤后不变色，具网纹，特别是上半部分网纹更为明显；菌肉白色，受伤后不变色；基部菌丝白色。菌肉味苦。

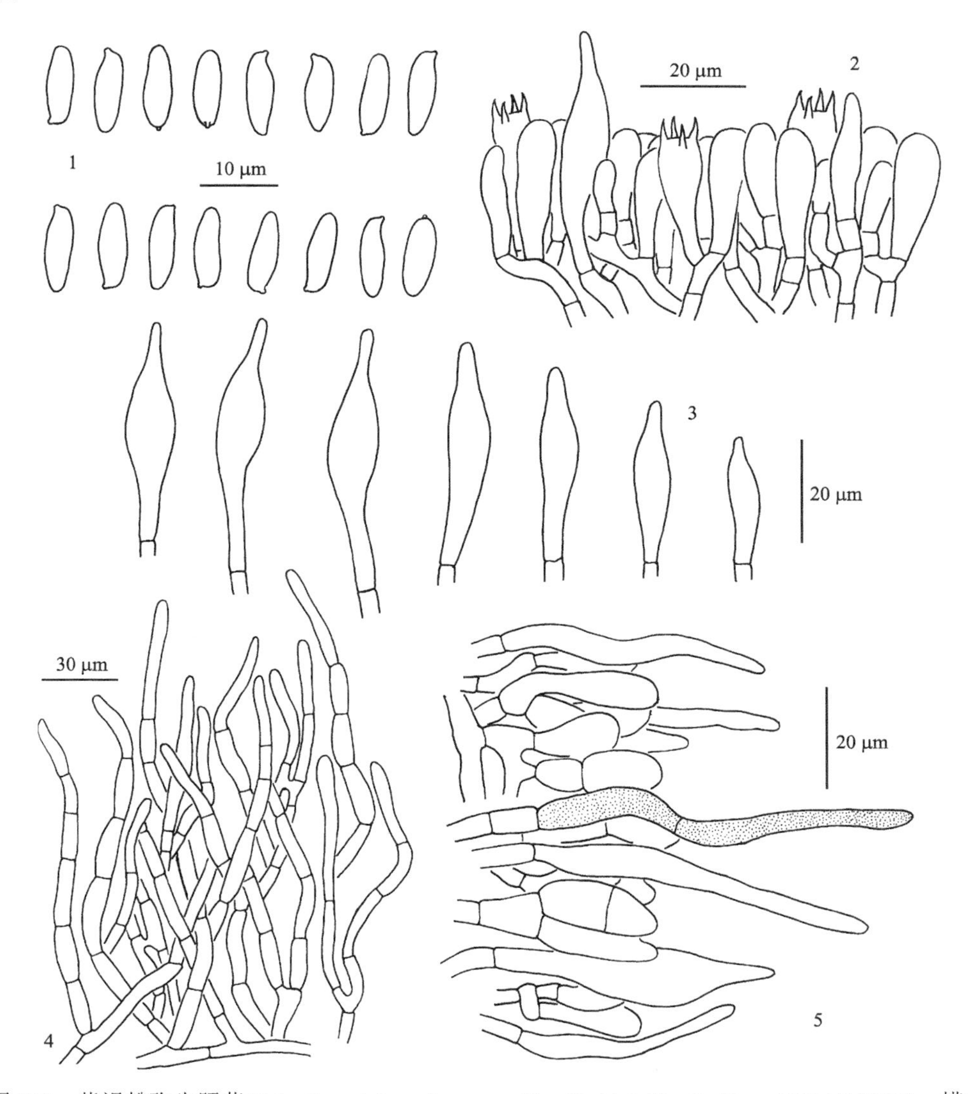

图 109 紫褐粉孢牛肝菌 *Tylopilus violaceobrunneus* Yan C. Li & Zhu L. Yang (HKAS 89443，模式)

1. 担孢子；2. 担子和侧生囊状体；3. 侧生囊状体和缘生囊状体；4. 菌盖表皮结构；5. 菌柄表皮结构

菌管菌髓牛肝菌型。担子 26～39 × 8～11 μm，棒状，具 4 孢梗，有时具 2 孢梗。担孢子 10～12 × 3～4 μm (Q = 2.86～3.83，**Q** = 3.32 ± 0.3)，侧面观近梭形，不等边，上脐部常下陷，背腹观近圆柱形，在 KOH 溶液中无色至浅黄色，光滑，壁略厚 (厚 0.5～1 μm)。侧生囊状体和缘生囊状体 25～50 × 6～10 μm，近梭形至腹鼓形，基部细长，薄壁，在 KOH 溶液中透明无色至淡黄色，在梅氏试剂中黄色或浅黄褐色。菌盖表皮毛皮型至栅皮型，由近直立、相互缠绕的丝状菌丝组成，菌丝直径 3.5～9 μm，无色至淡黄色，有时具有黄色至黄褐色的胞外色素。柄生囊状体与侧生囊状体及缘生囊状体相似，向顶端变细。担子果各部位皆无锁状联合。

模式产地：中国 (山东)。

生境：夏秋季单生或散生于松属和栎属植物林中。

世界分布：中国（华东和西南地区）。

研究标本：山东：泰安泰山，海拔 1350 m，2012 年 8 月 4 日，李艳春 2800 (HKAS 89443，模式)。云南：德钦霞若，海拔 2400 m，2010 年 9 月 18 日，乔鹏 HBB2010-D-49 (HKAS 62677)。

讨论：在菌盖颜色、菌肉受伤后变色和菌柄网纹结构等方面，紫褐粉孢牛肝菌与紫牛肝菌 (*B. violaceofuscus*) 极为相似。然而，紫牛肝菌的子实层体表面在幼嫩时被有白色覆盖物，在成熟后覆盖物消失而露出乳白色至淡黄色的子实层体表面，担孢子较大 (12～14 × 5～6 μm)。在分子系统发育分析中，紫褐粉孢牛肝菌与粉孢牛肝菌亲缘关系较近，但二者在担子果颜色、菌盖表皮结构、菌柄纹饰和担孢子大小上有明显的区别 (Wu *et al.*, 2016a)。

蓝绿粉孢牛肝菌　图版 XI-3；图 110

Tylopilus virescens (Har. Takah. & Taneyama) N.K. Zeng, H. Chai & Zhi Q. Liang, in Chai, Liang, Xue, Jiang, Luo, Wang, Wu, Tang, Chen, Hong & Zeng, MycoKeys 46: 82, fig. 6l, 2019.

Boletus virescens Har. Takah. & Taneyama, in Terashima, Takahashi & Taneyama, Fungal Flora Southwestern Japan, Agarics and Boletes: 45, figs. 35～40, 2016.

Tylopilus callainus N.K. Zeng, Zhi Q. Liang & M.S. Su, in Liang, Su, Jiang, Hong & Zeng, Phytotaxa 343: 271, 2018.

菌盖直径 2.5～5.5 cm，凸镜形至平展；菌盖表面浅黄褐色、黄褐色至褐色，带有蓝绿色色调，被有小鳞片，不黏；菌肉厚 6～9 mm，浅奶油色，受伤后缓慢变为蓝绿色。子实层体弯生；表面幼时浅奶油色，之后黄色，受伤缓慢变为蓝绿色；菌管长 2～3 mm，幼时浅奶油色，之后浅黄色，受伤缓慢变为蓝绿色；管口直径 0.5～1.5 mm，角形。菌柄 2.5～5.5 × 0.6～0.8 cm，中生，近圆柱形；表面顶端浅黄色，上部蓝绿色，中部和下部浅褐色、褐色至深褐色；菌柄基部菌丝白色；菌肉上部浅奶油色，受伤缓慢变为蓝绿色，下部浅褐色，受伤不变色。菌肉气味不明显。

菌管菌髓牛肝菌型。担子 22～36 × 8～10 μm，棒状，细胞壁薄至稍微增厚(0.5 μm)，具 4 孢梗，孢梗长 3～5 μm。担孢子 (7) 7.5～9 (10) × 4～5 μm [Q = (1.56) 1.60～2.00 (2.25)，**Q** = 1.82 ± 0.17]，侧面观梭形，不等边，上脐部往往稍微下陷，背腹观长梭形至梭形，表面平滑，壁稍厚 (0.5 μm)，在 KOH 溶液中橄榄褐色至浅黄褐色。缘生囊状体 23～35 × 6～9 μm，少见，近梭形或梭形，细胞壁薄至稍微增厚 (0.5 μm)，表面无附属物。侧生囊状体 26～42 × 6～10 μm，梭形或近梭形，细胞壁薄至稍微增厚 (0.5 μm)，表面无附属物。菌盖表皮栅皮型，厚约 140 μm，由直径 6～14 μm、细胞壁薄至稍微增厚 (1 μm)、在 KOH 溶液中无色至浅黄色的菌丝组成；顶端细胞 29～50 × 10～13 μm，棒状或近棒状，有时先端圆钝。菌柄表皮子实层状，菌丝顶端细胞 16～25 × 5～8 μm，棒状、近棒状、梭形或近梭形，细胞壁薄至稍微增厚 (0.5 μm)，在 KOH 溶液中无色、浅黄褐色至黄褐色，偶尔可见成熟的担子。菌柄髓部菌丝垂直排列，菌丝直径 4～7 μm，圆柱形，细胞壁薄至稍微增厚 (0.5 μm)。担子果各部位皆无锁状联合。

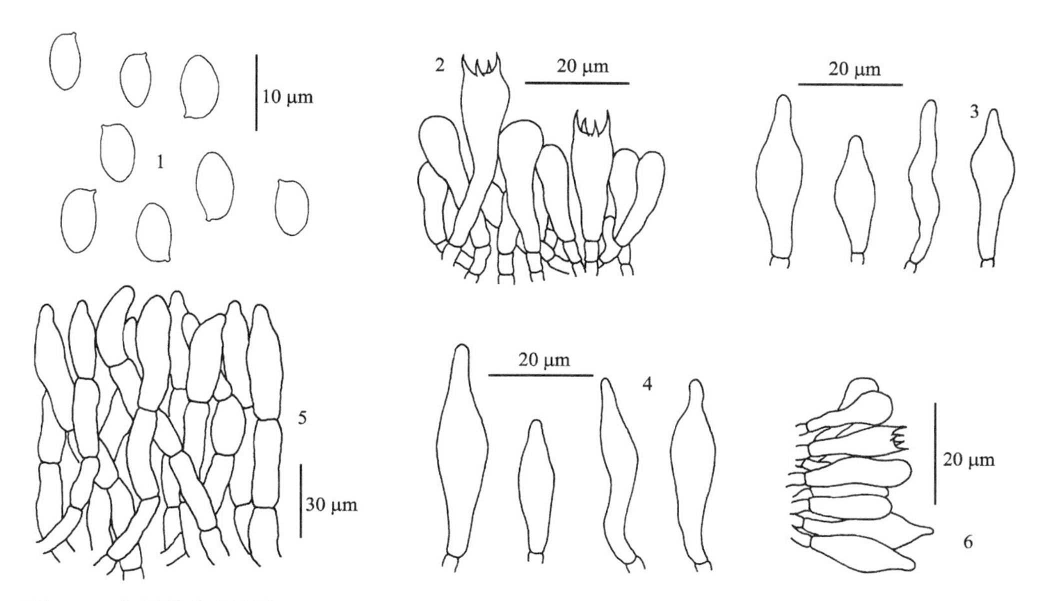

图 110 蓝绿粉孢牛肝菌 *Tylopilus virescens* (Har. Takah. & Taneyama) N.K. Zeng, H. Chai & Zhi Q. Liang (FHMU 1001)

1. 担孢子；2. 担子；3. 缘生囊状体；4. 侧生囊状体；5. 菌盖表皮结构；6. 菌柄表皮结构

模式产地：日本。

生境：散生或群生于壳斗科林下。

世界分布：日本和中国 (东南和华南地区)。

研究标本：福建：漳平新桥，海拔 350 m，2013 年 8 月 22 日，曾念开 1360 和 1459 (分别为 FHMU 2812 和 FHMU 1001)；同地，2013 年 8 月 23 日，曾念开 1460 (FHMU 2813)；同地，2013 年 8 月 24 日，曾念开 1464 (FHMU 1004)。海南：白沙鹦哥岭，海拔 550 m，2015 年 8 月 1 日，曾念开 2436 (FHMU 1562)；同地，2017 年 5 月 26 日，曾念开 2982 (FHMU 1943)；同地，2017 年 5 月 27 日，曾念开 3001 (FHMU 1962)。

讨论：蓝绿粉孢牛肝菌的主要鉴别特征为：菌盖褐色带蓝绿色色调，菌柄表面上部蓝绿色，子实层体和菌肉受伤均会变蓝绿色。原描述于马来西亚的 *B. incertus* Corner，其子实层体和菌肉也具有相似的变色特征，但该种菌盖暗褐色，菌柄无蓝绿色，且具有较大的担孢子 (12～15 × 5.5～7 μm) (Corner 1972；Horak 2011；Liang *et al*., 2018)。

由于 *T. callainus* N.K. Zeng *et al.*与蓝绿粉孢牛肝菌没有本质区别，故前者作为后者的异名 (Chai *et al*., 2019)。

垂边红孢牛肝菌属 **Veloporphyrellus** L.D. Gómez & Singer

Brenesia 22: 293, 1984.

担子果小型至大型，伞状，肉质。菌盖扁半球形至圆锥状；表面具丛毛状、绒毡状或纤丝状鳞片，幼时边缘常外延或具膜状菌幕，成熟后仅留有部分残余，不黏；菌肉白色至米色，受伤不变色。子实层体弯生；表面幼时近白色至淡粉红色，成熟后粉红色或污粉红色，受伤后不变色。菌柄中生；表面白色、浅红褐色或褐色，受伤后不变色，近光滑或被纤维状鳞片；菌环阙如；菌肉白色至奶油色，受伤后不变色；菌柄基部菌丝白色。孢子印淡粉色、粉色或淡紫色。

菌管菌髓牛肝菌型，中央菌髓由排列较紧密的菌丝组成，侧生菌髓由排列较疏松的胶质菌丝组成。亚子实层由不膨大的菌丝组成。担子棒状，具 4 孢梗，稀具 2 孢梗。担孢子梭形至近梭形，近无色、淡粉色至淡橄榄粉色，表面光滑，个别种在电镜下有时可见小陷窝。缘生囊状体有分隔，由 2～3 个细胞组成。侧生囊状体腹鼓形至近梭形，薄壁，无色。菌盖表皮为毛皮型，由近直立的丝状菌丝组成。担子果各部位皆无锁状联合。

模式种：垂边红孢牛肝菌 *Veloporphyrellus pantoleucus* L. D. Gómez & Singer。

生境与分布：夏秋季生于林中地上，与壳斗科、松科等植物形成外生菌根关系，现知分布于非洲、亚洲和中美洲 (Li *et al.*, 2014b)。

全世界报道的物种 7 种，中国记载 4 种。本卷记载 4 种。

垂边红孢牛肝菌属分种检索表

1. 菌柄表面非白色；分布于亚热带或温带地区，主要生于松科植物林下 ······························ 2
1. 菌柄表面白色；分布于热带地区，主要生于壳斗科植物林下 ········**热带垂边红孢牛肝菌 *V. velatus***
   2. 菌盖表面具栗褐色或红褐色丛毛状鳞片；幼时菌盖边缘菌幕常包裹在菌柄顶端 ··················· 3
   2. 菌盖表面具褐色至橙褐色或黄褐色纤丝状鳞片；幼时菌盖边缘延伸但不包裹在菌柄顶端；担孢子 12～16.5 × 5.5～6.5 μm ······································**纤细垂边红孢牛肝菌 *V. gracilioides***
3. 担孢子较大 (15.5～19.5 × 4.5～6.5 μm)；分布于高海拔 (3100～3600 m) 地区，生于冷杉属植物林下 ···**高山垂边红孢牛肝菌 *V. alpinus***
3. 担孢子较小 (12～16 × 4～5.5 μm)；分布于中海拔 (约 2000 m) 地区，生于油杉属或松属植物林下 ···**拟热带垂边红孢牛肝菌 *V. pseudovelatus***

高山垂边红孢牛肝菌　图版 XI-4；图 111

Veloporphyrellus alpinus Yan C. Li & Zhu L. Yang, in Li, Ortiz-Santana, Zeng, Feng, Yang, Mycologia 106: 294, figs. 3～5, 2014.

菌盖直径 1.8～3.5 cm，锥形至平展但中央常凸起，幼时边缘延伸而包裹在菌柄上，成熟后在菌盖边缘留有菌幕残余；菌盖表面咖啡色至栗褐色或红褐色，具丛毛状鳞片，不黏；菌肉白色至灰白色，受伤后不变色。子实层体弯生；表面淡粉色至粉色，受伤后不变色；菌管长达 6 mm，粉色至污粉色；管口直径 0.3～1 mm，近圆形至多角形。菌柄 5.5～6.5 × 0.4～0.7 cm，棒状至圆柱状，向上渐变细；表面栗褐色至栗色，但顶端颜色稍浅，受伤后不变色，近光滑；菌肉白色，受伤后不变色；菌柄基部菌丝白色。菌肉味道柔和。

菌管菌髓牛肝菌型。担子 34～39 × 8.5～12 μm，棒状，具 4 孢梗，有时具 2 孢梗。担孢子 15.5～19.5 × 4.5～6.5 μm [Q = (2.77) 2.82～3.56 (3.60)，**Q** = 3.13 ± 0.18]，侧面观梭形，不等边，上脐部常下陷，背腹观梭形至近圆柱形，在 KOH 溶液中无色至浅橄榄色，光滑，壁略厚 (厚 0.5～1μm)。缘生囊状体 33～81 × 6～9 μm，窄棒状至指状，由 2～3 个细胞组成，薄壁，在 KOH 溶液中透明无色，在梅氏试剂中黄色或浅黄褐色。侧生囊状体 47～69 × 5.5～9 μm，近梭形至腹鼓形，顶端渐尖，薄壁，在 KOH 溶液中透明无色，在梅氏试剂中黄色或浅黄褐色。菌盖表皮毛皮型，由近直立的黄色至淡黄色、直径 4.5～7 μm 的菌丝组成。柄生囊状体形态与侧生囊状体及缘生囊状体的相似，向顶端变细。担子果各部位皆无锁状联合。

模式产地：中国 (云南)。

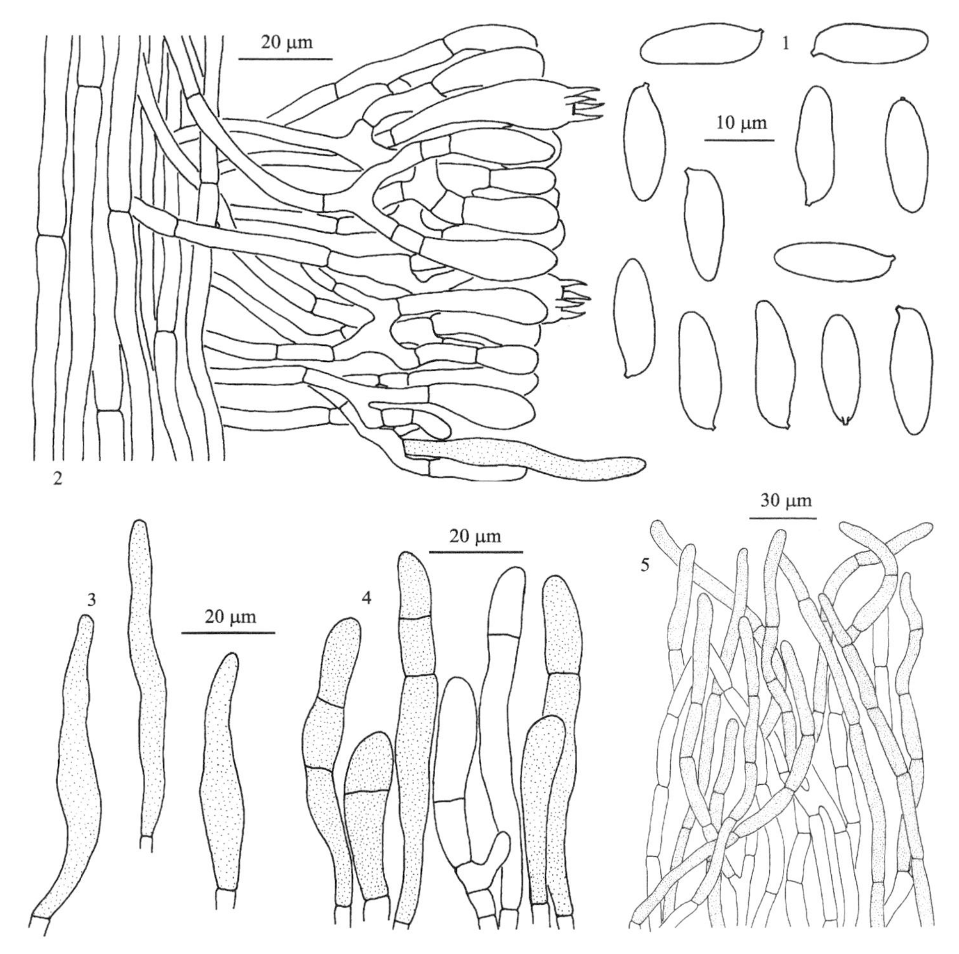

图 111　高山垂边红孢牛肝菌 *Veloporphyrellus alpinus* Yan C. Li & Zhu L. Yang (HKAS 68301)

1. 担孢子；2. 担子和侧生囊状体；3. 侧生囊状体；4. 缘生囊状体；5. 菌盖表皮结构

生境：夏秋季单生或散生于苍山冷杉 (*Abies delavayi*) 与锥栗 (*Castanea henryi*) 林下或生于台湾冷杉 (*Abies kawakamii*) 植物林下。

世界分布：中国 (东南和西南地区)。

研究标本：台湾：南投合欢山，海拔 3200 m，2012 年 9 月 15 日，冯邦 1266 (HKAS 63669)。云南：大理苍山，海拔 3600 m，2010 年 8 月 12 日，朱学泰 125 (HKAS 68301)；玉龙石头乡，海拔 3100 m，2009 年 9 月 2 日，冯邦 761 (HKAS 57490，模式)。

讨论：高山垂边红孢牛肝菌酷似拟热带垂边红孢牛肝菌 [*V. pseudovelatus* (Rostr.) Yan C. Li & Zhu L.Yang]，而且在分子系统发育分析中二者聚于一支，并具有较高的支持率。但高山垂边红孢牛肝菌担孢子较大 (15.5～19.5 × 4.5～6.5 μm)，分布于高山、亚高山地区，与冷杉属植物形成共生关系；而拟热带垂边红孢牛肝菌担孢子较小 (12～16 × 4～5.5 μm)，分布于较低海拔，与油杉或松属植物形成共生关系 (Li *et al*., 2014b)。

纤细垂边红孢牛肝菌　图版 XI-5；图 112

Veloporphyrellus gracilioides Yan C. Li & Zhu L. Yang, in Wu, Li, Zhu, Zhao, Han, Cui, Li, Xu & Yang, Fungal Divers. 81: 165, figs. 105a, b, 106, 2016.

菌盖直径 3～5.5 cm，扁半球形至平展；菌盖表面幼时褐色至橙褐色，成熟后橙黄色至灰黄色，但边缘黄色至浅黄色，具纤丝状鳞片，不黏；菌盖边缘幼时外延；菌肉白

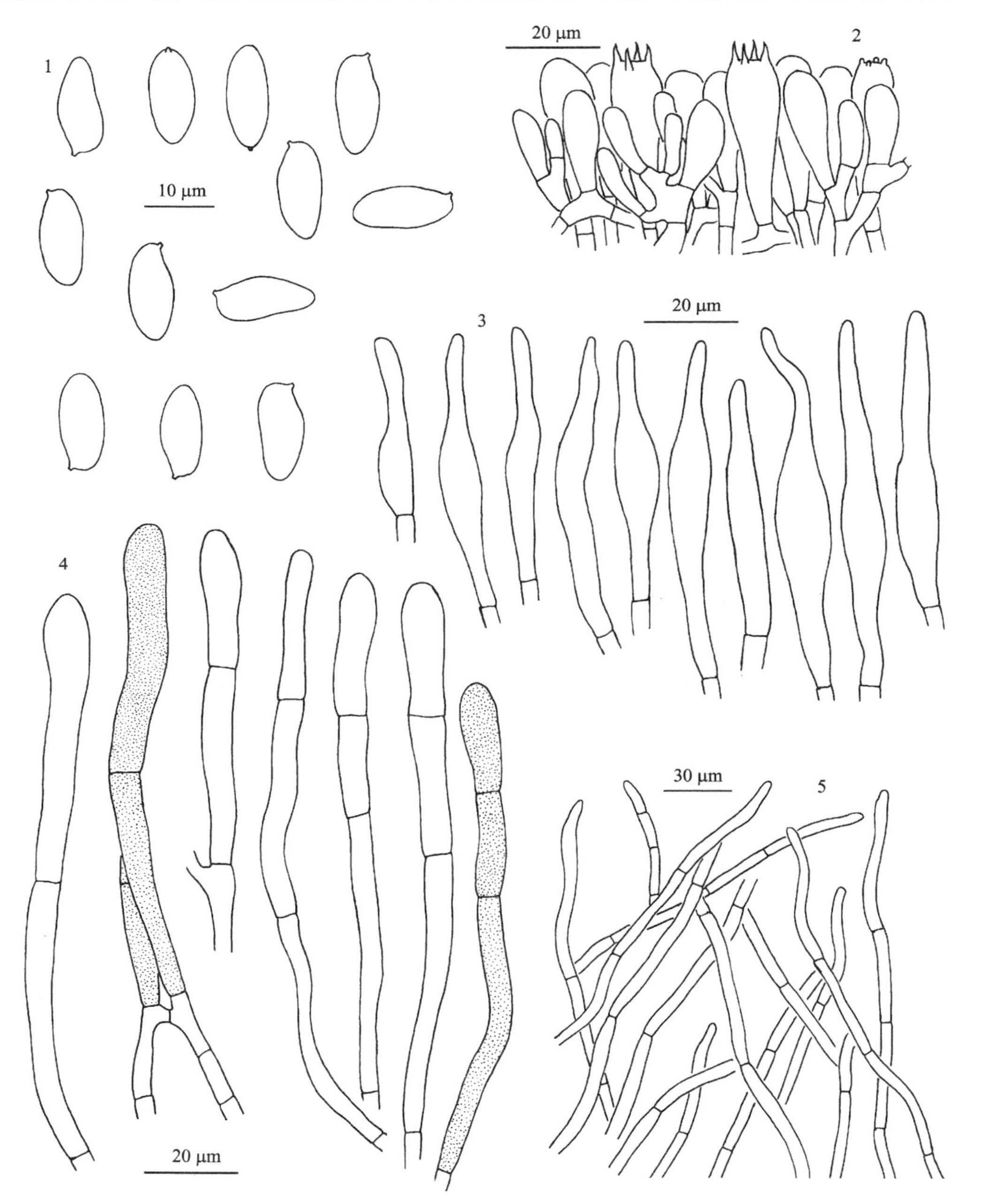

图 112　纤细垂边红孢牛肝菌 *Veloporphyrellus gracilioides* Yan C. Li & Zhu L. Yang (HKAS 53590，模式)

1. 担孢子；2. 担子；3. 侧生囊状体；4. 缘生囊状体；5. 菌盖表皮结构

色至灰白色，受伤后不变色。子实层体弯生；表面淡粉色至粉色，受伤后不变色；菌管长达 10 mm，粉色至污粉色；管口直径 0.3～1 mm，近圆形至多角形。菌柄 4～6 × 0.8～1 cm，棒状至圆柱状，向上渐变细；表面褐色至橙褐色，受伤后不变色，具白色粉末状鳞片；菌肉白色，受伤后不变色；菌柄基部菌丝白色。菌肉味道柔和。

菌管菌髓牛肝菌型。担子 25～40 × 9～12 μm，棒状，具 4 孢梗，有时具 2 孢梗。担孢子 (12) 14～16.5 × (5.5) 6～6.5 μm (Q = 2.23～2.33，**Q** = 2.28 ± 0.05)，侧面观梭形，不等边，上脐部常下陷，背腹观近圆柱形至近梭形，在 KOH 溶液中无色至浅橄榄色，光滑，在电镜下光滑至有小陷窝，壁略厚 (厚 0.5～1 μm)。缘生囊状体 75～121 × 4～9.5 μm，棒状至指状，由 2～3 个细胞组成，薄壁，在 KOH 溶液中透明无色，在梅氏试剂中黄色或浅黄褐色。侧生囊状体 34～51 × 6.5～10 μm，近梭形至腹鼓形，顶端渐尖，薄壁，在 KOH 溶液中透明无色，在梅氏试剂中黄色或浅黄褐色。菌盖表皮毛皮型，由近直立、黄色至淡黄色、直径 4～6 μm 的菌丝组成。柄生囊状体形态与侧生囊状体及缘生囊状体的相似，向顶端变细。担子果各部位皆无锁状联合。

模式产地：中国 (四川)。

生境：夏秋季单生或散生于云南油杉 (*Keteleeria evelyniana*) 或云南油杉与云南松混生的林中地上。

世界分布：中国 (东北和西南地区)。

研究标本：辽宁：本溪下马塘，海拔 320 m，2015 年 8 月 21 日，李静 206 (HKAS 91234)。四川：丹巴，海拔 3000 m，2007 年 7 月 24 日，葛再伟 1504 (HKAS 53590，模式)。

讨论：垂边红孢牛肝菌属真菌的担孢子表面一般都是光滑的。但是，纤细垂边红孢牛肝菌的担孢子在电镜下既有光滑的，也有具小陷窝的 (图版 I-11)。

在分子系统发育分析中，作者发现纤细垂边红孢牛肝菌与 GenBank 中的 DQ534624 序列有较高的同源性，该序列是从一份采自美国的样品 (菌株 112/96，鉴定为“*Austroboletus gracilis*”) 获得的。*Austroboletus gracilis* (Peck) Wolfe 的主要特征是：菌盖赭褐色，担孢子具陷窝状纹饰，菌柄具网纹 (Peck, 1872；Wolfe, 1979a；Pegler and Young, 1981)，而纤细垂边红孢牛肝菌的孢子平滑至具陷窝状纹饰。因此，在北美洲可能有与纤细垂边红孢牛肝菌近缘的物种。

拟热带垂边红孢牛肝菌　图版 XI-6；图 113

Veloporphyrellus pseudovelatus Yan C. Li & Zhu L. Yang, in Li, Ortiz-Santana, Zeng, Feng, Yang, Mycologia 106: 301, figs. 3, 4, 8, 2014; Li, Li, Yang, Bau & Dai, Atlas Chin. Macrofung. Res., 1140, fig. 1680, 2015.

菌盖直径 2～5 cm，锥形至平展而中央凸起；表面咖啡色至栗褐色或红褐色，具丛毛状鳞片，边缘幼时延伸而包裹在菌柄上，成熟后在菌盖边缘留有菌幕残余，不黏；菌肉白色至灰白色，受伤后不变色。子实层体弯生，淡粉红色至粉红色，受伤后不变色；菌管长达 6 mm，粉色至污粉色；管口直径 0.3～1 mm，近圆形至多角形。菌柄 3～7 × 0.5～0.8 cm，棒状至圆柱状，向上渐变细；表面栗褐色至栗色，但顶端颜色稍浅，被粉末状鳞片，受伤后不变色；菌肉白色，受伤后不变色；菌柄基部菌丝白色。菌肉味道柔和。

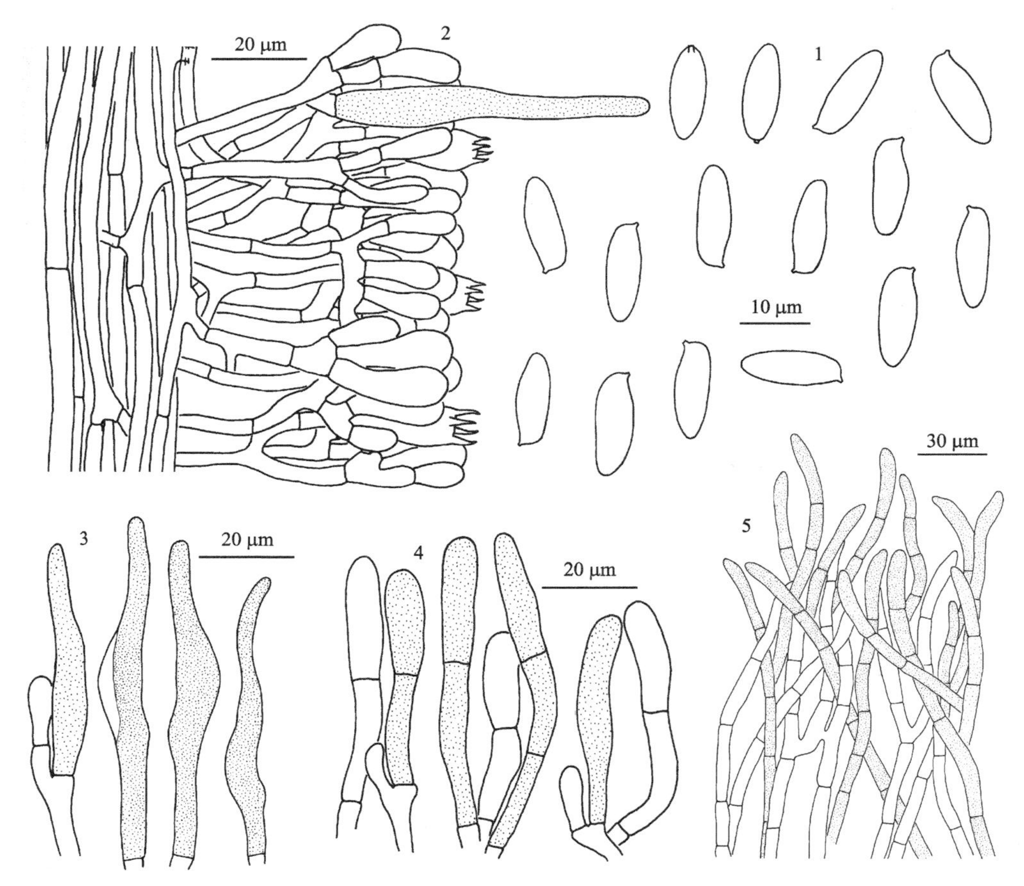

图 113　拟热带垂边红孢牛肝菌 *Veloporphyrellus pseudovelatus* Yan C. Li & Zhu L. Yang (HKAS 52258，模式)

1. 担孢子；2. 担子和侧生囊状体；3. 侧生囊状体；4. 缘生囊状体；5. 菌盖表皮结构

菌管菌髓牛肝菌型。担子 23～30 × 8～11 μm，棒状，具 4 孢梗，有时具 2 孢梗。担孢子 12～16 × 4～5.5 μm [Q = (2.45) 2.6～3.38 (3.63)，**Q** = 2.94 ± 0.18]，侧面观近梭形至近圆柱形，不等边，上脐部常下陷，背腹观梭形至近圆柱形，在 KOH 溶液中无色至浅橄榄色，光滑，壁略厚 (厚 0.5～1 μm)。缘生囊状体 41～68 × 6～10 μm，棒状至指状，由 2～3 个细胞组成，薄壁，在 KOH 溶液中透明无色，在梅氏试剂中黄色或浅黄褐色。侧生囊状体 50～69 × 6～9 μm，近梭形至腹鼓形，顶端渐尖，薄壁，在 KOH 溶液中透明无色，在梅氏试剂中黄色或浅黄褐色。菌盖表皮毛皮型，由近直立、黄色至淡黄色、直径 3～6 μm 的菌丝组成。柄生囊状体形态与侧生囊状体及缘生囊状体的相似，向顶端变细。担子果各部位皆无锁状联合。

模式产地：中国 (云南)。

生境：夏秋季单生或散生于油杉属 (*Keteleeria*) 植物林下或油杉属植物与云南松林下。

世界分布：中国 (西南地区)。

研究标本：云南：保山大西山，海拔 1900 m，2010 年 8 月 9 日，唐丽萍 1212 (HKAS 63032)；同地，2010 年 8 月 10 日，唐丽萍 1219 (HKAS 63039)；楚雄南华野生食用菌市场购买，产地海拔不详，2007 年 8 月 28 日，杨祝良 4927 (HKAS 52244)；同地，2009 年 8 月 2 日，李艳春 1947 (HKAS 59695)；昆明金殿，海拔 2000 m，2007 年 9 月 1 日，杨祝良 4941 (HKAS 52258，模式)；昆明西山，海拔 2050 m，2007 年 8 月 10 日，李艳春 986 (HKAS 52673)；昆明，野鸭湖，海拔 1950 m，2012 年 8 月 18 日，李艳春 2815 (HKAS 63670)；腾冲至龙陵路上，海拔 2010 m，2009 年 7 月 19 日，李艳春 1697 (HKAS 59444)。

讨论：拟热带垂边红孢牛肝菌酷似高山垂边牛肝菌，然而，二者的分布范围、共生树种和担孢子大小有明显区别 (Li *et al.*, 2014b)。

热带垂边红孢牛肝菌 图版 XI-7；图 114

Veloporphyrellus velatus (Rostr.) Yan C. Li & Zhu L. Yang, in Li, Ortiz-Santana, Zeng, Feng, Yang, Mycologia 106: 303, figs. 3, 4, 9, 2014; Li, Li, Yang, Bau & Dai, Atlas Chin. Macrofung. Res., 1140, fig. 1681, 2015.

Suillus velatus Rostr. Bot. Tidsskr. 24: 207, 1902.

Boletus velatus (Rostr.) Sacc. & D. Sacc., Syll. Fung. (Abellini) 17: 97, 1905.

Tylopilus velatus (Rostr.) F.L. Tai, Syll. Fung. Sinicorum: 1165, 1979.

菌盖直径约 4 cm，圆锥形；表面咖啡色至栗褐色或红褐色，成熟后常龟裂，具丛毛状鳞片，不黏；边缘幼时延伸而包裹在菌柄上，成熟后在菌盖边缘留有下垂的残余；菌肉白色至灰白色，受伤后不变色。子实层体弯生，淡粉色至粉色，受伤后不变色；菌管长达 5 mm，粉色至污粉色；管口直径 0.5～1 mm，近圆形至多角形。菌柄 7.2 × 0.6～0.8 cm，棒状至圆柱状，向上渐变细；表面白色至污白色，受伤后不变色，近光滑；菌肉白色，受伤后不变色；菌柄基部菌丝白色。菌肉味道柔和。

菌管菌髓牛肝菌型。担子 25～33 × 10～12.5 μm，棒状，具 4 孢梗，有时具 2 孢梗。担孢子 11～13 ×4～5 μm [Q = (2.4) 2.44～2.67 (2.75)，**Q** = 2.56 ± 0.12]，侧面观近梭形，不等边，上脐部常下陷，背腹观梭形至近圆柱形，在 KOH 溶液中无色至浅橄榄色，光滑，壁略厚 (厚 0.5～1 μm)。缘生囊状体 25～38 × 7～11 μm，棒状至指状，由 2～3 个细胞组成，薄壁，在 KOH 溶液中透明无色，在梅氏试剂中黄色或浅黄褐色。侧生囊状体 61～75 × 8.5～12 μm，近梭形至腹鼓形，顶端渐尖，薄壁，在 KOH 溶液中透明无色，在梅氏试剂中黄色或浅黄褐色。菌盖表皮毛皮型，由近直立、黄色至淡黄色、直径 3～7 μm 的菌丝组成。担子果各部位皆无锁状联合。

模式产地：泰国。

生境：夏秋季生于柯属植物与海南五针松 (*Pinus fenzeliana*) 组成的针阔混交林下。

世界分布：泰国和中国 (华南地区)。

研究标本：海南：五指山，海拔 1200 m，2010 年 7 月 31 日，曾念开 763 (HKAS 63668)。

讨论：热带垂边红孢牛肝菌是 Rostrup (1902) 基于采自泰国的标本而描述的，并将其置于乳牛肝菌属 (*Suillus* Gray)。Chiu (1948) 和裘维蕃 (1957) 报道我国云南也产该种。戴芳澜 (1979) 依据其子实层体颜色、担孢子颜色等特征将该种移入粉孢牛肝菌属中。该种在幼嫩时菌盖边缘延伸并包裹在菌柄上，在成熟个体上菌盖边缘残留有下垂的菌幕。这一特征与松塔牛肝菌属 (*Strobilomyces*) 和条孢牛肝菌属 (*Boletellus*) 的某些种极为相似。然而该种的担孢子光滑，子实层体淡粉色，菌肉白色，受伤后不变色。此外，该种子实层体的颜色与粉孢牛肝菌属的种类极为相近，但其菌盖边缘有菌幕残余及缘生囊状体有横隔等特征又与粉孢牛肝菌属的种类明显不同 (Li *et al*., 2014b)。

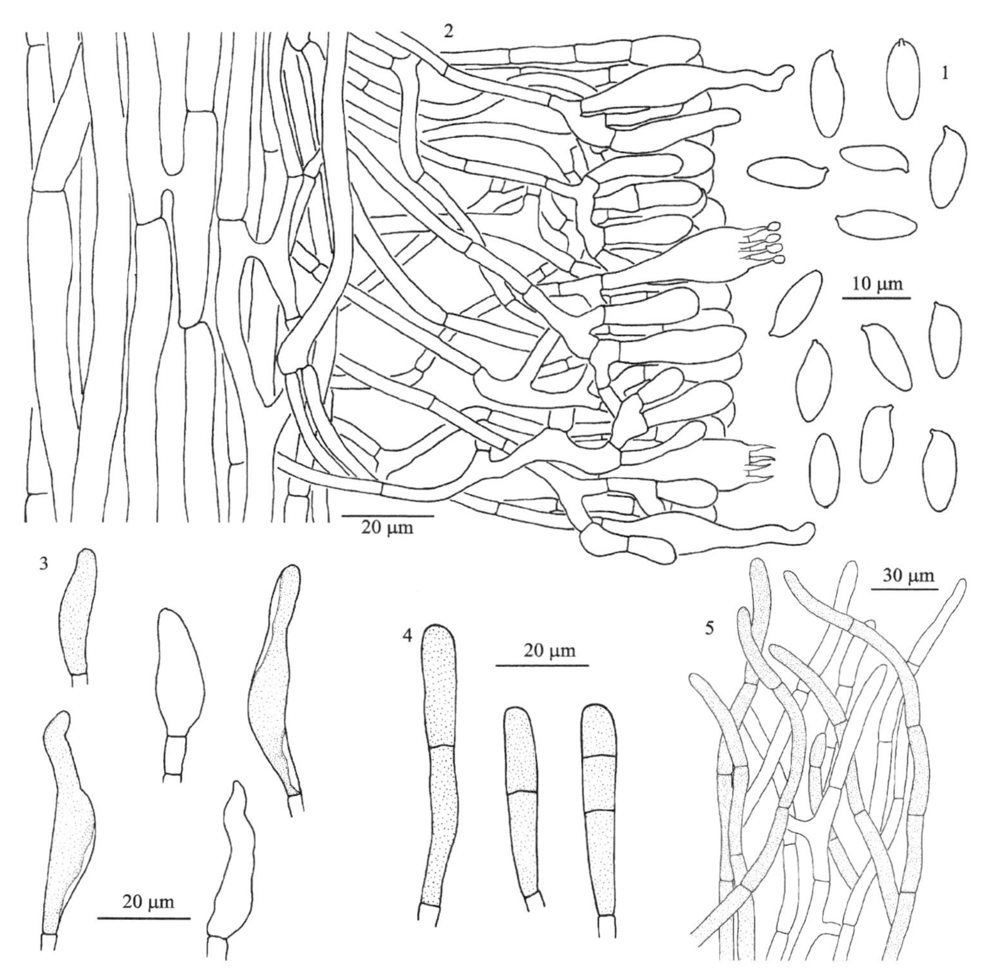

图 114　热带垂边红孢牛肝菌 *Veloporphyrellus velatus* (Rostr.) Yan C. Li & Zhu L. Yang (HKAS 63668)

1. 担孢子；2. 担子和侧生囊状体；3. 侧生囊状体；4. 缘生囊状体；5. 菌盖表皮结构

红绒盖牛肝菌属 **Xerocomellus** Šutara

Czech Mycol. 60: 44, 2008.

担子果小型至中等，伞状，肉质。菌盖扁半球形至平展；表面常有红色色调，被短绒毛状鳞片，成熟后常龟裂，不黏；菌肉浅黄色至白色，受伤后变为蓝色或变色不明显。子实层体直生或弯生，稀延生，由密集的菌管组成；表面幼嫩时浅黄色至深黄色，成熟后变橄榄黄色至浅黄褐色，受伤后变为蓝色、蓝绿色或变色不明显；管口多角形，复孔式；菌管与子实层体表面同色。菌柄中生；表面常被红色鳞片；菌环阙如；菌肉在菌柄中上部白色至浅黄色，在下部常红色至酒红色；菌柄基部菌丝污白色、奶油色或污黄色。孢子印橄榄褐色。

菌管菌髓牛肝菌型，中央菌髓由深色或暗色的密集菌丝组成，侧生菌髓由较透明、浅色的胶质稀疏菌丝组成。担子棒状，具 4 孢梗。担孢子侧面观近椭圆形，背腹观近梭形，孢子表面光滑，浅橄榄褐色。缘生囊状体和侧生囊状体散生，常见，常梭形、腹鼓棒状或长颈烧瓶形，薄壁，无色或偶浅黄褐色。菌盖表皮栅皮型，菌丝直立，细胞短圆柱状，稍膨大至膨大，表面常有斑块状加厚；菌丝末端几乎处于同一高度。担子果各部位均无锁状联合。

模式种：红绒盖牛肝菌 *Xerocomellus chrysenteron* (Bull.) Šutara。

生境与分布：夏秋季生于林中地上，与壳斗科、松科等植物形成外生菌根关系，现知分布于欧洲、北美洲和东亚。

全世界报道的物种约 18 种，本卷记载 2 种。

红绒盖牛肝菌属分种检索表

1. 担子果幼时菌盖与菌柄常为红褐色至暗褐色；子实层体表面橄榄黄色；菌盖表皮菌丝的末端细胞膨大呈椭圆形 ·· **泛生红绒盖牛肝菌 *Xl. communis***
1. 担子果幼时菌盖与菌柄常为鲜红色；子实层体表面亮黄色；菌盖表皮菌丝的末端细胞短棒状 ······ ··· **柯氏红绒盖牛肝菌 *Xl. corneri***

泛生红绒盖牛肝菌 图版 XI-8；图 115

Xerocomellus communis Xue T. Zhu & Zhu L. Yang, in Wu, Li, Zhu, Zhao, Han, Cui, Li, Xu & Yang, Fungal Divers. 81:168, figs. 105i, j, 109, 2016.

菌盖直径 2～7.5 cm，凸镜形至平展；表面暗褐色至茶褐色，密被微绒毛，不黏；菌肉污白色至浅黄色，受伤后迅速变为蓝色，久置后变为褐色。子实层体直生、弯生或稍延生；表面橄榄黄色至浅黄褐色，老时呈赭黄色，受伤后迅速变为蓝色；管口多角形，复孔式，孔径 0.5～2 mm；菌管与子实层体表面同色，受伤后变为蓝色。菌柄中生，4.5～8 × 0.5～1 cm，近圆柱形；表面红褐色，常带紫色色调，顶部浅黄色，基部污白色，具纵向棱纹，被纤丝状鳞片；菌肉近顶部浅黄色，受伤后变为蓝色，中下部红色至红褐色，伤不变色；菌柄基部菌丝污白色。菌肉味道柔和。

菌管菌髓牛肝菌型。担子 25～40 × 11～14 μm，棒状，具 4 孢梗。担孢子 (10.5) 11～13 (14.5) × (4) 4.5～5 (5.5) μm [Q = (2.27) 2.49～2.59 (3)，**Q** = 2.56 ± 0.16]，侧面观梭形，不等边，上脐部常下陷，背腹观梭形至近圆柱形，在 KOH 溶液中浅橄榄褐色，光滑，壁略厚 (厚 0.5～1 μm)。侧生囊状体与缘生囊状体散生，50～85 × 11～18 μm，梭形、腹鼓棒状或长颈烧瓶形，薄壁，在 KOH 溶液中无色或浅黄褐色。菌盖表皮栅皮型，菌丝直立排列，浅黄褐色，细胞短圆柱状，宽约 15 μm，稍膨大至膨大，表面常有斑块状加厚；菌丝末端几乎处于同一高度，末端细胞近椭球状，20～33 × 13～19 μm。柄生囊状体形态与侧生囊状体及缘生囊状体相似。担子果各部位皆无锁状联合。

模式产地：中国 (云南)。

生境：夏秋季节单生或散生于华山松、栎属、柯属、冷杉属等植物林下。

世界分布：中国 (西南地区)。

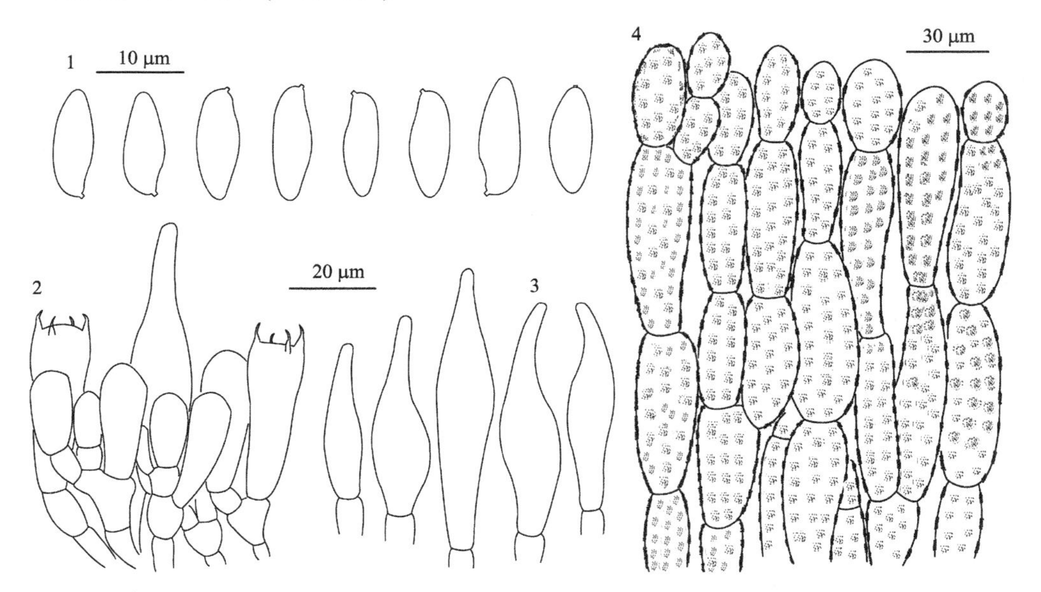

图 115　泛生红绒盖牛肝菌 *Xerocomellus communis* Xue T. Zhu & Zhu L. Yang (HKAS 50467，模式)

1. 担孢子；2. 担子和侧生囊状体；3. 侧生囊状体和缘生囊状体；4. 菌盖表皮结构

研究标本：云南：景东哀牢山，海拔 2400 m，2006 年 7 月 19 日，杨祝良 4670 (HKAS 50467，模式)；昆明筇竹寺附近，海拔 2100 m，2008 年 6 月 15 日，葛再伟 2021 (HKAS 54217)；宁蒗战河，海拔 3050 m，2010 年 7 月 16 日，朱学泰 73 和 79 (分别为 HKAS 68249 和 HKAS 68255)；同地同时，秦姣 89 (HKAS 67775)；师宗菌子山，海拔 2260 m，2010 年 8 月 7 日，朱学泰 109 (HKAS 68285)；香格里拉碧塔海，2009 年 8 月 24 日，冯邦 663 (HKAS 57395)；玉龙玉龙雪山，海拔 3200 m，2010 年 7 月 12 日，朱学泰 28 (HKAS 68204)。

讨论：泛生红绒盖牛肝菌与产自欧洲的红绒盖牛肝菌 (*Xl. chrysenteron*) 在担子果的大小、菌盖与菌柄的颜色以及子实层体和菌肉的变色情况方面都非常相似，但分子系统学研究结果表明，二者为不同物种 (Wu *et al*., 2016a)。形态解剖学对比研究显示，红绒盖牛肝菌的孢子较大，11～15 (17) × 4.5～5.5 (6.5) μm。

我国是否有红绒盖牛肝菌分布，有待进一步采集 (特别是在我国北方采集) 和证明。

柯氏红绒盖牛肝菌　图版 XI-9；图 116

Xerocomellus corneri Xue T. Zhu & Zhu L. Yang, in Wu, Li, Zhu, Zhao, Han, Cui, Li, Xu & Yang, Fungal Divers. 81:171, figs. 105k～m, 110, 2016.

Boletus pseudochrysenteron Corner, *Boletus* in Malaysia: 214, 1972 (replaced synonym); non *Boletus pseudochrysenteron* Herp., Hedwigia 52: 390, 1912.

Xerocomus pseudochrysenteron (Corner) E. Horak, Malayan Forest Records 51: 144, fig. 77, 2011.

菌盖直径 3～8 cm，近半球形至凸镜形；表面密被鲜红色至橄榄褐色微绒毛，不黏；菌肉浅黄色，受伤后迅速变为蓝色。子实层体直生、弯生或稍延生；表面亮黄色至深黄色，受伤后迅速变为蓝色；管口多角形，复孔式，孔径 0.5～1 mm；菌管与子实层体表面同色，受伤后变为蓝色。菌柄中生，4～9 × 0.8～1.3 cm，近棒状，鲜红色至红褐色，常有紫色色调，顶端浅黄色，密被纤丝状鳞片；菌肉上部亮黄色，受伤后变为蓝色，下部红褐色；菌柄基部污白色。菌肉味道柔和。

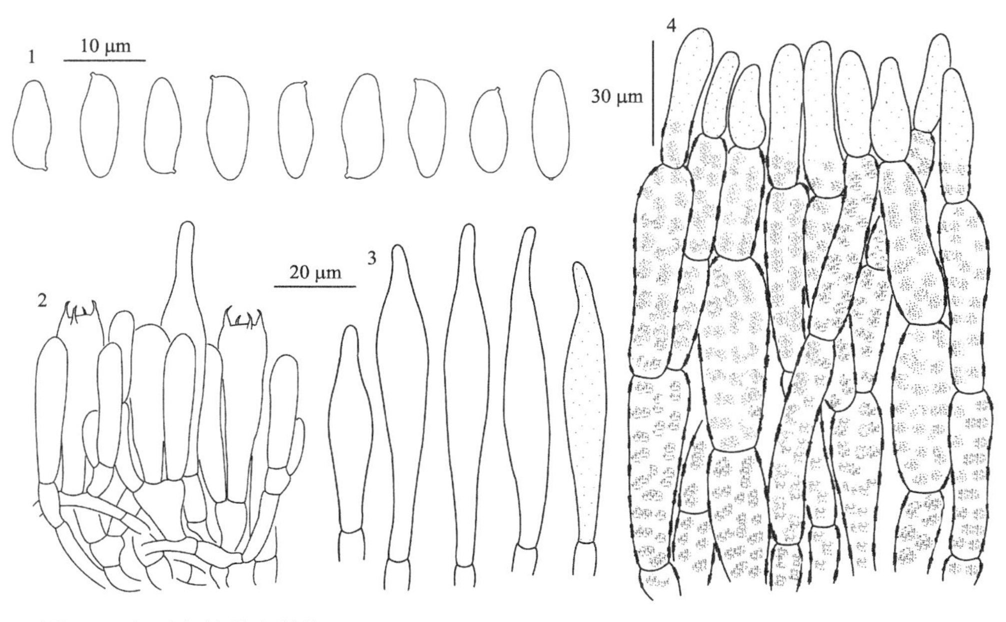

图 116 柯氏红绒盖牛肝菌 *Xerocomellus corneri* Xue T. Zhu & Zhu L. Yang (HKAS 90206)

1. 担孢子；2. 担子和侧生囊状体；3. 侧生囊状体和缘生囊状体；4. 菌盖表皮结构

菌管菌髓牛肝菌型。担子 25～40 × 11～14 μm，棒状，具 4 孢梗。担孢子 (10.5) 11～13 (14) × 4.5～5 μm [Q = (2.21) 2.41～2.51 (2.87), **Q** = 2.46 ± 0.15]，侧面观近梭形至近扁桃形，不等边，上脐部常下陷，背腹观梭形至近圆柱形，在 KOH 溶液中浅橄榄色，表面光滑，壁略厚 (厚 0.5～1 μm)。侧生囊状体和缘生囊状体散生，45～75 × 9～11 μm，披针形、梭形、腹鼓棒状，薄壁，在 KOH 溶液中透明无色。菌盖表皮栅皮型，菌丝直立状排列，浅黄褐色，细胞短圆柱状，较宽，直径约 15 μm，表面有斑块状加厚；菌丝末端几乎处于同一高度，末端细胞短棒状，23～53 × 8.5～15 μm。柄生囊状体形态与侧生囊状体及缘生囊状体的相似。担子果各部位皆无锁状联合。

模式产地：马来西亚。

生境：夏秋季单生或散生于栎属、柯属、锥属、桦木属及冷杉属植物林下。

世界分布：马来西亚、菲律宾和中国 (华中和西南地区)。

研究标本：湖北：兴山神农顶，海拔 2500 m，2012 年 7 月 17 日，秦姣 563 (HKAS 77964)；同地同时，刘晓斌 107 (HKAS 75719)。云南：景东哀牢山，海拔 1450 m，2007 年 7 月 14 日，李艳春 816 (HKAS 52503)。

国外标本：菲律宾：2010 年 9 月 28 日，向春雷 1 (HKAS 90206)。

讨论：柯氏红绒盖牛肝菌的主要特征是：菌盖表面密被鲜红色至橄榄褐色微绒毛，担孢子侧面观近梭形至近扁桃形。据此，可与该属其他物种相区分 (Wu *et al.*, 2016a)。

臧氏牛肝菌属 **Zangia** Yan C. Li & Zhu L. Yang in Li, Feng & Yang, Fungal Divers. 49: 129, 2011.

担子果小型至大型，伞状，肉质。菌盖扁半球形至平展，有时中央凸起；菌盖表面具皱纹至近平滑，幼时表面常被有白色至淡黄色的绒毛或细小鳞片，老时脱落至近光滑，湿时稍黏；菌肉白色、米色至淡黄色，受伤不变色。子实层体弯生，由密集的菌管组成；表面幼时近白色至淡粉红色，成熟后粉红色或污粉红色，受伤后不变色或留有淡褐色色斑。菌柄中生；表面白色、淡黄色或淡红色，受伤后变为蓝色或变色不明显，被粉红色至紫红色疣状鳞片，菌柄基部铬黄色至金黄色；菌环阙如；菌肉白色至奶油色，受伤后不变色或局部变为蓝色，基部菌肉铬黄色或金黄色。孢子印淡粉红色、粉红色、淡酒红色至淡紫色。

菌管菌髓牛肝菌型，中央菌髓由排列较紧密的菌丝组成，侧生菌髓由排列较疏松的胶质菌丝组成。亚子实层由不膨大的菌丝组成。担子棒状，具 4 孢梗，稀具 2 孢梗。担孢子梭形至近梭形，有时椭圆形，近无色、淡粉红色至淡橄榄褐色，表面平滑。侧生囊状体和缘生囊状体常见，窄棒状、腹鼓形至近梭形，薄壁，无色。菌盖表皮黏丝念珠型，外表皮由少量近匍匐的菌丝组成，中表皮由圆形、椭圆形至不规则的膨大细胞组成，链状，下表皮由近匍匐的菌丝组成。担子果各部位皆无锁状联合。

模式种：臧氏牛肝菌 *Zangia roseola* (W.F. Chiu) Yan C. Li & Zhu L. Yang。

生境与分布：夏秋季生于林中地上，与壳斗科、松科等植物形成外生菌根关系，现知分布于东亚 (Li *et al*., 2011)。

全世界报道的物种约 6 种，迄今仅记载于中国，但作者曾在日本采集到本属的物种。本卷记载 6 种。

臧氏牛肝菌属分种检索表

1. 菌盖非黄色；分布于亚热带或亚高山温带，与松科和壳斗科植物形成菌根关系 ······ 2
1. 菌盖橙黄色至淡黄色；分布于热带，生于壳斗科植物林中或针阔混交林中 ······ **橙黄臧氏牛肝菌 *Z. citrina***
   2. 菌盖红色、紫红色至玛瑙红色 ······ 3
   2. 菌盖不具红色或紫红色色调 ······ 4
3. 担子果较小；菌盖直径 ≤ 4 cm，菌盖表面玛瑙红色、紫红色或淡红色；担孢子宽度达 8 μm；囊状体宽度达 18 μm；分布于亚热带针阔混交林中 ······ **臧氏牛肝菌 *Z. roseola***
3. 担子果较大；菌盖直径达 8 cm，菌盖表面红色、暗红色至紫褐色；担孢子宽度达 7 μm；囊状体宽度达 11 μm；分布于亚高山针阔混交林中 ······ **红盖臧氏牛肝菌 *Z. erythrocephala***
   4. 菌盖表面具有橄榄褐色色调，无黄褐色、橘黄色或黄色色调 ······ 5
   4. 菌盖表面具有黄褐色、污黄色色调；担孢子 12～15 × 6～7 μm；分布于亚高山针阔混交林中 ······ **黄褐臧氏牛肝菌 *Z. chlorinosma***
5. 菌盖表面橄榄褐色至红褐色，有时有灰色色调；菌柄受伤后缓慢变为蓝色；担孢子较窄(直径 5～6 μm)；分布于亚热带阔叶林或针阔混交林中 ······ **橄榄褐臧氏牛肝菌 *Z. olivaceobrunnea***

5. 菌盖表面橄榄绿色、绿褐色至橄榄褐色；菌柄受伤后不变色；担孢子较宽（直径 6～7 μm）；分布于亚高山阔叶林或针阔混交林中 ………………………………………… 橄榄色臧氏牛肝菌 *Z. olivacea*

黄褐臧氏牛肝菌 图版 XI-10；图 117

Zangia chlorinosma (Wolfe & Bougher) Yan C. Li & Zhu L. Yang, in Li, Feng & Yang, Fungal Divers. 49: 129, figs. 3a, 4a, 5, 2011; Li, Li, Yang, Bau & Dai, Atlas Chin. Macrofung. Res., 1145, fig. 1690, 2015.

Tylopilus chlorinosmus Wolfe & Bougher, Aust. Syst. Bot. 6: 207, figs. 45～50, 1993.

菌盖直径 5～8 cm，扁半球形至平展，有时中央稍凸起；表面初期常为橄榄褐色，后期变为黄褐色、淡黄色至蜜黄色并带橄榄色色调，具皱纹，湿时稍黏；菌肉白色至灰白色，有时淡褐色，受伤后不变色。子实层体弯生；表面粉红色至粉红色带褐色色调；菌管长达 16 mm，粉红色至污粉红色；管口直径 0.5～1 mm，近圆形至多角形。菌柄 4～9 × 0.7～1.2 cm，棒状，向上渐变细，无网纹或下部有时有不明显的网纹；表面淡粉色至葡萄酒红色，但顶端奶油色至淡黄色，基部亮黄色至铬黄色，被淡粉红色至粉红色鳞片；基部菌丝铬黄色至金黄色；菌肉淡黄色，受伤后不变色或局部变为蓝色，基部菌肉亮黄色至铬黄色。菌肉味道柔和。

菌管菌髓牛肝菌型。担子 22～42 × 9.5～14 μm，棒状，具 4 孢梗，有时具 2 孢梗。担孢子 12～15 (17) × (5.5) 6～7 (7.5) μm [Q = (1.86) 2.07～2.5 (2.67)，**Q** = 2.27 ± 0.16]，侧面观梭形，不等边，上脐部常下陷，背腹观梭形至近圆柱形，在 KOH 溶液中无色至浅橄榄色，光滑，壁略厚（厚 0.5～1 μm）。侧生囊状体及缘生囊状体 61～75 × 8.5～12 μm，近梭形、披针形至腹鼓形，顶端渐尖，薄壁，在 KOH 溶液中透明无色，在梅氏试剂中黄色或浅黄褐色。菌盖表皮黏丝念珠型，外表皮由黄色至淡黄色、直径 3.5～8 μm 的菌丝组成；中表皮由圆形、椭圆形至不规则形的膨大细胞（直径达 30 μm）组成，链状；下表皮由直径 3～4 μm 的菌丝组成。柄生囊状体与侧生囊状体及缘生囊状体相似，向顶端变细。担子果各部位皆无锁状联合。

模式产地：中国（云南）。

生境：夏秋季单生或散生于冷杉属植物与高山栎构成的混交林下或生于高山栎与高山松组成的混交林下。

世界分布：中国（西南地区）。

研究标本：云南：剑川，海拔 2700 m，1983 年 9 月 7 日，郑文康 83124 (HKAS 12079)；玉龙干海子，海拔 3000 m，1986 年 9 月 3 日，R. H. Petersen 56400 (TENN 47220, *T. chlorinosmus* 模式)；玉龙黑白水，海拔 3200 m，1985 年 8 月 5 日，臧穆 10351 (HKAS 15229)；同地，海拔 3100 m，2005 年 8 月 4 日，杨祝良 4531 (HKAS 48696)；玉龙铁甲山，海拔 2800 m，2000 年 9 月 30 日，臧穆 13723 (HKAS 37032)。

讨论：黄褐臧氏牛肝菌的主要特征是：菌盖初期常为橄榄色，后期变为黄褐色、淡黄色至蜜黄色并带橄榄色色调，菌柄处受伤后局部变为蓝色，担孢子较宽（直径达 7.5 μm），主要分布于高山、亚高山林中。该种在菌盖颜色上与橙黄臧氏牛肝菌（*Zangia citrina* Yan C. Li & Zhu L. Yang）相似，但橙黄臧氏牛肝菌的菌盖幼时无橄榄色色调，担孢子较窄（直径达 5.5 μm），主要分布于南亚热带阔叶林或针阔混交林中（Li *et al*., 2011）。

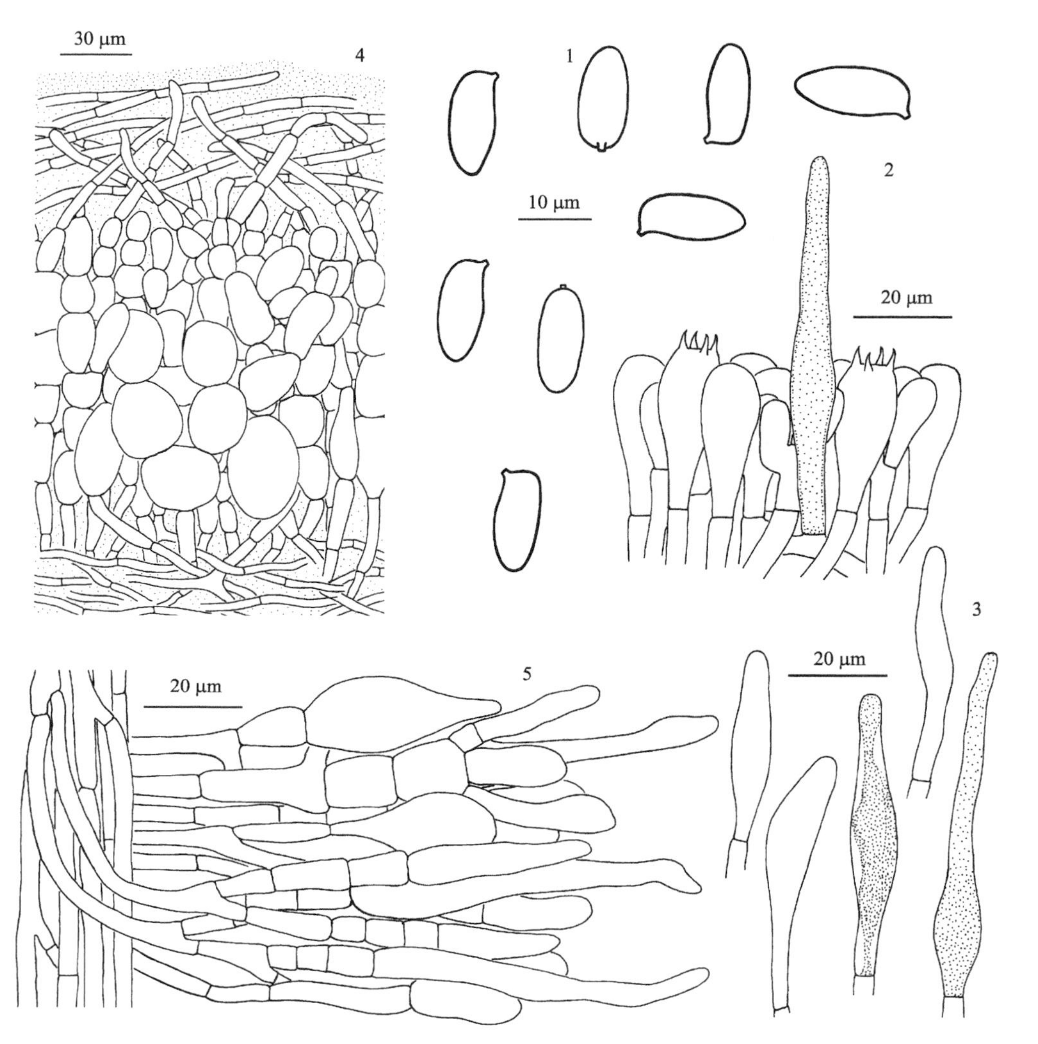

图 117　黄褐臧氏牛肝菌 *Zangia chlorinosma* (Wolfe & Bougher) Yan C. Li & Zhu L. Yang (TENN 47220, *T. chlorinosmus* 模式)

1. 担孢子；2. 担子和侧生囊状体；3. 侧生囊状体和缘生囊状体；4. 菌盖表皮结构；5. 菌柄表皮结构

橙黄臧氏牛肝菌　图版 XI-11；图 118

Zangia citrina Yan C. Li & Zhu L. Yang, in Li, Feng & Yang, Fungal Divers. 49: 132, figs. 3b, 4b, 6, 2011; Li, Li, Yang, Bau & Dai, Atlas Chin. Macrofung. Res., 1145, fig. 1691, 2015.

菌盖直径 2～5 cm，近半圆形至平展；表面橙黄色、黄色至淡黄色，边缘颜色稍浅，具皱纹或平滑，湿时稍黏；菌肉白色至污白色，受伤后不变色。子实层体弯生，初期白色，成熟后粉红色至灰粉红色；菌管长达 10 mm，粉红色至淡粉红色；管口直径约 0.5 mm，多角形。菌柄 4～7 × 0.4～0.7 cm，棒状，黄色，但在顶端白色至淡黄色，在基部亮黄色至铬黄色；表面被粉红色至玫瑰色鳞片；菌柄基部菌丝铬黄色至金黄色；菌肉黄色至淡黄色，但在顶部近白色至米色，在基部亮黄色至铬黄色，受伤后缓慢变为蓝色或变色不明显。菌肉味道柔和。

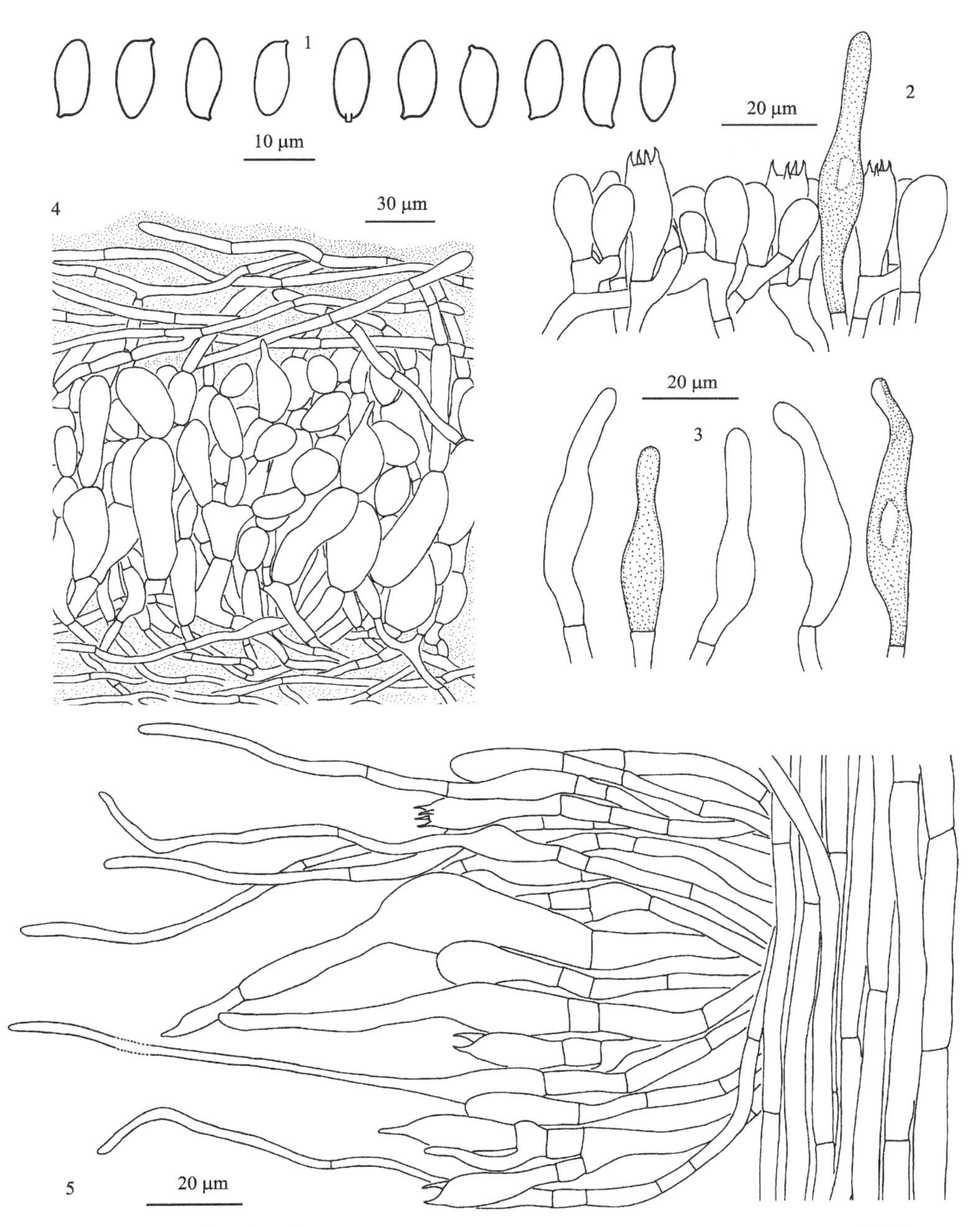

图 118　橙黄臧氏牛肝菌 *Zangia citrina* Yan C. Li & Zhu L. Yang (HKAS 52684，模式)

1. 担孢子；2. 担子和侧生囊状体；3. 侧生囊状体和缘生囊状体；4. 菌盖表皮结构；5. 菌柄表皮结构

菌管菌髓牛肝菌型。担子 18～37 × 10～15 μm，棒状，具 4 孢梗，稀具 2 孢梗。担孢子 (10) 11～13.5 (14) × (4) 4.5～5.5 μm [Q = (2) 2.18～2.86 (3)，**Q** = 2.53 ± 0.19]，侧面观梭形，不等边，上脐部常下陷，背腹观梭形，在 KOH 溶液中近无色至淡橄榄色，梅氏试剂中黄色至黄褐色，光滑，壁略厚 (约 0.5 μm)。侧生囊状体及缘生囊状体 23～61 × 8.5～13 μm，近梭形、腹鼓状至披针形，顶端渐尖，薄壁，在 KOH 溶液中透明，在梅氏试剂中黄色或黄褐色。菌盖表皮黏丝念珠型，外表皮由黄色至淡黄色、直径 4～

8 μm 的菌丝组成；中表皮由圆形、椭圆形至不规则形的膨大细胞 (直径达 25 μm) 组成，链状；下表皮由直径 2.5～5.5 μm 的菌丝组成。柄生囊状体与侧生囊状体及缘生囊状体相似，但有时具有较长的尾尖。担子果各部位皆无锁状联合。

模式产地：中国 (福建)。

生境：夏秋季单生或散生于南亚热带阔叶林或针阔混交林中，见于格氏栲林下，或马尾松与桉属 (*Eucalyptus* spp.) 植物组成的针阔混交林下。

世界分布：中国 (华中、东南及华南地区)。

研究标本：湖南：浏阳大围山国家森林公园，2003 年 7 月 10 日，海拔 1000 m，王汉臣 296 (HKAS 42457)；宜章莽山国家森林公园，1981 年 9 月 29 日，宗毓臣和卯晓岚 52 (HMAS 42680)。福建：三明三元格氏栲国家森林公园，海拔 260 m，2007 年 8 月 24 日，李艳春 990 (HKAS 52677)；同地同时，李艳春 997 (HKAS 52684，模式)；同地，2007 年 8 月 25 日，李艳春 1000 和 1001 (分别为 HKAS 53345 和 HKAS 53346)；同地，2007 年 9 月 29 日，李艳春 1039 (HKAS 53384)。广东：肇庆，1998 年 9 月 6 日，海拔 300 m，臧穆和杨祝良 12901 (HKAS 32756)。

讨论：橙黄臧氏牛肝菌的主要特征是：菌盖橙黄色、黄色至淡黄色，担孢子较窄，直径仅达 5.5 μm，菌盖菌肉受伤后不变色，菌柄菌肉受伤后缓慢变为蓝色。该种主要分布于我国华东、华南及华中地区 (Li *et al*., 2011)。

红盖臧氏牛肝菌　图版 XI-12；图 119

Zangia erythrocephala Yan C. Li & Zhu L. Yang, in Li, Feng & Yang, Fungal Divers. 49: 134, figs. 3c, 4c, 7, 2011; Li, Li, Yang, Bau & Dai, Atlas Chin. Macrofung. Res., 1146, fig. 1692, 2015.

菌盖直径 3～8 cm，扁半圆形至扁平，有时中央稍凸起；表面红色、暗红色、血红色、紫色至紫褐色，边缘色较淡并常带黄色色调，幼时被白色至奶油色细小鳞片，成熟后消失，常有皱纹，湿时胶黏；菌肉白色至奶油色，受伤后不变色。子实层体弯生；表面幼时白色，成熟后淡粉红色至粉红色或灰粉红色，触碰后留有淡褐色色斑但不变蓝；菌管长达 20 mm，污白色至淡粉红色；管口较小，成熟后直径 0.5～1 mm，多角形。菌柄 4～9 × 0.5～1.2 cm，近圆柱形，向上变细，顶部白色，中部淡粉红色至粉红色，基部亮黄色至铬黄色；基部菌丝铬黄色至金黄色；表面被粉红色至粉紫色鳞片；菌肉奶油色、淡黄色至淡粉红色，受伤后局部变为淡蓝色或变色不明显，基部亮黄色至铬黄色。菌肉味道柔和。

菌管菌髓牛肝菌型。担子 32～41 × 13～16 μm，棒状，具 4 孢梗，有时具 2 孢梗。担孢子 11.5～15.5 (16.5) × 5.5～6.5 (7) μm [Q = (1.79) 1.92～2.5 (2.64)，**Q** = 2.24 ± 0.20]，侧面观梭形，不等边，上脐部常下陷，背腹观梭形至近圆柱形，在 KOH 溶液中无色至淡黄褐色，光滑，壁略厚 (厚不足 1 μm)。侧生囊状体及缘生囊状体 26～75 × 5～11 μm，近圆柱形、腹鼓形至近梭形，薄壁，在 KOH 溶液中透明无色，在梅氏试剂中黄色或黄褐色。菌盖表皮黏丝念珠型，外表皮由黄色至淡黄色、直径 4～6 μm 的菌丝组成；中表皮由圆形、椭圆形至不规则形的膨大细胞 (直径达 20 μm) 组成，链状；下表皮由直径 2～5 μm 的菌丝组成。柄生囊状体与侧生囊状体及缘生囊状体相似，但较短。担子果各部位皆无锁状联合。

模式产地：中国 (云南)。

生境：夏秋季单生或散生于针阔混交林中，见于由高山松、冷杉、川滇高山栎 (*Quercus aquifolioides*) 等植物组成的针阔混交林下。

世界分布：中国 (西南地区)。

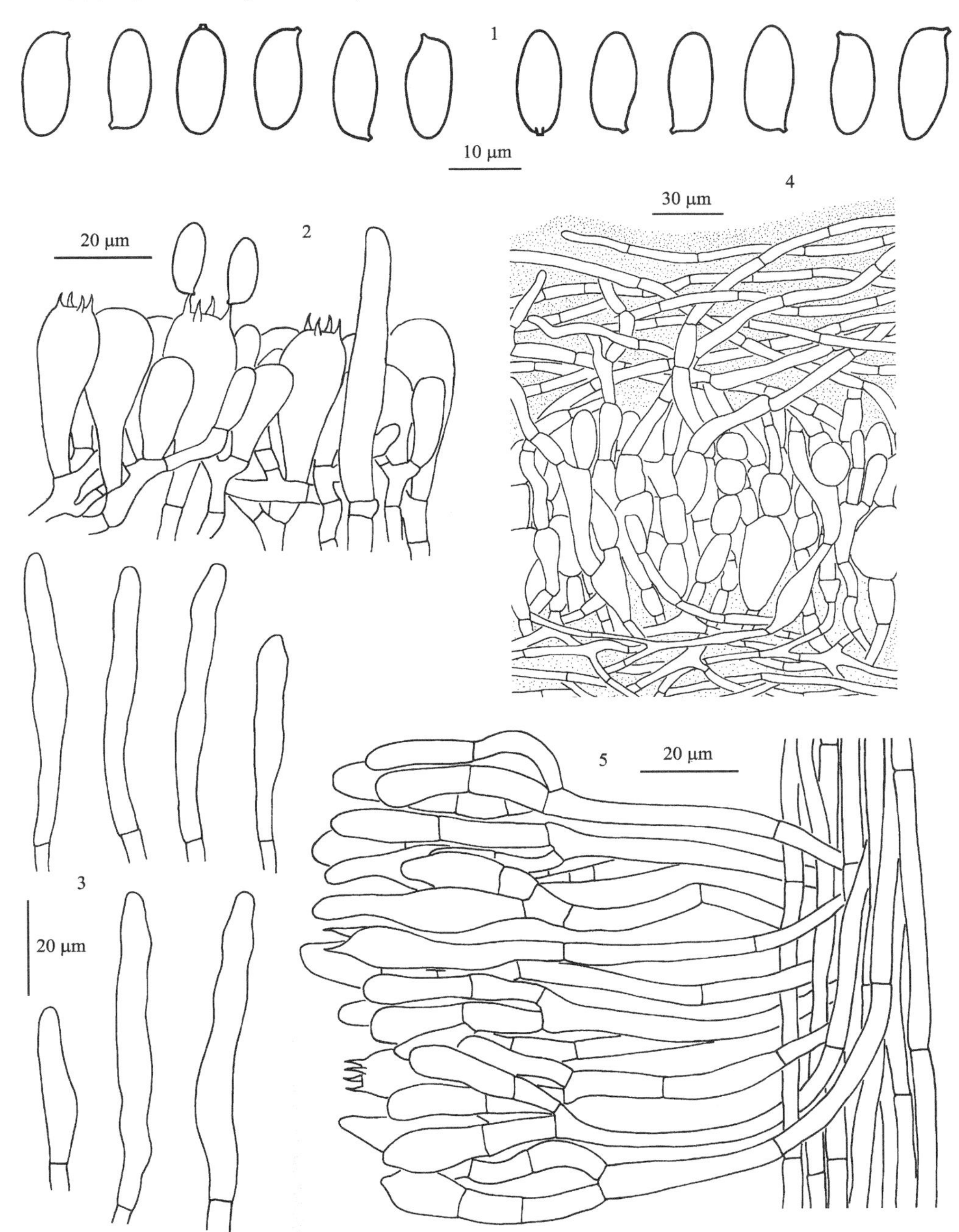

图 119 红盖臧氏牛肝菌 *Zangia erythrocephala* Yan C. Li & Zhu L. Yang (HKAS 52844，模式)

1. 担孢子；2. 担子和侧生囊状体；3. 侧生囊状体和缘生囊状体；4. 菌盖表皮结构；5. 菌柄表皮结构

研究标本：云南：剑川石宝山，海拔 2600 m，2001 年 9 月 11 日，王向华 1417 (HKAS 43032)；同地，2003 年 8 月 14 日，杨祝良 4002 (HKAS 43032)；玉龙黑白水，海拔 2900 m，2001 年 7 月 30 日，杨祝良 3121 (HKAS 38298)；同地，2008 年 7 月 22 日，李艳春 1325 (HKAS 56179)；玉龙玉龙雪山，海拔 3100 m，1986 年 9 月，R. H. Petersen 56400 (HKAS 20036)；同地，2005 年 8 月 4 日，杨祝良 4532A (HKAS 48686A)；香格里拉格咱，海拔 3400 m，2007 年 9 月 9 日，冯邦 122 (HKAS 52843) 和 123 (HKAS 52844，模式)；香格里拉哈巴雪山，海拔 2800 m，2008 年 8 月 12 日，李艳春 1433 和 1434 (分别为 HKAS 56273 和 HKAS 526274)；同地，海拔 3480 m，2008 年 8 月 14 日，李艳春 1472 (HKAS 56312)。

讨论：红盖臧氏牛肝菌的主要特征是：菌盖红色、暗红色至血红色，边缘较淡，担孢子较窄 (直径 5.5～6.5 μm)，侧生囊状体及缘生囊状体也都较窄 (直径 5.5～8 μm)，主要分布于海拔 2500 m 以上的森林中 (Li *et al*., 2011)。

臧氏牛肝菌 (*Z. roseola*) 酷似红盖臧氏牛肝菌，但臧氏牛肝菌的菌盖较小 (2～4 cm)，担孢子较宽 (直径 6～7 μm)，侧生囊状体及缘生囊状体也较宽 (直径 5～18 μm)，主要分布于海拔 2500 m 以下的华山松、云南松、栓皮栎、元江栲、柯属和油杉属植物组成的亚热带森林中。

橄榄色臧氏牛肝菌 图版 XII-1；图 120

Zangia olivacea Yan C. Li & Zhu L. Yang, in Li, Feng & Yang, Fungal Divers. 49: 137, figs. 3d, 4d, 8, 2011; Li, Li, Yang, Bau & Dai, Atlas Chin. Macrofung. Res., 1146, fig. 1693, 2015.

菌盖直径 4～7 cm，扁半圆形至扁平；表面橄榄绿色、绿褐色或橄榄褐色，边缘色较淡，常有皱纹，湿时稍黏；菌肉白色至奶油色，受伤后不变色。子实层体弯生；表面幼时白色，成熟后淡粉红色至粉红色，触碰后留有淡褐色色斑但不变蓝；菌管长达 15 mm，管口较小，成熟后直径约 0.5 mm，多角形。菌柄 8～13 × 1～2 cm，棒状，向上变细，白色、奶油色至淡红色，基部亮黄色至铬黄色；基部菌丝铬黄色至金黄色；表面被粉红色至粉紫色鳞片；菌肉奶油色至淡黄色，受伤后稍变为淡蓝色，在基部亮黄色至铬黄色。菌肉味道柔和。

菌管菌髓牛肝菌型。担子 23～37 × 10～15 μm，棒状，具 4 孢梗，有时具 2 孢梗。担孢子 12～15.5 (17) × 6～7 μm [Q = (1.85) 1.92～2.5 (2.58)，**Q** = 2.18 ± 0.16]，侧面观梭形，不等边，上脐部常下陷，背腹观梭形至近圆柱形，在 KOH 溶液中无色至浅橄榄色，在梅氏试剂中黄色至黄褐色，光滑，壁略厚 (约 0.5 μm)。侧生囊状体及缘生囊状体 32～61 × 6～12 μm，近梭形至腹鼓形，薄壁，在 KOH 溶液中透明，在梅氏试剂中黄色或黄褐色。菌盖表皮黏丝念珠型，外表皮由黄色至淡黄色、直径 3.5～7 μm 的菌丝组成；中表皮由圆形、椭圆形至不规则形的膨大细胞 (直径达 23 μm) 组成，链状；下表皮由直径 4～6 μm 的菌丝组成。柄生囊状体与侧生囊状体及缘生囊状体相似，20～56 × 6～11 μm。担子果各部位皆无锁状联合。

模式产地：中国 (云南)。

生境：夏秋季单生或散生于亚高山阔叶林或针阔混交林中，见于高山栎林下或生于高山栎与冷杉属植物组成的混交林内。

世界分布：中国 (西南地区)。

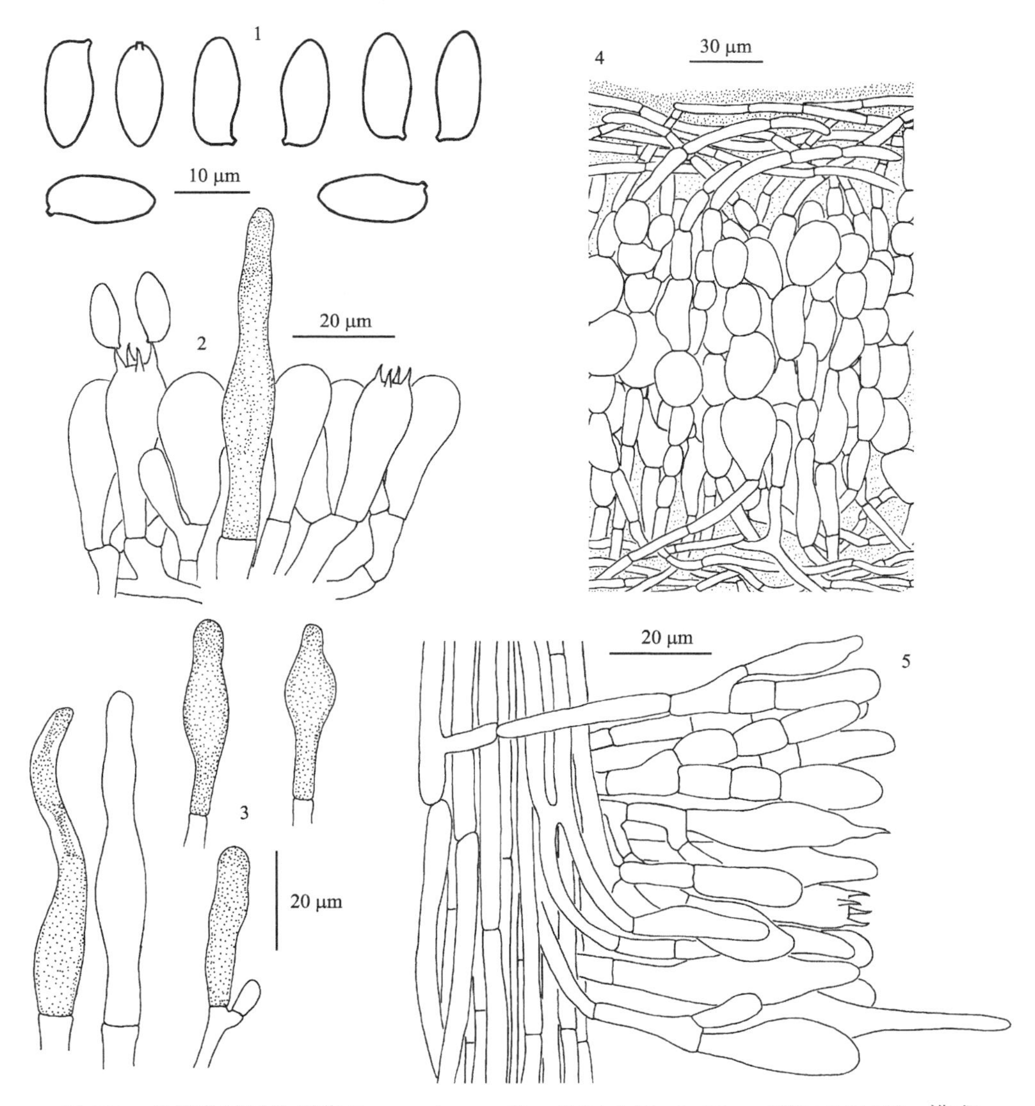

图 120　橄榄色臧氏牛肝菌 *Zangia olivacea* Yan C. Li & Zhu L. Yang (HKAS 45445，模式)

1. 担孢子；2. 担子和侧生囊状体；3. 侧生囊状体和缘生囊状体；4. 菌盖表皮结构；5. 菌柄表皮结构

研究标本：云南：香格里拉大雪山，海拔 3100 m，2004 年 7 月 6 日，杨祝良 3960 (HKAS 45445，模式)；香格里拉，海拔 3300 m，2006 年 7 月 26 日，葛再伟 1086 (HKAS 55830)；玉龙天文台附近，海拔 3200 m，2008 年 7 月 20 日，李艳春 1294 (HKAS 56148)。

讨论：橄榄色臧氏牛肝菌的主要特征是：菌盖橄榄绿色、绿褐色或橄榄褐色，担孢子较宽 (直径达 7 μm)，菌柄受伤后局部区域变为淡蓝色，生于亚高山森林中。该种与黄褐臧氏牛肝菌为同域分布物种，但二者在菌盖颜色上有较大差异，而且黄褐臧氏牛肝菌的侧生囊状体及缘生囊状体较长 (Li *et al*., 2011)。

橄榄褐臧氏牛肝菌　图版 XII-2；图 121

Zangia olivaceobrunnea Yan C. Li & Zhu L. Yang, in Li, Feng & Yang, Fungal Divers. 49: 138, figs. 3e, 4e, 9, 2011; Li, Li, Yang, Bau & Dai, Atlas Chin. Macrofung. Res., 1147, figs. 1694-1, 2, 2015.

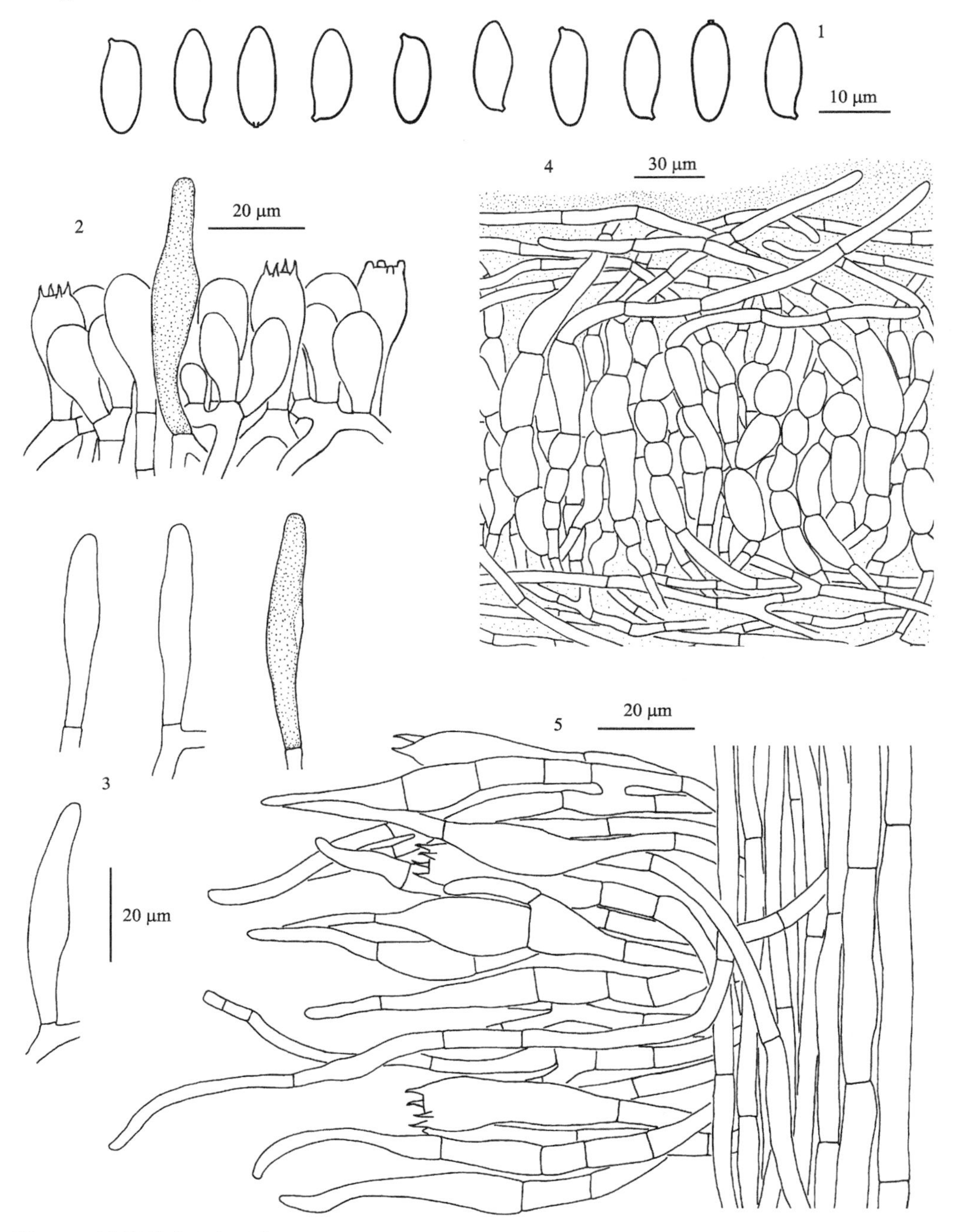

图 121　橄榄褐臧氏牛肝菌 *Zangia olivaceobrunnea* Yan C. Li & Zhu L. Yang (HKAS 52275，模式)

1. 担孢子；2. 担子和侧生囊状体；3. 侧生囊状体和缘生囊状体；4. 菌盖表皮结构；5. 菌柄表皮结构

菌盖直径 4～6 cm，扁半圆形至扁平；表面橄榄褐色，或淡紫褐色至红褐色而带橄榄色色调，有时具有灰色色调，边缘色较浅 (灰绿色至灰白色)，有时有皱纹，湿时稍黏；菌肉白色、奶油色至淡黄色，受伤后不变色。子实层体弯生；表面幼嫩时白色，成熟后淡粉红色至粉红色或灰紫色，触碰后留有淡褐色色斑但不变蓝；菌管长达 12 mm，管口较小，成熟后直径约 0.5 mm，多角形。菌柄 6～12 × 0.4～1 cm，近圆柱形，向上渐细，白色至奶油色或淡黄色，但顶端白色，受伤后变为淡蓝色，基部亮黄色至铬黄色；基部菌丝铬黄色至金黄色；表面被粉红色至粉紫色鳞片；菌肉淡黄色至黄色，但在基部为亮黄色至铬黄色，受伤后缓慢变为淡蓝色至蓝色。菌肉味道柔和。

菌管菌髓牛肝菌型。担子 21～36 × 10～15 μm，棒状，具 4 孢梗，有时具 2 孢梗。担孢子 12～15.5 (17) × (4.5) 5～6 (6.5) μm [Q = (2) 2.36～2.91 (3.11)，**Q** = 2.62 ± 0.19]，侧面观梭形，不等边，上脐部常下陷，背腹观梭形至近圆柱形，在 KOH 溶液中无色至浅橄榄色，在梅氏试剂中黄色至黄褐色，光滑，壁略厚 (约 0.5 μm)。侧生囊状体及缘生囊状体 19～70 × 4～12.5 μm，近梭形至腹鼓形，薄壁，在 KOH 溶液中透明，在梅氏试剂中黄色或黄褐色。菌盖表皮黏丝念珠型，外表皮由黄色至淡黄色、直径 4～13 μm 的菌丝组成；中表皮由圆形、椭圆形至不规则形的膨大细胞 (直径达 17 μm) 组成；下表皮由直径 4～6 μm 的菌丝组成。柄生囊状体披针形至近圆柱状，有时棒状，有横隔。担子果各部位皆无锁状联合。

模式产地：中国 (云南)。

生境：夏秋季单生或散生于亚热带阔叶林或针阔混交林中，见于栓皮栎林下，也见于栓皮栎、云南松和油杉属植物组成的混交林中。

世界分布：中国 (西南地区)。

研究标本：云南：楚雄南华野生食用菌市场购买，产地海拔不详，2009 年 8 月 3 日，李艳春 1961 和 1962 (分别为 HKAS 59220 和 HKAS 59221)；昆明黑龙潭公园，海拔 1980 m，2007 年 8 月 6 日，李艳春 961 (HKAS 52648)；同地，2007 年 9 月 8 日，杨祝良 4955 (HKAS 52272)；同地，2007 年 9 月 9 日，杨祝良 4960 (HKAS 52275，模式)；同地，2008 年 8 月 16 日，杨祝良 5145 (HKAS 54442)；同地，2008 年 8 月 28 日，李艳春 1575 和 1576 (分别为 HKAS 55511 和 HKAS 55512)。

讨论：橄榄褐臧氏牛肝菌的主要特征是：菌盖橄榄褐色或淡紫褐色至红褐色而带橄榄色色调，菌柄受伤后变为淡蓝色，担孢子较窄 (直径 5～6 μm)，生于亚热带森林中 (Li *et al*., 2011)。

橄榄色臧氏牛肝菌酷似橄榄褐臧氏牛肝菌，但前者担孢子较宽 (直径达 7 μm)，生于亚高山森林中。分子系统发育研究表明，二者并没有十分密切的亲缘关系 (Li *et al*., 2011)。

臧氏牛肝菌　图版 XII-3；图 122

别名：小红帽牛肝菌、红盖粉孢牛肝菌

Zangia roseola (W.F. Chiu) Yan C. Li & Zhu L. Yang, in Li, Feng & Yang, Fungal Divers. 49: 140, figs. 3f, 4f, 10, 2011; Li, Li, Yang, Bau & Dai, Atlas Chin. Macrofung. Res., 1148, fig. 1695, 2015.

Boletus roseolus W.F. Chiu, Mycologia 40: 208, 1948; Zang, Flora Fung. Sinicorum 22: 98, figs. 27-1～3, 2006.

Tylopilus roseolus (W.F. Chiu) F.L. Tai, Syll. Fung. Sinicorum: 758, 1979.

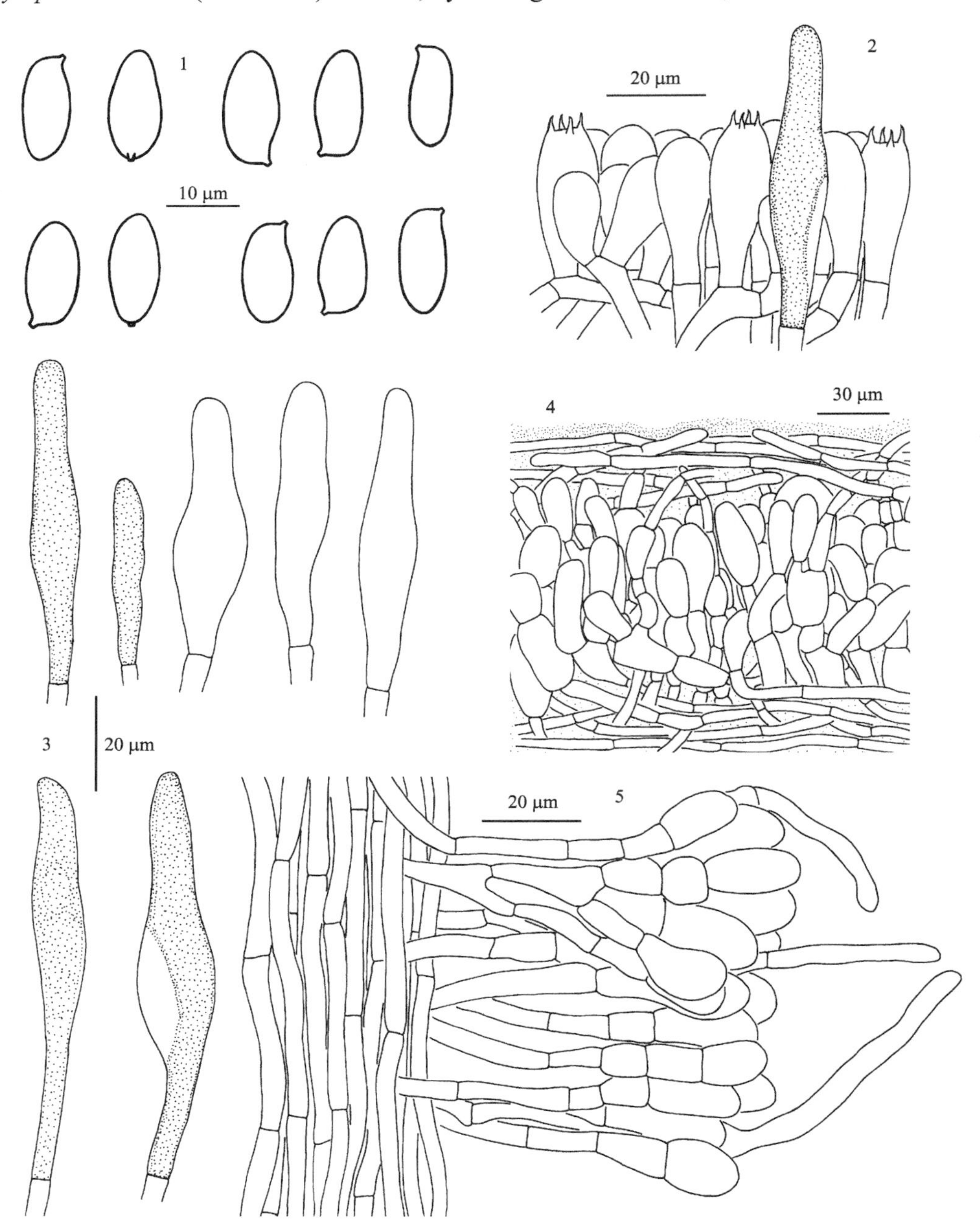

图 122　臧氏牛肝菌 *Zangia roseola* (W.F. Chiu) Yan C. Li & Zhu L. Yang (HKAS 51137)

1. 担孢子；2. 担子和侧生囊状体；3. 侧生囊状体和缘生囊状体；4. 菌盖表皮结构；5. 菌柄表皮结构

菌盖直径 2～4 cm，扁半球形至扁平，有时中央稍凸起；表面玛瑙红色、紫红色或淡红色，边缘淡粉色甚至白色，幼时被白色至奶油色细小鳞片但老时消失，平滑至具皱纹，湿时稍黏；菌肉白色至奶油色，受伤后不变色。子实层体弯生；表面初期白色，成熟后淡粉色至粉色或灰紫色；菌管长达 10 mm；管口直径约 0.5 mm，多角形，触后呈淡褐色，但不变蓝色。菌柄 4～7 × 0.3～0.6 cm，近圆柱形，向上变细，基部有时呈球状，顶端白色至奶油色或淡黄色，中部粉红色至粉紫色或肉色，基部亮黄色至铬黄色；基部菌丝铬黄色至金黄色；表面被粉色至粉紫色小鳞片；菌肉奶油色至淡黄色，受伤后局部缓慢变为淡蓝色，基部亮黄色至铬黄色；菌肉味道柔和。

菌管菌髓牛肝菌型。担子 26～38 × 10～15 μm，棒状，具 4 孢梗，有时具 2 孢梗。担孢子 13～16 (17) × (5.5) 6～7 (8) μm [Q = (2) 2.14～2.54 (2.83)，**Q** = 2.31 ± 0.19]，侧面观梭形，不等边，上脐部常下陷，背腹观梭形至近圆柱形，在 KOH 溶液中无色至浅橄榄色，在梅氏试剂中黄色至黄褐色，光滑，壁略厚 (约 0.5 μm)。侧生囊状体及缘生囊状体 30～83 × 5～18 μm，近梭形至腹鼓状，上部较细，薄壁，在 KOH 溶液中透明，在梅氏试剂中黄色或黄褐色。菌盖表皮黏丝念珠型，外表皮由黄色至淡黄色、直径 4～6 μm 的菌丝组成；中表皮由圆形、椭圆形至不规则形膨大细胞 (直径达 20 μm) 组成，链状；下表皮由直径 3～6 μm 的菌丝组成。柄生囊状体与侧生囊状体及缘生囊状体相似。担子果各部位皆无锁状联合。

模式产地：中国 (云南)。

生境：夏秋季单生或散生于亚热带针阔混交林中，见于华山松、云南松、栓皮栎、元江栲、柯属和油杉属植物组成的混交林中。

世界分布：中国 (西南地区)。

研究标本：云南：宾川鸡足山，海拔不详，1989 年 8 月 5 日，宗毓臣和李宇 y113 (HMAS 72099)；楚雄南华野生食用菌市场购买，产地海拔不详，2009 年 8 月 3 日，李艳春 1958 (HKAS 59219)；昆明野生食用菌市场购买，产地海拔不详，1938 年 7 月 27 日，周家炽 7889 (HMAS 3889，*Boletus roseolus* 等模式)；昆明黑龙潭公园，海拔 1900 m，2007 年 9 月 8 日，杨祝良 4956 (HKAS 52273)；同地，2007 年 9 月 9 日，杨祝良 4962 (HKAS 52277)；昆明筇竹寺附近，海拔 2100 m，2006 年 9 月 21 日，李艳春 700 (HKAS 51137)；同地，2007 年 8 月 8 日，李艳春 962 (HKAS 52649)；同地同时，杨祝良 4903 (HKAS 52220)；昆明西山，海拔 2050 m，2007 年 8 月 10 日，李艳春 980 (HKAS 52667)；丽江象山，海拔 2450 m，2008 年 7 月 17 日，李艳春 1245 (HKAS 56099)；玉龙，海拔 2400 m，2008 年 7 月 17 日，李艳春 1281 (HKAS 56135)。

讨论：臧氏牛肝菌的主要特征是：菌盖较小 (直径 2～4 cm)，表面玛瑙红色、紫红色或淡红色，边缘色较淡，菌柄受伤后局部缓慢变为淡蓝色，担孢子宽达 7 μm (Chiu, 1948；裘维蕃, 1957；Li *et al.*, 2011)。

裘维蕃 (Chiu, 1948) 基于采自昆明的标本描述了该种，并将其置于牛肝菌属中，即 *B. roseolus* W.F. Chiu，戴芳澜 (1979) 将该种转入粉孢牛肝菌属中，即 *T. roseolus* (W.F. Chiu) F.L. Tai。作者对该种的模式及新近采集的标本进行了研究，发现其菌盖表皮为黏丝念珠型，这一特征与粉孢牛肝菌属各种明显有别。分子系统发育分析表明，该种及其近缘种代表了一个独立的进化支系，因此成立了臧氏牛肝菌属 (Li *et al.*, 2011)，并得到了同行的认可 (Halling *et al.*, 2012b)。

补 遗

绒盖牛肝菌属 **Xerocomus** Quél.

臧穆 (2013) 对绒盖牛肝菌属及中国该属物种有详细记载。但随着时间推移，该属的范围已有缩小。目前，该属的主要特征是：菌盖被微绒毛，不黏；子实层体的厚度与菌盖菌肉的厚度相近；菌管黄色至黄褐色，管口多角形，复孔式；菌管和菌肉受伤后变为蓝色或变色不明显；菌柄无网纹、无腺点，常被鳞片。菌盖表皮栅皮型至毛皮型，菌丝直立、交织排列；菌管菌髓多为褶孔牛肝菌型；在扫描电镜下观察其担孢子表面通常具有杆菌状纹饰。本卷补记 9 种。由于 *Xerocomus porophyllus* T.H. Li *et al.* (Yan *et al.*, 2013) 为金孢牛肝菌属 (*Xanthoconium*) 的成员 (Wu *et al.*, 2016a)，故此不收入。

绒盖牛肝菌属补遗物种分种检索表

1. 担子果通常中等至大型，菌盖直径 ＞ 5 cm ······ 2
1. 担子果常小型，菌盖直径 ≤ 5 cm ······ 6
  2. 子实层体表面与菌管均为浅黄色至黄色 ······ 3
  2. 子实层体表面为浅紫红褐色，菌管亮黄色 ······ **紫孔绒盖牛肝菌 *X. puniceiporus***
3. 菌盖表面平滑；菌肉常为污白至浅黄色 ······ 4
3. 菌盖表面常凹凸不平，幼时尤为明显；菌肉常为白色 ······ **小粗头绒盖牛肝菌 *X. rugosellus***
  4. 担孢子较小 (长度 ≤ 13 μm)，在扫描电镜下可见杆菌状纹饰 ······ 5
  4. 担孢子较大 (长度 ＞ 13 μm)，表面光滑，在扫描电镜下无杆菌状纹饰 ······ **喜杉绒盖牛肝菌 *X. piceicola***
5. 菌柄中下部红褐色，密被红褐色小鳞片 ······ **褐脚绒盖牛肝菌 *X. fulvipes***
5. 菌柄浅黄色至浅黄褐色，光滑，有时具纤丝状鳞片 ······ **兄弟绒盖牛肝菌 *X. fraternus***
  6. 菌盖菌肉整体污白色至淡黄色，无红色色调 ······ 7
  6. 菌盖表皮下方的菌肉具明显红色色调 ······ **亚小绒盖牛肝菌 *X. subparvus***
7. 成熟时菌盖表面常开裂形成块状或颗粒状鳞片；担孢子较小 (长 9～11 μm) ······ 8
7. 成熟时菌盖表面一般不开裂；担孢子较大 (长 11～14 μm) ······ **细绒盖牛肝菌 *X. velutinus***
  8. 成熟时菌盖表面常龟裂成斑块状鳞片；菌柄常为浅黄褐色 ······ **云南绒盖牛肝菌 *X. yunnanensis***
  8. 成熟时菌盖表面常具颗粒状鳞片；菌柄常为浅红褐色 ······ **小盖绒盖牛肝菌 *X. microcarpoides***

兄弟绒盖牛肝菌 图版 XII-4；图 123

Xerocomus fraternus Xue T. Zhu & Zhu L. Yang, in Wu, Li, Zhu, Zhao, Han, Cui, Li, Xu & Yang, Fungal Divers. 81: 173, figs. 5a, 105n, 150o, 111, 2016.

菌盖直径 (2) 4～8 cm，扁半球形、凸镜形至平展；表面深黄褐色、土褐色至橄榄褐色，被微绒毛，不黏；菌肉污白色至浅黄色，受伤后缓慢变为浅蓝色，久置后变淡褐色。子实层体弯生；表面黄色，受伤后变浅蓝色或蓝绿色，过成熟个体子实层体表面常具赭色色调；管口多角形，复孔式，孔径 1～2 mm；菌管长 4～7 mm，与子实层体表面同色，受伤后变为蓝色。菌柄中生，4～9 × 0.5～1.2 cm，近圆柱形，或基部略粗，浅黄褐色至浅褐色，上部具褐色纵条纹，基部白色；菌肉上部污白色，受伤后缓慢变为蓝色，中下部特别是菌柄表皮附近浅红褐色，受伤后不变色；菌柄基部菌丝污白色。菌肉味道柔和。

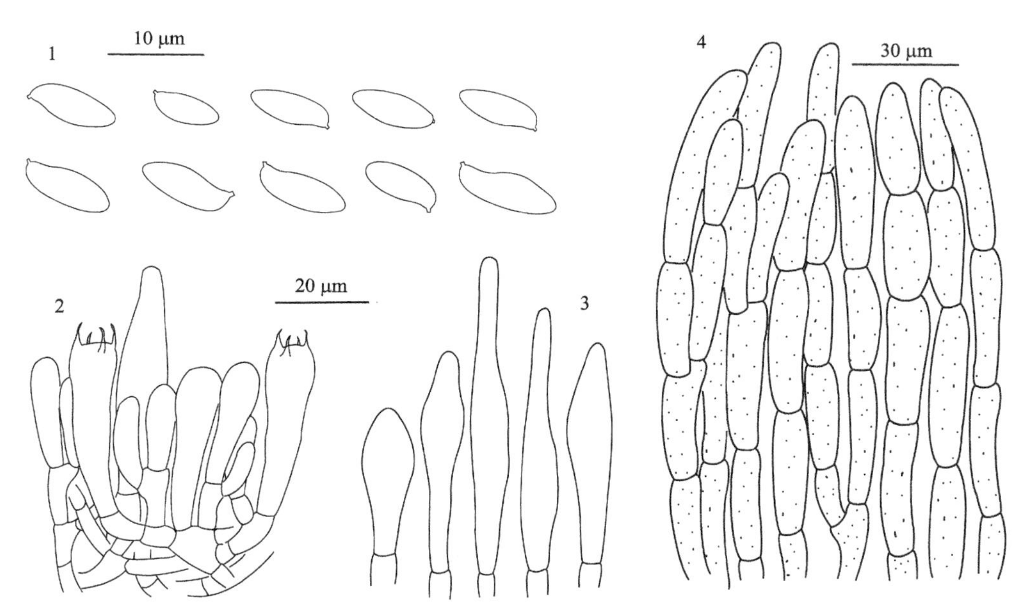

图 123 兄弟绒盖牛肝菌 *Xerocomus fraternus* Xue T. Zhu & Zhu L. Yang (HKAS 55328，模式)

1. 担孢子；2. 担子和侧生囊状体；3. 侧生囊状体和缘生囊状体；4. 菌盖表皮结构

菌管菌髓褶孔牛肝菌型。担子 35～48 × 9～12 μm，棒状，具 4 孢梗，偶具 2 孢梗。担孢子 (8.5) 9.5～12 (13) × 4～5 (6) μm [Q = (2.0) 2.39～2.47 (3.0)，**Q** = 2.44 ± 0.23]，侧面观梭形，不等边，上脐部常下陷，背腹观梭形至近圆柱形，在 KOH 溶液中浅橄榄色，壁略厚 (厚 0.5～1 μm)，光学显微镜下光滑，在扫描电镜下可见杆菌状纹饰。侧生囊状体及缘生囊状体散生，30～70 (90) × 8～13 μm，披针形、腹鼓棒状至铦形，薄壁，在 KOH 溶液中透明无色。菌盖表皮栅皮型，菌丝直立交织状排列，老后菌丝簇状排列；末端细胞短棒状，25～82 × 9～14 μm；菌丝间隙常有黄褐色沉积物，在 KOH 溶液中，沉积物易于快速溶解。菌柄囊状体形态与侧生囊状体及缘生囊状体相似。担子果各部位皆无锁状联合。

模式产地：中国 (云南)。

生境：夏秋季生于壳斗科植物林中，或壳斗科植物与华山松组成的混交林中。

世界分布：中国 (华南和西南地区)。

研究标本：海南：琼中黎母山，海拔不详，2010 年 8 月 3 日，曾念开 823 (HKAS 90207)。云南：景东哀牢山，海拔 1400～2400 m，2007 年 7 月 14 日，李艳春 841 (HKAS 52526)；同地，2007 年 7 月 16 日，李艳春 852 (HKAS 52537)；同地，2007 年 7 月 18 日，李艳春 891 (HKAS 52576)；同地，2008 年 7 月 15 日，李艳春 1228 (HKAS 56082)；同地同时，冯邦 218 (HKAS 55328，模式)；师宗菌子山，海拔 2260 m，2010 年 8 月 7 日，朱学泰 115 (HKAS 68291)。

讨论：兄弟绒盖牛肝菌的主要鉴别特征是：菌盖以暗褐色为主，过成熟的个体子实层体表面常具赭色色调，基部菌丝发达呈白色，菌柄菌肉近表皮处常呈浅红褐色 (Wu *et al.*, 2016a)。该种与云南绒盖牛肝菌 [*Xerocomus yunnanensis* (W.F. Chiu) F.L. Tai] 在担子果的大小和颜色方面相近，但云南绒盖牛肝菌的子实层体和菌柄菌肉受伤后几乎不变蓝色。

褐脚绒盖牛肝菌 图版 XII-5；图 124

Xerocomus fulvipes Xue T. Zhu & Zhu L. Yang, in Wu, Li, Zhu, Zhao, Han, Cui, Li, Xu & Yang, Fungal Divers. 81: 174, figs. 5b, 112a～c, 113, 2016.

菌盖直径 3～11 cm，凸镜形至平展；表面幼时浅黄褐色至浅红褐色，成熟后变灰褐色，被微绒毛，不黏；菌肉白色、污白色至浅黄色，幼时受伤变蓝不明显，成熟时受伤缓慢变为浅蓝色。子实层体弯生；表面幼时亮黄色，受伤变蓝不明显，成熟后变为深黄色至黄褐色，受伤缓慢变为蓝色；管口多角形，复孔式，孔径 1～2 mm；菌管长 4～8 mm，鲜黄色至黄褐色，受伤缓慢变为蓝色。菌柄中生，3～9 × 0.5～1.3 cm，近圆柱形，密被红褐色小鳞片，中上部有时具纵向红褐色条纹或网纹，顶部浅黄色；菌肉幼时白色，受伤变色不明显，成熟后上部污白色，受伤后变为蓝色，中下部常水渍样，浅褐色，受伤后不变色；菌柄基部菌丝污白色。菌肉味道柔和。

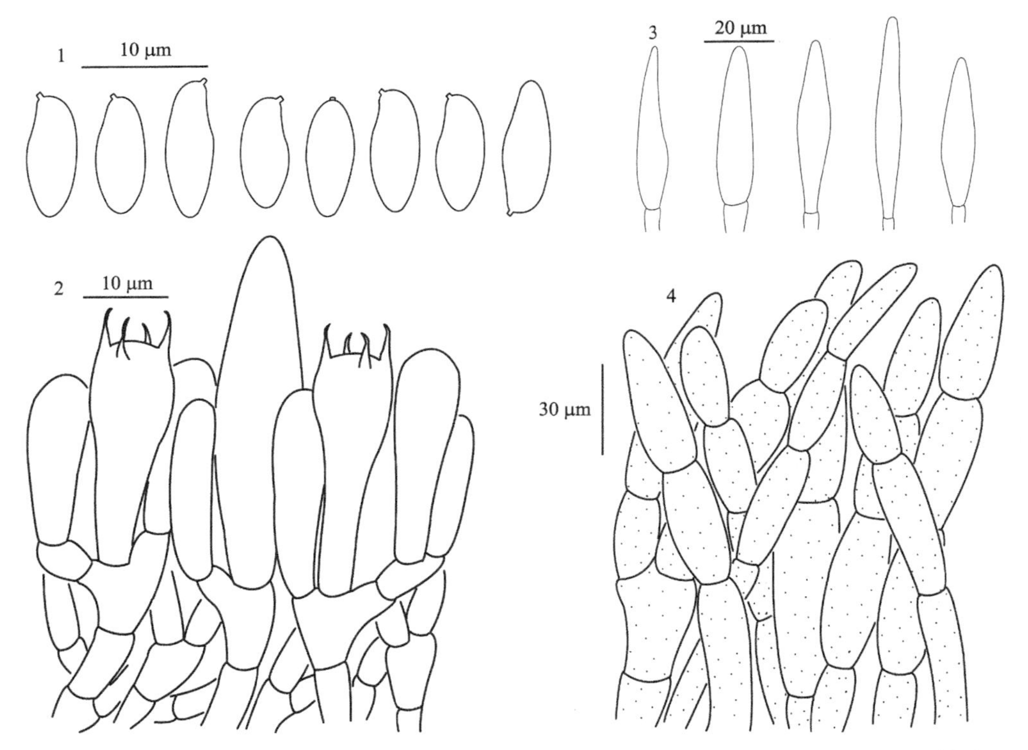

图 124 褐脚绒盖牛肝菌 *Xerocomus fulvipes* Xue T. Zhu & Zhu L. Yang (HKAS 68246，模式)

1. 担孢子；2. 担子和侧生囊状体；3. 侧生囊状体和缘生囊状体；4. 菌盖表皮结构

菌管菌髓褶孔牛肝菌型。担子 28～38 × 9～11 μm，棒状，具 4 孢梗，有时具 2 孢梗。担孢子 10～12 (12.5) × 4～5 μm [Q = (2.1) 2.36～2.45 (2.9)，**Q** = 2.4 ± 0.16]，侧面观梭形，不等边，上脐部常下陷，背腹观梭形至近圆柱形，在 KOH 溶液中浅橄榄色，壁略厚 (厚 0.5～1 μm)，在光学显微镜下光滑，在扫描电镜下可见杆菌状纹饰。侧生囊状体及缘生囊状体 35～72 × 9～13 μm，披针形或腹鼓棒状，薄壁，在 KOH 溶液中透明无色。菌盖表皮栅皮型，菌丝直立交织状排列，菌丝间隙有深黄褐色的沉积物，在 KOH 溶液中，沉积物易于快速溶解。柄生囊状体形态与侧生囊状体及缘生囊状体的相似。担子果各部位皆无锁状联合。

模式产地：中国 (云南)。

生境：夏秋季散生于壳斗科和松属植物林中地上。

世界分布：中国 (华中和西南地区)。

研究标本：河南：内乡七里坪，海拔不详，2010 年 8 月 1 日，时晓菲 438 (HKAS 76666)。云南：宾川鸡足山，海拔 2200 m，2010 年 8 月 23 日，朱学泰 286 (HKAS 68462)；楚雄紫溪山，海拔 2200 m，2010 年 9 月 4 日，葛再伟 2712 (HKAS 61635)；景东哀牢山，海拔 1450 m，2007 年 7 月 16 日，李艳春 851 (HKAS 52536)；同地，2007 年 7 月 17 日，李艳春 871 (HKAS 52556)；宁蒗西川，海拔 3300 m，2010 年 7 月 14 日，朱学泰 46 (HKAS 68222)；宁蒗战河，海拔 3050 m，2010 年 7 月 16 日，朱学泰 70 (HKAS 68246，模式)；同地，2010 年 7 月 17 日，朱学泰 86 (HKAS 68262)，朱学泰 87 (HKAS 68263)；盈江昔马，海拔 2170 m，2009 年 7 月 17 日，李艳春 1672 (HKAS 59419)。

讨论：褐脚绒盖牛肝菌的识别特征是：菌盖常为浅黄褐色至浅红褐色，菌管和菌肉受伤后缓慢变为浅蓝色或变蓝不明显，菌柄通常全部或局部浅红褐色，被细小的红褐色鳞片 (Wu *et al.*, 2016a)。

小盖绒盖牛肝菌 图版 XII-6；图 125

Xerocomus microcarpoides (Corner) E. Horak, Malayan Forest Records 51: 82, fig. 35, 2011; Wu, Li, Zhu, Zhao, Han, Cui, Li, Xu & Yang, Fungal Divers. 81: 177, figs. 5c, 112d～g, 114, 2016.

Boletus microcarpoides Corner, *Boletus* in Malaysia: 209, 1972.

菌盖直径 1.5～4 (6.5) cm，凸镜形至平展，有时边缘稍内卷；表面浅黄褐色至暗褐色，被细绒毛，不黏；菌肉白色至浅黄色，受伤后缓慢变为蓝色。子实层体弯生；表面亮黄色至深黄色，受伤后缓慢变为蓝色；菌管与子实层体表面颜色相同；管口多角形，复孔式，孔径 1～1.5 mm。菌柄中生，2.5～6.5 × 0.3～0.5 cm，近圆柱形，污白色、浅黄褐色至土褐色，被丝状鳞片；菌肉污白色至浅黄色，受伤后变蓝不明显；菌柄基部菌丝污白色。菌肉味道柔和。

菌管菌髓褶孔牛肝菌型。担子 33～42 × 8.5～11 μm，棒状，具 4 孢梗，有时具 2 孢梗。担孢子 (8.5) 9～11.5 (12.5) × 4～4.5 (5.5) μm [Q = (1.84) 2.11～2.75 (2.95)，**Q** = 2.42 ± 0.26]，侧面观梭形，不等边，上脐部常下陷，背腹观梭形至近圆柱形，在 KOH 溶液中浅橄榄褐色，壁略厚 (0.5～1 μm)，在光学显微镜下光滑，在扫描电镜下可见杆菌状纹饰。侧生囊状体和缘生囊状体散生，40～60 × 12～19 μm，棒状、梭形或腹鼓棒状，顶端有时呈乳突状，薄壁，在 KOH 溶液中透明无色。菌盖表皮栅皮型，菌丝直立交织状排列，无色至浅黄褐色；菌丝末端细胞 15～70 × 8～13 μm，呈短柱状、锥状至子弹状，黄褐色。柄生囊状体 35～55 × 10～15 μm，形态与侧生囊状体及缘生囊状体相似。担子果各部位皆无锁状联合。

模式产地：马来西亚。

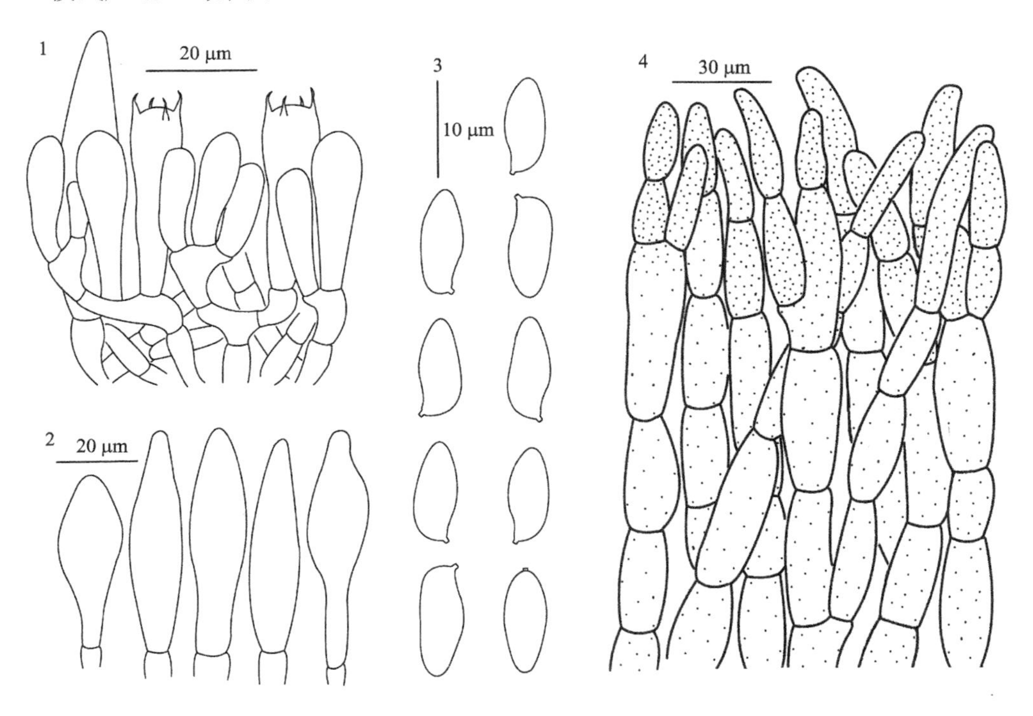

图 125　小盖绒盖牛肝菌 *Xerocomus microcarpoides* (Corner) E. Horak (HKAS 53374，附加模式)

1. 担子和侧生囊状体；2. 侧生囊状体和缘生囊状体；3. 担孢子；4. 菌盖表皮结构

生境：夏秋季节散生于热带、亚热带的壳斗科林中地上。

世界分布：马来西亚和中国 (东南、华南和西南地区)。

研究标本：福建：三明三元格氏栲国家森林公园，2007 年 8 月 26 日，李艳春 1029 (HKAS 53374，附加模式)。广东：封开黑石顶，2012 年 6 月 6 日，李方 446 (HKAS 93516)。海南：琼中黎母山自然保护区，2010 年 8 月 3 日，曾念开 810 (FHMU 487)。云南：景洪，2008 年 6 月 30 日，李艳春 1206 (HKAS 56060)；普洱思茅，海拔 1600 m，2008 年 7 月 30 日，唐丽萍 522 (HKAS 54753)。

讨论：小盖绒盖牛肝菌的主要特征是：担子果小型，子实层体受伤后缓慢变为蓝色，担孢子相对较小 (9～11.5 × 4～4.5 μm)。该种最初作为牛肝菌属的一个新种由 Corner (1972) 描述。但是，菌盖菌肉及子实层体受伤后缓慢变为蓝色、担孢子被杆菌状纹饰及分子系统发育证据支持将该种置于绒盖牛肝菌属中 (Horak, 2011；Wu *et al*., 2016a)。

喜杉绒盖牛肝菌　图版 XII-7；图 126

Xerocomus piceicola M. Zang & M.S. Yuan, Acta Bot. Yunnanica 21: 39, figs.1-4～7, 1999; Zang, Flora Fung. Sinicorum 44: 108, figs. 32-7～9, 2013; Wu, Li, Zhu, Zhao, Han, Cui, Li, Xu & Yang, Fungal Divers. 81: 177, figs. 5d, 112h～j, 115, 2016.

菌盖直径 4～6 cm，扁半球形、凸镜形至平展；表面幼时被浅黄褐色至赭褐色的绒毛，成熟后常龟裂呈斑块状，不黏；菌肉污白色至浅黄色，受伤缓慢变为浅蓝色或变蓝不明显。子实层体直生或弯生；表面黄绿色、黄色至金黄色，受伤变浅蓝色，之后缓慢变为暗黄褐色；菌管长 3～4 mm，管口多角形，复孔式，孔径 1～2 mm。菌柄中生，4～8 × 0.8～1.5 cm，棒状、柱状或向下稍粗，浅黄色，具浅褐色纵向沟纹，有时中上部被红褐色细鳞片；菌肉幼时白色至浅黄色，受伤后缓慢变为浅蓝色或变色不明显，成熟后常为浅褐色；菌柄基部菌丝白色至浅黄色。菌肉味道柔和。

菌管菌髓褶孔牛肝菌型。担子 28～42 × 9～12 μm，棒状，具 4 孢梗，有时具 2 孢梗。担孢子 (12) 13.5～14.5 (18) × (4.5) 5～5.5 (6) μm [Q = (1.86) 2.45～2.75 (3.33)，**Q** = 2.56 ± 0.18]，侧面观梭形，不等边，上脐部常下陷，背腹观梭形至近圆柱形，在 KOH 溶液中为浅橄榄褐色，壁略厚 (厚 0.5～1 μm)，表面光滑，无杆菌状纹饰 (在扫描电镜下)。侧生囊状体及缘生囊状体散生，39～110 × 12～27 μm，棒状、腹鼓棒状至锆状，壁薄，在 KOH 溶液中透明无色。菌盖表皮栅皮型，幼时菌丝交错直立排列，细胞在 KOH 溶液中黄褐色，成熟后菌丝倒伏而呈簇状排列，仅某些末端细胞呈黄褐色；菌丝末端细胞 22～55 × 6～10 μm，棒状。柄生囊状体形态与侧生囊状体及缘生囊状体的相似。担子果各部位皆无锁状联合。

模式产地：中国 (甘肃)。

生境：夏秋季节生于冷杉属或云杉属林中地上或腐木上。

世界分布：中国 (西南和西北地区)。

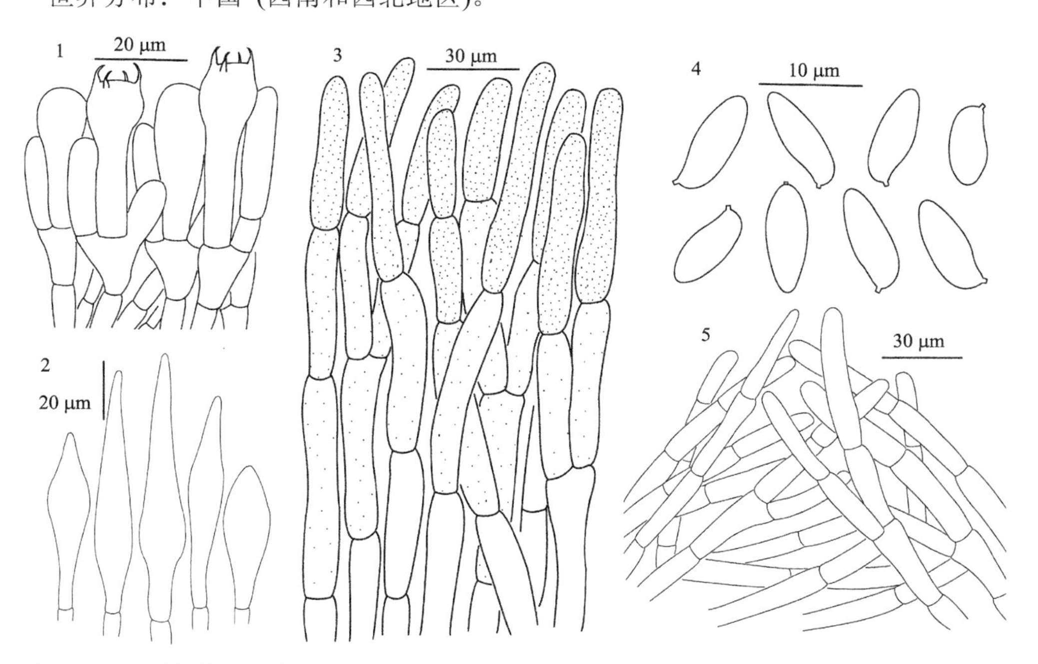

图 126　喜杉绒盖牛肝菌 *Xerocomus piceicola* M. Zang & M.S. Yuan (HKAS 76492，附加模式)

1. 担子；2. 侧生囊状体及缘生囊状体；3. 菌盖表皮结构 (未成熟)；4. 担孢子；5. 菌盖表皮结构

研究标本：四川：阿坝阿依拉山，海拔不详，2007 年 8 月 10 日，葛再伟 1782 (HKAS 53867)；白玉，海拔 3800 m，2007 年 8 月 26 日，葛再伟 1368 (HKAS 50955)。云南：香格里拉红山，海拔 4100 m，2008 年 8 月 22 日，冯邦 341 (HKAS 55452)；同地同时，冯邦 342 (HKAS 55453)；玉龙老君山，海拔 3380 m，2009 年 9 月 3 日，冯邦 776 (HKAS

57504)。甘肃：临潭冶力关，海拔 3000 m，2012 年 8 月 10 日，朱学泰 643 (HKAS 76492，附加模式)；舟曲沙滩林场，海拔 2800 m，1996 年 7 月 11 日，袁明生 2216 (HKAS 30540，模式)。

讨论：喜杉绒盖牛肝菌的主要特征是：担孢子相对较大 (13.5～14.5 × 5～5.5 μm)，电镜下未见杆菌状纹饰，仅分布于亚高山的冷杉或云杉林中 (臧穆, 2013)。在绒盖牛肝菌属中，这是唯一已知担孢子光滑的物种 (Wu *et al.*, 2016a)。

臧穆 (2013) 记载了喜杉绒盖牛肝菌，但仅基于模式标本。本卷基于更多标本，对该种进行了补充描述，以帮助读者明确其物种概念。

紫孔绒盖牛肝菌　图版 XII-8；图 127

Xerocomus puniceiporus T.H. Li, Ming Zhang & T. Bau, in Zhang, Li, Bau & Song, Mycotaxon 121: 24, fig. 1, pl. 1, 2012; Li, Li, Yang, Bau & Dai, Atlas Chin. Macrofung. Res., 1144, fig. 1688, 2015; Wu, Li, Zhu, Zhao, Han, Cui, Li, Xu & Yang, Fungal Divers. 81: 178, figs. 5e, 112k, l, 116, 2016.

菌盖直径 5～6 cm，凸镜形至平展；表面浅灰红色至浅红褐色，被绒毛，有时形成点状鳞片，边缘稍内卷，不黏；菌肉污白色至浅黄色，厚约 3 mm，受伤后缓慢变为浅蓝色，或变色不明显。子实层体弯生；表面鲜红色、红色至暗红色，受伤后缓慢变深蓝色；管口多角形至近圆形，孔径 1～2 mm；菌管长约 2 mm，亮黄色，受伤后缓慢变浅蓝色。菌柄中生，4～5 × 0.5～0.6 cm，近圆柱形，红色至暗玫瑰红色，具蓝紫色色调，被同色的粉末状或纤丝状鳞片；菌肉与盖部菌肉同色，或颜色稍暗，受伤后缓慢变为浅蓝色，或变色不明显；基部菌丝白色至污白色。菌肉味道柔和。

菌管菌髓褶孔牛肝菌型。担子 28～36 × 9.5～11 μm，棒状，具 4 孢梗，偶尔具 2 孢梗。担孢子 (8) 8.5～10.5 (11) × 4～5 μm [Q = (1.81) 1.86～2.26 (2.31)，**Q** = 2.11 ± 0.12]，侧面观梭形，不等边，上脐部常下陷，背腹观梭形至近圆柱形，在 KOH 溶液中浅橄榄色，表面在光学显微镜下光滑，在扫描电镜下可见杆菌状纹饰。缘生囊状体 35～75 × 7.5～11 μm，棒状，壁略厚 (厚约 1 μm)；侧生囊状体 48～105 (135) × 8.5～18.5 μm，长颈烧瓶状或腹鼓梭状，薄壁，有时壁略厚 (厚度<1 μm)，顶部渐尖。菌盖表皮栅皮型，厚 150～200 μm，由直立交织排列的菌丝组成，菌丝直径 9～18 μm；菌丝末端细胞 29～54 × 9～11.5 μm，圆柱形至子弹形，壁薄，偶尔壁略厚 (厚度<1 μm)。柄生囊状体棒状，29～54 × 9～11.5 μm，壁厚 (厚度可达 2 μm)。担子果各部位皆无锁状联合。

模式产地：中国 (广东)。

生境：夏秋季节散生于壳斗科植物组成的林中。

世界分布：中国 (华南地区)。

研究标本：广东：封开黑石顶，海拔 800 m，2013 年 6 月 2 日，赵宽 258 (HKAS 80683)。

讨论：紫孔绒盖牛肝菌的主要特征是：子实层体表面红色，菌肉受伤变为浅蓝或变色不明显，担孢子表面有杆菌状纹饰 (在扫描电镜下)，缘生囊状体壁厚 (Zhang *et al.*, 2012)。

分子系统发育分析表明，*Xerocomus tenax* Nuhn & Halling 与紫孔绒盖牛肝菌亲缘关系较近 (Wu *et al.*, 2016a)，但前者的子实层体管口为黄色且菌柄表面具网纹。*Boletus rubriporus* Corner 酷似紫孔绒盖牛肝菌，但前者的缘生囊状体为薄壁 (Corner, 1972)。

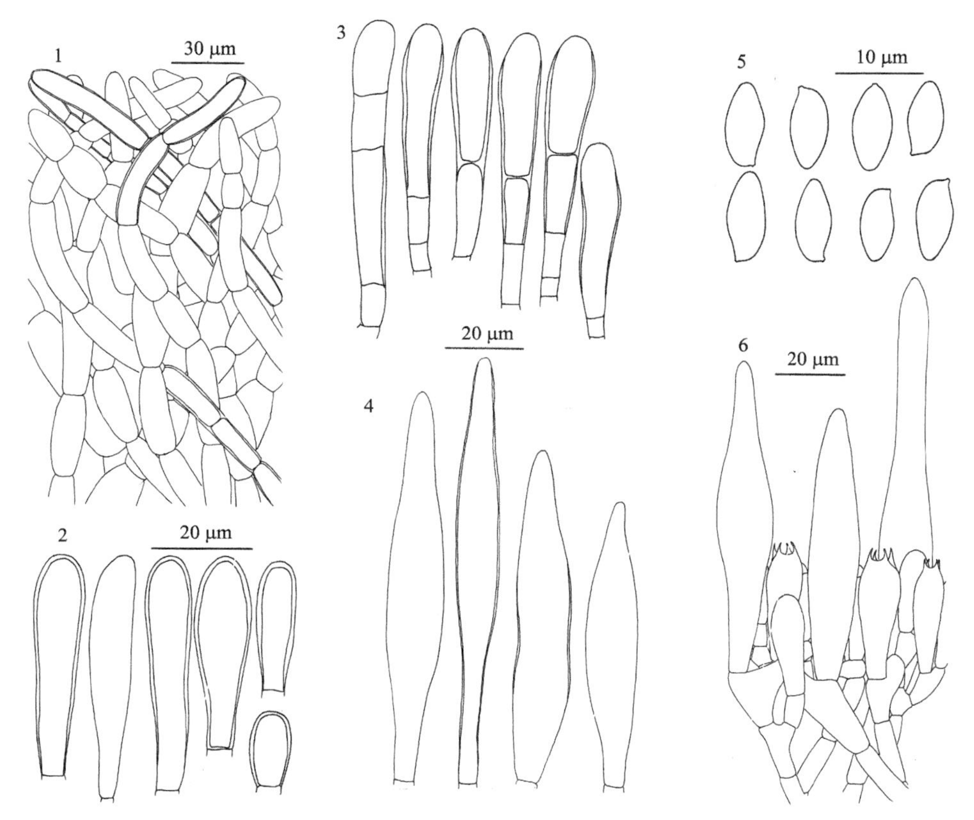

图 127　紫孔绒盖牛肝菌 *Xerocomus puniceiporus* T.H. Li, Ming Zhang & T. Bau (HKAS 80683)

1. 菌盖表皮结构；2. 缘生囊状体；3. 柄生囊状体；4. 侧生囊状体；5. 担孢子；6. 担子和侧生囊状体

小粗头绒盖牛肝菌　图版 XII-9；图 128

别名：长孢绒盖牛肝菌

Xerocomus rugosellus (W.F. Chiu) F.L. Tai, Syll. Fung. Sinicorum: 815, 1979; Wu, Li, Zhu, Zhao, Han, Cui, Li, Xu & Yang, Fungal Divers. 81: 179, figs. 5f, 112m～o, 117, 2016.

Boletus rugosellus W.F. Chiu, Mycologia 40: 219, 1948; Zang, Flora Fung. Sinicorum 22: 140, figs. 40-4～6, 2006.

菌盖直径 4～8 cm，扁半球形、凸镜形至平展；表面土黄色、浅褐色、灰褐色、黄褐色、红褐色至深褐色，幼时多凹凸不平，成熟后近平滑，被细绒毛，有时被颗粒状鳞片或龟裂形成斑块状鳞片，不黏；菌肉白色，受伤后缓慢变为蓝色，或变色不明显。子实层体直生、弯生或稍延生；表面浅黄色、黄绿色、鲜黄色至土黄色，受伤后变浅蓝色，久置后变赭色；菌管与子实层体表面同色，受伤不变蓝或缓慢变为浅蓝色；管口多角形，复孔式，孔径 1～1.5 (2) mm。菌柄中生，6～10 × 0.5～2 cm，近圆柱形，等粗或向下稍粗，污白色、浅黄色至浅黄褐色，光滑，上部有时具褐色纵条纹；菌肉黄色至浅褐色，伤不变色；基部菌丝白色至污白色。菌肉味道柔和。

菌管菌髓褶孔牛肝菌型。担子 30～45 × 12～15 µm，棒状，具 4 孢梗，有时具 2 孢梗。担孢子 (12) 14～15.5 (18) × (4.5) 5～5.5 (7) μm [Q = (2.65) 2.83～2.98 (3.24)，**Q** = 2.91 ± 0.24]，侧面观梭形，不等边，上脐部常下陷，背腹观梭形至近圆柱形，在 KOH 溶液中浅橄榄褐色，有 1 个或 2 个小油滴，壁略厚 (厚 0.5～1 μm)，在光学显微镜下光滑，在扫描电镜下显示有杆菌状纹饰。侧生囊状体及缘生囊状体散生，45～80 × 10～14 μm，披针形、棒状、腹鼓状至梭形，无色，偶有浅黄褐色，薄壁。菌盖表皮栅皮型，由直立交织的菌丝构成，菌丝浅黄褐色，末端和近末端的细胞颜色更深，在 KOH 溶液中易褪色；菌丝末端细胞 45～65 (80) × 10～15 μm，多为短棒状。柄生囊状体形态与侧生囊状体及缘生囊状体的相似。担子果各部位皆无锁状联合。

模式产地：中国 (云南)。

生境：夏秋季生于松科和壳斗科植物林中。

世界分布：中国 (西南地区)。

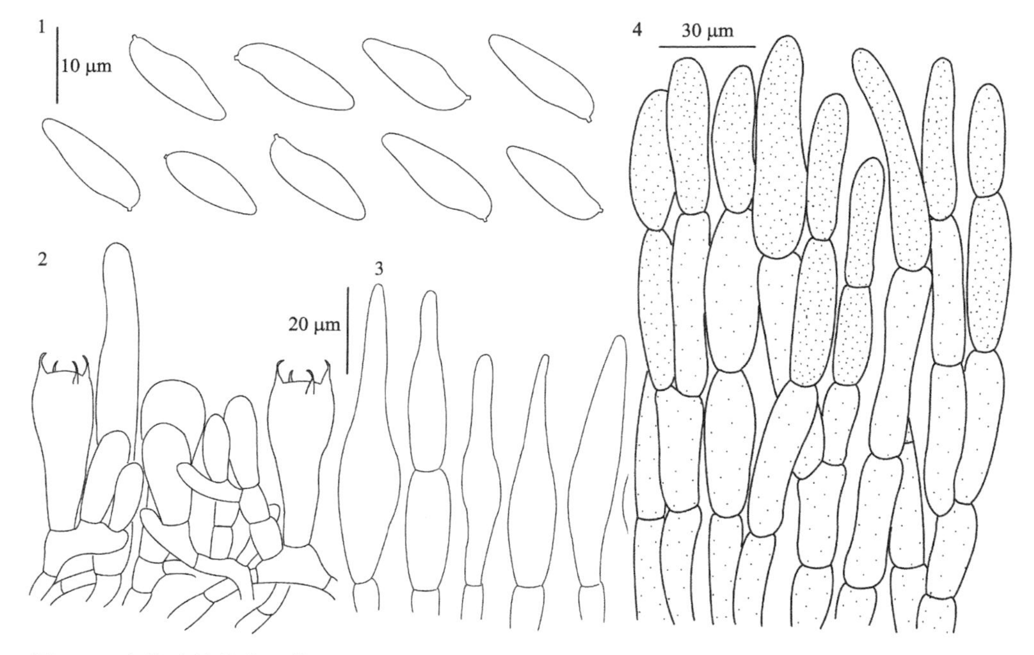

图 128　小粗头绒盖牛肝菌 *Xerocomus rugosellus* (W.F. Chiu) F.L. Tai (HKAS 79675，附加模式)

1. 担孢子；2. 担子和侧生囊状体；3. 侧生囊状体和缘生囊状体；4. 菌盖表皮结构

研究标本：云南：剑川老君山，海拔 2900 m，蔡箐 200 (HKAS 58865)；昆明筇竹寺附近，海拔 2000 m，2013 年 7 月 28 日，杨祝良 5714 (HKAS 79675，附加模式)；同地，海拔 2200 m，2007 年 8 月 8 日，杨祝良 4906 (HKAS 52223)；同地，2010 年 9 月 2 日，朱学泰 296 (HKAS 68472)；昆明西山，海拔不详，1942 年 7 月 22 日，裘维蕃 7872 (HMAS 3872，模式)；昆明野鸭湖公园，海拔不详，2008 年 6 月 29 日，唐丽萍 291 (HKAS 54108)；兰坪，海拔 3000 m，2010 年 8 月 14 日，朱学泰 139 (HKAS 68315)；路南石林圭山，海拔 2200 m，2010 年 8 月 8 日，朱学泰 116 (HKAS 68292)；宁蒗西川，海拔 3300 m，2010 年 7 月 14 日，秦姣 63 (HKAS 67749)；同地同时，朱学泰 48、49、50 和 51 (分别为 HKAS 68224、HKAS 68225、HKAS 68226 和 HKAS 68227)；宁蒗战河，海拔 3100 m，2010 年 7 月 15 日，朱学泰 59(HKAS 68235)；同地，2010 年 7 月 16 日，朱学泰 62

(HKAS 68238)；香格里拉碧塔海，海拔 3200 m，2008 年 8 月 16 日，李艳春 1508 (HKAS 56348)；同地，2009 年 8 月 24 日，冯邦 660 (HKAS 57389)，吴刚 124 (HKAS 57656)；香格里拉大雪山，海拔 4000 m，2008 年 8 月 21 日，冯邦 339 (HKAS 55450)；同地，2009 年 8 月 8 日，杨祝良 5494 (HKAS 58036)；香格里拉哈巴雪山，海拔 3100 m，2008 年 8 月 14 日，冯邦 317(HKAS 55428)；玉龙玉龙雪山，海拔 3400 m，2008 年 7 月 19 日，李艳春 1304 (HKAS 56158)；同地，海拔 3240 m，2008 年 7 月 23 日，李艳春 1339 (HKAS 56193)。

讨论：小粗头绒盖牛肝菌的主要识别特征是：担孢子较大 (14～15.5 × 5～5.5 μm)，菌盖特别是幼时多凹凸不平，菌管及菌肉受伤后缓慢变为蓝色 (Chiu, 1948)。该种与巨孔绒盖牛肝菌 (*X. magniporus* M. Zang & R. H. Petersen) 在担子果及担孢子大小方面非常相似，但后者菌盖以黄褐色色调为主，幼嫩担子果菌盖表面平滑，管口较大，孔径可达 3 mm (Zang and Petersen, 2004)。

亚小绒盖牛肝菌　图版 XII-10；图 129

Xerocomus subparvus Xue T. Zhu & Zhu L. Yang, in Wu, Li, Zhu, Zhao, Han, Cui, Li, Xu & Yang, Fungal Divers. 81: 181, figs. 5g, 118a, 119, 2016.

菌盖直径 2～5 cm，扁半球形、凸镜形至平展；表面浅黄褐色、浅红褐色、浅褐色、黄褐色至褐色，具微绒毛，不黏；菌肉白色、浅黄色，在菌盖表皮附近具红褐色色调，受伤后缓慢变为浅蓝色或变色不明显。子实层体直生或稍延生；表面黄色，受伤后缓慢变为蓝绿色；菌管与子实层体表面同色，受伤缓慢变为蓝色；管口多角形，复孔式，孔径 1～2 mm。菌柄中生，2.5～5 × 0.2～0.7 cm，棒状，等粗或有时向下渐粗，浅黄褐色至浅灰褐色，上部有时淡黄色，具淡褐色纵向棱纹；菌肉上部浅黄色，受伤缓慢变为蓝色，下部淡褐色或浅红褐色，伤不变色；菌柄基部菌丝白色。菌肉味道柔和。

菌管菌髓褶孔牛肝菌型。担子 25～37 × 9～12 μm，棒状，具 4 孢梗，孢梗长 4～5 μm。担孢子 (8.5) 9～10.5 (11.5) × (3) 3.5～4 (4.5) μm [Q = (2.12) 2.45～2.53 (3)，**Q** = 2.5 ± 0.19]，侧面观梭形，不等边，上脐部常下陷，背腹观梭形至近圆柱形，在 KOH 溶液中浅橄榄色，壁略厚 (厚 0.5～1 μm)，在光学显微镜下光滑，在扫描电镜下显示有杆菌状纹饰。侧生囊状体和缘生囊状体散生，42～90 × 10～20 μm，披针形、棒状或腹鼓棒状，壁薄，在 KOH 溶液中无色或偶具浅黄色。菌盖表皮栅皮型，由直立交织状排列的菌丝组成，菌丝壁薄，被褐黄色物质，在 KOH 溶液中，褐黄色物质易于快速溶解；菌丝末端细胞 28～70 × 10～18 μm，短棒状。柄生囊状体 50～75 × 8～15 μm，棒状。担子果各部位皆无锁状联合。

模式产地：中国 (云南)。

生境：夏秋季生于壳斗科和松属植物林中。

世界分布：中国 (东南和西南地区)。

研究标本：福建：三明三元格氏栲国家森林公园，2007 年 8 月 27 日，李艳春 1042 (HKAS 53387)。云南：景东哀牢山，海拔 1400 m，2007 年 7 月 19 日，李艳春 902 (HKAS 52587)；景洪大渡岗，海拔 3050 m，2006 年 7 月 14 日，李艳春 541 (HKAS 50295，模式)；宁洱，海拔不详，2008 年 8 月 1 日，冯邦 273 (HKAS 55384)。

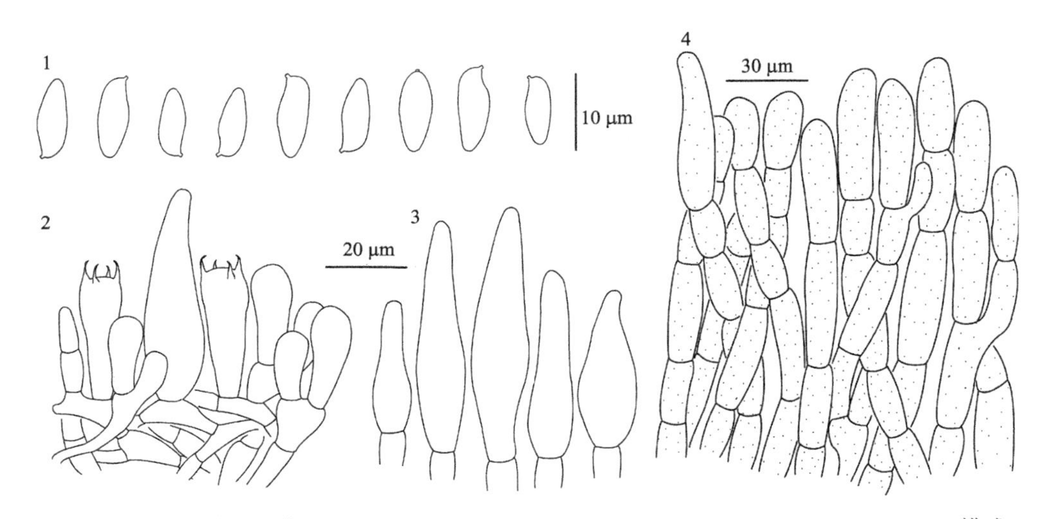

图 129　亚小绒盖牛肝菌 *Xerocomus subparvus* Xue T. Zhu & Zhu L. Yang (HKAS 50295，模式)

1. 担孢子；2. 担子侧生囊状体；3. 侧生囊状体和缘生囊状体；4.菌盖表皮结构

讨论：亚小绒盖牛肝菌的主要鉴别特征是担子果小型 (菌盖直径≤ 5 cm)，菌盖菌肉在菌盖表皮附近具红褐色色调，子实层体与菌肉受伤后变为浅蓝色或变蓝不明显，担孢子较小 (9～10.5 × 3.5～4 μm)，分布于亚热带地区 (Wu *et al*., 2016a)。

分子系统发育证据表明，该种与小盖绒盖牛肝菌 (*X. microcarpoides*) 亲缘关系相近 (Wu *et al*., 2016a)，但后者的囊状体腹鼓状非常明显，菌盖菌肉中无红色色调。此外，该种酷似小绒盖牛肝菌 (*X. parvus* J.Z. Ying) 和 *X. asperipes* (Corner) E. Horak，但小绒盖牛肝菌的菌盖表皮菌丝外表有斑块状沉积物，分布于中国西南的亚高山地区，而 *X. asperipes* 的菌盖表皮菌丝呈念珠状，生于龙脑香科植物林下 (Corner, 1972；Ying, 1986；Horak, 2011)。

细绒盖牛肝菌　图版 XII-11；图 130

Xerocomus velutinus Xue T. Zhu & Zhu L. Yang, in Wu, Li, Zhu, Zhao, Han, Cui, Li, Xu & Yang, Fungal Divers. 81: 182, figs. 5h, 118b～e, 120, 2016.

菌盖直径 2.5～5 cm，扁半球形至凸镜形；表面黄褐色、红褐色至锈褐色，密被短绒毛而呈天鹅绒状，老时偶有细小的裂缝，不黏；菌肉污白色至浅黄色，受伤时缓慢变为浅蓝色或变色不明显。子实层体直生至稍延生，有时弯生；表面鲜黄色、黄色至土黄色，受伤后迅速变浅蓝色；菌管与子实层体表面同色，伤变浅蓝色；管口多角形，复孔式，孔径 0.5～1 mm。菌柄中生，3.5～8 × 0.3～0.7 cm，近圆柱状，纤细，上下等粗，或向下稍粗，浅褐色至浅灰褐色，顶部有时浅黄色；菌肉污白色至浅黄色，受伤后缓慢变浅蓝色，中下部菌肉老时常水渍样至浅褐色，有时具红褐色色调；基部菌丝污白色。菌肉味道柔和。

菌管菌髓褶孔牛肝菌型。担子 28～48 × 9～12 μm，棒状，具 4 孢梗。担孢子 (10) 11～14 (16) × 4～5 (5.5) μm [Q = (2.13) 2.77～2.90 (3.85)，**Q** = 2.85 ± 0.29]，侧面观梭形，不等边，上脐部常下陷，背腹观梭形至近圆柱形，在 KOH 溶液中浅橄榄褐色，壁略厚 (厚 0.5～1 μm)，在光学显微镜下光滑，在扫描电镜下可见杆菌状纹饰。侧生囊状体和缘生囊状体散生，40～95 × 8～11 μm，披针形或梭形，薄壁，在 KOH 溶液中透明无色或浅黄色。菌盖表皮栅皮型，菌丝直立交错排列，菌丝无色、浅黄色至深黄色，表面有黄褐色沉积物，在 KOH 溶液中沉积物易于溶解；菌丝末端细胞棒状，22～55 × 8～13 μm。柄生囊状体 25～45 × 7～10 μm，棒状至腹鼓状。担子果各部位皆无锁状联合。

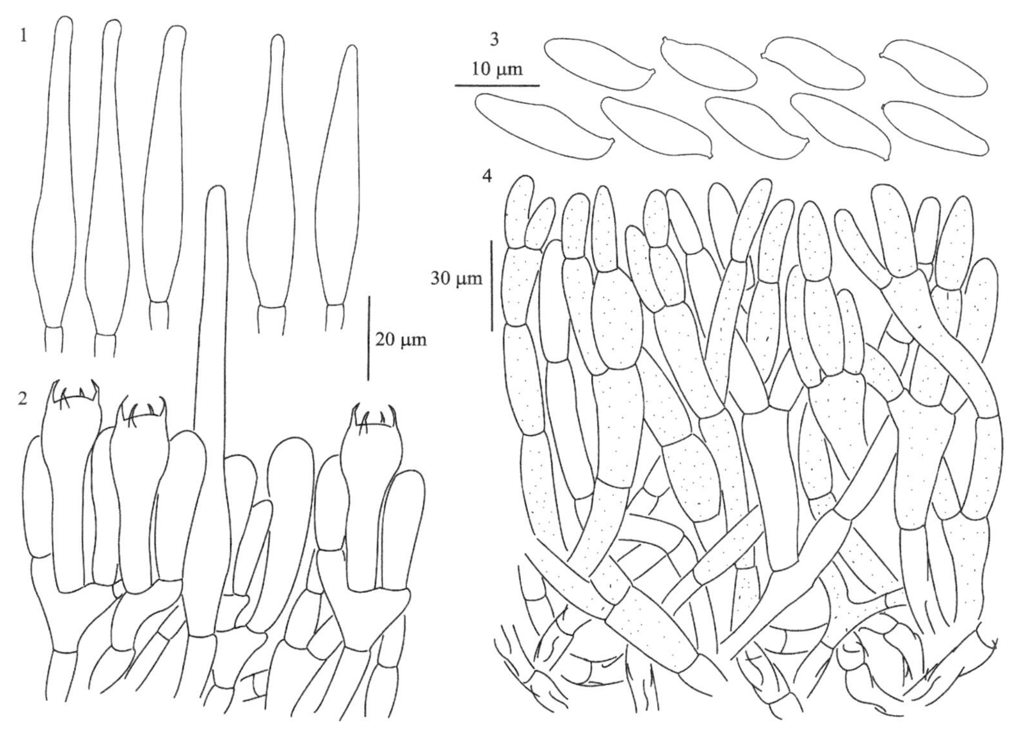

图 130　细绒盖牛肝菌 *Xerocomus velutinus* Xue T. Zhu & Zhu L. Yang (HKAS 68135，模式)

1. 侧生囊状体和缘生囊状体；2. 担子和侧生囊状体；3. 担孢子；4. 菌盖表皮结构

模式产地：中国 (云南)。

生境：夏秋季生于壳斗科或壳斗科与云杉属、壳斗科与华山松组成的混交林中地上。

世界分布：中国 (西南地区)。

研究标本：云南：景东哀牢山，海拔 1450 m，2007 年 7 月 18 日，李艳春 890 (HKAS 52575)；泸水，海拔 2830 m，2010 年 8 月 6 日，郝艳佳 163 (HKAS 68135，模式)；玉龙老君山，海拔 3000 m，2009 年 9 月 2 日，吴刚 227 和 229 (分别为 HKAS 57759 和 HKAS 57761)。

讨论：细绒盖牛肝菌的主要鉴别特征是担子果小型，菌盖表面密被短绒毛而呈天鹅绒状，很少龟裂，子实层体受伤后迅速变为蓝色，菌肉受伤缓慢变为浅蓝色，担孢子较大 (11～14 × 4～5 μm) (Wu *et al.*, 2016a)。

亚小绒盖牛肝菌和小盖绒盖牛肝菌在系统发育学和形态特征方面，与细绒盖牛肝菌都比较相近，但前二者担孢子均较短 (长度 ≤ 13 μm)，且都分布于热带或亚热带地区；小绒盖牛肝菌 (*X. parvus* J. Z. Ying) 与细绒盖牛肝菌都具有小型担子果和相近的菌盖颜色，但前者的菌盖表皮菌丝上有明显的斑块状沉积物 (Ying, 1986)。

云南绒盖牛肝菌　图版 XII-12；图 131

Xerocomus yunnanensis (W.F. Chiu) F.L. Tai, Syll. Fung. Sinicorum: 816, 1979; Zang, Flora Fung. Sinicorum 44: 111, figs. 34-8～10, 2013; Li, Li, Yang, Bau & Dai, Atlas Chin. Macrofung. Res., 1144, fig. 1689, 2015; Wu, Li, Zhu, Zhao, Han, Cui, Li, Xu & Yang, Fungal Divers. 81: 183, figs. 5i, 118f～i, 121, 2016.

Boletus yunnanensis W.F. Chiu, Mycologia 40: 217, 1948.

菌盖直径 2～5 cm，凸镜形至平展；表面浅黄褐色至红褐色，幼嫩时密被细小鳞片，成熟时常龟裂呈斑块状，不黏；菌肉淡黄色，在菌盖表皮附近亮黄色，受伤几乎不变蓝色。子实层体弯生至稍延生；表面亮黄色，成熟时黄褐色或局部赭色，幼时受伤几乎不变蓝色，成熟时受伤缓慢变为淡蓝色，久置后变赭色；菌管与子实层体表面同色，受伤变为浅蓝色或变蓝不明显；管口多角形，复孔式，孔径 0.5～1 mm。菌柄 3～6 × 0.3～1 cm，棒状，等粗或基部稍粗，浅黄色至浅黄褐色，具浅褐色纵棱纹；菌肉白色至浅黄色，受伤不变蓝色；基部菌丝污白色至浅黄色。菌肉味道柔和。

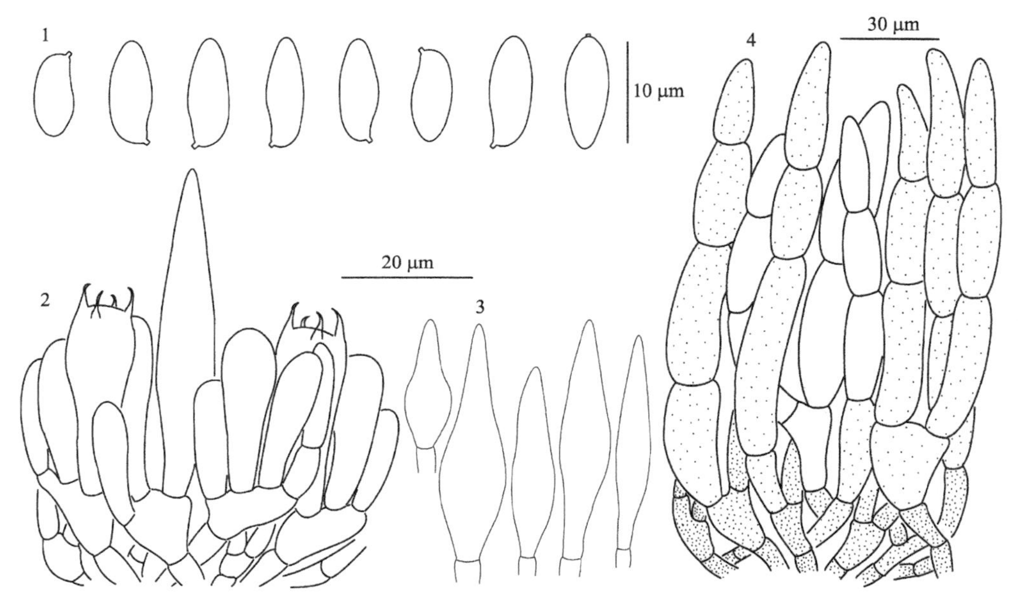

图 131　云南绒盖牛肝菌 *Xerocomus yunnanensis* (W.F. Chiu) F.L. Tai (HKAS 68282，附加模式)

1. 担孢子；2. 担子和侧生囊状体；3. 侧生囊状体和缘生囊状体；4. 菌盖表皮结构

菌管菌髓褶孔牛肝菌型。担子 25～40 × 8.5～12 μm，棒状，具 4 孢梗，无色；担孢子 (9) 10～11.5 (13) × 4～4.5 (5) μm [Q = (2.18) 2.51～2.77 (2.97)，**Q** = 2.62 ± 0.16]，侧面观梭形，不等边，上脐部常下陷，背腹观梭形，在 KOH 溶液中呈浅橄榄褐色，有 1 个或 2 个小油滴，壁略厚 (厚 0.5～1 μm)，在光学显微镜下光滑，在扫描电镜下可见杆菌状纹饰。侧生囊状体及缘生囊状体散生，35～85 × 10～20 μm，披针形、梭形至腹鼓状，顶端通常较尖，薄壁，光滑，在 KOH 溶液中透明无色。菌盖表皮栅皮型，菌丝直立交错排列，菌丝无色或呈浅橄榄黄色；菌丝末端细胞 30～50 × 7.5～15 μm，锥状或子弹状。柄生囊状体 50～75 × 10～20 μm，棒状，成簇分布。担子果各部位皆无锁状联合。

模式产地：中国 (云南)。

生境：夏秋季生于松科和壳斗科植物组成的针阔混交林中。

世界分布：中国 (西南地区)。

研究标本：云南：下关苍山，海拔 3200 m，2010 年 8 月 12 日，朱学泰 129 (HKAS 68305)；昆明西山，海拔不详，1938 年 7 月，戴芳澜 7900 (HMAS 3900，模式)；同地，2010 年 8 月 7 日，朱学泰 106 (HKAS 68282，附加模式)；丽江古城区，海拔 2600 m，2010 年 8 月 18 日，朱学泰 218 (HKAS 68394)；丽江古城区关坡收费站附近，海拔 2500 m，2010 年 8 月 19 日，朱学泰 244 (HKAS 68420)。

讨论：云南绒盖牛肝菌的主要识别特征是：子实层体幼时受伤后几乎不变蓝色，久置后局部会变为赭色，菌盖菌肉淡黄色，在菌盖表皮附近亮黄色，菌柄菌肉白色至淡黄色，受伤后几乎不变蓝色 (Chiu, 1948；Wu *et al*., 2016a)。

云南绒盖牛肝菌与兄弟绒盖牛肝菌 (*X. fraternus*) 在担子果的大小和颜色方面比较相似，但兄弟绒盖牛肝菌的基部菌丝白色，柄部菌肉白色，受伤后在菌柄表皮附近变为红褐色。

臧穆 (2013) 已记载了云南绒盖牛肝菌。但为明确该种的概念，Wu 等 (2016a) 在研究其主模式后，为其指定了附加模式。本卷收入此种，以帮助读者识别。

参 考 文 献

毕志树, 陆大京, 郑国扬. 1982. 我国鼎湖山的担子菌类 II. 牛肝菌科的物种之一. 云南植物研究, 4: 55-64.

毕志树, 郑国扬, 李泰辉. 1994. 广东省大型真菌志. 广州: 广东科技出版社.

陈作红, 杨祝良, 图力古尔, 等. 2016. 毒蘑菇识别与中毒预防. 北京: 科学出版社.

戴芳澜. 1979. 中国真菌总汇. 北京: 科学出版社.

戴贤才, 李泰辉. 1994. 四川省甘孜州菌类志. 成都: 四川科学技术出版社.

戴玉成, 图力古尔. 2007. 中国东北野生食药用真菌图志. 北京: 科学出版社.

邓叔群. 1963. 中国的真菌. 北京: 科学出版社.

黄年来, 应建浙, 臧穆, 等. 1998. 中国大型真菌原色图鉴. 北京: 中国农业出版社.

兰茂. 1436 [滇南本草整理组. 1978]. 滇南本草. 第三卷. 昆明: 云南人民出版社.

李海蛟, 章轶哲, 刘志涛, 等. 2022. 云南蘑菇中毒事件中的毒蘑菇物种多样性. 菌物学报, 41(9): 1416-1429.

李泰辉, 赖建平, 章卫民. 1992. 我国褶孔菌属的已知种类. 中国食用菌, 11 (6): 29-30.

李泰辉, 宋斌. 2002a. 中国食用牛肝菌的种类及其分布. 食用菌学报, 9 (2): 22-30.

李泰辉, 宋斌. 2002b. 中国牛肝菌分属检索表. 生态科学, 21: 240-245.

李泰辉, 宋斌. 2003. 中国牛肝菌已知种类. 贵州科学, 21 (1, 2): 78-86.

李玉, 李泰辉, 杨祝良, 等. 2015. 中国大型菌物资源图鉴. 郑州: 中原农民出版社.

李玉, 图力古尔. 2003. 中国长白山蘑菇. 北京: 科学出版社.

梁宇, 郭良栋, 马克平. 2002. 菌根真菌在生态系统中的作用. 植物生态学报, 26: 739-745.

卯晓岚. 1998. 中国经济真菌. 北京: 科学出版社.

卯晓岚, 文华安, 庄文颖, 等. 2000. 中国大型真菌. 郑州: 河南科学技术出版社.

裘维蕃. 1957. 云南牛肝菌图志. 北京: 科学出版社.

宋斌, 李泰辉, 吴兴亮, 等. 2004. 滇黔桂牛肝菌资源的初步评价. 贵州科学, 22 (1): 90-96.

王向华, 刘培贵, 于富强. 2004. 云南野生商品蘑菇图鉴. 昆明: 云南科技出版社.

吴兴亮, 戴玉成, 李泰辉, 等. 2011. 中国热带真菌. 北京: 科学出版社.

吴兴亮, 卯晓岚, 图力古尔, 等. 2013. 中国药用真菌. 北京: 科学出版社.

徐丽娟, 刁志凯, 李岩, 等. 2012. 菌根真菌的生理生态功能. 应用生态学报, 23: 285-292.

杨祝良, 葛再伟, 梁俊锋. 2019. 中国真菌志. 第五十二卷. 环柄菇类 (蘑菇科). 北京: 科学出版社.

应建浙, 臧穆, 宗毓臣, 等. 1994. 西南地区大型经济真菌. 北京: 科学出版社.

应建浙, 赵继鼎, 卯晓岚, 等. 1982. 食用蘑菇. 北京: 科学出版社.

袁明生, 孙佩琼. 1995. 四川蕈菌. 成都: 四川科学技术出版社.

袁明生, 孙佩琼. 2007. 中国蕈菌原色图集. 成都: 四川科学技术出版社.

臧穆. 1985. 我国东喜马拉雅及其邻区牛肝菌目的研究. 云南植物研究, 7: 383-401.

臧穆. 1986. 我国东喜马拉雅及其邻区牛肝菌目的研究 (续). 云南植物研究, 8: 1-22.

臧穆. 2006. 中国真菌志. 第二十二卷. 牛肝菌科 I. 北京: 科学出版社.

臧穆. 2013. 中国真菌志. 第四十四卷. 牛肝菌科 II. 北京: 科学出版社.

臧穆, 胡美容, 刘我鹏. 1991. 福建牛肝菌科二新种. 云南植物研究, 13: 149-152.

臧穆, 李滨, 郗建勋. 1996. 横断山区真菌. 北京: 科学出版社.

臧穆, 袁明生, 弓明钦. 1993. 中国牛肝菌目的研究和增补. 真菌学报, 12: 275-282.
臧穆, 曾孝濂. 1978. 我国滇、藏桩菇科的初步研究. 微生物学报, 18: 279-286.
郑儒永, 魏江春, 胡鸿钧, 等. 1990. 孢子植物名词及名称. 北京: 科学出版社.
中国植物学会真菌学会. 1987. 真菌、地衣汉语学名命名法规. 真菌学报, 6: 61-64.

Alessio C. 1985. Fungi Europaei 2: *Boletus* Dill. ex L. (sensu lato). Saronno: Libreria editrice Biella Giovanna.

Amend A, Garbelotto M, Fang Z D, *et al.* 2011. Isolation by landscape in populations of a prized edible mushroom *Tricholoma matsutake*. Conserv Genet, 11: 795-802.

Arora D. 2008. California porcini: three new taxa, observations on their harvest, and the tragedy of no commons. Econ Bot, 62: 356-375.

Arora D, Frank J L. 2014. Clarifying the butter boletes: a new genus, *Butyriboletus*, is established to accommodate *Boletus* sect. *Appendiculati*, and six new species are described. Mycologia, 106: 464-480.

Assyov B. 2012. Revision of *Boletus* section *Appendiculati* (Boletaceae) in Bulgaria with a key to the Balkan species. Turk J Bot, 36 (4): 408-419.

Baroni T J, Both E E. 1998. *Tylopilus violantinctus*, a new species of *Tylopilus* for North America, with comments on other violaceous colored *Tylopilus* taxa. Bull Buffalo Soc Nat Sci, 36: 261-264.

Bas C. 1969. Morphology and subdivision of *Amanita* and a monograph of its section *Lepidella*. Persoonia, 5: 285-579.

Benjamin D R. 1995. Mushrooms: poisons and panaceas—a handbook for naturalists, mycologists and physicians. New York: WH Freeman and Company.

Berkeley M J. 1851. Decades of fungi. Decades XXXII, XXXIII. Sikkim Himalaya fungi, collected by Dr. J. D. Hooker. Hooker's J Bot Kew Gard Misc, 3: 39-49.

Bessette A E, Bessette A R, Fischer D W. 1997. Mushrooms of Northeastern North America. New York: Syracuse University Press.

Bessette A E, Roody W C, Bessette A R. 2016. Boletes of Eastern North America. New York: Syracuse University Press.

Bessette A E, Roody W C, Bessette A R. 2000. North American boletes: a color guide to the fleshy pored mushrooms. New York: Syracuse University Press.

Bi Z S, Lu D J, Zheng G Y. 1982. Basidiomycetes from Dinghu Mountain of China. II. Some species of Boletaceae (1). Acta Bot Yunnanica, 4: 55-64.

Bi Z S, Zheng G Y, Li T H. 1993. The macrofungus flora of China's Guangdong Province. Hongkong: The Chinese University Press.

Binder M, Bresinsky A. 2002a. Derivation of a polymorphic lineage of gasteromycetes from boletoid ancestors. Mycologia, 94: 85-98.

Binder M, Bresinsky A. 2002b. *Retiboletus*, a new genus for a species-complex in the Boletaceae producing retipolides. Feddes Rept, 113: 30-40.

Binder M, Hibbett D S. 2007 ("2006"). Molecular systematics and biological diversification of Boletales. Mycologia, 98: 971-981.

Both E E. 1993. The boletes of North America, a compendium. New York: Buffalo Museum of Science.

Breitenbach J, Kränzlin F. 1991. Pilze der Schweiz. Band 3. Switzerland: Verlag Mykologia.

Bruns T D, Fogel R, White T J, *et al.* 1989. Accelerated evolution of a false-truffle from a mushroom ancestor. Nature, 339: 140-142.

Cázares E, Trappe J. 1991. Alpine and subalpine fungi of the Cascade Mountains. 3. *Gastroboletus ruber* comb. nov. Mycotaxon, 42: 339-345.

Chai H, Liang Z Q, Jiang S, *et al.* 2018. *Lanmaoa rubriceps*, a new bolete from tropical China. Phytotaxa, 347: 71-80.

Chai H, Liang Z Q, Xue R, *et al.* 2019. New and noteworthy boletes from subtropical and tropical China. MycoKeys, 46: 55-96.

Chakraborty D, Vizzini A, Das K. 2018. Two new species and one new record of the genus *Tylopilus* (Boletaceae) from Indian Himalaya with morphological details and phylogenetic estimations. MycoKeys, 33: 103-124.

Chiu W F. 1948. The boletes of Yunnan. Mycologia, 40: 199-231.

Corner E J H. 1971 ("1970"). *Phylloporus* Quél. and *Paxillus* Fr. in Malaya and Borneo. Nova Hedwigia, 20: 793-822.

Corner E J H. 1972. *Boletus* in Malaysia. Singapore: Government Printer.

Corner E J H. 1974. *Boletus* and *Phylloporus* in Malaysia: further notes and descriptions. Gardens Bull Singapore, 27: 1-16.

Courtecuisse R, Duhem B. 1995. Mushrooms & toadstools of Britain and Europe. London: Harper Collins.

Cribb J. 1956. The Gasteromycetes of Queensland. II. Secotiaceae. Papers Depart. Bot, Univ Queensland, 3: 107-111.

Cui Y Y, Feng B, Wu G, *et al.* 2016. Porcini mushrooms (*Boletus* sect. *Boletus*) from China. Fungal Divers, 81: 189-212.

Den Bakker H C, Noordeloos M E. 2005. A revision of European species of *Leccinum* Gray and notes on extralimital species. Persoonia, 18: 511-587.

Dentinger B T M. 2013. Nomenclatural novelties. Index Fung, 29: 1.

Dentinger B T M, Ammirati J F, Both E E, *et al.* 2010. Molecular phylogenetics of porcini mushrooms (*Boletus* section *Boletus*). Mol Phyl Evol, 57: 1276-1292.

Desjardin D E, Binder M, Roekring S, *et al.* 2009. *Spongiforma*, a new genus of gasteroid boletes from Thailand. Fungal Divers, 37: 1-8.

Desjardin D E, Wilson A W, Binder M. 2008. *Durianella*, a gasteroid genus of bolete from Malaysia. Mycologia, 100: 956-961.

Dick E A, Snell W H. 1965. Notes on boletes. XV. Mycologia, 57: 448-458.

Douhan G W, Vincenot L, Gryta H, *et al.* 2011. Population genetics of ectomycorrhizal fungi: from current knowledge to emerging directions. Fungal Biol, 115: 569-597.

Eastwood D C, Floudas D, Binder M, *et al.* 2011. The plant cell wall-decomposing machinery underlies the functional diversity of forest fungi. Science, 333: 762-765.

Feng B, Liu J W, Xu J P, *et al.* 2017. Ecological and physical barriers shape genetic structure of the Alpine Porcini (*Boletus reticuloceps*). Mycorrhiza, 27: 261-271.

Feng B, Xu J P, Wu G, *et al.* 2012. DNA sequence analyses reveal abundant diversity, endemism and evidence for Asian origin of the porcini mushrooms. PLoS ONE, 7: e37567.

Fries E M. 1874. Hymenomycetes Europaei. Uppsala: Ed. Berling.

Fu S Z, Wang Q B, Yao Y J. 2006a. *Tylopilus microsporus*, a new species from Southwest China. Mycotaxon, 96: 41-46.

Fu S Z, Wang Q B, Yao Y J. 2006b. An annotated checklist of *Leccinum* in China. Mycotaxon, 96: 47-50.

Gao Q, Yang Z L. 2010. Ectomycorrhizal fungi associated with two species of *Kobresia* in an alpine meadow in the eastern Himalaya. Mycorrhiza, 20: 281-287.

Gao C, Zhang Y, Shi N N, *et al.* 2015. Community assembly of ectomycorrhizal fungi along a subtropical

secondary forest succession. New Phytol, 205: 771-785.
Gelardi M. 2011. A noteworthy British collection of *Xerocomus silwoodensis* and a comparative overview on the European species of *X. subtomentosus* complex. Boll Assoc Micol Ecol Rom, 84: 28-38.
Gelardi M, Simonini G, Ercole E, *et al.* 2014. *Alessioporus* and *Pulchroboletus* (Boletaceae, Boletineae), two novel genera for *Xerocomus ichnusanus* and *X. roseoalbidus* from the European Mediterranean basin: molecular and morphological evidence. Mycologia, 106: 1168-1187.
Gelardi M, Vizzini A, Ercole E, *et al.* 2015a. New collection, iconography and molecular evidence for *Tylopilus neofelleus* (Boletaceae, Boletoideae) from southwestern China and the taxonomic status of *T. plumbeoviolaceoides* and *T. microsporus*. Mycoscience, 56: 373-386.
Gelardi M, Vizzini A, Ercole E, *et al.* 2015b. Circumscription and taxonomic arrangement of *Nigroboletus roseonigrescens* gen. et sp. nov., a new member of Boletaceae from tropical south-eastern China. PLoS ONE, 10: e0134295.
Gilbert E J. 1931. Les bolets. Paris: Librairie E. Le François.
Giraud T, Refregier G, Le Gac M, *et al.* 2008. Speciation in fungi. Fungal Gen Biol, 45: 791-802.
Gómez L D, Singer R. 1984. *Veloporphyrellus*, a new genus of Boletaceae from Costa Rica. Brenesia, 22: 293-298.
Grund D W, Harrison K A. 1976. Nova Scotian boletes. Vaduz: J Cramer.
Halling R E, Baroni T J, Binder M. 2007. A new genus of Boletaceae from eastern North America. Mycologia, 99: 310-316.
Halling R E, Desjardin D E, Fechner N, *et al.* 2014. New Porcini (*Boletus* sect. *Boletus*) from Australia and Thailand. Mycologia, 106: 830-834.
Halling R E, Fechner N, Nuhn M, *et al.* 2015. Evolutionary relationships of *Heimioporus* and *Boletellus* (Boletales), with an emphasis on Australian taxa including new species and new combinations in *Aureoboletus, Hemileccinum* and *Xerocomus*. Austr Syst Bot, 28: 1-22.
Halling R E, Mata M. 2004. *Boletus flavoruber* un nouveau bolet du Costa Rica. Bull Soc Mycol France, 120: 257-262.
Halling R E, Mueller G M. 1999. New boletes from Costa Rica. Mycologia, 91: 893-899.
Halling R E, Mueller G M. 2005. Common mushrooms of the Talamanca Mountains, Costa Rica. Mem New York Bot Gard, 90: 1-195.
Halling R E, Nuhn M, Fechner N A, *et al.* 2012a. *Sutorius*: a new genus for *Boletus eximius*. Mycologia, 104: 951-961.
Halling R E, Nuhn M, Osmundson T, *et al.* 2012b. Affinities of the *Boletus chromapes* group to *Royoungia* and the description of two new genera, *Harrya* and *Australopilus*. Austral Syst Bot, 25: 418-431.
Halling R E, Osmundson T W, Neves M A. 2008. Pacific boletes: implications for biogeographic relationships. Mycol Res, 112: 437-447.
Han L H, Feng B, Wu G, *et al.* 2018. African origin and global distribution patterns: evidence inferred from phylogenetic and biogeographical analyses of ectomycorrhizal fungal genus *Strobilomyces*. J Biogeogr, 45: 201-212.
Han L H, Wu G, Horak E, *et al.* 2020. Phylogeny and species delimitation of *Strobilomyces* (Boletaceae), with an emphasis on the Asian species. Persoonia, 44: 113-139.
Hansen L, Knudsen H. 1992. Nordic Macromycetes: Vol. 2. Polyporales, Boletales, Agaricales, Russulales. Copenhagen: Nordsvamp.
Heim R. 1963. Diagnoses latines des espèces de champignons, ou nonda associés à la folie du komugl tai et dundaal. Rev Mycol, 28: 277-283.

Heinemann P. 1951. Champignons récoltés: Au congo belge par madame M Goossens-Fontana. I. Boletineae. Bull Jardin Bot Bruxelles, 21: 223-346.

Hellwig V, Dasenbrock J, Gräf C, *et al.* 2002. Calopins and cyclocalopins-bitter principles from *Boletus calopus* and related mushrooms. Eur J Org Chem, 2002: 2895-2904.

Henkel T W. 1999. New taxa and distribution records of *Tylopilus* from *Dicymbe* forests of Guyana. Mycologia, 91: 655-665.

Henkel T W, Obase K, Husbands D R. 2017. New Boletaceae taxa from Guyana: *Binderoboletus segoi* gen. and sp. nov., *Guyanaporus albipodus* gen. and sp. nov., *Singerocomus rubriflavus* gen. and sp. nov., and a new combination for *Xerocomus inundabilis*. Mycologia, 108: 157-173.

Henrici A. 2014. Notes & records. Field Mycol, 15: 104-107.

Hibbett D S, Ohman A, Glotzer D, *et al.* 2011. Progress in molecular and morphological taxon discovery in fungi and options for formal classification of environmental sequences. Fungal Biol Rev, 25: 38-47.

Høiland K. 1987. A new approach to the phylogeny of the order Boletales (Basidiomycotina). Nord J Bot, 7: 705-718.

Holmgren P K, Holmgren N H, Barnett L C. 1990. Index herbariorum. Part I: herbaria of the world. 8th edition. New York: New York Botanical Garden.

Hongo T. 1963. Notes on Japanese Larger fungi (16). J Jap Bot, 38: 233-240.

Hongo T. 1966. Notes on Japanese larger fungi (18). J Jap Bot, 41:165-172.

Hongo T. 1967. Notes on Japanese larger fungi (19). J Jap Bot, 42: 151-160

Hongo T. 1968. Notulae mycologicae (7). Mem Shiga Univ, 18: 47-52.

Hongo T. 1972. Notulae Mycologicae (11). Mem Shiga Univ, 22: 63-68.

Hongo T. 1973. Enumeration of the Hygrophoraceae, Boletaceae and Strobilomycetaceae. Bull Nat Sci Mus, Tokyo, 16: 537-557.

Hongo T. 1974a. Notes on Japanese larger fungi (21). J Jap Bot, 49: 294-305.

Hongo T. 1974b. Notulae mycologicae (13). Mem Shiga Univ, 24: 44-51.

Hongo T. 1979. Two new boletes from Japan. Sydowia, Beih, 8: 198-201.

Hongo T. 1984a. Materials for the fungus flora of Japan (35). Trans Mycol Soc Japan, 25: 281-285.

Hongo T. 1984b. On some interesting boletes from the warm-temperate zone of Japan. Mem Shiga Univ, 34: 29-32.

Hongo T. 1985. Notes on Japanese larger fungi (23). J Jap Bot, 60: 370-378.

Hongo T, Nagasawa E. 1976. Notes on some boleti from Tottori II. Rep Tottori Mycol Inst, 14: 85-89.

Horak E. 1987. Boletales and Agaricales (Fungi) from northern Yunnan, China. 1. Revision of material collected by H. Handel-Mazzetti (1914-1918) in Lijiang. Acta Bot Yunnanica, 9: 65-80.

Horak E. 2011. Revision of Malaysian species of Boletales s.l. (Basidiomycota) describeb by E. J. H. Corner (1972, 1974). Malayan Forest Records, 51: 1-283.

Horak E, Moser M, Hausknecht A, *et al.* 2005. Röhrlinge und Blätterpilze in Europa: Bestimmungsschlüssel für Polyporales (pp), Boletales, Agaricales, Russulales. München: Elsevier Spektrum Akademischer Verlag.

Hosen M I, Li T H. 2015. *Phylloporus gajari*, a new species of the family Boletaceae from Bangladesh. Mycoscience, 56: 584-589.

Hosen M I, Li T H. 2017. Two new species of *Phylloporus* from Bangladesh, with morphological and molecular evidence. Mycologia, 109: 277-286.

Husbands D R, Henkel T W, Bonito G. 2013. New species of *Xerocomus* (Boletales) from the Guiana Shield, with notes on their mycorrhizal status and fruiting occurrence. Mycologia, 105: 422-435.

Jarosch M. 2001. Zur molekularen Systematik der Boletales: Coniophorineae, Paxillineae und Suillineae. Bibl Mycol, 191: 1-158.

Kernaghan G. 2005. Mycorrhizal diversity: Cause and effect? Pedobiologia, 49: 511-520.

Kirk P M, Ansell A E. 1992. Authors of fungal names. Wallingford: CAB International.

Kirk P M, Cannon P F, Minter D W, *et al.* 2008. Dictionary of the Fungi, 10th ed. Wallingford: CABI Publishing.

Lebel T, Orihara T, Maekawa N. 2012. The sequestrate genus *Rosbeeva* T. Lebel & Orihara gen. nov. (Boletaceae) from Australasia and Japan: new species and new combinations. Fungal Divers, 22: 49-71.

Lei Q Y, Zhou J J, Wang Q B. 2009. Notes on three bolete species from China. Mycosystema, 28: 56-59.

Li F, Zhao K, Deng Q L, *et al.* 2016. Three new species of Boletaceae from the Heishiding Nature Reserve in Guangdong Province, China. Mycol Prog, 15: 1269-1283.

Li H B, Wei H B, Peng H Z, *et al.* 2013. *Boletus roseoflavus*, a new species of *Boletus* in section *Appendiculati* from China. Mycol Prog, 13(1): 21-31.

Li M C, Liang J F, Li Y C, *et al.* 2010. Genetic diversity of Dahongjun, the commercially important "Big Red Mushroom" from southern China. PLoS ONE, 5: e10684.

Li T H, Song B. 2000. Chinese boletes: a comparison of boreal and tropical elements. *In:* Walley A J S. Tropical mycology (The millennium meeting on tropical mycology, main meeting). Liverpool: Liverpool John Moores University: 1-10.

Li T H, Song B, Shen Y H. 2002. A new species of *Tylopilus* from Guandong. Mycosystema, 21: 3-5.

Li T H, Watling R. 1999. New taxa and combinations of Australian boletes. Edinburgh J Bot, 56: 143-148.

Li Y C, Feng B, Yang Z L. 2011. *Zangia*, a new genus of Boletaceae supported by molecular and morphological evidence. Fungal Divers, 49: 125-143.

Li Y C, Li F, Zeng N K, *et al.* 2014a. A new genus *Pseudoaustroboletus* (Boletaceae, Boletales) from Asia as inferred from molecular and morphological data. Mycol Prog, 13: 1207-1216.

Li Y C, Ortiz-Santana B, Zeng N K, *et al.* 2014b. Molecular phylogeny and taxonomy of the genus *Veloporphyrellus*. Mycologia, 106: 291-306.

Li Y C, Yang Z L. 2011. Note on tropical boletes from China. J Fungal Res, 9: 204-211.

Li Y C, Yang Z L. 2021. The Boletes of the China: *Tylopilus* s.l. Singapore: Springer.

Li Y C, Yang Z L, Tolgor B. 2009. Phylogenetic and biogeographic relationships of *Chroogomphus* species as inferred from molecular and morphological data. Fungal Divers, 38: 85-104.

Liang Z Q, An D Y, Jiang S, *et al.* 2016. *Butyriboletus hainanensis* (Boletaceae, Boletales), a new species from tropical China. Phytotaxa, 267: 256-262.

Liang Z Q, Su M S, Jiang S, *et al.* 2018. *Tylopilus callainus*, a new species with a sea-green color change of hymenophore and context from the south of China. Phytotaxa, 343: 269-276.

Linnaeus C. 1753. Species plantarum. Stockholm: Laurentius Salvius.

Liu H Y, Li Y C, Bau T. 2020. New species of *Retiboletus* (Boletales, Boletaceae) from China based on morphological and molecular data. MycoKeys, 67: 33-44.

Lohwag H. 1937. Hymenomycetes. *In*: Handel-Mazzetti H (Hrg.). Symbolae Sinicae 2. Vienna: Julius Springer: 37-66.

Manjula B. 1983. A revised list of the agaricoid and boletoid basidiomycetes from India and Nepal. Proc Indian Acad Sci (Plant Sci), 92: 81-213.

Massee G E. 1914. Fungi exotici, XVII. Bull Misc Inf, Kew, 1914: 72-76.

Matsuura M, Yamada M, Saikawa Y, *et al.* 2007. Bolevenine, a toxic protein from the Japanese toadstool *Boletus venenatus*. Phytochemistry, 68: 893-898.

May T W, Redhead S A, Bensch K, *et al.* 2019. Chapter F of the International Code of Nomenclature for algae, fungi, and plants as approved by the 11th International Mycological Congress, San Juan, Puerto Rico, July 2018. IMA Fungus, 10: 21.

Muñoz J A. 2005. Fungi Europaei 2: *Boletus* s.l.: Strobilomycetaceae, Gyroporaceae, Gyrodontaceae, Suillaceae, Boletaceae. Alassio: Edizioni Candusso.

Nagasawa E. 1994. A new species of *Boletus* sect. *Boletus* from Japan. Proc Jpn Acad Ser B, 70: 10-14.

Nagasawa E. 1996. A new poisonous species of *Boletus* from Japan. Rep Tottori Mycol Inst, 33: 1-6.

Nagasawa E. 1997. A preliminary checklist of the Japanese Agaricales. I. The Boletineae. Rep Tottori Mycol Inst, 35: 39-78.

Nelson S F. 2010. Bluing components and other pigments of boletes. Fungi, 3 (4): 11-14.

Neves M A, Binder M, Halling R E, *et al.* 2012. The phylogeny of selected *Phylloporus* species, inferred from nuc-LSU and ITS sequences, and descriptions of new species from the Old World. Fungal Divers, 55: 109-123.

Neves M A, Halling R E. 2010. Study on species of *Phylloporus* I: Neotropics and North America. Mycologia, 102: 923-943.

Noordeloos M E, den Bakker H C, van der Linde S. 2018. Boletales. *In*: Noordeloos M E, Kuyper T H W, Somhorst I, *et al.* Flora Agaricina Neerlandica, Volume 7. Origgio: Candusso Editrice: 65-225.

Nouhra E, Castellano M A, Trappe J M. 2002. Nats truffle and truffle-like fungi 9: *Gastroboletus molinai* sp. nov. (Boletaceae, Basidiomycota), with a revised key to the species of *Gastroboletus*. Mycotaxon, 83: 409-414.

Nuhn M E, Binder M, Taylor A F, *et al.* 2013. Phylogenetic overview of the Boletineae. Fungal Biol, 117: 479-511.

Orihara T, Sawada F, Ikeda S, *et al.* 2010. Taxonomic reconsideration of a sequestrate fungus, *Octaviania columellifera*, with the proposal of a new genus, *Heliogaster*, and its phylogenetic relationships in the Boletales. Mycologia, 102: 108-121.

Ortiz-Santana B, Lodge D J, Baroni T J, *et al.* 2007. Boletes from Belize and the Dominican Republic. Fungal Divers, 27: 247-416.

Parihar A, Hembrom M E, Vizzini A, *et al.* 2018. *Indoporus shoreae* gen. et sp. nov. (Boletaceae) from tropical India. Cryptogamie, Mycologie, 39: 447-466.

Patouillard N. 1895. Enumération des champignons récoltés par les RR. PP. Farges et Soulié, dans le Thibet oriental et Su-tchuen. Bull Soc Mycol France, 11: 196-199.

Patouillard N. 1909. Quelques champignons de l'Annam. Bull Soc Mycol France, 25: 1-12.

Peck C H. 1872. Report of the botanist (1870). Ann Rep New York St Museum Nat Hist, 24: 41-108.

Peck C H. 1873. Descriptions of new species of fungi. Bull Buffalo Soc Nat Sci, 1: 59.

Peck C H. 1887. Notes on the boleti of the United States. Journ Mycol, 3: 54.

Peck C H. 1888. Report of the botanist (1887). Ann Rep New York St Museum Nat Hist, 41: 76.

Peck C H. 1905. Report of the state botanist (1904). Bull Rep New York St Museum, 94: 48.

Pegler D N, Young T W K. 1981. A natural arrangement of the Boletales, with reference to spore morphology. Trans Br Mycol Soc, 76: 103-146.

Perreau J, Joly P. 1964. Sur quelques Agaricales de la flore de Vietnam. Bull Soc Mycol France, 80: 385-395.

Phillips R. 2005. Mushrooms and other fungi of North America. New York: Firefly Books.

Phookamsak R, Hyde K D, Jeewon R, *et al.* 2019. Fungal diversity notes 929-1035: taxonomic and phylogenetic contributions on genera and species of fungi. Fungal Divers, 95: 1-273.

Rauschert S. 1987. Nomenklatorische Studien bei Höheren Pilzen. III: Röhrlinge (Boletales). Nova Hedwigia, 45: 501-508.

Rinaldi A C, Comandini O, Kuyper T W, 2008. Ectomycorrhizal fungal diversity: separating the wheat from the chaff. Fungal Divers, 33: 1-45.

Rostrup E. 1902. Flora of Koh Chang. Contributions to the knowledge of the vegetation in the Gulf of Siam. Part. VI. Fungi Bot Tidsskrift, 24: 355-367.

Sato H, Tanabe A S, Toju H. 2017. Host shifts enhance diversification of ectomycorrhizal fungi: diversification rate analysis of the ectomycorrhizal fungal genera *Strobilomyces* and *Afroboletus* with an 80-gene phylogeny. New Phytol, 214: 443-454.

Schrader H A. 1794. Spicilegium Florae Germanicae Pars prior. Hannoverae: Impensis Christiani Ritscheri.

Simonini G, Floriani M, Binder M, *et al.* 2001. Two close extraeuropean boletes: *Boletus violaceofuscus* and *Boletus separans*. Micol Veget Mediterr, 16: 148-170.

Singer R. 1945. New Bolataceae from Florida (A preliminary communication). Mycologia, 37: 797-799.

Singer R. 1947. The Boletoideae of Florida with notes on extralimital species III. Amer Midl Nat, 37: 1-135.

Singer R. 1951. Type studies on basidiomycetes V. Sydowia, 5: 445-475.

Singer R. 1962. The Agaricales (Mushrooms) in Modern Taxonomy (2nd edition). Koenigstein: Koeltz Scientific Books.

Singer R. 1986. The Agaricales in modern taxonomy. 4th ed. Koenigstein: Koeltz Scientific Books.

Singer R, Gómez L D. 1984. The basidiomycetes of Costa Rica III. The genus *Phylloporus* (Boletaceae). Brenesia, 22: 163-181.

Singer R, García J, Gómez L D. 1991. The Boletineae of Mexico and Central America. III. Beih Nov Hedwig, 102: 1-99.

Smith A H, Singer R. 1959. Studies on secotiaceous fungi-IV. *Gastroboletus*, *Truncocolumella* and *Chamonixia*. Brittonia, 11: 205-223.

Smith A H, Thiers H D. 1968. Notes on Boletes: 1. Generic position of *Boletus subglabripes* and *Boletus chromapes* 2. A comparison of 4 species of *Tylopilus*. Mycologia, 60: 943-954.

Smith A H, Thiers H D. 1971. The Boletes of Michigan. Ann Arbor: The University of Michigan Press.

Snell W H, Dick E A. 1941. Notes on boletes. VI. Mycologia, 33: 23-37.

Snell W H, Dick E A. 1970. The Boleti of Northeastern North America. Lehre: Verlag von J Cramer.

Takahashi H. 1988. A new species of *Boletus* sect. *Luridi* and a new combination in *Mucilopilus*. Trans Mycol Soc Japan, 29: 115-123.

Takahashi H. 2002. Two new species and one new combination of Agaricales from Japan. Mycoscience, 43: 397-403.

Takahashi H. 2007. Five new species of the *Boletaceae* from Japan. Mycoscience, 48: 90-99.

Takahashi H, Taneyama Y, Degawa Y. 2013. Notes on the boletes of Japan 1. Four new species of the genus *Boletus* from central Honshu, Japan. Mycoscience, 54: 458-468.

Takahashi H, Taneyama Y, Koyama A. 2011. *Boletus kermesinus*, a new species of *Boletus* section *Luridi* from central Honshu, Japan. Mycoscience, 52: 419-424.

Taylor A F S, Fransson P M, Plamboeck A H, 2003. Species level patterns in ^{13}C and ^{15}N abundance of ectomycorrhizal and saprotrophic fungal sporocarps. New Phytol, 159: 757-774.

Taylor J W, Jacobson D, Kroken S, *et al.* 2000. Phylogenetic species recognition and species concepts in fungi. Fungal Genet Biol, 31: 21-32.

Tedersoo L, May T W, Smith M E. 2010. Ectomycorrhizal lifestyle in fungi: global diversity, distribution, and evolution of phylogenetic lineages. Mycorrhiza, 20: 217-263.

Teng S C. 1939. A contribution to our knowledge of the higher fungi of China. Beijing: National Institute of Zoology & Botany, Academia Sinica.

Teng S C. 1996. Fungi of China. Ithaca: Mycotaxon Ltd.

Teng S C, Ling L. 1932. Some new species of fungi. Contr Biol Lab Sci Soc China, Bot Ser, 8: 99-101.

Terashima Y, Takahashi H, Taneyama Y. 2016. The fungal flora in southwestern Japan: agarics and boletes. Tokyo: Tokai University Press.

Thiers H D. 1975. California mushrooms: a field guide to the boletes. New York: Hafner Press.

Thiers H D. 1976. Boletes of the Southwestern United States. Mycotaxon, 3: 261-273.

Thiers H D. 1989. *Gastroboletus* revisited. Mem New York Bot Gard, 49: 355-359.

Turland N J, Wiersema J H, Barrie F R, *et al.* 2018. International Code of Nomenclature for algae, fungi, and plants (Shenzhen Code) adopted by the Nineteenth International Botanical Congress Shenzhen, China, July 2017. Regnum Vegetabile, 159: 1-254.

van der Heijden M G A, Klironomos J N, Ursic M, *et al.* 1998. Mycorrhizal fungal diversity determines plant biodiversity, ecosystem variability and productivity. Nature, 396: 69-72.

Vassiljeva L N. 1950. Species novae fungorum. Not Syst Crypt Inst Bot Acad Sci. USSR, 6: 188-200.

Vincenot L, Nara K, Sthultz C, *et al.* 2012. Extensive gene flow over Europe and possible speciation over Eurasia in the ectomycorrhizal basidiomycete *Laccaria amethystina* complex. Mol Ecol, 21: 281-299.

Vizzini A. 2014a. Nomenclatural novelties. Index Fung, 146: 1.

Vizzini A. 2014b. Nomenclatural novelties. Index Fung, 147: 1.

Vizzini A. 2014c. Nomenclatural novelties. Index Fung, 176: 1.

Vizzini A. 2014d. Nomenclatural novelties. Index Fung, 183: 1.

Vizzini A. 2014e. Nomenclatural novelties. Index Fung, 192: 1.

Wang B, Qiu Y L. 2006. Phylogenetic distribution and evolution of mycorrhizas in land plants. Mycorrhiza, 16: 299-363.

Wang Q B, Li T H, Yao Y J. 2003. A new species of *Boletus* from Gansu Province, China. Mycotaxon, 88: 439-446.

Wang Q B, Yao Y J. 2005. *Boletus reticuloceps*, a new combination for *Aureoboletus reticuloceps*. Sydowia, 57: 131-136.

Wang S R, Wang Q, Wang D L, *et al.* 2014. *Gastroboletus thibetanus*: a new species from China. Mycotaxon, 129: 79-83.

Watling R. 1970. Boletaceae: Gomphidiaceae: Paxillaceae. Edinburgh: The Royal Botanical Garden Edinburgh.

Watling R, Li T H. 1999. Australian *Boletus*, a preliminary survey. Edinburgh: The Royal Botanic Garden Edinburgh.

Wen H A. 2005. Basidiomycetes II. Agaricales, Boletales, Phallales and Russulales. *In*: Zhuang W Y. Fungi of Northwestern China. Ithaca: Mycotaxon Ltd: 323-362.

Wen H A, Mao X L, Sun S X. 2001. Agarics and other macromycetes. *In:* Zhuang W Y. Higher Fungi of Tropical China. Ithaca: Mycotaxon Ltd: 287-351.

Wen H A, Ying J Z. 2001. Supplementary notes on the genus *Strobilomyces* from China II. Mycosystema, 20: 297-300.

Wolfe C B. 1979a. *Austroboletus* and *Tylopilus* subg. *Porphyrellus*. Bibl Mycol, 69: 1-61.

Wolfe C B. 1979b. *Mucilopilus*, a new genus of the Boletaceae, with emphasis on North American taxa. Mycotaxon, 10: 116-132.

Wolfe C B. 1982. A taxonomic evaluation of the generic status of *Ixechinus* and *Mucilopilus* (Ixechineae,

Boletaceae). Mycologia, 74: 36-43.

Wolfe C B, Bougher N L. 1993. Systematics, mycogeography, and evolutionary history of *Tylopilus* subgen. *Roseoscabra* in Australia elucidated by comparison with Asian and American species. Austral Syst Bot, 6: 187-213.

Wolfe C B, Petersen R H. 1978. Taxonomy and nomenclature of supraspecific taxa of *Porphyrellus*. Mycotaxon, 7: 152-162.

Wu G, Feng B, Xu J P, *et al.* 2014. Molecular phylogenetic analyses redefine seven major clades and reveal 22 new generic clades in the fungal family Boletaceae. Fungal Divers, 69: 93-115.

Wu G, Li Y C, Zhu X T, *et al.* 2016a. One hundred noteworthy boletes from China. Fungal Divers, 81: 25-188.

Wu G, Zhao K, Li Y C, *et al.* 2016b. Four new genera of the fungal family Boletaceae. Fungal Divers, 81: 1-24.

Wu K, Wu G, Yang Z L. 2020. A taxonomic revision of *Leccinum rubrum* in subalpine coniferous forests, southwestern China. Acata Edulis Fungi, 27(2): 92-100.

Xu J P, Sha T, Li Y C, *et al.* 2008. Recombination and genetic differentiation among natural populations of the ectomycorrhizal mushroom *Tricholoma matsutake* from southwestern China. Mol Ecol, 17: 1238-1247.

Yan W J, Li T H, Zhang M, *et al.* 2013. *Xerocomus porophyllus* sp. nov., morphologically intermediate between *Phylloporus* and *Xerocomus*. Mycotaxon, 124: 255-262.

Yang Z L. 2011. Molecular techniques revolutionize knowledge of basidiomycete evolution. Fungal Divers, 50: 47-58.

Yang Z L, Trappe J M, Binder M, *et al.* 2006. The sequestrate genus *Rhodactina* (Basidiomycota, Boletales) in northern Thailand. Mycotaxon, 96: 133-140.

Yang Z L, Wang X H, Binder M. 2003. A study of the type and additional materials of *Boletus thibetanus*. Mycotaxon, 86: 283-290.

Ying J Z. 1986. New species of the genus *Xerocomus* from China. Acta Mycologica, Sinica Suppl. I: 309-315.

Zang M, Li T H, Petersen R H. 2001. Five new species of Boletaceae from China. Mycotaxon, 80: 481-487.

Zang M, Petersen R H. 2004. Notes on tropical boletes from Asia. Acta Bot Yunn, 26(6): 619-627.

Zeller S M. 1939. New and noteworthy Gasteromycetes. Mycologia, 31: 1-32.

Zeng N K, Cai Q, Yang Z L. 2012. *Corneroboletus*, a new genus to accommodate the Southeast Asian *Boletus indecorus*. Mycologia, 104: 1420-1432.

Zeng N K, Chai H, Jiang S, *et al.* 2018. *Retiboletus nigrogriseus* and *Tengioboletus fujianensis*, two new boletes from the south of China. Phytotaxa, 367: 45-54.

Zeng N K, Liang Z Q, Tang L P, *et al.* 2017. The genus *Pulveroboletus* (Boletaceae, Boletales) in China. Mycologia, 109: 422-442.

Zeng N K, Liang Z Q, Wu G, *et al.* 2016. The genus *Retiboletus* in China. Mycologia, 108: 363-380.

Zeng N K, Liang Z Q, Yang Z L. 2014a. *Boletus orientialbus*, a new species with white basidioma from subtropical China. Mycoscience, 55: 159-163.

Zeng N K, Tang L P, Li Y C, *et al.* 2013. The genus *Phylloporus* (Boletaceae, Boletales) from China: morphological and multilocus DNA sequence analyses. Fungal Divers, 58: 73-101.

Zeng N K, Tang L P, Yang Z L. 2011. Type studies on two species of *Phylloporus* (Boletaceae, Boletales) described from southwestern China. Mycotaxon, 117: 19-28.

Zeng N K, Wu G, Li Y C, *et al.* 2014b. *Crocinoboletus*, a new genus of Boletaceae (Boletales) with unusual boletocrocin polyene pigments. Phytotaxa, 175: 133-140.

Zeng N K, Yang Z L. 2011. Notes on two species of *Boletellus* (Boletaceae, Boletales) from China. Mycotaxon, 115: 413-423.

Zeng N K, Zhang M, Liang Z Q. 2015. A new species and a new combination in the genus *Aureoboletus* (Boletales, Boletaceae) from southern China. Phytotaxa, 222: 129-137.

Zervakis G I, Polemis E, Dimou D M. 2002. Mycodiversity studies in selected ecosystems of Greece: III. Macrofungi recorded in *Quercus* forests from southern Peloponnese. Mycotaxon, 84: 141-162.

Zhang M, Li T H. 2018. *Erythrophylloporus* (Boletaceae, Boletales), a new genus inferred from morphological and molecular data from subtropical and tropical China. Mycosystema, 37: 1111-1126.

Zhang M, Li T H, Bau T, *et al*. 2012. A new species of *Xerocomus* from Southern China. Mycotaxon, 121: 23-27.

Zhang M, Li T H, Gelardi M, *et al.* 2017a. A new species and a new combination of *Caloboletus* from China. Phytotaxa, 309: 118-126.

Zhang M, Li T H, Nuhn M E, *et al.* 2017c. *Aureoboletus quercus-spinosae*, a new species from Tibet of China. Mycoscience, 58: 192-196.

Zhang M, Li T H, Song B. 2014. A new slender species of *Aureoboletus* from southern China. Mycotaxon, 128: 195-202.

Zhang M, Li T H, Song B. 2017b. Two new species of *Chalciporus* (Boletaceae) from southern China revealed by morphological characters and molecular data. Phytotaxa, 327: 47-56.

Zhang M, Li T H, Wang C Q, *et al.* 2015b. *Aureoboletus formosus*, a new bolete species from Hunan Province of China. Mycol Prog, 14: 118.

Zhang M, Li T H, Xu J, *et al.* 2015a. A new violet brown *Aureoboletus* (Boletaceae) from Guangdong of China. Mycoscience, 56: 481-485.

Zhang M, Wang C Q, Li T H, *et al.* 2016. A new species of *Chalciporus* (Boletaceae, Boletales) with strongly radially arranged pores. Mycoscience, 57: 20-25.

Zhang Y N, Xue R, Shu M S, *et al.* 2019. *Phylloporus rubiginosus*, a noteworthy lamellar bolete from tropical Asia. Guizhou Science, 37 (2): 1-5, 25.

Zhao K, Shao H M. 2017. A new edible bolete, *Rubroboletus esculentus*, from southwestern China. Phytotaxa, 303: 243-252.

Zhao K, Wu G, Halling R, *et al.* 2015. Three new combinations of *Butyriboletus* (Boletaceae). Phytotaxa, 234: 51-62.

Zhao K, Wu G, Yang Z L. 2014a. A new genus, *Rubroboletus*, to accommodate *Boletus sinicus* and its allies. Phytotaxa, 188: 61-77.

Zhao K, Wu G, Yang Z L, *et al.* 2014b. Molecular phylogeny of *Caloboletus* (Boletaceae) and a new species in East Asia. Mycol Prog, 13: 1127-1136.

Zhao K, Zeng N K, Han L H, *et al.* 2018. *Phylloporus pruinatus*, a new lamellate bolete from subtropical China. Phytotaxa, 372: 212-220.

Zhu X T, Li Y C, Wu G, *et al.* 2014. The genus *Imleria* (Boletaceae) in East Asia. Phytotaxa, 191: 81-98.

Zhu X T, Wu G, Zhao K, *et al.* 2015. *Hourangia*, a new genus of Boletaceae to accommodate *Xerocomus cheoi* and its allied species. Mycol Prog, 14: 37.

索　引

真菌汉名索引

A

暗褐牛肝菌　**68**, 69, 71
暗褐网柄牛肝菌　1, 137, 138, 139, **140**, 141, 146
暗褐新牛肝菌　1, 80, **90**, 91

B

白葱　1, 2, 44, 45
白牛肝　20, 21, 23
白牛肝菌　19, **20**, 21, 24, 28, 29
斑盖褶孔牛肝菌　105, **113**, 114
薄瓤牛肝菌　15, 16, **17**, 18, 75
薄瓤牛肝菌属　**15**
变红褶孔牛肝菌　105, **124**, 125, 126

C

茶褐新牛肝菌　1, **81**, 82, 84, 90, 91, 96, 99
橙黄臧氏牛肝菌　194, 195, **196**, 197, 198
橙牛肝菌　58, 59, **60**, 61
橙牛肝菌属　15, **58**, 59
垂边红孢牛肝菌　184
垂边红孢牛肝菌属　14, **183**, 184, 187

D

大盖兰茂牛肝菌　72, **75**, 76
大果薄瓤牛肝菌　15, **16**, 17
大红菌　153
大脚菇　23
大津粉孢牛肝菌　163, **175**, 176
带点牛肝菌　64
戴氏美柄牛肝菌　2, 51, 53, **54**, 55, 56, 57
担子菌门　1
淡红异色牛肝菌　159, **161**, 162
淡红褶孔牛肝菌　105, **119**, 120
东方烟色红孢牛肝菌　128, 130, **131**, 132, 133, 134
东方褶孔牛肝菌　111, 123

F

泛生红绒盖牛肝菌　**191**, 192
粉孢牛肝菌　2, 162, 163, **171**, 172, 178, 179, 182
粉孢牛肝菌属　6, 14, 35, 130, 160, **162**, 163, 174, 190, 205
粉被褶孔牛肝菌　105, **118**, 119
粉网柄牛肝菌　143, 147
佛罗里达黄肉牛肝菌　47, 49
弗氏黄肉牛肝菌　47, 48
腹牛肝菌　98
腹牛肝菌属　98

G

甘肃牛肝菌　93
橄榄褐臧氏牛肝菌　194, **202**, 203
橄榄色臧氏牛肝菌　195, **200**, 201, 203
高山垂边红孢牛肝菌　**184**, 185
高山粉孢牛肝菌　**163**, 164, 165, 171
高山异色牛肝菌　**159**, 160, 162
关羽美柄牛肝菌　**51**, 52, 53
广义牛肝菌属　19

H

海南黄肉牛肝菌　39, **40**, 41

海南新牛肝菌 80, 84, **85**, 86, 87, 90, 96, 99
褐盖牛肝菌 20, 23, 27, **35**, 36
褐盖褶孔牛肝菌 105, **107**, 108, 109, 123
褐红粉孢牛肝菌 136, 163, 168, **169**, 170, 171
褐脚绒盖牛肝菌 206, **208**, 209
褐孔皱盖牛肝菌 **156**, 157
褐牛肝菌 36, 67, 68, 140
褐牛肝菌属 14, **67**, 68
褐网柄牛肝菌 137, **139**, 140
黑斑绒盖牛肝菌 64
黑灰网柄牛肝菌 137, 139, **143**, 144
黑栗褐粉孢牛肝菌 163, 166, **168**, 169
黑牛肝 81, 90, 140, 141
黑网柄牛肝菌 **137**, 138
黑紫粉孢牛肝菌 163, **166**, 167, 168
黑紫网柄牛肝菌 144, 150
红孢牛肝菌 128, **133**, 134
红孢牛肝菌属 14, **128**, 130
红葱 1, 2, 73, 75
红盖粉孢牛肝菌 203
红盖兰茂牛肝菌 72, **76**, 77
红盖臧氏牛肝菌 194, **198**, 199, 200
红果褶孔牛肝菌 105, 116, 120, **121**, 122
红黄兰茂牛肝菌 73
红黄褶孔牛肝菌 106, 111, 126, 128
红见手 73
红脚兰茂牛肝菌 75
红孔牛肝菌 2, 88, 151, **154**, 155
红孔牛肝菌属 15, **150**, 151
红孔新牛肝菌 80, **92**, 93, 95, 96
红鳞褶孔牛肝菌 105, **122**, 123, 124
红绒盖牛肝菌 191, 192
红绒盖牛肝菌属 14, **190**, 191
厚囊褶孔牛肝菌 105, **114**, 115, 116
厚皮网柄牛肝菌 137, 141, **145**, 146
厚瓤牛肝菌 **62**, 63, 64, 67
厚瓤牛肝菌属 8, 14, **61**, 62, 64, 65
华丽新牛肝菌 1, 80, **87**, 88, 91
黄柄黄肉牛肝菌 40, **42**, 43, 44, 48
黄盖粉孢牛肝菌 163, **178**, 179
黄褐黄肉牛肝菌 40, 42, **48**, 49
黄褐臧氏牛肝菌 194, **195**, 196, 201
黄孔新牛肝菌 1, 80, **84,** 85, 101
黄癞头 1, 157, 159
黄牛肝 141
黄肉牛肝菌属 15, **39**, 46
灰盖牛肝菌 19, **25**, 26
灰网柄牛肝菌 141, 146, 149
灰紫粉孢牛肝菌 163, **172**, 173, 174

J

假栗色黏盖牛肝菌 **78**, 79
假牛肝菌属 9
见手青 1, 2, 44, 45, 84, 87, 88
酒红粉孢牛肝菌 166
巨孔绒盖牛肝菌 215

K

卡氏腹菌科 10, 13
考夫曼网柄牛肝菌 137, **141**, 142, 143, 147
柯氏红绒盖牛肝菌 191, **192**, 193, 194
可食红孔牛肝菌 **151**, 152, 153, 154
宽孢红孔牛肝菌 151, **153**, 154

L

辣牛肝菌属 9
兰茂牛肝菌 1, 72, **73**, 74, 75
兰茂牛肝菌属 15, **71**, 72
蓝绿粉孢牛肝菌 163, **182**, 183
蓝绿红孢牛肝菌 128, **130**, 131
类粉孢牛肝菌 20, **34**, 35
类铅紫粉孢牛肝菌 163, 168, **177**, 178
栎生牛肝菌 20, **24**, 25
栗褐牛肝菌 20, **26**, 27, 36
栗色红孢牛肝菌 **128**, 129, 130
鳞盖褶孔牛肝菌 105, **109**, 110, 111, 127, 128
硫磺褶孔牛肝菌 111, 124
潞西褶孔牛肝菌 105, 109, **111**, 112, 113, 119, 123

M

玫黄黄肉牛肝菌　1, 40, 42, **44**, 45
美柄牛肝菌　18, 51, 54
美柄牛肝菌属　15, **51**
美丽褶孔牛肝菌　105, **106**, 107
美味牛肝菌　1, 11, 19, 21, **23**, 24, 29, 31, 33
密鳞新牛肝菌　81, **89**, 90
蘑菇纲　1
木生牛肝菌属　9

N

拟南方牛肝菌　134, **135**, 136
拟南方牛肝菌属　14, **134**
拟热带垂边红孢牛肝菌　184, 185, **187**, 188, 189
拟血红新牛肝菌　80, **93**, 94, 95, 96
拟紫牛肝菌　19, **33**, 34, 38
年来黄肉牛肝菌　40, **41**, 42
黏盖牛肝菌　19, 31, 38, 39, 78, 79
黏盖牛肝菌属　14, **78**
牛肝菌　1
牛肝菌科　1, 2, 4, 5, 6, 8, 9, 10, 11, 12, **13**, 14
牛肝菌目　1, 9, 10
牛肝菌属　6, 11, 13, 14, **18**, 19, 47, 53, 65, 82, 87, 88, 91, 99, 101, 103, 160, 174, 176, 205, 206, 210

P

葡萄牛肝菌　20, **21**, 22, 23, 27

Q

浅红粉孢牛肝菌　163, **179**, 180
青木氏小绒盖牛肝菌　**102**, 103, 104
球孢腹菌科　10, 13

R

热带垂边红孢牛肝菌　184, **189**, 190
绒柄新牛肝菌　81, 84, 91, **98**, 99
绒盖牛肝菌科　10, 13
绒盖牛肝菌属　6, 8, 14, 101, **206**, 210, 212
肉色粉孢牛肝菌　163, **165**, 166, 168
乳牛肝菌科　10, 14
乳牛肝菌属　189

S

撒尼黄肉牛肝菌　40, **47**, 48, 50
食用牛肝菌　19, 24, **30**, 31
双色薄瓢牛肝菌　18
松塔牛肝菌科　10, 13
松塔牛肝菌属　9, 190

T

条孢牛肝菌科　10, 13
条孢牛肝菌属　9, 190

W

网柄牛肝菌　15, 136, 143, 147
网柄牛肝菌属　14, 15, **136**, 137, 140
网盖牛肝菌　19, **29**, 30
微牛肝菌科　9, 10, 13

X

西藏新牛肝菌　10, 80, **96**, 97, 98
喜杉绒盖牛肝菌　8, 206, **210**, 211, 212
细绒盖牛肝菌　206, **216**, 217
狭义牛肝菌属　6, 11, 19
纤细垂边红孢牛肝菌　8, 184, **186**, 187
象头山美柄牛肝菌　2, 51, 53, **56**, 57
小孢粉孢牛肝菌　175
小孢褶孔牛肝菌　105, **116**, 117
小粗头绒盖牛肝菌　206, **213**, 214, 215
小盖绒盖牛肝菌　206, **209**, 210, 216
小果厚瓢牛肝菌　62, **64**, 65
小褐牛肝菌　68, **69**, 70
小红帽牛肝菌　203
小绒盖牛肝菌　14, 101, 102, **103**, 104, 216, 217
小绒盖牛肝菌属　101, 102
新苦粉孢牛肝菌　2, 163, 172, **174**, 175
新牛肝菌属　10, 15, **79**, 80, 82, 87, 88, 91, 98,

99, 101
兄弟绒盖牛肝菌　**206**, 207, 219
锈柄新牛肝菌　81, **82**, 83, 84, 87, 91, 99
血红黄肉牛肝菌　40, **45**, 46, 47, 95, 96
血红新牛肝菌　80, 88, **95**, 96

Y

亚高山褐牛肝菌　68, **70**, 71
亚小绒盖牛肝菌　206, **215**, 216, 217
亚缘盖黄肉牛肝菌　50
烟色红孢牛肝菌　133
艳丽橙牛肝菌　**59**, 60, 61
彝食黄肉牛肝菌　40, **49**, 50, 51
异色牛肝菌属　15, **159**, 161
疣柄牛肝菌属　46, 158, 159, 160
疣柄牛肝菌亚科　134
有毒新牛肝菌　1, 80, 85, **100**, 101
圆孔牛肝菌科　9, 10, 14
云南美柄牛肝菌　2, 51, **57**, 58
云南绒盖牛肝菌　206, 207, 208, **218**, 219
云南褶孔牛肝菌　105, 111, **126**, 127, 128

Z

臧氏牛肝菌　194, 200, **203**, 204, 205
臧氏牛肝菌属　14, **194**, 205
窄孢兰茂牛肝菌　**72**, 73
毡盖美柄牛肝菌　2, 51, **53**, 54, 56
张飞网柄牛肝菌　137, 144, **149**, 150
褶孔牛肝菌　105
褶孔牛肝菌属　6, 8, 9, 14, **104**, 105, 122
芝麻厚瓤牛肝菌　62, **65**, 66, 67
中华灰网柄牛肝菌　137, **147**, 148, 149
中华美味牛肝菌　20, 24, **32**, 33
中华网柄牛肝菌　137, 143, **146**, 147
中华新牛肝菌　80, 90, **101**
皱盖牛肝菌　1, 155, 156, **157**, 158, 159
皱盖牛肝菌属　15, **155**, 156, 159
桩菇科　10, 14
紫褐粉孢牛肝菌　163, **180**, 181, 182
紫见手　87
紫孔绒盖牛肝菌　206, **212**, 213
紫牛肝菌　19, 34, **36**, 37, 38, 182
紫色粉孢牛肝菌　175

真菌学名索引

A

Agaricomycetes 1
Aureoboletus reticuloceps 29
Austroboletus gracilis 187

B

Baorangia 4, **15**, 16, 17, 18
Baorangia major 15, **16**
Baorangia pseudocalopus 15, **17**, 18
Basidiomycota 1
Boletaceae 1, **13**
Boletales 1, 9
Boletellaceae 10, 13
Boletellus 9, 190
Boletinellaceae 9, 10, 13
Boletus 4, 6, 10, 11, 13, 14, **18**, 19, 103
Boletus aokii 102
Boletus atripurpureus 166
Boletus bainiugan 19, **20**, 24
Boletus botryoides 20, **21**, 22
Boletus brunneirubens 169
Boletus brunneissimus 81
Boletus cheoi 62
Boletus edulis 1, 11, 19, 21, **23**
Boletus erythropus var. *novoguineensis* 91
Boletus fagacicola 20, **24**, 25
Boletus felleus 171
Boletus gansuensis 93
Boletus griseiceps 19, **25**, 26
Boletus griseipurpureus 172
Boletus griseus var. *fuscus* 140
Boletus hainanensis 86
Boletus kauffmanii 141
Boletus kermesinus 45
Boletus magnificus 87
Boletus meiweiniuganjun 20
Boletus microcarpoides 209
Boletus microcarpus 64
Boletus monilifer 26, 27
Boletus nigropunctatus 66
Boletus obscurebrunneus 68
Boletus obscureumbrinus 90
Boletus orientialbus 19, **28**
Boletus porphyrosporus 133
Boletus pseudocalopus 17
Boletus pseudochrysenteron 192
Boletus punctilifer 62
Boletus quercinus 51
Boletus reticuloceps 19, **29**, 30
Boletus roseoflavus 44
Boletus roseolus 204, 205
Boletus rubriporus 213
Boletus rugosellus 213
Boletus sect. *Luridi* 101
Boletus sensibilis 77
Boletus shiyong 19, **30**, 31
Boletus sinicus 154
Boletus sinoedulis 20, 24, **32**
Boletus subsplendidus 48
Boletus subviolaceofuscus 19, **33**, 34, 38
Boletus tomentulosus 98
Boletus tylopilopsis 20, **34**, 35
Boletus umbrinipileus 20, 23, **35**, 36
Boletus valens 135
Boletus velatus 189
Boletus venenatus 100
Boletus vinaceipallidus 179
Boletus violaceofuscus 19, 34, **36**, 37, 182
Boletus virescens 182
Boletus viscidiceps 38

Boletus yunnanensis 218
Buchwaldoboletus 9
Butyriboletus 4, 15, **39**
Butyriboletus appendiculatus 39
Butyriboletus hainanensis 39, **40**
Butyriboletus huangnianlaii 40, **41**, 42
Butyriboletus pseudospeciosus 40, **42**, 43
Butyriboletus roseoflavus 1, 40, 42, **44**
Butyriboletus ruber 40, **45**, 46, 95, 96
Butyriboletus sanicibus 40, **47**, 50
Butyriboletus subsplendidus 40, 42, **48**, 49
Butyriboletus yicibus 40, **49**, 50

C

Caloboletus 4, 15, **51**
Caloboletus calopus 51, 54
Caloboletus guanyui **51**, 52
Caloboletus panniformis 2, 51, **53**, 54
Caloboletus taienus 2, 51, 53, **54**, 55
Caloboletus xiangtoushanensis 2, 51, 53, **56**
Caloboletus yunnanensis 2, 51, **57**, 58
Chalciporus 9
Chamonixiaceae 10, 13
Crocinoboletus 4, 15, **58**, 59, 60, 61
Crocinoboletus laetissimus **59**
Crocinoboletus rufoaureus 58, 59, **60**, 61

F

Fistulinella viscida 78
Flammula bella 106

G

Gastroboletus 4, 96, 98
Gastroboletus boedijnii 98
Gastroboletus thibetanus 96
Gymnogaster boletoides 98
Gyroporaceae 9, 10, 14

H

Hourangia 4, 8, 14, **61**
Hourangia cheoi **62**, 63
Hourangia microcarpa 62, **64**, 65
Hourangia nigropunctata 62, **65**, 66

I

Imleria 4, 14, **67**
Imleria badia 67, 68
Imleria obscurebrunnea **68**, 69, 71
Imleria parva 68, **69**, 70
Imleria subalpina 68, **70**, 71

K

Krombholzia 157, 158
Krombholzia extremiorientalis 157

L

Lanmaoa 1, 4, 15, **71**
Lanmaoa angustispora **72**, 73
Lanmaoa asiatica 1, 72, **73**, 74
Lanmaoa macrocarpa 72, **75**, 76
Lanmaoa rubriceps 72, **76**, 77
Leccinum 4, 45, 46, 157, 158
Leccinum extremiorientale 157
Leccinum rubrum 45

M

Mucilopilus 4, 14, **78**, 79
Mucilopilus paracastaneiceps **78**, 79
Mucilopilus viscidus 78

N

Neoboletus 4, 15, **79**
Neoboletus brunneissimus 1, **81**
Neoboletus ferrugineus 81, **82**, 83
Neoboletus flavidus 1, 80, **84**, 85
Neoboletus hainanensis 80, **85**, 86
Neoboletus magnificus 1, 80, **87**, 88
Neoboletus multipunctatus 81, **89**
Neoboletus obscureumbrinus 1, 80, **90**, 91
Neoboletus rubriporus 80, **92**

Neoboletus sanguineoides 80, **93**, 94
Neoboletus sanguineus 80, **95**, 96
Neoboletus sinensis 101
Neoboletus thibetanus 10, 80, **96**, 97
Neoboletus tomentulosus 81, 84, **98**, 99
Neoboletus venenatus 2, 80, **100**

O

Octavianiaceae 10, 13

P

Parvixerocomus 4, 14, **101**
Parvixerocomus aokii **102**, 103
Parvixerocomus pseudoaokii 102, **103**, 104
Paxillaceae 10, 14
Phylloporus 4, 8, 14, **104**, 127
Phylloporus bellus 105, **106**, 107
Phylloporus brunneiceps 105, **107**, 108
Phylloporus cingulatus 117
Phylloporus imbricatus 105, **109**, 110
Phylloporus luxiensis 105, 109, **111**, 112
Phylloporus maculatus 105, **113**
Phylloporus pachycystidiatus 105, **114**, 115
Phylloporus parvisporus 105, **116**, 117
Phylloporus pelletieri 105
Phylloporus pruinatus 105, **118**
Phylloporus rubeolus 105, **119**, 120
Phylloporus rubiginosus 105, 116, 120, **121**, 122
Phylloporus rubrosquamosus 105, **122**, 124
Phylloporus rufescens 105, **124**, 125
Phylloporus yunnanensis 103, 111, **126**, 127
Porphyrellus 4, 14, **128**
Porphyrellus castaneus **128**, 129
Porphyrellus cyaneotinctus 128, **130**, 131, 133
Porphyrellus orientifumosipes 128, 130, **131**, 132
Porphyrellus porphyrosporus 128, **133**
Pseudoaustroboletus 4, 14, **134**
Pseudoaustroboletus valens 134, **135**
Pseudoboletus 9

R

Retiboletus 4, 14, 15, **136**
Retiboletus ater **137**, 138
Retiboletus brunneolus 137, **139**
Retiboletus flavoniger 143, 147
Retiboletus fuscus 1, 137, **140**, 141
Retiboletus kauffmanii 137, **141**, 142, 147
Retiboletus nigrogriseus 137, **143**, 144
Retiboletus ornatipes 136, 143
Retiboletus pseudogriseus 137, 141, **145**
Retiboletus sinensis 137, 143, **146**, 147
Retiboletus sinogriseus 137, **147**, 148
Retiboletus zhangfeii 137, 144, **149**, 150
Rubroboletus 4, 15, **150**
Rubroboletus esculentus **151**, 152, 154
Rubroboletus latisporus 151, **153**
Rubroboletus satanas 2
Rubroboletus sinicus 88, 151, **154**, 155
Rugiboletus 4, 15, **155**
Rugiboletus brunneiporus **156**
Rugiboletus extremiorientalis 1, 155, 156, **157**, 158

S

Strobilomyces 9, 190
Strobilomycetaceae 10, 13
Suillaceae 10, 14
Suillellus queletii 93
Suillus velatus 189
Sutorius 4, 15, **159**
Sutorius alpinus **159**, 160
Sutorius brunneissimus 81
Sutorius eximius 159
Sutorius flavidus 84
Sutorius hainanensis 86
Sutorius magnificus 87
Sutorius obscureumbrinus 90
Sutorius rubriporus 92
Sutorius sanguineoides 93

Sutorius sanguineus 95
Sutorius subrufus 159, **161**
Sutorius thibetanus 97
Sutorius tomentulosus 98
Sutorius venenatus 100

T

Tylopilus 4, 14, 35, **162**
Tylopilus alpinus **163**, 164
Tylopilus argillaceus 163, **165**, 166, 168
Tylopilus atripurpureus 163, **166**, 167
Tylopilus atroviolaceobrunneus 163, 166, **168**, 169
Tylopilus brunneirubens 136, 162, 168, **169**, 170
Tylopilus callainus 182, 183
Tylopilus chlorinosmus 194, **195**
Tylopilus felleus 2, 162, 163, **171**, 172
Tylopilus griseipurpureus 163, **172**, 173
Tylopilus microsporus 174
Tylopilus neofelleus 2, 163, 172, **174**, 175
Tylopilus otsuensis 163, **175**, 176
Tylopilus plumbeoviolaceoides 163, 168, **177**
Tylopilus plumbeoviolaceus 175, 178
Tylopilus pseudoballoui 163, **178**
Tylopilus roseolus 204, 205
Tylopilus velatus 189
Tylopilus vinaceipallidus 163, 166, **179**, 180
Tylopilus violaceobrunneus 161, **180**, 181
Tylopilus virescens 161, **182**, 183

V

Veloporphyrellus 4, 14, **183**
Veloporphyrellus alpinus **184**, 185
Veloporphyrellus gracilioides 8, 184, **186**
Veloporphyrellus pantoleucus 184
Veloporphyrellus pseudovelatus 184, 185, **187**, 188
Veloporphyrellus velatus 184, **189**, 190

X

Xerocomaceae 10, 13
Xerocomellus 4, 14, **190**
Xerocomellus chrysenteron 191, 192
Xerocomellus communis **191**, 192
Xerocomellus corneri 191, **192**, 193
Xerocomus 4, 6, 8, 14, **206**
Xerocomus cheoi 62
Xerocomus fraternus **206**, 207, 219
Xerocomus fulvipes 206, **208**
Xerocomus microcarpoides 206, **209**, 210, 216
Xerocomus nigropunctatus 66
Xerocomus obscurebrunneus 68
Xerocomus piceicola 8, 206, **210**, 211
Xerocomus pseudochrysenteron 192
Xerocomus punctilifer 62
Xerocomus puniceiporus 206, **212**, 213
Xerocomus rugosellus 206, **213**, 214
Xerocomus subparvus 206, **215**, 216
Xerocomus tenax 212
Xerocomus velutinus 206, **216**, 217
Xerocomus yunnanensis 207, **218**

Z

Zangia 4, 14, **194**
Zangia chlorinosma 194, **195**, 196
Zangia citrina 194, 195, **196**, 197
Zangia erythrocephala 194, **198**, 199
Zangia olivacea 195, **200**, 201
Zangia olivaceobrunnea 194, **202**
Zangia roseola 194, 200, **203**, 204

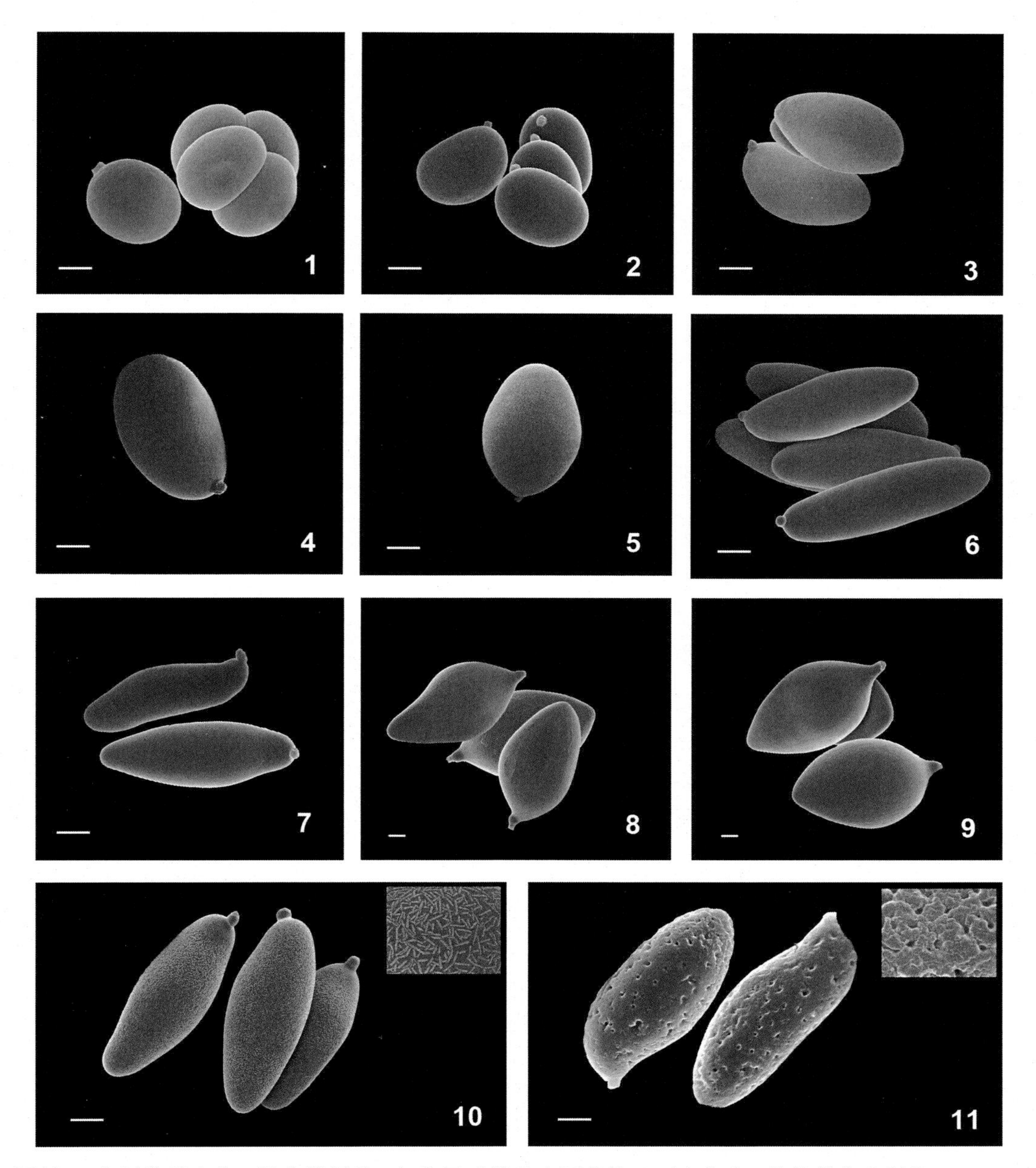

图版 I 牛肝菌科真菌（限本卷属种）担孢子形状及表面纹饰 1. 近球形：黄盖粉孢牛肝菌 *Tylopilus pseudoballoui* (HKAS 51151)；2. 宽椭圆形：大津粉孢牛肝菌 *Tylopilus otsuensis* (HKAS 50212)；3. 椭圆形：东方白牛肝菌 *Boletus orientialbus* (HKAS 62907)；4. 长椭圆形：灰盖牛肝菌 *Boletus griseiceps* (HKAS 82692)；5. 卵形：灰盖牛肝菌 *Boletus griseiceps* (HKAS 82692)；6. 圆柱形：高山异色牛肝菌 *Sutorius alpinus* (HKAS 50415)；7. 梭形或牛肝菌形：白牛肝 *Boletus bainiugan* (HKAS 52235)；8、9. 杏仁形：西藏新牛肝菌 *Neoboletus thibetanus* (HKAS 59722)；10. 杆菌状纹饰：潞西褶孔牛肝菌 *Phylloporus luxiensis* (HKAS 57036)；11. 陷窝状纹饰：纤细垂边红孢牛肝菌 *Veloporphyrellus gracilioides* (HKAS 53590)。比例尺 ＝2 μm。

图版 II

图版 II 牛肝菌科真菌的担子果 1. 大果薄瓤牛肝菌 *Baorangia major* (HKAS 107564)；2. 薄瓤牛肝菌 *Baorangia pseudocalopus* (HKAS 75739)；3. 白牛肝菌 *Boletus bainiugan* (HKAS 52235)；4. 葡萄牛肝菌 *Boletus botryoides* (HKAS 53403)；5. 美味牛肝菌 *Boletus edulis* (HKAS 62898)；6. 栎生牛肝菌 *Boletus fagacicola* (HKAS 55975)；7. 灰盖牛肝菌 *Boletus griseiceps* (HKAS 82692, 模式)；8. 栗褐牛肝菌 *Boletus monilifer* (HKAS 83098)；9. 东方白牛肝菌 *Boletus orientialbus* (HKAS 62907)；10. 网盖牛肝菌 *Boletus reticuloceps* (HKAS 55432)；11. 食用牛肝菌 *Boletus shiyong* (HKAS 55425)；12. 中华美味牛肝菌 *Boletus sinoedulis* (HKAS 55443)。

图版 III 牛肝菌科真菌的担子果 1. 拟紫牛肝菌 *Boletus subviolaceofuscus* (HKAS 79881)；2. 类粉孢牛肝菌 *Boletus tylopilopsis* (HKAS 83202)；3. 褐盖牛肝菌 *Boletus umbrinipileus* (HKAS 80560)；4. 紫牛肝菌 *Boletus violaceofuscus* (HKAS 83212)；5. 黏盖牛肝菌 *Boletus viscidiceps* (HKAS 83199)；6. 海南黄肉牛肝菌 *Butyriboletus hainanensis* (HKAS 59816)；7. 年来黄肉牛肝菌 *Butyriboletus huangnianlaii* (FHMU 2207，模式)；8. 黄柄黄肉牛肝菌 *Butyriboletus pseudospeciosus* (HKAS 82796)；9. 玫黄黄肉牛肝菌 *Butyriboletus roseoflavus* (HKAS 54099)；10. 血红黄肉牛肝菌 *Butyriboletus ruber* (HKAS 103122)；11. 撒尼黄肉牛肝菌 *Butyriboletus sanicibus* (HKAS 55413)；12. 黄褐黄肉牛肝菌 *Butyriboletus subsplendidus* (HKAS 82375)。

图版 IV

图版 IV 牛肝菌科真菌的担子果 1. 彝食黄肉牛肝菌 *Butyriboletus yicibus* (HKAS 56163)；2. 关羽美柄牛肝菌 *Caloboletus guanyui* (FHMU 2040)；3. 毡盖美柄牛肝菌 *Caloboletus panniformis* (HKAS 57410)；4. 戴氏美柄牛肝菌 *Caloboletus taienus* (GDGM 44081)；5. 象头山美柄牛肝菌 *Caloboletus xiangtoushanensis* (GDGM 44725，模式)；6. 云南美柄牛肝菌 *Caloboletus yunnanensis* (HKAS 69214，模式)；7. 艳丽橙牛肝菌 *Crocinoboletus laetissimus* (HKAS 50232)；8. 橙牛肝菌 *Crocinoboletus rufoaureus* (HKAS 82333)；9. 厚瓤牛肝菌 *Hourangia cheoi* (HKAS 68284)；10. 小果厚瓤牛肝菌 *Hourangia microcarpa* (HKAS 83763，附加模式)；11. 芝麻厚瓤牛肝菌 *Hourangia nigropunctata* (HKAS 59849)；12. 暗褐牛肝菌 *Imleria obscurebrunnea* (HKAS 50346)。

图版 V 牛肝菌科真菌的担子果 1. 小褐牛肝菌 *Imleria parva* (HKAS 55341，模式)；2. 亚高山褐牛肝菌 *Imleria subalpina* (HKAS 74712)；3. 窄孢兰茂牛肝菌 *Lanmaoa angustispora* (HKAS 74752，模式)；4. 兰茂牛肝菌 *Lanmaoa asiatica* (HKAS 54094，模式)；5、6. 大盖兰茂牛肝菌 *Lanmaoa macrocarpa* (FHMU 1982，模式)；7. 红盖兰茂牛肝菌 *Lanmaoa rubriceps* (FHMU 2801，模式)；8. 假栗色黏盖牛肝菌 *Mucilopilus paracastaneiceps* (HKAS 50338)；9. 茶褐新牛肝菌 *Neoboletus brunneissimus* (HKAS 50450)；10. 锈柄新牛肝菌 *Neoboletus ferrugineus* (HKAS 77617)；11. 黄孔新牛肝菌 *Neoboletus flavidus* (HKAS 74934)；12. 海南新牛肝菌 *Neoboletus hainanensis* (HKAS 59538)。

图版 VI

图版 VI 牛肝菌科真菌的担子果 1. 华丽新牛肝菌 *Neoboletus magnificus* (HKAS 74939)；2、3. 密鳞新牛肝菌 *Neoboletus multipunctatus* (FHMU 1620，模式)；4. 暗褐新牛肝菌 *Neoboletus obscureumbrinus* (HKAS 77774)；5. 红孔新牛肝菌 *Neoboletus rubriporus* (HKAS 83026，模式)；6. 拟血红新牛肝菌 *Neoboletus sanguineoides* (HKAS 55440)；7. 血红新牛肝菌 *Neoboletus sanguineus* (HKAS 90211)；8. 西藏新牛肝菌 *Neoboletus thibetanus* (HKAS 82600)；9. 绒柄新牛肝菌 *Neoboletus tomentulosus* (HKAS 77614)；10、11. 有毒新牛肝菌 *Neoboletus venenatus* (10. HKAS 57489，11. HKAS 51703)；12. 青木氏小绒盖牛肝菌 *Parvixerocomus aokii* (HKAS 59812)。

图版 VII 牛肝菌科真菌的担子果 1. 小绒盖牛肝菌 *Parvixerocomus pseudoaokii* (HKAS 80480，模式)；2. 美丽褶孔牛肝菌 *Phylloporus bellus* (HKAS 56763)；3. 褐盖褶孔牛肝菌 *Phylloporus brunneiceps* (HKAS 56903，模式)；4. 鳞盖褶孔牛肝菌 *Phylloporus imbricatus* (HKAS 54647，模式)；5. 潞西褶孔牛肝菌 *Phylloporus luxiensis* (HKAS 57036)；6. 斑盖褶孔牛肝菌 *Phylloporus maculatus* (HKAS 56683，模式)；7. 厚囊褶孔牛肝菌 *Phylloporus pachycystidiatus* (HKAS 54540，模式)；8. 小孢褶孔牛肝菌 *Phylloporus parvisporus* (HKAS 54768)；9. 粉被褶孔牛肝菌 *Phylloporus pruinatus* (HKAS 101929，模式)；10. 淡红褶孔牛肝菌 *Phylloporus rubeolus* (HKAS 52573，模式)；11. 红果褶孔牛肝菌 *Phylloporus rubiginosus* (FHMU 824)；12. 红鳞褶孔牛肝菌 *Phylloporus rubrosquamosus* (HKAS 54559，模式)。

图版 VIII

图版 VIII 牛肝菌科真菌的担子果 1. 变红褶孔牛肝菌 *Phylloporus rufescens* (HKAS 59722)；2. 云南褶孔牛肝菌 *Phylloporus yunnanensis* (HKAS 59412)；3. 栗色红孢牛肝菌 *Porphyrellus castaneus* (HKAS 52554，模式)；4. 蓝绿红孢牛肝菌 *Porphyrellus cyaneotinctus* (HKAS 80192)；5. 东方烟色红孢牛肝菌 *Porphyrellus orientifumosipes* (HKAS 53372，模式)；6. 红孢牛肝菌 *Porphyrellus porphyrosporus* (HKAS 48585)；7. 拟南方牛肝菌 *Pseudoaustroboletus valens* (HKAS 52603)；8. 黑网柄牛肝菌 *Retiboletus ater* (HKAS 56069，模式)；9. 褐网柄牛肝菌 *Retiboletus brunneolus* (HKAS 52680，模式)；10. 暗褐网柄牛肝菌 *Retiboletus fuscus* (HKAS 68360)；11. 考夫曼网柄牛肝菌 *Retiboletus kauffmanii* (HKAS 69248)；12. 黑灰网柄牛肝菌 *Retiboletus nigrogriseus* (FHMU 2800，模式)。

图版 IX 牛肝菌科真菌的担子果 1. 厚皮网柄牛肝菌 *Retiboletus pseudogriseus* (HKAS 83950，模式)；2. 中华网柄牛肝菌 *Retiboletus sinensis* (HKAS 83951)；3、4. 中华灰网柄牛肝菌 *Retiboletus sinogriseus* (3. HKAS 91288，模式，4. HKAS 91286)；5. 张飞网柄牛肝菌 *Retiboletus zhangfeii* (HKAS 83963)；6. 可食红孔牛肝菌 *Rubroboletus esculentus* (HKAS 96782，模式)；7. 宽孢红孔牛肝菌 *Rubroboletus latisporus* (HKAS 80358，模式)；8. 红孔牛肝菌 *Rubroboletus sinicus* (HKAS 68620)；9、10. 褐孔皱盖牛肝菌 *Rugiboletus brunneiporus* (HKAS 83209，模式)；11. 皱盖牛肝菌 *Rugiboletus extremiorientalis* (HKAS 74770)；12. 高山异色牛肝菌 *Sutorius alpinus* (HKAS 48526)。

图版 X

图版 X 牛肝菌科真菌的担子果 1. 淡红异色牛肝菌 *Sutorius subrufus* (FHMU 2004，模式)；2. 高山粉孢牛肝菌 *Tylopilus alpinus* (HKAS 87964)；3. 肉色粉孢牛肝菌 *Tylopilus argillaceus* (HKAS 90201)；4. 黑紫粉孢牛肝菌 *Tylopilus atripurpureus* (HKAS 50208)；5. 黑栗褐粉孢牛肝菌 *Tylopilus atroviolaceobrunneus* (HKAS 84351，模式)；6. 褐红粉孢牛肝菌 *Tylopilus brunneirubens* (HKAS 52609)；7. 粉孢牛肝菌 *Tylopilus felleus* (HKAS 55832)；8. 灰紫粉孢牛肝菌 *Tylopilus griseipurpureus* (HKAS 90199)；9. 新苦粉孢牛肝菌 *Tylopilus neofelleus* (HKAS 53411)；10. 大津粉孢牛肝菌 *Tylopilus otsuensis* (HKAS 50212)；11. 类铅紫粉孢牛肝菌 *Tylopilus plumbeoviolaceoides* (GDGM 26167)；12. 黄盖粉孢牛肝菌 *Tylopilus pseudoballoui* (HKAS 51151)。

图版 XI 牛肝菌科真菌的担子果 1. 浅红粉孢牛肝菌 *Tylopilus vinaceipallidus* (HKAS 50210)；2. 紫褐粉孢牛肝菌 *Tylopilus violaceobrunneus* (HKAS 89443，模式)；3. 蓝绿粉孢牛肝菌 *Tylopilus virescens* (FHMU 1004)；4. 高山垂边红孢牛肝菌 *Veloporphyrellus alpinus* (HKAS 68301)；5. 纤细垂边红孢牛肝菌 *Veloporphyrellus gracilioides* (HKAS 53590)；6. 拟热带垂边红孢牛肝菌 *Veloporphyrellus pseudovelatus* (HKAS 52258，模式)；7. 热带垂边红孢牛肝菌 *Veloporphyrellus velatus* (HKAS 63668)；8. 泛生红绒盖牛肝菌 *Xerocomellus communis* (HKAS 68204)；9. 柯氏红绒盖牛肝菌 *Xerocomellus corneri* (HKAS 77964)；10. 黄褐臧氏牛肝菌 *Zangia chlorinosma* (TENN 47220，模式)；11. 橙黄臧氏牛肝菌 *Zangia citrina* (HKAS 52684，模式)；12. 红盖臧氏牛肝菌 *Zangia erythrocephala* (HKAS 52843)。

图版 XII

图版 XII 牛肝菌科真菌的担子果 1. 橄榄色臧氏牛肝菌 *Zangia olivacea* (HKAS 45445，模式)；2. 橄榄褐臧氏牛肝菌 *Zangia olivaceobrunnea* (HKAS 52272)；3. 臧氏牛肝菌 *Zangia roseola* (HKAS 51137)；4. 兄弟绒盖牛肝菌 *Xerocomus fraternus* (HKAS 68291)；5. 褐脚绒盖牛肝菌 *Xerocomus fulvipes* (HKAS 68462)；6. 小盖绒盖牛肝菌 *Xerocomus microcarpoides* (HKAS 93516)；7. 喜杉绒盖牛肝菌 *Xerocomus piceicola* (HKAS 76492，附加模式)；8. 紫孔绒盖牛肝菌 *Xerocomus puniceiporus* (HKAS 80683)；9. 小粗头绒盖牛肝菌 *Xerocomus rugosellus* (HKAS 52223)；10. 亚小绒盖牛肝菌 *Xerocomus subparvus* (HKAS 50295，模式)；11. 细绒盖牛肝菌 *Xerocomus velutinus* (HKAS 68135，模式)；12. 云南绒盖牛肝菌 *Xerocomus yunnanensis* (HKAS 68394)。

Q-5022.31
ISBN 978-7-03-075172-0

定价：**280.00** 元